JSP
程序设计与项目实训教程
（第3版·微课版）

张志锋　张建伟　宋胜利◎编著

清华大学出版社
北京

内 容 简 介

本书旨在培养读者的 Java Web 项目开发能力、工程实践能力和创新能力，培育软件工匠精神。

全书理论联系实践，以项目为驱动，用项目开发实践串联整个知识体系，结合微课视频系统讲解 JSP 程序设计技术，通过讨论主题引导思维拓展。全书共分 11 章，内容包括 Web 技术简介、JSP 常用开发环境介绍、HTML 与 CSS 简介、通信资费管理系统项目实训、JSP 基础知识、JSP 常用内置对象、数据库基本操作、企业信息管理系统项目实训、JSP 与 JavaBean、Java Servlet 技术和个人信息管理系统项目实训。通过 80 多个小案例、8 个中型项目、3 个大项目的强化实践操作，使读者在深入理解、切实掌握基本理论知识的基础上，同步提高工程实践能力。

本书可作为普通高等院校 Java Web 相关课程的教材，也可作为 Java Web 软件开发人员的技术参考书。

本书封面贴有清华大学出版社防伪标签，无标签者不得销售。
版权所有，侵权必究。举报: 010-62782989, beiqinquan@tup.tsinghua.edu.cn。

图书在版编目(CIP)数据

   JSP 程序设计与项目实训教程: 微课版/张志锋，张建伟，宋胜利编著.—3 版.—北京: 清华大学出版社，2022.1(2025.1重印)
   ISBN 978-7-302-59044-6

   Ⅰ.①J… Ⅱ.①张… ②张… ③宋… Ⅲ.①JAVA 语言－网页制作工具－高等学校－教材 Ⅳ.①TP312 ②TP393.092

中国版本图书馆 CIP 数据核字(2021)第 178829 号

责任编辑: 白立军
封面设计: 刘 乾
责任校对: 郝美丽
责任印制: 杨 艳

出版发行: 清华大学出版社
    网 址: https://www.tup.com.cn, https://www.wqxuetang.com
    地 址: 北京清华大学学研大厦 A 座　　邮 编: 100084
    社 总 机: 010-83470000　　邮 购: 010-62786544
    投稿与读者服务: 010-62776969, c-service@tup.tsinghua.edu.cn
    质量反馈: 010-62772015, zhiliang@tup.tsinghua.edu.cn
    课件下载: https://www.tup.com.cn, 010-83470236
印 装 者: 小森印刷霸州有限公司
经　销: 全国新华书店
开　本: 185mm×260mm　　印 张: 30.5　　字 数: 746 千字
版　次: 2012 年 9 月第 1 版　2022 年 1 月第 3 版　　印 次: 2025 年 1 月第 5 次印刷
定　价: 89.00 元

产品编号: 092695-01

前　言

本书是国家级一流本科课程"JSP 程序设计技术"的配套教材,是软件工程建设国家级一流专业的重要成果,为工程教育专业认证提供有效支撑。

为贯彻工程教育理念,助力课程思政教育教学改革,本书立足新工科人才培养理念与要求,系统梳理知识逻辑体系,从学生主体认知特点出发,构建节点化、关联化的知识结构体系,将项目开发实践贯穿全书始终,寓工匠精神培育、价值观引导于知识传授和工程实践能力培养之中。

为满足"互联网＋教育"实践对数字化、新形态教材的需求,全书提供了 40 多个微课视频,读者可直接扫描书中的二维码观看。

为帮助读者拓展思路、深入探索,培养批判性思维、创新意识和有效沟通的能力,本书精心设计了一些聚焦技术进步、信息安全、工程伦理、职业规范等方面的讨论主题,以标签形式嵌入书中,可用于课内讨论或课下拓展作业。

本书以项目为驱动组织内容,在全面系统讲解理论知识的同时,既注重理论知识的阐述,又强调工程实践能力的培养。

全书穿插提供了 80 多个小案例、8 个中型项目实训(第 1、2、3、5、6、7、9、10 章)、3 个大项目实训(第 4、8、11 章)。通过小案例巩固重点理论、技术的理解和掌握,了解 JSP 程序设计流程。通过中型项目的实训进一步系统理解本章知识,提前接触后续章节相关知识点,形成知识链,并了解 Java Web 项目开发过程。通过大项目的综合实训整合全书知识体系,并培养学生综合应用所学知识解决工程实践问题的能力。

作者编写的 Java 方向系列教材与本教材具有同样的风格,均基于以项目为驱动的教学模式,属于同系列的教材。

本书主要章节以及具体内容安排如下。

第 1 章　Web 技术简介,主要介绍 Web 基础知识、JSP 基础知识、简单的 JSP 应用实例等,包括项目实训、课外阅读。

第 2 章　JSP 常用开发环境介绍,主要介绍 JSP 开发环境、JDK 安装配置、NetBeans 开发工具、Eclipse 开发工具、MyEclipse 开发工具、Tomcat 服务器等,包括项目实训、课外阅读。

第 3 章　HTML 与 CSS 简介,主要介绍 HTML 页面的基本构成、HTML 常用标签、CSS 基础知识等,包括项目实训、课外阅读。

第 4 章　通信资费管理系统项目实训,是对前面 3 章知识的综合应用练习,通过该实训巩固前 3 章基础知识和技术,并培养理论知识的实际应用能力以及项目设计、项目规划能力。教学实践中,也可在讲解第 3 章之前安排本章实训内容,并要求学生根据本章实训内容要求,结合第 3 章相关理论知识开发项目的静态页面,通过理论学习与项目开发相结合的方式激发学生学习兴趣。

第 5 章　JSP 基础知识,主要介绍 JSP 页面的基本结构、JSP 的 3 种常用注释、JSP 常用脚本元素、JSP 常用指令、JSP 常用动作等，包括项目实训、课外阅读。

第 6 章　JSP 常用内置对象，主要介绍 out 对象、request 对象、response 对象、session 对象、pageContext 对象、exception 对象、application 对象等，包括项目实训、课外阅读。

第 7 章　数据库基本操作，主要介绍 JDBC 基础知识、通过 JDBC 驱动访问数据库、查询数据库及其应用实例、更新数据库（增、删、改）及其应用实例、数据库应用中的常见问题等，包括项目实训、课外阅读。

第 8 章　企业信息管理系统项目实训，是对前面 7 章知识的综合应用练习。通过该实训的实践操作，在深入理解、掌握基本理论知识的同时积累项目开发经验。可以在讲解第 1 章时先介绍本章实训内容；也可结合本章内容讲解第 1~7 章的知识点。

第 9 章　JSP 与 JavaBean，主要介绍 JavaBean 基础知识、如何编写和使用 JavaBean、JavaBean 的作用域及其应用实例、JavaBean 应用实例等，包括项目实训、课外阅读。

第 10 章　Java Servlet 技术，主要介绍 Servlet 基础知识、JSP 与 Servlet 常见用法等，包括项目实训、课外阅读。

第 11 章　个人信息管理系统项目实训，是对全书知识体系的综合应用练习。通过该实训，强化理解和综合运用 JSP 程序设计基础知识体系的能力，提高 Java Web 项目开发整体实践能力。此外，由于 MVC 模式是所有 Java Web 框架技术的基础，如经典的 Web 框架技术 Struts 就基于 MVC 模式，因此基于 MVC 模式的实训对后续学习 Struts 技术有很大的帮助。可以在讲解第 9 章和第 10 章以前介绍本章实训内容；也可结合本章内容讲解第 9 章和第 10 章的知识点。

参与本书编写的有张志锋、张建伟、宋胜利、马军霞、谷培培、赵晓君、毛艳芳、李璞、郑倩、邓璐娟、黄天弘、马铮。

本书在编写和出版过程中得到了郑州轻工业大学、清华大学出版社的大力支持和帮助，在此表示感谢。感谢郑州轻工业大学课程思政研究中心的指导。在此也特别感谢清华大学出版社的白立军编辑。在本书的出版过程中，白立军编辑高度的敬业精神、严谨的工作作风、专业细致的校验能力以及强烈的责任感让作者深深感动。

除了配套制作的教学课件、教学日历、教学大纲、期末试卷外，本书还提供书中示例的源代码、课后习题参考答案、电子版课后习题以及未收入教材的多个 Java Web 实训项目（可在清华大学出版社官方网站下载：www.tup.com.cn）。

由于编写时间仓促，作者水平所限，书中难免有纰漏之处，敬请读者不吝赐教。

作　者

2021 年 10 月

目　录

第1章　Web技术简介 ……………………………………………………………… 1
1.1　Web基础知识 …………………………………………………………………… 1
1.1.1　Web技术的由来与发展 ………………………………………………… 1
1.1.2　Web动态网页技术 ……………………………………………………… 3
1.1.3　Web应用程序的工作原理 ……………………………………………… 4
1.2　JSP基础知识 …………………………………………………………………… 5
1.2.1　JSP的工作原理 ………………………………………………………… 5
1.2.2　JSP的两种体系结构 …………………………………………………… 6
1.2.3　JSP开发Java Web站点的主要方式 ………………………………… 7
1.3　简单的JSP应用实例 …………………………………………………………… 7
1.4　项目实训 ………………………………………………………………………… 8
1.4.1　项目描述 ………………………………………………………………… 8
1.4.2　学习目标 ………………………………………………………………… 9
1.4.3　项目需求说明 …………………………………………………………… 9
1.4.4　项目实现 ………………………………………………………………… 9
1.4.5　项目实现过程中应注意的问题 ………………………………………… 10
1.4.6　常见问题及解决方案 …………………………………………………… 10
1.4.7　拓展与提高 ……………………………………………………………… 11
1.5　课外阅读(中国互联网发展简史) ……………………………………………… 12
1.5.1　1980—1994年,中国互联网的萌芽阶段 ……………………………… 12
1.5.2　1994—2000年,中国互联网的初创阶段 ……………………………… 12
1.5.3　2000—2010年,中国互联网进入快速发展期 ………………………… 13
1.5.4　2010年至今,中国互联网进入成熟繁荣期 …………………………… 14
1.6　小结 ……………………………………………………………………………… 16
1.7　习题 ……………………………………………………………………………… 17
1.7.1　选择题 …………………………………………………………………… 17
1.7.2　填空题 …………………………………………………………………… 17
1.7.3　简答题 …………………………………………………………………… 17
1.7.4　实验题 …………………………………………………………………… 17

第2章　JSP常用开发环境介绍 …………………………………………………… 18
2.1　JSP环境介绍 …………………………………………………………………… 18
2.2　JDK概述 ………………………………………………………………………… 19
2.2.1　JDK简介与下载 ………………………………………………………… 19

2.2.2　JDK 的安装与配置 ……………………………………………… 19
2.3　NetBeans 开发环境 …………………………………………………………… 23
　　2.3.1　NetBeans 简介与下载 ……………………………………………… 23
　　2.3.2　NetBeans 的安装与使用 …………………………………………… 24
2.4　Eclipse 开发环境 ……………………………………………………………… 30
　　2.4.1　Eclipse 简介与下载 ………………………………………………… 30
　　2.4.2　Eclipse 的使用 ……………………………………………………… 31
2.5　MyEclipse 开发环境 …………………………………………………………… 36
　　2.5.1　MyEclipse 简介与下载 ……………………………………………… 36
　　2.5.2　MyEclipse 的安装与使用 …………………………………………… 36
2.6　Tomcat 服务器 ………………………………………………………………… 40
　　2.6.1　Tomcat 简介与下载 ………………………………………………… 40
　　2.6.2　Tomcat 的使用 ……………………………………………………… 40
2.7　项目实训 ……………………………………………………………………… 42
　　2.7.1　项目描述 ……………………………………………………………… 42
　　2.7.2　学习目标 ……………………………………………………………… 43
　　2.7.3　项目需求说明 ………………………………………………………… 44
　　2.7.4　项目实现 ……………………………………………………………… 44
　　2.7.5　项目实现过程中应注意的问题 ……………………………………… 47
　　2.7.6　常见问题及解决方案 ………………………………………………… 47
　　2.7.7　拓展与提高 …………………………………………………………… 48
2.8　课外阅读（WPS）……………………………………………………………… 49
2.9　小结 …………………………………………………………………………… 51
2.10　习题 ………………………………………………………………………… 51

第 3 章　HTML 与 CSS 简介 ……………………………………………………… 52
3.1　HTML 页面的基本构成 ……………………………………………………… 52
3.2　HTML 常用标签 ……………………………………………………………… 57
　　3.2.1　列表标签及其应用实例 ……………………………………………… 57
　　3.2.2　多媒体和超链接标签及其应用实例 ………………………………… 60
　　3.2.3　表格标签及其应用实例 ……………………………………………… 63
　　3.2.4　表单标签及其应用实例 ……………………………………………… 65
　　3.2.5　框架标签及其应用实例 ……………………………………………… 70
3.3　CSS 基础知识 ………………………………………………………………… 74
　　3.3.1　CSS 样式表定义 ……………………………………………………… 74
　　3.3.2　HTML 中加入 CSS 的方法及其应用实例 ………………………… 75
　　3.3.3　CSS 的优先级 ………………………………………………………… 77
　　3.3.4　CSS 基本属性 ………………………………………………………… 77
3.4　项目实训 ……………………………………………………………………… 82

	3.4.1 项目描述	82
	3.4.2 学习目标	82
	3.4.3 项目需求说明	83
	3.4.4 项目实现	83
	3.4.5 项目实现过程中应注意的问题	91
	3.4.6 常见问题及解决方案	91
	3.4.7 拓展与提高	92
3.5	课外阅读（从 XHTML 到 HTML5）	92
	3.5.1 XHTML 简介	92
	3.5.2 XML	94
	3.5.3 HTML5	96
3.6	小结	98
3.7	习题	99
	3.7.1 选择题	99
	3.7.2 填空题	99
	3.7.3 简答题	99
	3.7.4 实验题	99

第 4 章 通信资费管理系统项目实训 100

4.1	通信资费管理系统项目需求说明	100
4.2	通信资费管理系统项目总体结构与构成	101
4.3	通信资费管理系统项目代码实现	101
	4.3.1 项目文件结构	101
	4.3.2 登录和注册页面的实现	102
	4.3.3 系统主页面的实现	108
	4.3.4 用户管理页面的实现	111
	4.3.5 资费管理页面的实现	118
	4.3.6 账单管理页面的实现	124
	4.3.7 账务管理页面的实现	130
	4.3.8 管理员管理页面的实现	138
	4.3.9 用户自服务页面的实现	148
4.4	课外阅读（了解 JavaScript）	158
	4.4.1 JavaScript 简介	158
	4.4.2 JavaScript 语言基础知识	159
	4.4.3 JavaScript 对象	163
	4.4.4 JavaScript 事件	167
4.5	小结	168
4.6	习题	168

第 5 章　JSP 基础知识 ··· 169

5.1　JSP 页面的基本结构 ··· 169
5.2　JSP 的 3 种常用注释 ··· 171
- 5.2.1　隐藏注释及其应用实例 ··· 171
- 5.2.2　HTML 注释及其应用实例 ······································ 171
- 5.2.3　Java 注释及其应用实例 ·· 172

5.3　JSP 常用脚本元素 ··· 174
- 5.3.1　变量和方法的声明及其应用实例 ································· 174
- 5.3.2　表达式和脚本及其应用实例 ····································· 175

5.4　JSP 常用指令 ··· 178
- 5.4.1　page 指令及其应用实例 ·· 178
- 5.4.2　include 指令及其应用实例 ····································· 181
- 5.4.3　taglib 指令 ··· 182

5.5　JSP 常用动作 ··· 183
- 5.5.1　＜jsp：param＞动作 ·· 183
- 5.5.2　＜jsp：include＞动作及其应用实例 ······························ 184
- 5.5.3　＜jsp：useBean＞动作及其应用实例 ······························ 186
- 5.5.4　＜jsp：setProperty＞动作及其应用实例 ··························· 188
- 5.5.5　＜jsp：getProperty＞动作及其应用实例 ··························· 189
- 5.5.6　＜jsp：forward＞动作及其应用实例 ······························ 192

5.6　项目实训 ·· 195
- 5.6.1　项目描述 ·· 195
- 5.6.2　学习目标 ·· 195
- 5.6.3　项目需求说明 ·· 195
- 5.6.4　项目实现 ·· 195
- 5.6.5　项目实现过程中应注意的问题 ··································· 201
- 5.6.6　常见问题及解决方案 ··· 201
- 5.6.7　拓展与提高 ·· 201

5.7　课外阅读（JSTL） ··· 203
- 5.7.1　JSTL 库安装 ··· 203
- 5.7.2　JSTL 标签分类 ··· 204

5.8　小结 ··· 207
5.9　习题 ··· 207
- 5.9.1　选择题 ·· 207
- 5.9.2　填空题 ·· 208
- 5.9.3　简答题 ·· 208
- 5.9.4　实验题 ·· 208

第6章 JSP 常用内置对象 209

6.1 out 对象 209
6.1.1 out 对象的基础知识 209
6.1.2 out 对象应用实例 210

6.2 request 对象 211
6.2.1 request 对象的基础知识 211
6.2.2 request 对象应用实例 212

6.3 response 对象 221
6.3.1 response 对象的基础知识 221
6.3.2 response 对象应用实例 222

6.4 session 对象 224
6.4.1 session 对象的基础知识 224
6.4.2 session 对象应用实例 225

6.5 pageContext 对象 230
6.5.1 pageContext 对象的基础知识 230
6.5.2 pageContext 对象应用实例 230

6.6 exception 对象 231
6.6.1 exception 对象的基础知识 231
6.6.2 exception 对象应用实例 232

6.7 application 对象 233
6.7.1 application 对象的基础知识 233
6.7.2 application 对象应用实例 233

6.8 项目实训 235
6.8.1 项目描述 235
6.8.2 学习目标 235
6.8.3 项目需求说明 235
6.8.4 项目实现 235
6.8.5 项目实现过程中应注意的问题 240
6.8.6 常见问题及解决方案 240
6.8.7 拓展与提高 241

6.9 课外阅读（EL 表达式） 241
6.9.1 获取并显示数据 241
6.9.2 执行运算并显示 242
6.9.3 获取常用对象并显示 243

6.10 小结 243

6.11 习题 244
6.11.1 选择题 244
6.11.2 填空题 244
6.11.3 简答题 244

6.11.4 实验题 ··· 244

第 7 章 数据库基本操作 ··· 245
7.1 JDBC 基础知识 ··· 245
7.2 通过 JDBC 驱动访问数据库 ··· 246
7.2.1 访问 MySQL 数据库及其应用实例 ··· 246
7.2.2 访问 Microsoft SQL Server 2000 数据库及其应用实例 ··· 252
7.2.3 访问 Microsoft SQL Server 2008 数据库及其应用实例 ··· 256
7.3 查询数据库及其应用实例 ··· 262
7.4 更新数据库(增、删、改)及其应用实例 ··· 267
7.5 JSP 在数据库应用中的常见问题 ··· 273
7.5.1 JSP 的分页技术及其应用实例 ··· 273
7.5.2 MySQL 数据库访问中常见中文乱码处理方式 ··· 275
7.6 项目实训 ··· 277
7.6.1 项目描述 ··· 277
7.6.2 学习目标 ··· 277
7.6.3 项目需求说明 ··· 277
7.6.4 项目实现 ··· 278
7.6.5 项目实现过程中应注意的问题 ··· 298
7.6.6 常见问题及解决方案 ··· 298
7.6.7 拓展与提高 ··· 299
7.7 课外阅读(四大国产数据库,你了解吗?) ··· 299
7.7.1 南大通用 ··· 299
7.7.2 武汉达梦 ··· 300
7.7.3 人大金仓 ··· 301
7.7.4 神舟通用 ··· 302
7.8 小结 ··· 302
7.9 习题 ··· 303
7.9.1 选择题 ··· 303
7.9.2 填空题 ··· 303
7.9.3 简答题 ··· 303
7.9.4 实验题 ··· 303

第 8 章 企业信息管理系统项目实训 ··· 304
8.1 企业信息管理系统项目需求说明 ··· 304
8.2 企业信息管理系统项目系统分析 ··· 305
8.3 企业信息管理系统数据库设计 ··· 306
8.4 企业信息管理系统代码实现 ··· 307
8.4.1 项目文件结构 ··· 308

    8.4.2 登录功能的实现 ·················· 308
    8.4.3 系统主页面功能的实现 ············ 311
    8.4.4 客户管理功能的实现 ·············· 313
    8.4.5 合同管理功能的实现 ·············· 323
    8.4.6 售后管理功能的实现 ·············· 327
    8.4.7 产品管理功能的实现 ·············· 331
    8.4.8 员工管理功能的实现 ·············· 336
  8.5 课外阅读（开源分布式服务框架 Dubbo）·········· 341
    8.5.1 Dubbo 满足的需求 ················ 341
    8.5.2 Dubbo 的特点 ···················· 342
    8.5.3 总结 ···························· 342
  8.6 小结 ······························ 343
  8.7 习题 ······························ 343

第 9 章 JSP 与 JavaBean ·············· 344
  9.1 JavaBean 的基础知识 ·············· 344
  9.2 编写和使用 JavaBean ·············· 345
    9.2.1 编写 JavaBean 组件 ·············· 345
    9.2.2 在 JSP 页面中使用 JavaBean ······ 346
  9.3 JavaBean 的作用域及其应用实例 ····· 349
  9.4 JavaBean 应用实例 ················ 353
    9.4.1 使用 JavaBean 访问数据库 ········ 353
    9.4.2 使用 JavaBean 实现猜数游戏 ······ 354
  9.5 项目实训 ·························· 358
    9.5.1 项目描述 ······················· 358
    9.5.2 学习目标 ······················· 358
    9.5.3 项目需求说明 ··················· 358
    9.5.4 项目实现 ······················· 358
    9.5.5 项目实现过程中应注意的问题 ····· 360
    9.5.6 常见问题及解决方案 ············· 360
    9.5.7 拓展与提高 ····················· 361
  9.6 课外阅读（华为操作系统）············ 361
  9.7 小结 ······························ 363
  9.8 习题 ······························ 363
    9.8.1 选择题 ························· 363
    9.8.2 填空题 ························· 364
    9.8.3 简答题 ························· 364
    9.8.4 实验题 ························· 364

第 10 章　Java Servlet 技术 365
10.1　Servlet 基础知识 365
10.1.1　什么是 Servlet 365
10.1.2　Servlet 生命周期 365
10.1.3　Servlet 的技术特点 366
10.1.4　Servlet 与 JSP 的区别 367
10.1.5　Servlet 在 Java Web 项目中的作用 367
10.1.6　Servlet 部署 368
10.1.7　开发一个简单的 Servlet 应用 369
10.2　JSP 与 Servlet 常见用法 371
10.2.1　通过 Servlet 获取表单中的数据及其应用实例 371
10.2.2　重定向与转发及其应用实例 374
10.3　项目实训 378
10.3.1　项目描述 378
10.3.2　学习目标 379
10.3.3　项目需求说明 379
10.3.4　项目实现 379
10.3.5　项目实现过程中应注意的问题 383
10.3.6　常见问题及解决方案 383
10.3.7　拓展与提高 385
10.4　课外阅读（互联网＋） 385
10.4.1　提出 385
10.4.2　内涵 385
10.4.3　特征 386
10.4.4　影响 386
10.4.5　趋势 387
10.5　小结 387
10.6　习题 388
10.6.1　选择题 388
10.6.2　填空题 388
10.6.3　简答题 388
10.6.4　实验题 388

第 11 章　个人信息管理系统项目实训 389
11.1　个人信息管理系统项目需求说明 389
11.2　个人信息管理系统项目系统分析 390
11.3　个人信息管理系统数据库设计 391
11.4　个人信息管理系统代码实现 392
11.4.1　项目文件结构 392

	11.4.2	登录和注册功能的实现	393
	11.4.3	系统主页面功能的实现	408
	11.4.4	个人信息管理功能的实现	412
	11.4.5	通讯录管理功能的实现	427
	11.4.6	日程安排管理功能的实现	448
	11.4.7	个人文件管理功能的实现	464
11.5	课外阅读（MVC 设计模式）		464
11.6	小结		465
11.7	习题		466

附录 A "JSP 程序设计技术"教学大纲 …… 467

第 1 章　Web 技术简介

当今社会,网络已经融入人们生活的方方面面,通过 Web 技术获取信息正在改变着人们的生活方式,正是这种对 Web 技术的强大需求才推动各种 Web 技术应运而生,从而满足社会的需要。本章主要讲解 Web 技术的相关概念与原理。

本章主要内容如下所示。
(1) Web 技术的发展史。
(2) 3 种常见的动态网页技术。
(3) Web 应用程序的工作原理。
(4) JSP 的工作原理。
(5) JSP 体系结构与常见的开发方式。
(6) JSP 简单应用程序。

1.1　Web 基础知识

Web 技术的前世今生

随着信息化时代的到来,人们对网络的依赖越来越多,人们从网络上获取许多的信息资源。作为信息传送的主题,Web 受到越来越多人的青睐。

1.1.1　Web 技术的由来与发展

Web(World Wide Web,简称 WWW 或者 Web)是由蒂姆·伯纳斯-李(Tim Berners-Lee,万维网之父,1955 年出生于英国,不列颠帝国勋章获得者,英国皇家学会会员,英国皇家工程师学会会员,美国国家科学院院士)于 1989 年 3 月提出的万维网设想而发展起来的。1990 年 12 月 25 日,他在日内瓦的欧洲粒子物理实验室里开发出了世界上第一个网页浏览器。他是关注万维网发展的万维网联盟的创始人,并获得世界多国授予的各种荣誉。他最杰出的成就是免费把万维网的构想推广到全世界,让万维网科技获得迅速的发展,并深深改变了人类的生活面貌。

Internet 在 20 世纪 60 年代就诞生了,但为什么没有迅速流传开来呢？其实,很重要的原因是因为连接到 Internet 需要经过一系列复杂的操作,网络的权限也很分明,而且网上内容的表现形式极其单调枯燥。Web 通过一种超文本方式把网络上不同计算机内的信息有机地结合在一起,并且可以通过超文本传输协议(HTTP)从一台 Web 服务器转到另一台 Web 服务器上检索信息。Web 服务器能发布图文并茂的信息,在软件支持的情况下还可以发布音频和视频信息。此外,Internet 的许多其他功能,如 E-mail、Telnet、FTP 等都可通过 Web 实现。美国著名的信息专家尼葛洛·庞帝教授认为,1989 年是 Internet 历史上划时代的分水岭。Web 技术确实给 Internet 赋予了强大的生命力,Web 浏览的方式给了互联网靓丽的青春。

Web 的前身是 1980 年由蒂姆·伯纳斯-李负责的一个项目。1990 年第一个 Web 服务器开始运行。1991年，欧洲核子研究组织正式发布了Web技术标准。1994年10月，W3C(World Wide Web Consortium，万维网联盟或者W3C理事会)由蒂姆·伯纳斯-李在麻省理工学院计算机科学实验室成立，负责组织、管理和维护Web相关的各种技术标准，目前Web版本是Web 3.0。

早期的Web应用主要是使用HTML语言编写、运行在服务器端的静态页面。用户通过浏览器向服务器端的Web页面发出请求，服务器端的Web应用程序接收到用户发送的请求后，读取地址所标识的资源，加上消息报头把用户访问的HTML页面发送给客户端的浏览器。

超文本标记语言(Hypertext Markup Language，HTML)是一种描述文档结构的语言，不能描述实际的表现形式。HTML的历史最早可以追溯到1945年。1945年，范内瓦·布什(Vannevar Bush)提出了文本和文本之间通过超级链接相互关联的思想，并给出设计方案。范内瓦·布什是拥有6个不同学位的科学家、教育家和政府官员，他与21世纪许多著名的事件都有着千丝万缕的联系，如组织和领导了著名的制造第一颗原子弹的"曼哈顿计划"、氢弹的发明、登月飞行、"星球大战计划"。正如历史学家迈克尔·雪利所言，"要理解比尔·盖茨和比尔·克林顿的世界，你必须首先认识范内瓦·布什。"正是因其在信息技术领域多方面的贡献和超人远见，范内瓦·布什获得了"信息时代的教父"美誉。1960年正式将这种信息关联技术命名为超文本技术。从1991年HTML语言正式诞生以来推出了多个不同的版本，其中对Web技术发展具有重大影响的主要有两个版本：1996年推出的HTML 3.2和1998年推出的HTML 4.0。1999年W3C颁布了HTML 4.0.1。目前大多数Web服务器和浏览器等相关软件均支持HTML 4.0.1标准。HTML v5版本将拥有更大的应用空间。

但是让HTML页面丰富多彩、动感无限的是级联样式表(Cascading Style Sheets，CSS)和DHTML(Dynamic HTML，动态HTML)技术。1996年年底，W3C提出了CSS标准，CSS大大提高了开发者对信息展现格式的控制能力。DHTML技术则无须启动Java虚拟机或其他脚本环境，在浏览器的支持下，可以获得更好的展现效果和更高的执行效率。

最初的HTML只能在浏览器中展现静态的文本或图像信息，这远不能满足人们对信息丰富性和多样性的强烈需求。这就促使Web技术由静态技术向动态技术转化。

第一种真正使服务器能根据运行时的具体情况，动态生成HTML页面的技术是公共网关接口(Common Gateway Interface，CGI)技术。1993年，CGI 1.0的标准草案由国家计算机安全中心(National Center for Supercomputing Application，NCSA)提出。1995年，NCSA开始制定CGI 1.1标准。CGI技术允许服务端的应用程序根据客户端的请求，动态生成HTML页面，这使客户端和服务端的动态信息交换成为可能。随着CGI技术的普及，聊天室、论坛、电子商务、信息查询、全文检索等各式各样的Web应用蓬勃兴起，人们终于可以享受到信息检索、信息交换、信息处理等更为便捷的信息服务了。

CGI是Web服务器扩展机制，它允许用户调用Web服务器上的CGI程序。用户通过单击某个链接或者直接在浏览器的地址栏中输入URL，访问CGI程序，Web服务器接收到请求后，发现该请求是给某个CGI程序的，就启动并运行该CGI程序，对用户请求进行处理。CGI程序解析请求中的CGI数据，处理数据，并产生一个响应(HTML页面)。该响应被返回给Web服务器，Web服务器包装该响应，如添加报头消息，以HTTP响应的形式发送给客户端浏览器。

但是,用户在使用CGI时发现编写程序比较困难,而且对用户请求的响应时间较长。由于CGI程序的这些缺点,开发人员需要其他的CGI方案。

1994年,Rasmus Lerdorf发明了专用于Web服务端编程的个人网页(Personal Home Page,PHP)语言。与以往的CGI程序不同,PHP语言将HTML代码和PHP指令生成完整的服务端动态页面,Web程序的开发者可以用一种更加简便、快捷的方式实现动态Web功能。

1996年,微软公司借鉴PHP的思想,推出ASP技术。微软公司是世界个人计算机软件开发的先导,由比尔·盖茨与保罗·艾伦创始于1975年,总部设在华盛顿州的雷德蒙市,目前是全球最大的计算机软件提供商。微软公司现有雇员6.4万人,年营业额300多亿美元。其主要产品为Windows操作系统、Internet Explorer浏览器(IE)、Microsoft Office办公软件套件、SQL Server数据库软件和开发工具等。1999年推出了MSN网络即时信息客户程序,2001年推出Xbox游戏机,参与游戏终端机市场竞争。ASP使用的脚本语言是VBScript和JavaScript。借助Microsoft Visual Studio等开发工具在市场上的成功,ASP迅速成为了Windows系统下Web服务端的主流开发技术。

1997年,Sun公司推出Servlet技术,成为Java阵营的CGI解决方案。1998年,Sun公司又推出JSP技术,JSP允许在HTML页面中嵌入Java脚本代码,从而实现动态网页功能。2009年4月20日,甲骨文(Oracle)公司以74亿美元收购Sun公司。

2000年以后,随着Web应用程序复杂性的不断提高,人们逐渐意识到,单纯依靠某种技术,很难实现快速开发、快速验证和快速部署的效果,必须整合Web开发技术形成完整的开发框架或应用模型,来满足各种复杂的应用程序的需求。Web开发出现了几种主要的技术整合方式:MVC设计模式、门户服务和Web内容管理。Struts、Spring、Hibernate框架技术等都是开源世界里与MVC设计模式、门户服务和Web内容管理相关的优秀解决方案。

1.1.2 Web动态网页技术

动态网页技术是指运行在服务器端的Web应用程序,根据用户的请求,在服务器端进行动态处理后,把处理的结果以HTML文件格式返回给客户端。当前主流的三大动态Web开发技术是PHP、ASP/ASP.NET和JSP。

1. PHP

1994年Rasmus Lerdorf创建了PHP。1995年年初Personal Home Page Tools(PHP Tools)发布了PHP 1.0;1995年又发布PHP 2.0;1997年发布PHP 3.0;2000年,发布PHP 4.0;2009年发布PHP 5.3;2011年发布PHP 5.4。

PHP是一个基于服务端来创建动态网站的脚本语言,可以用PHP和HTML生成网站主页。当一个访问者打开主页时,服务端便执行PHP的命令并将执行结果发送至访问者的浏览器中,这类似于ASP和JSP。然而PHP和它们的不同之处在于PHP开放源码和跨越平台,PHP可以运行在Windows NT和多种版本的UNIX上。PHP消耗的资源较少,当PHP作为Apache Web服务器的一部分时,运行代码不需要调用外部二进制程序,服务器不需要承担任何额外的负担。

2. ASP/ASP.NET

活动服务器页面(Active Server Page,ASP)是一种允许用户将HTML或XML标记与

VBScript 代码或者 JavaScript 代码相结合生成动态页面的技术,用来创建服务器端功能强大的 Web 应用程序。当一个页面被访问时,VBScript/JavaScript 代码首先被服务器处理,然后将处理后得到的 HTML 代码发送给浏览器。ASP 只能建立在 Windows 的 IIS Web 服务器上。

ASP 是微软公司开发、用于代替 CGI 脚本程序的一种 Web 应用技术,可以与数据库和其他程序进行交互,是一种简单、方便的编程工具。ASP 是基于 Web 的一种编程技术,是 CGI 的一种。ASP 可以轻松地实现对页面内容的动态控制,根据不同的浏览者,显示不同的页面内容。1996 年,微软公司推出 ASP 1.0;1998 年,微软公司推出 ASP 2.0;1999 年,微软公司推出 ASP 3.0;2001 年,微软公司推出 ASP.NET。

ASP.NET 技术又称为 ASP+,它是在 ASP 的基础上发展起来的,是 ASP 3.0 的升级版本,保留 ASP 的最大优点并全力使其扩大化,是微软公司推出的新一代 Web 开发技术,是.NET 战略中的重要一员,它全新的技术架构使编程变得更加简单,是创建动态网站和 Web 应用程序的最好技术之一。

3. JSP

Java 服务器页面(Java Server Pages,JSP)是由 Sun 公司倡导、许多公司参与共同建立的一种动态网页技术标准。JSP 技术类似 ASP/ASP.NET 技术,它是在传统的网页(HTML 文件)中插入 Java 代码段和 JSP 标记,从而形成 JSP 文件。Web 服务器接收到访问 JSP 网页的请求时首先将 JSP 转化为 Servlet 文件,Servlet 文件经过编译后处理用户请求,然后将执行结果以 HTML 格式返回给客户。

1998 年,Sun 公司推出 JSP 0.9;1999 年推出 JSP 1.1;2000 年推出 JSP 1.2。现在主要使用的是 JSP 2.0。

自 JSP 推出后,许多大公司都宣布支持 JSP 技术的服务器,如 IBM、甲骨文、微软公司等,所以 JSP 迅速成为主流商业应用的服务器端动态 Web 技术。

> **想一想**:网页开发技术从静态发展到动态,实现了网页的交互性、自动更新,以及因时因人而变的灵活性,满足了人们对互联网日益增长的需求。你如何理解技术发展对社会、文化乃至人类发展的作用?

1.1.3 Web 应用程序的工作原理

JSP 页面是运行在服务器端的一种 Web 应用程序。在学习 JSP 技术前,先了解一下 Web 应用程序的工作原理。

目前,在 Internet 上的信息大多以网页形式存储在服务器上,通过浏览器获取网页内容,这是一种典型的 B/S(浏览器/服务器)模式。

B/S 模式的工作过程:客户端请求→服务器处理→对客户端响应。

B/S 模式工作时,浏览器提交请求,Web 服务器接收到请求后把请求提交给相应的应用服务器,由应用服务器调用相应的 Web 应用程序对客户端请求进行处理,将处理结果返回给 Web 服务器,Web 服务器将处理结果(网页)响应给客户端(浏览器)。Web 应用程序由动态网页技术开发,如 JSP、ASP、PHP 等,其工作原理如图 1-1 所示。

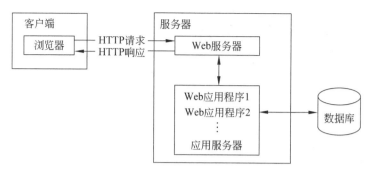

图 1-1　Web 应用程序的工作原理

1.2　JSP 基础知识

JSP 开发探秘

JSP 技术是由 Sun 公司倡导、许多公司共同参与建立的一种基于 Java 语言的动态 Web 应用开发技术,利用这一技术可以建立安全、跨平台的先进动态网页。JSP 是 Java EE 系统中的 Web 层技术,负责动态生成用户界面。JSP 页面在执行时采用编译方式,编译生成 Servlet 文件。

1.2.1　JSP 的工作原理

JSP 应用程序运行在服务器端。服务器端收到用户通过浏览器提交的请求后进行处理,再以 HTML 的形式返回给客户端,客户端得到的只是在浏览器中看到的静态网页。JSP 的工作原理如图 1-2 所示。

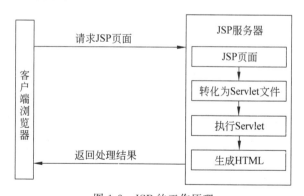

图 1-2　JSP 的工作原理

所有的 JSP 应用程序在首次载入时都被编译成 Servlet 文件,然后再运行,这个工作主要由 JSP 引擎完成。当第一次运行一个 JSP 页面时,JSP 引擎要完成以下操作。

(1) 当用户访问一个 JSP 页面时,JSP 页面将被编译成 Servlet 文件(Servlet 文件本身就是 Java 文件)。

(2) JSP 引擎调用 Java 编译器,编译 Servlet 文件为可执行的代码文件(.class 文件)。

(3) 用 Java 虚拟机(JVM)解释执行.class 文件,并将执行结果返回给服务器。

(4) 服务器将执行结果以 HTML 格式发送给客户端的浏览器。

由于一个 JSP 页面在第一次被访问时要经过编译成 Servlet 文件、Servlet 编译成可执行文件和.class 文件执行这几个步骤,所以客户端得到响应所需要的时间比较长。当该页面再次被访问时,它对应的.class 文件已经生成,不需要再次翻译和编译,JSP 引擎可以直接执行.class 文件。因此,JSP 页面的访问速度会大大提高。

1.2.2 JSP 的两种体系结构

Sun 公司早期提出了两种使用 JSP 技术建立 Java Web 应用程序的方式。

1. JSP Model 1

在 JSP Model 1 体系中,JSP 页面独自响应请求并将处理结果返回客户,JSP Model 1 模型结构图如图 1-3 所示。这里仍然存在显示与内容的分离,因为所有的数据存取都是由 JavaBean 来完成的。虽然 JSP Model 1 体系十分适合简单应用的需要,但它却不能满足复杂的大型 Java Web 应用程序的需要。不加选择地随意运用 JSP Model 1,会导致 JSP 页内被嵌入大量的脚本片段或 Java 代码。尽管这对于 Java 程序员来说可能不是什么大问题,但如果 JSP 页面是由网页设计人员开发并维护的,这就确实是个问题了。从根本上讲,将导致角色定义不清和职责分配不明,会给项目管理带来不必要的麻烦。

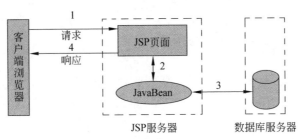

图 1-3 JSP Model 1 模型结构图

2. JSP Model 2

JSP Model 2 体系结构是一种把 JSP 与 Servlet 联合使用来实现动态内容服务的方法,模型结构图如图 1-4 所示。它吸取了两种技术各自的优点,用 JSP 生成表示层(View)的内容,让 Servlet 完成深层次的处理任务。Servlet 充当控制者(Controller)的角色,负责管理对请求的处理,创建 JSP 页面需要使用的 JavaBean 和对象,同时根据用户的动作决定把哪个 JSP 页面传给请求者。在 JSP 页面内没有处理逻辑,它仅负责检索原先由 Servlet 创建的对象或者 JavaBean,从 Servlet 中提取动态内容插入静态模板中。分离了显示和内容,明确了角色的定义以及实现了开发者与网页设计者的分开。项目越复杂,使用 JSP Model 2 体

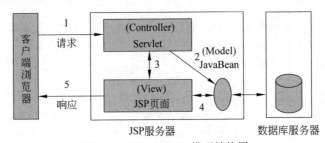

图 1-4 JSP Model 2 模型结构图

系结构的优势就越突出。

1.2.3 JSP 开发 Java Web 站点的主要方式

JSP 是 Java EE 的一部分,可用于开发小型的 Web 站点,也可用于开发大型的、企业级的应用程序。根据开发的目标程序不同,使用的开发方式也不同。JSP 开发 Web 站点主要有以下 5 种方式。

1. 直接使用 JSP

对于最小型的 Web 站点,可以直接使用 JSP 来构建动态网页,这种站点最为简单,如简单的留言板、动态日期。对于这种开发模式,一般可以将所有的动态处理部分都放置在 JSP 文件中。

2. JSP＋JavaBean

中型站点面对的是数据库查询、用户管理和少量的商业业务逻辑。对于这种站点,不能将所有的数据全部交给 JSP 页面来处理。在单纯的 JSP 中加入 JavaBean 技术将有助于这种中型站点的开发。利用 JavaBean 将很容易对诸如数据库连接、用户登录与注册、商业业务逻辑等进行封装。例如,将常用的数据库连接写成一个 JavaBean,既方便了使用,又可以使 JSP 文件简单而清晰。

3. JSP＋Servlet＋JavaBean

无论使用 ASP.NET 还是 PHP 开发动态网站,长期以来都有一个比较重要的问题,就是网站的逻辑关系和网站的显示页面不容易分开。在逻辑关系异常复杂的网站中,借助于 JSP 和 Servlet 良好的交互关系和 JavaBean 的协助,完全可以将网站的整个逻辑结构放在 Servlet 中,而将动态页面的输出放在 JSP 页面中来完成。在这种开发方式中,一个网站可以有一个或几个核心的 Servlet 来处理网站的逻辑,通过调用 JSP 页面来完成客户端的请求。

4. Java EE 开发模型

在 Java EE 开发模型中,整个系统可以分为 3 个主要的部分:视图、控制器和模型。视图就是用户界面部分,主要处理用户看到的界面。控制器负责网站的整体逻辑,用于管理用户与视图发生的交互。模型是应用业务逻辑部分,主要由 EJB 负责完成,借助于 EJB 强大的组件技术和企业级的管理控制,开发人员可以轻松地创建出可重用的业务逻辑模块。

5. 框架整合应用

目前,软件企业在招聘 Java 工程师时,几乎无一例外地要求应聘人员具备 Java Web 框架技术的应用能力,所以 Java Web 框架技术应用是 Java 工程师必备的技能。SSH(Struts、Spring、Hibernate)是目前软件公司常用的 3 个主流开源框架,许多软件公司使用 SSH 进行项目开发,这也是目前最流行的开发模式。

1.3 简单的 JSP 应用实例

下面编写一个简单的 JSP 页面,页面运行效果如图 1-5 所示,代码如例 1-1 所示。该程序使用 NetBeans 和 Eclipse 开发,有关 NetBeans 和 Eclipse 的使用请参考第 2 章。

【例 1-1】 第一个 JSP 页面(firstJSP.jsp)。

```
<!--page指令的使用,属性import导入Date类-->
```

图 1-5　第一个 JSP 页面运行效果

```
<%@ page contentType="text/html" pageEncoding="UTF-8" import="java.util.Date"%>
<html>
    <head>
        <meta http-equiv="Content-Type" content="text/html; charset=UTF-8">
        <title>我的第一个 JSP 页面</title>
    </head>
    <body>
        <h3>JSP 技术带你进入动态网页时代!</h3>
        <!--在 JSP 页面中进行变量声明-->
        <%
            String st="我将成为一名优秀的 Java Web 工程师!";
            String st1="一分耕耘,一分收获!Are you ready?";
        %>
        <hr>
        <!--使用表达式在页面上输出数据-->
        <%=st%>
        <br>
        <%=st1%>
        <hr>
        <!--实例化对象-->
        <%Date date=new Date();%>
        <!--输出计算机当前系统的时间-->
        <%=date%>
    </body>
</html>
```

1.4　项目实训

1.4.1　项目描述

登录页面实现

本项目实现一个登录页面,页面文件名为 login.html,项目的文件结构如图 1-6 所示,页面运行效果如图 1-7 所示。本项目分别使用 NetBeans 和 Eclipse 开发,使用 NetBeans 开发的项目名称为 ch01,如图 1-6 所示;使用 Eclipse 开发的项目名称为 ch1。

图 1-6 项目文件结构图

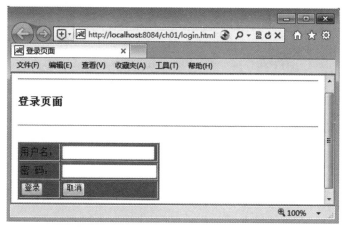

图 1-7 登录页面

1.4.2 学习目标

本实训的主要学习目标是使用 1.3 节的知识并参考第 2 章和第 3 章内容编写一个 HTML 页面,激发学生的自学兴趣,通过自学第 2 章和第 3 章的知识达到巩固已学知识以及预习新知识的目的。

1.4.3 项目需求说明

本项目实现一个静态登录页面,用户可以在其中输入用户名和密码,页面提供"登录"和"取消"按钮。

1.4.4 项目实现

【例 1-2】 登录页面(login.html)。

```
<html>
    <head>
```

```html
				<title>登录页面</title>
				<meta http-equiv="Content-Type" content="text/html; charset=UTF-8">
		</head>
		<body>
				<hr>
				<h3>登录页面</h3>
				<hr>
				<form name="" action ="" method="post">
						<table border="1">
								<tr>
										<td>用户名:</td>
										<td><input type ="text" name="userName" size="20"></td>
								</tr>
								<tr>
										<td>密    码:</td>
										<td>
										<input type ="password" name="userPassword" size="22">
										</td>
								</tr>
								<tr>
										<td><input type="submit" name="submit" value="登录"></td>
										<td><input type="reset" name="reset" value ="取消"></td>
								</tr>
						</table>
				</form>
		</body>
</html>
```

1.4.5 项目实现过程中应注意的问题

在编写项目代码时,首先,应注意 HTML 或者 JSP 文件不能新建在 META-INF 和 WEB-INF 文件夹中,否则文件将不能运行,一般会提示 404 错误,即找不到文件错误。其次,为了支持中文字符,＜meta http-equiv="Content-Type" content="text/html; charset= UTF-8"＞中 charset 的属性值应为 GB2312 或者 UTF-8。最后,要正确使用 HTML 的标签。

1.4.6 常见问题及解决方案

1. HTML 标签和属性值拼写错误

HTML 标签和属性值拼写错误如图 1-8 所示。

解决方案:在初学网页制作时,由于对标签不熟悉或者输入时不小心,容易把标签名、属性名或者属性值输入错误,以至出现类似图 1-8 所示的情况,即页面显示的内容不是我们需要的结果。解决方法是根据异常提示信息查找错误,重新输入正确的标签名称、属性名称、属性值。

2. HTML 标签的嵌套关系错误

HTML 标签的嵌套关系错误如图 1-9 所示。

解决方案:在编写网页时,由于使用的标签嵌套关系错误会出现该异常,导致需要显示

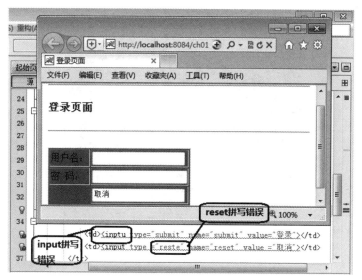

图 1-8 HTML 标签和属性值拼写错误

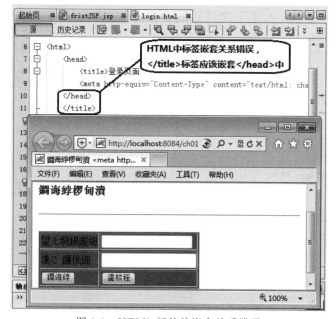

图 1-9 HTML 标签的嵌套关系错误

的内容不能显示出来或者显示的不是需要的页面效果。解决方法是正确使用标签的嵌套关系。

1.4.7 拓展与提高

为表格添加背景颜色、为页面添加背景图片以及添加权限管理功能,效果如图 1-10 所示。

图 1-10　功能扩展后的登录页面

1.5　课外阅读（中国互联网发展简史）

1.5.1　1980—1994 年，中国互联网的萌芽阶段

（1）1987 年，CANET 在北京计算机应用技术研究所内正式建成中国第一个国际互联网电子邮件节点，并于 9 月 14 日发出了中国第一封电子邮件："Across the Great Wall we can reach every corner in the world."（越过长城，走向世界），揭开了中国人使用互联网的序幕。

（2）1988 年，中国第一个 X.25 分组交换网 CNPAC 建成，当时覆盖北京、上海、广州、沈阳、西安、武汉、成都、南京、深圳等城市。

（3）1990 年，钱天白教授代表中国在国际互联网络信息中心正式注册登记了顶级域名 CN，从此中国的网络有了自己的身份标识。由于当时中国尚未实现与国际互联网的全功能连接，中国 CN 顶级域名服务器暂时建在了德国卡尔斯鲁厄大学。

小结：在中国互联网的萌芽期，互联网的研究几乎都是通过各国科研机构的学术交流来推动发展，真正触及普通人，还是个全新的事物，那么互联网概念的普及以及商业模式的探索就成为新时代的使命。

1.5.2　1994—2000 年，中国互联网的初创阶段

（1）1994 年 4 月，中国通过一条 64K 的国际专线接入国际互联网，中国互联网诞生。此事被中国新闻界评为"1994 年中国十大科技新闻"之一，被国家统计公报列为 1994 年中国重大科技成就之一。

（2）1994 年 5 月，中国科学院高能物理研究所设立了国内第一个 Web 服务器，推出中国第一套网页，内容除介绍中国高科技发展外，还有一个栏目叫 Tour in China。此后，该栏目改名为《中国之窗》。

（3）1995 年，被称为"中国信息行业开拓者"的张树新创立中国第一家互联网服务供应商——瀛海威，从此对互联网还是茫然无知的中国普通百姓开始接触互联网，同年马云、张

瑛、何一兵等人在杭州创办了中国第一家互联网商业信息发布网站"中国黄页"。

（4）1996年，张朝阳在美国风险资金的支持下，回国创建了爱特信公司，并于1998年正式推出搜狐网。

（5）1997年，26岁的丁磊创办了网易公司。在丁磊的主导下，网易先后推出了免费主页、免费域名、免费信箱、虚拟社区等服务。

（6）1998年9月，王志东约见海外最大华人网站"华渊资讯"总裁姜丰年，两人碰撞出一个共同理念：创建全球最大的中文网站，12月新浪网成立。

（7）1998年11月，马化腾、张志东等人创办腾讯公司，次年即时通信社交软件OICQ正式上线。就在OICQ席卷中国社交通信市场之时，ICQ的母公司美国在线一纸诉状将腾讯公司告上法庭，要求OICQ改名，这才有了后来的腾讯QQ。

（8）1999年9月，在经历了3次创业失败后，马云毅然辞去外经贸部的公职，带领十八罗汉回到杭州再次创业，成立了阿里巴巴。

（9）1999年，身在美国硅谷的李彦宏看到中国互联网的巨大发展潜力，携搜索引擎专利技术回国，2020年1月创办了全球最大的中文搜索引擎网站百度。如今的百度，已成为中国最受欢迎、影响力最大的中文网站之一。

小结：在中国互联网的初创阶段，未来的道路是光明还是黑暗，谁也说不准，大多数人只敢观望，然而却有一批人敢为天下先，他们怀抱理想投身创业大潮，从而掀起了中国互联网的时代浪潮，无数互联网人的砥砺前行逐步建立起普通大众对互联网的认知度和接受度，奠定了中国互联网的基础，而李彦宏的百度，也标志着中国互联网开始从四大门户到搜索的历史性转变。

1.5.3　2000—2010年，中国互联网进入快速发展期

（1）2000年，腾讯QQ注册用户突破千万，三大门户网站网易、搜狐、新浪相继上市。9月，互联网泡沫危机达到最高潮，美股大幅下跌，互联网的第一浪拍在岸上化为泡沫。

（2）2001年3月，搜狐股票由12美元发行价跌破1美元，CEO张朝阳自掏腰包买股票，不是为了救市，"就是图便宜，很划算"。

（3）2001年6月，新浪股价也跌破1美元，创始人王志东被解除职位。

（4）2001年9月，网易股价由15美元跌到64美分，丁磊计划出售网易，但因财务审计问题未成功。

（5）在2000—2002年互联网泡沫期，中国移动推出"移动梦网计划"，各服务提供商积极参与，获取分成，得以顺利度过互联网寒冬，为推动商业模式探索赢得了时间。

（6）2001年9月，盛大网络的大型网络游戏《传奇》公开测试，从此掀起了中国网游的序幕。

（7）2002年5月，玄幻文学协会创立了起点中文网，为日后被孵化的IP搭好了窝。

（8）2002年年底，邹胜龙与程浩在美国的硅谷创建迅雷下载软件。

（9）2003年1月，"非典"爆发，无意间推动了电子商务与网络游戏的发展，2003年5月阿里巴巴趁势推出淘宝网。

（10）2003年8月，晋江文学城成立，定位女性文学网站。

（11）2003年11月，腾讯网成立，作为门户网站的后起之秀，很快依靠新闻资讯服务而

后来居上。

(12) 2003年12月,百度贴吧上线,催生了"粉丝文化"。"超级女声"热播,大规模粉丝在贴吧为偶像拉票。

(13) 2004年1月,京东开辟电子商务领域创业实验田,京东多媒体网正式开通。同年,谢振宇推出酷狗音乐,不到半年时间,就取得了10万人同时在线的骄人成绩。

(14) 2004年11月,中国最早的专业视频网站——乐视网成立,视频时代开始。

(15) 2005年是一个分水岭,社交网络开始割据BBS的地盘。大批的社交型互联网产品诞生:博客中国、天涯、人人网、开心网和QQ空间。

(16) 2005年3月,分类信息网站赶集网正式上线。7月,姚劲波离开万网创立58同城。

(17) 2005年8月,雷鸣与怀奇两人共同创立的酷我音乐上线。同年,王微创立视频分享网站土豆网。

(18) 2006年6月,王小川团队开发的搜狗拼音输入法正式上线,首创的"互联网词库"大大提升了输入的准确度和工作效率,给输入法市场带来革命性的推动。

(19) 2006年8月,周鸿祎出任奇虎360董事长,推出360安全卫士,并通过免费的商业模式,超过瑞星、江民、卡巴斯基等传统杀毒软件企业,颠覆了传统互联网安全概念。

(20) 2006年12月,古永锵创立的优酷视频正式上线。

(21) 2008年11月,一个自称中本聪(Satoshi Nakamoto)的人贴出了一篇研讨陈述,给出了他对电子货币的新设想——比特币就此面世。

(22) 2009年11月11日,淘宝商城举办促销活动,营业额高达0.5亿元,于是每年的11月11日成为淘宝商城必定的大规模促销活动日。

(23) 2010年4月,爱奇艺视频网站上线,成为了中国最大的综合视频和娱乐服务平台。

(24) 2010年,各类团购网站如雨后春笋般涌现,由于市场竞争激烈以及背后资本的踊跃,在互联网上掀起颇具规模的"百团大战"。

小结:当艰难度过互联网泡沫期之后,中国互联网的主要商业模式逐渐确立并成熟起来,广告、网游、搜索引擎和电商成为4种典型的商业模式,互联网商业价值不断获得突破性增长,互联网生态也开始慢慢向前推进。"内容为王"的时代慢慢过去,开始转向"关系为王"的Web 2.0。互联网的角色关系也开始转变,内容的缔造者不再只是网站,个体用户也可以参与其中,逐步通过内容来拓展自己的关系链,也就是我们常说的社交网络时代。

1.5.4　2010年至今,中国互联网进入成熟繁荣期

(1) 2010年6月,iPhone4发布,摘下诺基亚N97机王的桂冠。手机开始全新时代,创业公司乘着智能手机之风扶摇直上。

(2) 2010年10月,在移动互联网的转型浪潮中,脱胎于门户时代的腾讯新闻App,一跃成为"国民级"应用。

(3) 2011年1月,一款为智能手机量身定做的通信软件——微信横空出世。

(4) 2011年3月,快手上线,起初是专门制作GIF的工具。

(5) 2011年7月,支付宝推出条码支付。

(6) 2011年12月,微博实名制管理文件出台。此后,"冲浪板需要上牌照了"。

(7) 2012年,中国互联网络信息中心报告显示,手机网民规模为4.2亿,手机网民首次超越PC用户,手机成为中国网民的第一上网终端,这预示着移动互联网的爆发。

(8) 2012年3月,今日头条创始人张一鸣注册成立字节跳动科技,并开始孵化今日头条。

(9) 2012年4月,微信朋友圈功能正式上线;2012年8月微信公众平台上线,正式拉开了全民自媒体时代。

(10) 2012年6月,快的打车问世;2012年9月,滴滴打车问世。

(11) 2012年11月,快手从纯粹的GIF小工具正式转型为短视频社区,掀起了短视频行业的发展序幕。

(12) 2013年8月,微信5.0版本发布,新增支付功能。2013年年底靠抢红包功能,微信强势抢占移动支付领域半边天。

(13) 2014年滴滴和快的引发打车软件百亿元烧钱大战,疯狂抢夺用户资源。随后O2O领域的美团和饿了么又约起了一场新的战役,广大网民们深深地感受到了互联网烧钱的速度。

(14) 2015年3月,十二届全国人大三次会议上,李克强总理在政府工作报告中首次提出"互联网+"行动计划,推动移动互联网、云计算、大数据、物联网等与现代制造业结合,促进电子商务、工业互联网和互联网金融健康发展,引导互联网企业拓展国际市场。

(15) 2015年6月,OfO上线。

(16) 2015年9月,拼多多上线。

(17) 2016年,自媒体领域进入"百家争鸣"的时代。今日头条推出头条号引发自媒体领域陷入混战引流时代。2016年6月,趣头条上线,以"刷新闻赚现金"的噱头结合农村包围城市式的战略一路逆袭,成为了仅次于今日头条的存在。同年"魏则西事件"将百度推到了舆论危机边缘之上,并引发网民对网络平台监管的大讨论。

(18) 2016年9月,抖音上线,2017年春节抖音完成初期的磨刀试验,开始大举压上资源进军短视频行业。

(19) 2016年10月,网易论坛关闭,对"80后"来说这是一个时代的终结。

(20) 2017年10月,乐视网巨亏。

(21) 2018年,众多互联网企业再次进入寒冬并开始大量裁员,而黄峥带领拼多多从电商豪强中异军突起,市值超越京东,逼近阿里巴巴。

(22) 2018年6月,快手全资收购AcFun。

(23) 2018年9月,QQ宠物正式下线。"主人,我不能再陪伴你了,陪伴你的每一天都将成为我的宝藏。"

(24) 2018年11月,人人公司宣布2000万美元出售人人网全部资产。

(25) 2018年年底,OfO深陷资金危机。

(26) 2019年5月,百度贴吧发布公告:因系统维护,2017年1月1日以前的帖子暂时无法访问。"盖过的高楼、加精的帖子,所有的爱恨情仇都没了痕迹。"

(27) 2019年5月,微信月活用户突破11亿。也就是说,全球每7个人中,至少1个用微信。

(28) 2019 年 6 月,工信部向中国移动、中国联通等发放 5G 商用牌照,中国正式进入 5G 商用元年。

(29) 2019 年 8 月,华为正式发布操作系统鸿蒙 OS。

(30) 2019 年似乎不是好过的一年。截至 2019 年年底,又有 327 家公司关闭,包括熊猫直播、暴风影音、全峰快递等知名公司。"每有一朵前浪拍在沙滩上,就意味着后浪更加澎湃。"

(31) 2020 年 2 月,新冠肺炎疫情爆发,阿里巴巴和腾讯响应国家号召,开发并上线了免费社区疫情防控小程序——"健康码"。

(32) 2020 年 4 月,中国第一代网红罗永浩在抖音直播间带货 1.1 亿元;其后 100 多位县长、市长走进直播间为当地产品"代言"。在疫情防控带来的宅经济下,直播带货迅速在各行各业得到应用。

(33) 随着疫情的来临,被限制在家的人们开始培养出新的消费习惯——社区团购,互联网巨头们开始了社区团购大战。2020 年 5 月,滴滴成立橙心优选;2020 年 7 月,美团推出美团优选;2020 年 8 月,拼多多旗下的多多买菜正式在武汉、南昌试点运营;2020 年 10 月底,阿里巴巴的盒马优选正式上线;2020 年 12 月,刘强东也提出要亲自下场带队,打好社区团购一仗。

(34) 2020 年 7 月,美国以"国家安全"为由,要求 TikTok 出售给美国企业,或者退出美国市场。

(35) 2020 年 11 月,在美国的制裁下,华为选择壮士断腕,被迫出售荣耀手机业务。2020 年 12 月手机鸿蒙系统 OS 2.0 正式开放 Beta 测试版本。

小结:从微博的盛行,到 2012 年移动互联网的爆发,移动应用与消息流型社交网络并存,真正体现了互联网的社会价值和商业价值,呈现空前繁荣的景象。在繁荣的同时,我们也要看到隐藏的"危机":一方面经济全球化遭遇逆流,中国企业出海迎来挑战,从华为公司到 TikTok,国际环境日趋复杂严峻;另一方面突如其来的疫情也对传统的互联网生态提出了挑战,迫使行业进行模式与结构的优化与迭代更新。远程办公、在线视频会议、多人协作平台、在线教育、生鲜电商及非接触式配送等新互联网模式高速发展,使得经济社会数字化进程提速。

1.6 小 结

本章主要介绍 Web 技术的基础知识,为今后的学习奠定基础。通过本章的学习,应该掌握以下内容。

(1) Web 技术的发展史。

(2) 常用的动态网页技术。

(3) Web 应用程序的工作原理。

(4) JSP 的工作原理。

(5) JSP 的体系结构与常见的开发方式。

总之,本章是对 Java Web 开发以及后续章节学习的铺垫,通过本章学习,应理解 Web 技术的基础知识。

1.7 习　　题

1.7.1 选择题

1. Web 技术的设想于(　　)年提出。
   A. 1954　　　　　B. 1969　　　　　C. 1989　　　　　D. 1990
2. JSP 页面在第一次运行时被 JSP 引擎转化为(　　)文件。
   A. HTML　　　　B. CGI　　　　　C. CSS　　　　　D. Servlet
3. Java EE 体系中 Web 层技术是(　　)。
   A. HTML　　　　B. JavaBean　　　C. EJB　　　　　D. JSP

1.7.2 填空题

1. 当前主流的三大动态 Web 开发技术是 PHP、ASP/ASP.NET 和_____。
2. JSP 的两种体系结构是_____和_____。
3. JSP 开发 Web 站点的主要方式有直接 JSP、JSP＋JavaBean、_____、_____和 SSH。

1.7.3 简答题

1. 简述 JSP 的工作原理。
2. 简述 JSP 的两种体系结构。
3. 简述 JSP 开发 Web 站点的主要方式。

1.7.4 实验题

1. 使用 HTML 标签编写一个扩展名为 html 的静态页面,在该页面中输出"知识改变命运,学习改变生活!"。
2. 使用 JSP 技术编写一个扩展名为 jsp 的动态页面,在该页面中输出"知识改变命运,学习改变生活!"。

第 2 章　JSP 常用开发环境介绍

开发和运行 Java Web 应用程序需要多种工具和技术，如开发 JSP 应用程序可以使用 NetBeans、Eclipse、MyEclipse 等集成开发平台。实现数据库管理可使用 MySQL、Microsoft SQL Server、Oracle 等数据库。JSP 应用程序可以部署在 Tomcat、JBoss、WebLogic 以及 IBM 公司的 WebSphere Application Server 和 Oracle 公司的 Sun Java System Application Server 等服务器上。本章主要介绍开发和部署 JSP 应用程序所需的常用软件。

本章主要内容如下所示。
（1）JDK 的安装配置。
（2）NetBeans 的开发环境。
（3）Eclipse 的开发环境。
（4）MyEclipse 的开发环境。
（5）Tomcat 服务器。

JSP 环境简介

2.1　JSP 环境介绍

开发、运行 JSP 应用程序的相关软件对系统硬件的最低要求是：处理器 Intel Pentium Ⅲ，500 MHz；512MB 内存；1GB 磁盘空间。软件需求包括操作系统和 Java Web 开发软件两方面。

1. 操作系统

支持 JSP 运行的操作系统包括：
Windows 2000 Server/Server 2003；
Windows XP；
Windows Vista 或者 Windows 7；
UNIX；
Linux 等。
可以根据自己的需要选择相应的操作系统。

2. 软件需求

本书中开发 JSP 程序涉及的软件及其版本最低要求如下：
JDK 1.5 及以上版本；
Tomcat 5.0 及以上版本；
Eclipse 3.0 及以上版本；
NetBeans 5.0 及以上版本；
MyEclipse 6.0 及以上版本。
本书选用的是 JDK 8、NetBeans 8、Eclipse 4、MyEclipse 10、Tomcat 8。

2.2 JDK 概述

JDK 是开发 Java 应用程序的工具,安装 JDK 后才可进行 Java Web 应用程序的开发。

2.2.1 JDK 简介与下载

JDK 是一个可以编译、调试、运行 Java 应用程序或者 Applet 程序的开发环境。它包括一个处于操作系统层之上的运行环境以及开发者编译、调试和运行 Java 程序的工具。自从 Java 推出以来,JDK 已经成为使用最广泛的 Java SDK。JDK 是整个 Java 的核心,包括 Java 运行环境、Java 工具和 Java 的基础类库。无论什么 Java 应用服务器其实质都是内置了某个版本的 JDK。最主流的 JDK 是 Sun 公司发布的 JDK,除了 Sun 公司之外,还有很多公司和组织都开发了自己的 JDK,例如,IBM 公司开发的 JDK。

Sun 公司从 JDK 5.0 开始,提供了简化的 for 语句、泛型等非常实用的功能,其版本也不再延续以前的 1.2、1.3、1.4,而是变成了 5.0、6.0。从 6.0 版本开始,其运行效率得到非常大的提高,尤其是在桌面应用方面。

1999 年,Sun 公司推出 JDK 1.3 后,将 Java 平台划分为 J2ME、J2SE 和 J2EE,使 Java 技术获得最广泛的应用。

1. J2ME(嵌入式平台)

J2ME(Java 2 Micro Edition)是适用于小型设备和智能卡的 Java 2 嵌入式平台,用于智能卡业务、移动通信、电视机顶盒等。

2. J2SE(标准平台)

J2SE(Java 2 Standard Edition)是适用于桌面系统的 Java 2 标准平台。J2SE SDK 也简称为 JDK,它包含 Java 编译器、Java 类库、Java 运行时环境和 Java 命令行工具。

3. J2EE(企业级平台)

J2EE(Java 2 Enterprise Edition)是 Java 2 的企业级应用平台,提供分布式企业级软件组件架构的规范,具有 Web 的性能,具有更高的特性、灵活性、简化的集成性、便捷性。

从 JDK 5.0 后,一般把这 3 个平台称为 Java ME、Java SE、Java EE。

本书使用的是支持 Windows 7 操作系统的 JDK 8。Java SE 的 JDK 8 可以在 http://www.oracle.com/technetwork/java/javase/downloads/index.html 网站下载,如图 2-1 所示。

备注:因为 2014 年 4 月微软公司正式让 Windows XP 退役,所以 JDK 8 不支持 Windows XP,安装 JDK 8 时必须安装其他版本的 Windows 操作系统,如 Windows 7、Windows 8。

2.2.2 JDK 的安装与配置

1. JDK 的安装

在下载文件夹中双击文件 jdk-8-windows-i586.exe 即开始安装。具体安装步骤如下。

(1) 双击 jdk-8-windows-i586.exe 文件,弹出"安装向导"对话框,如图 2-2 所示。

(2) 单击"下一步"按钮,弹出如图 2-3 所示的"定制安装"对话框,单击"更改"按钮可以选择 JDK 的安装路径,也可以使用默认安装路径。

图 2-1　JDK 下载页面

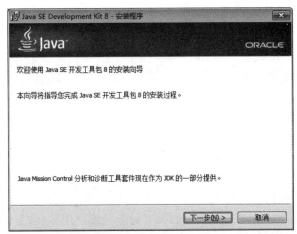

图 2-2　安装向导

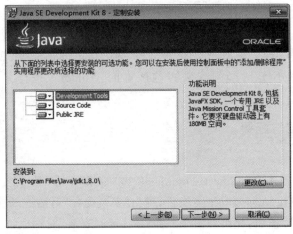

图 2-3　"定制安装"对话框

（3）单击"下一步"按钮进行安装,弹出如图 2-4 所示的"目标文件夹"对话框,选定安装路径后,单击"下一步"按钮继续安装,安装完成后弹出如图 2-5 所示的"完成"对话框。

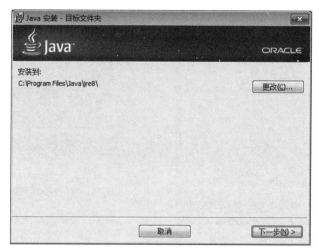

图 2-4　"目标文件夹"对话框

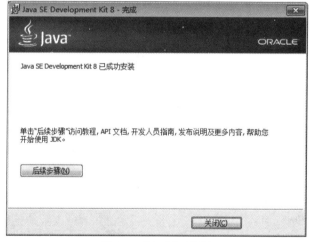

图 2-5　"完成"对话框

2. JDK 的配置

安装完成 JDK 后,必须设置环境变量并测试 JDK 配置是否成功,具体步骤如下。

（1）右击"我的电脑",选择"属性"菜单项。在弹出的"系统属性"对话框中选择"高级"选项卡,单击"环境变量"按钮,将弹出"环境变量"对话框,如图 2-6 所示。

（2）在"环境变量"对话框中的"系统变量"区域内,查看并编辑 Path 变量,在其值前面添加"C:\Program Files\Java\jdk1.8.0\bin；",如图 2-7 所示。最后单击"确定"按钮返回。其中,"C:\Program Files\Java"是 JDK 安装的路径,也是默认安装路径。Java 平台提供的可执行文件都放在 bin 包内。配置好 Path 变量后,系统如果需要处理 Java 应用程序,如用 javac、java 等命令编译或者执行 Java 应用程序时,就能够直接找到所需的可执行文件。

图 2-6 "环境变量"对话框

图 2-7 查看并编辑 Path 变量

（3）在"环境变量"对话框中，单击"系统变量"区域中的"新建"按钮，将弹出"新建系统变量"对话框。在"变量名"文本框中输入 classpath，在"变量值"文本框中输入".；C:\Program Files\Java\jdk1.8.0\lib"，最后单击"确定"按钮完成 classpath 的创建，如图 2-8 所示。其中"."代表当前路径。lib 包是 JDK 类库的路径。JDK 提供的庞大类库可以供开发人员使用，当需要使用 JDK 提供的类库时，需要设置 classpath。

（4）新建一个系统变量，在"变量名"文本框中输入 JAVA_HOME，在"变量值"文本框中输入"C:\Program Files\Java\jdk1.8.0"，如图 2-9 所示。设置 JAVA_HOME 是为了方便引用路径。例如，JDK 安装在"C:\Program Files\Java\jdk1.8.0"目录里，则设置 JAVA_HOME 为该路径，那么以后要使用这个路径时，只需输入％JAVA_HOME％即可，避免每次引用都输入很长的路径串。

图 2-8 设置 classpath

图 2-9 设置 JAVA_HOME

（5）测试 JDK 配置是否成功。单击"开始"菜单中的"运行"菜单项，在弹出的"运行"对话框中输入 cmd 命令，单击"确定"按钮后进入 MS-DOS 命令窗口。进入任意目录后输入 javac 命令，按 Enter 键，系统会输出 javac 命令的使用帮助信息，如图 2-10 所示。这说明 JDK 配置成功，否则应检查以上步骤是否有误。

图 2-10　javac 命令的使用帮助信息

2.3　NetBeans 开发环境

用 NetBeans 进行 JSP 开发

　　NetBeans 是一个为软件开发者设计的自由、开放的 IDE（集成开发环境），可以在这里获得许多需要的工具，如建立桌面应用、企业级应用、Java Web 开发和 Java 移动应用程序开发、C/C++ 等。

2.3.1　NetBeans 简介与下载

　　NetBeans 是一个始于 1997 年的 Xelfi 计划，本身是捷克布拉格查理大学（Charles University）数学及物理学院学生的计划。此计划延伸并成立了一家公司进而发展了商用版本的 NetBeans IDE，直到 1999 年 Sun 公司收购此公司。Sun 公司 2000 年 6 月将 NetBeans IDE 开放为公开源码，直到现在 NetBeans 的社群依然持续增长，而且更多个人及企业使用 NetBeans 作为程序开发的工具。NetBeans 是开源社区以及开发人员和客户社区的家园，旨在构建世界级的 Java IDE。NetBeans 当前可以在 Solaris、Windows、Linux 和

Macintosh OS/X 平台上进行开发，并在 SPL（Sun 公用许可）范围内使用。网站 http://www.netbeans.org 已经获得业界广泛认可，并支持 NetBeans 扩展模块中大约 100 多个模块。

作为一个全功能的开放源码 Java IDE，NetBeans 可以帮助开发人员编写、编译、调试和部署 Java 应用，并将版本控制和 XML 编辑融入其众多功能之中。NetBeans 可支持 Java 平台标准版（Java SE）应用的创建、采用 JSP 和 Servlet 的 2 层 Web 应用的创建，以及用于 2 层 Web 应用的 API 及软件的核心组件的创建。此外，NetBeans 最新版本还预装了多个 Web 服务器，即 Tomcat 和 GlassFish 等，从而免除了烦琐的配置和安装过程。所有这些都为 Java 开发人员创造了一个可扩展的、开放源代码的、多平台的 Java IDE，以支持他们在各自所选择的环境中从事开发工作。

NetBeans 官方网站下载地址是 https://netbeans.org 或者 https://www.oracle.com，其中一个下载界面如图 2-11 所示。可根据需要下载合适版本的 NetBeans。本书使用的是 NetBeans 8.0 版本。

图 2-11　NetBeans 下载页面

2.3.2　NetBeans 的安装与使用

1. NetBeans 的安装

在下载文件夹中双击文件 netbeans-8.0-windows.exe 即开始安装。具体安装步骤如下。

（1）双击 netbeans-8.0-windows.exe 文件，进行参数传送后，弹出如图 2-12 所示的"定制"对话框，单击"定制"按钮，根据业务需要选定所需的组件功能（建议单击"定制"按钮，在弹出的对话框中选择"运行时"的 Apache Tomcat 8.0.3 前面的复选框，不选 GlassFish Server Open Source Edition 4.0 前面的复选框），选择后单击"下一步"按钮弹出如图 2-13 所示的"许可证协议"对话框。

（2）选定图 2-13 中的"我接受许可证协议中的条款"复选框后，单击"下一步"按钮，选择是否安装 Junit 后单击"下一步"按钮，弹出如图 2-14 所示的"安装路径选择"对话框，单击"浏览"按钮选择 NetBeans 的安装路径，也可以使用默认路径。如果系统中已安装多

图 2-12 "定制"对话框

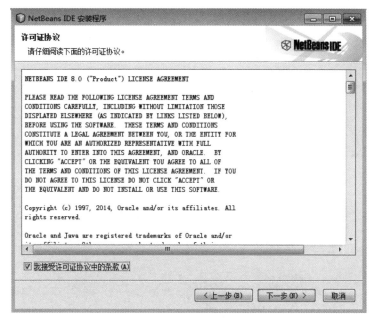

图 2-13 "许可证协议"对话框

个 JDK，单击"用于 NetBeans IDE 的 JDK"后面的"浏览"按钮选择要使用的 JDK。单击图 2-14 中的"下一步"按钮，弹出如图 2-15 所示的"Apache Tomcat 8.0.3 安装"对话框，在该对话框的"将 Apache Tomcat 安装到"文本框中输入服务器的安装路径，也可以使用默认路径。

（3）单击图 2-15 所示对话框中的"下一步"按钮，弹出如图 2-16 所示的"概要"对话框，

图 2-14 "安装路径选择"对话框

图 2-15 "Apache Tomcat 8.0.3 安装"对话框

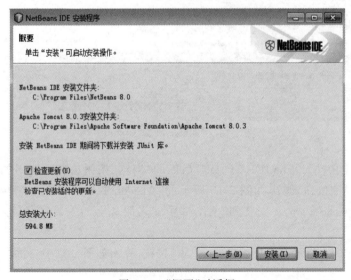

图 2-16 "概要"对话框

单击"安装"按钮后,经过数分钟的安装会弹出如图 2-17 所示的"安装完成"对话框,单击"完成"按钮完成 NetBeans 的安装。

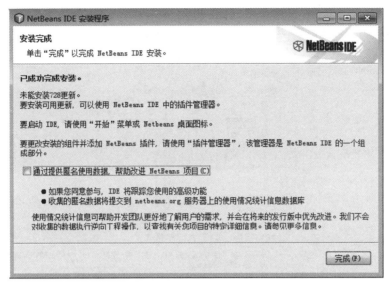

图 2-17 "安装完成"对话框

2. NetBeans 的使用

安装 NetBeans 后,双击打开它,出现如图 2-18 所示的 NetBeans 主界面。这时,可以使用菜单项对 IDE 进行设置并使用。

图 2-18 NetBeans 主界面

(1)单击图 2-18 所示界面中的菜单"文件"→"新建项目",弹出如图 2-19 所示的"选择项目"对话框,在"选择项目"中的"类别"框中选择 Java Web,在"项目"框中选择"Web 应用程序",单击"下一步"按钮弹出如图 2-20 所示的"名称和位置"对话框。

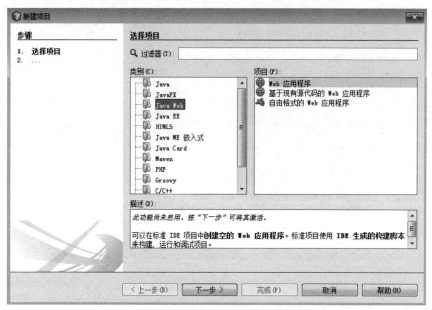

图 2-19 "选择项目"对话框

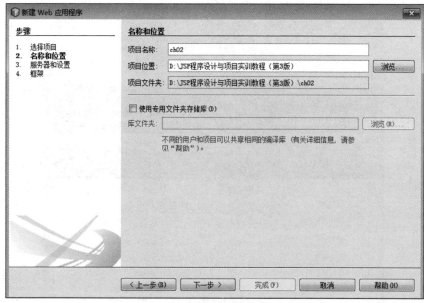

图 2-20 "名称和位置"对话框

(2)在图 2-20 所示的对话框中,可以对项目的名称以及路径进行设置。在"项目名称"文本框中为 Java Web 项目命名,可以使用项目默认名,也可以根据项目的需要另行命名。在"项目位置"文本框中对项目位置进行选择,可以使用默认路径,也可以自己选定路径。单击"下一步"按钮弹出如图 2-21 所示的"服务器和设置"对话框。

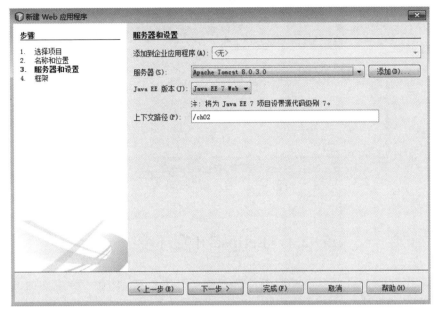

图 2-21 "服务器和设置"对话框

（3）在图 2-21 所示的对话框中，可以在"服务器和设置"的"服务器"框中，选择 Web 程序运行时使用的服务器。下拉框中有 IDE 自带的服务器，可以使用默认的服务器，也可以单击"添加"按钮选择其他服务器；在"Java EE 版本"下拉列表中，选择需要的 Java EE 版本；在"上下文路径"中设定项目路径。设置好后单击"下一步"按钮或者"完成"按钮完成项目创建，将弹出如图 2-22 所示界面。

图 2-22 项目开发主界面以及程序

（4）在图 2-22 所示界面中的 NetBeans 编辑器中，替换＜title＞标签中的内容为"＜title＞HTML 页面＜/title＞"；替换＜h1＞标签中的内容为"＜h1＞NetBeans 8 工具的使用＜/h1＞"；修改后运行 HTML 页面，运行效果如图 2-23 所示。

图 2-23　程序运行效果

2.4　Eclipse 开发环境

用 Eclipse 进行 JSP 开发

Eclipse 平台是 IBM 公司向开源码社区捐赠的开发框架,它是一个成熟的、精心设计的、可扩展的体系结构。

2.4.1　Eclipse 简介与下载

1998 年,IBM 公司开始了下一代开发工具技术探索之路,并成立了一个项目开发小组。经过两年的发展,2000 年,IBM 公司决定给这个新一代开发工具项目命名为 Eclipse。Eclipse 当时只是内部使用的名称。这时的商业目标就是希望 Eclipse 项目能够吸引更多开发人员,发展起一个强大而又充满活力的商业合作伙伴。同时 IBM 公司意识到需要用它来"对抗"Microsoft Visual Studio 的发展,因此从商业目标考虑,通过开源的方式 IBM 公司最有机会达到目的。

2001 年 12 月,IBM 公司向世界宣布了两件事:一件是创建开源项目,即 IBM 公司捐赠价值 4000 万美元的源码给开源社区;另一件是成立 Eclipse 协会,这个协会由一些成员公司组成,主要任务是支持并促进 Eclipse 开源项目。

Eclipse 经过 2.0 到 2.1 的发展,不断收到来自社区的建议和反馈,终于到了一个通用化的阶段。在 3.0 版本发行时,IBM 公司觉得时机成熟,于是正式声明将 Eclipse 作为通用的富客户端(RCP)和 IDE。

从 Eclipse 3.0 到 3.1,再到 3.5,富客户端平台应用快速增长,越来越多的反馈帮助 Eclipse 完善和提高。

Eclipse 是一个开放源代码的、基于 Java 的可扩展开发平台。Eclipse 是一个框架和一组服务,用于通过插件组件构建开发环境。Eclipse 附带了一个标准的插件集,包括 Java 开发工具(Java Development Tools,JDT)。Eclipse 还包括插件开发环境(Plug-in Development Environment,PDE),这个组件主要针对希望扩展 Eclipse 的软件开发人员,因为它允许构建与 Eclipse 环境无缝集成的工具。由于 Eclipse 中的每样东西都是插件,对于给 Eclipse 提供插件,以及给用户提供一致和统一的集成开发环境而言,所有工具开发人员都具有同等的发挥场所。

Eclipse 是使用 Java 语言开发的,但它的用途并不限于 Java 语言。例如,Eclipse 也支持诸如 C/C++、COBOL 和 Eiffel 等编程语言的插件。

2005 年,美国国家航空航天管理局(NASA)在加利福尼亚州的实验室负责火星探测计划,其管理用户界面就是一个 Eclipse RCP 应用,通过这个应用,加利福尼亚州的工作人员可以控制在火星上运行的火车车。在演示过程中,有人问为什么使用 Eclipse,回答是:使用 Eclipse 这门技术,他们不用担心,而且还节省了不少纳税人的钱,因为他们只需要集中资源开发控制火星车的应用程序就可以了。

Eclipse 官方网站下载地址是 http://www.eclipse.org/downloads/,下载界面如图 2-24 所示。可根据需要下载适用的 Eclipse 版本。本书使用的是 Eclipse Standard 4.3 版本。如果开发 Java Web 项目可下载 Eclipse IDE for Java EE Developers 版本。

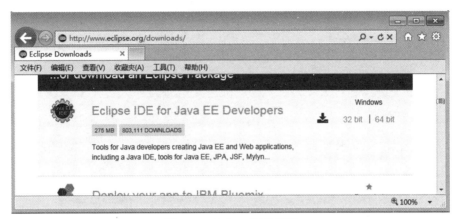

图 2-24　Eclipse 下载界面

2.4.2　Eclipse 的使用

Eclipse 是免安装的 IDE,在下载文件夹中双击文件 eclipse-jee-mars-1-win32-x86_64.zip 解压缩,然后双击文件 eclipse.exe 即可运行,启动界面如图 2-25 所示。

Eclipse 启动后出现如图 2-26 所示的对话框,要求选择工作区路径。可以选择默认的工作区路径,也可以把工作区保存到其他路径。

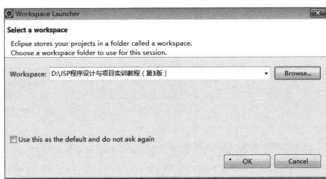

图 2-25　Eclipse 启动界面　　　　图 2-26　项目工作区的选择

选定好工作区路径后，单击 OK 按钮，出现如图 2-27 所示的主界面，可以使用菜单项对 Eclipse IDE 进行进一步设置。

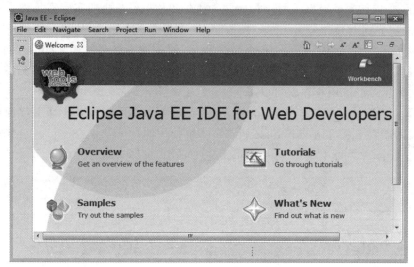

图 2-27　Eclipse IDE 主界面

（1）单击图 2-27 所示界面中的菜单 File→New→Dynamic Web Project，弹出如图 2-28 所示的界面。

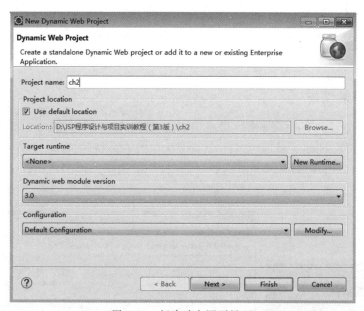

图 2-28　新建动态网页界面

（2）在图 2-28 所示界面中对项目命名后，单击 Finish 按钮将出现如图 2-29 所示的项目开发界面，右击 WebContent，选择 New→JSP File 或者单击 File→New→other→Web→JSP File 会弹出如图 2-30 所示的界面，选定项目并对 JSP 文件命名后，单击 Finish 按钮将进入 Eclipse 项目开发主界面，如图 2-31 所示。

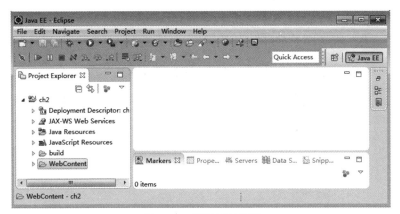

图 2-29 项目开发界面

图 2-30 新建 JSP 界面

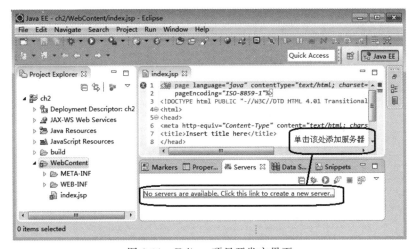

图 2-31 Eclipse 项目开发主界面

（3）在图 2-31 所示界面中单击"No servers are available. Click this link to create a new server"，弹出如图 2-32 所示界面。

图 2-32　添加新的服务器界面

（4）在图 2-32 所示界面中 Select the server type 选择区域内单击 Apache 下的 Tomcat v8.0 Server，出现如图 2-33 所示的信息。单击 Next 按钮，弹出如图 2-34 所示的界面。

图 2-33　选择添加的服务器

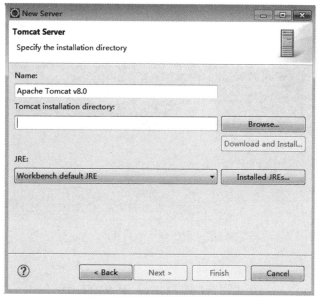

图 2-34 选择服务器路径界面

（5）在图 2-34 所示界面中单击 Browse 按钮，弹出如图 2-35 所示对话框，找到已经下载并解压后的免安装的 Tomcat 8 服务器，单击"确定"按钮，返回选择服务器路径界面，然后单击 Next 按钮，弹出如图 2-36 所示界面。

图 2-35 "浏览文件夹"对话框

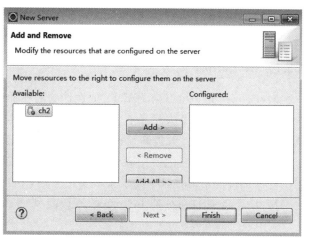

图 2-36 添加项目界面

（6）在图 2-36 所示界面中选定 ch2 后单击"Add＞"按钮，然后单击 Finish 按钮。添加 Tomcat 服务器完成。此外，还需复制 apache-tomcat-8.0.28\lib\servlet-api.jar 文件到文件夹 WEB-INF\lib 中。

（7）在开发界面中对代码稍做修改：将＜％@ page language＝"java" contentType＝"text/html；charset＝ISO-8859-1" pageEncoding＝"ISO-8859-1"％＞替换为＜％@ page language＝"java" contentType＝"text/html；charset＝UTF-8" pageEncoding＝" UTF-

8"％＞，替换＜title＞标签中的内容为"＜title＞JSP 页面＜/title＞"，替换＜body＞标签中的内容为"＜body＞Eclipse 工具的使用＜/body＞"。修改后进行部署和运行，运行后的效果如图 2-37 所示。

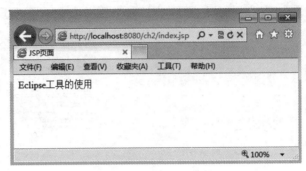

图 2-37　程序运行效果

用 MyEclipse 进行 JSP 开发

2.5　MyEclipse 开发环境

MyEclipse 企业级工作平台（MyEclipse Enterprise Workbench）是对 Eclipse IDE 的扩展，利用它可以在数据库和 Java EE 的开发、发布，以及应用程序服务器的整合方面极大地提高工作效率。它是功能丰富的 Java EE 集成开发环境，包括了完备的编码、调试、测试和发布功能，完整支持 HTML、UML、Web Tools、JSF、CSS、Javascript、SQL、Struts、Hibernate、Spring 等技术。MyEclipse 可以简化 Web 应用开发，并对 Struts、Hibernate、Spring 等开发框架的广泛应用起到非常好的促进作用。

2.5.1　MyEclipse 简介与下载

MyEclipse 是一个专门为 Eclipse 设计的商业插件和开源插件的完美集合。MyEclipse 为 Eclipse 提供了一个大量私有和开源的 Java 工具的集合，很大程度上解决了各种开源工具不一致的问题，并大大提高了 Java 和 JSP 应用开发的效率。

MyEclipse 还包含大量由其他组织开发的开源插件，Genuitec（MyEclipse 的开发者）增强了这些插件的功能并且撰写了很多实用文档，便于开发者学习。

MyEclipse 插件对加速 Eclipse 的流行起到很重要的作用，并大大简化了复杂 Java 和 JSP 应用程序的开发。

Genuitec 开发的 MyEclipse 企业版插件能提供更多功能，但年费需要几十到几百美元。

MyEclipse 的下载地址是 http://www.myeclipseide.com。可根据需要购买或者使用 MyEclipse 的试用版。本书使用的是 MyEclipse 10.0 版本。

2.5.2　MyEclipse 的安装与使用

1．MyEclipse 的安装

在下载文件夹中双击文件 myeclipse-10.0-offline-installer-windows.exe 即开始安装，具体安装步骤如下。

(1) 双击 myeclipse-10.0-offline-installer-windows 文件，进行参数传送后，弹出如图 2-38 所示的对话框，单击 Next 按钮，进行数据传输后，弹出如图 2-39 所示的对话框。

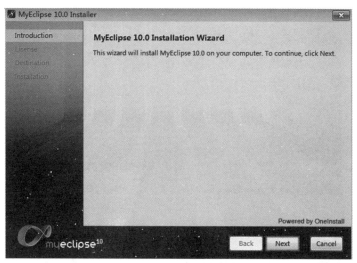

图 2-38 "安装向导"对话框

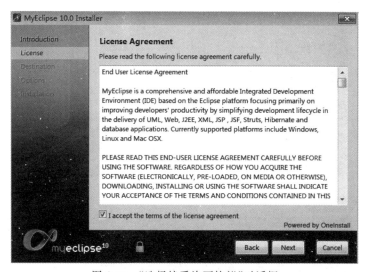

图 2-39 "选择接受许可协议"对话框

（2）选定图 2-39 所示对话框中的 I accept the terms of the license agreement 复选框后，单击 Next 按钮，弹出如图 2-40 所示的对话框，可以选择 MyEclipse 的安装路径，也可以使用默认路径。

（3）单击图 2-40 所示对话框中的 Next 按钮，弹出如图 2-41 所示对话框，选择默认项 all 后单击 Next 按钮，弹出如图 2-42 所示的对话框。

（4）在图 2-42 所示对话框中选择操作系统位数后单击 Next 按钮，开始安装，经过几分钟安装后弹出如图 2-43 所示对话框，单击 Finish 按钮后，弹出如图 2-44 所示对话框，可以使用默认值，选择后单击 OK 按钮，弹出如图 2-45 所示的 MyEclipse 开发主界面。

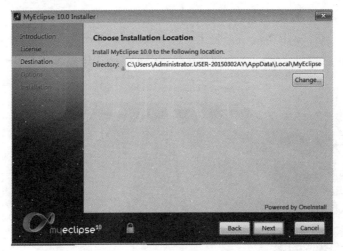

图 2-40 "选择安装路径"对话框

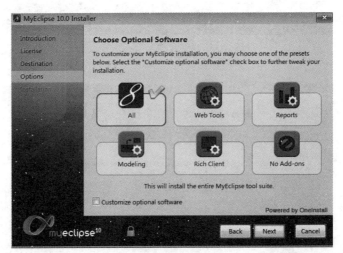

图 2-41 "选择安装软件"对话框

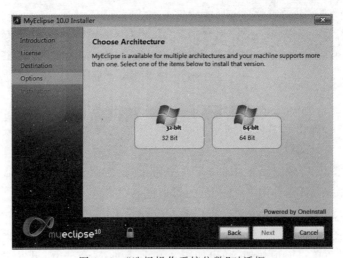

图 2-42 "选择操作系统位数"对话框

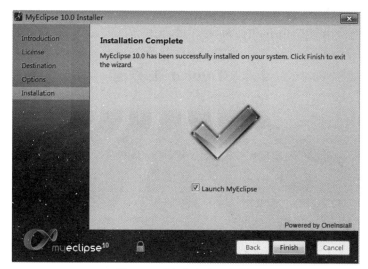

图 2-43 "安装完成"对话框

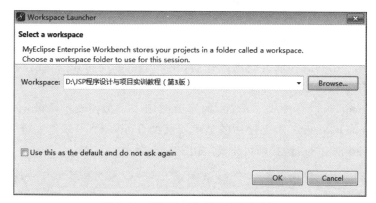

图 2-44 "选择工作区路径"对话框

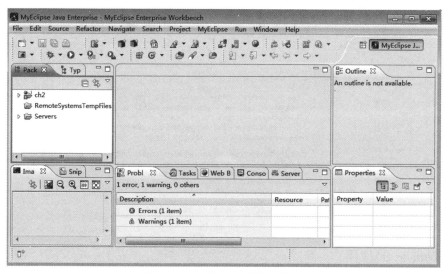

图 2-45 MyEclipse 开发主界面

2. MyEclipse 的使用

MyEclipse 的使用与 Eclipse 相似，这里不再详述。

应用服务器
简介

2.6　Tomcat 服务器

Tomcat 服务器是开放源代码的 Web 应用服务器，是目前比较流行的 Web 应用服务器之一。

> 想一想：开源的 Tomcat 是目前比较流行的 Web 应用服务器。你如何理解开源对技术发展的影响？

2.6.1　Tomcat 简介与下载

Tomcat 是 Apache Jakarta 的子项目之一，作为一个优秀的开源 Web 应用服务器，全面支持 JSP 2.0 以及 Servlet 2.4 规范。因其运行时占用的系统资源少，扩展性好，支持负载平衡、邮件服务，性能稳定，而且免费，所以深受 Java 爱好者的喜爱并得到了大部分软件开发商的认可。其被人们推选为 2001 年度最具创新的 Java 产品，同时又是 Sun 公司官方推荐的 Servlet 和 JSP 容器，因此受到越来越多软件公司和软件开发人员的喜爱。

Tomcat 是一个小型的轻量级应用服务器，在中小型系统和并发访问用户少的场合下被普遍使用，是开发和调试 JSP 程序的首选。

要获取 Tomcat，可以直接从 Tomcat 的官方网站上下载需要的 Tomcat 版本，地址是 http://tomcat.apache.org/。本书使用的是免安装的 Tomcat 8.0 版本。进入网站后，单击 Download 下的 Tomcat 8.0 链接即可下载，如图 2-46 所示。

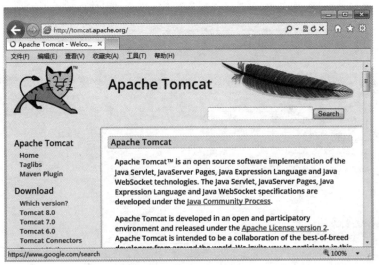

图 2-46　Tomcat 下载页面

2.6.2　Tomcat 的使用

下载的 Tomcat 解压后如图 2-47 所示，其目录下包含 bin、conf、lib、logs、temp、

webapps、work 等子目录。

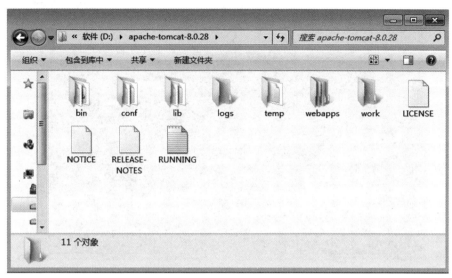

图 2-47　解压后的文件夹内容

各子目录介绍如下。

（1）bin 目录：主要存放 Tomcat 的命令文件。

（2）config 目录：包含 Tomcat 的配置文件，如 server.xml 和 tomcat-users.xml。server.xml 是 Tomcat 的主要配置文件，其中包含了 Tomcat 的各种配置信息，如监听端口号、日志配置等；tomcat-users.xml 中定义了 Tomcat 的用户。对于 Tomcat 的配置及管理有专门的应用程序，所以不推荐直接修改这些配置文件。

（3）logs 目录：存放日志文件。

（4）temp 目录：主要存放 Tomcat 的临时文件。

（5）webapps 目录：存放应用程序实例。待部署的应用程序保存在此目录中。

（6）work 目录：存放 JSP 编译后产生的 .class 文件。

1．启动 Tomcat 服务器

双击图 2-47 所示文件夹中 bin 文件夹下的 startup.bat 文件，即可启动 Tomcat，如图 2-48 所示。

备注：如果 Tomcat 在启动时一闪就关闭，主要原因是没有配置环境变量或者环境变量配置不正确。

2．配置 Tomcat 服务器

在 IE 浏览器中输入 http://localhost:8080，将出现如图 2-49 所示的 Tomcat 服务器配置页面。

3．部署 Tomcat 服务器

Web 应用程序能以项目形式存在或打包为 war 文件。不管哪一种形式，都可以通过将其复制到 webapps 目录下进行部署。例如，有一个名为 ch2 的 Web 项目，将该 Web 应用程序文件夹复制到 webapps 下，启动 Tomcat 后，通过 URL 就可以访问 http://localhost:8080/ch2/index.jsp，其中 index.jsp 为项目中的 JSP 文件。

图 2-48　Tomcat 服务器启动后的界面

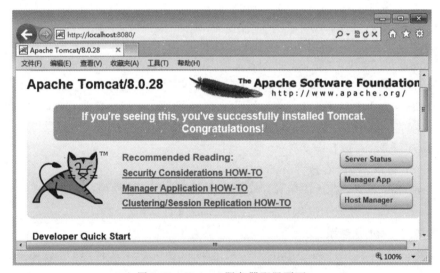

图 2-49　Tomcat 服务器配置页面

4. 关闭 Tomcat 服务器

双击图 2-47 中 bin 文件夹下的 shutdown.bat 文件，即可关闭 Tomcat 服务器。

2.7　项目实训

注册页面
实现

2.7.1　项目描述

本项目实现一个注册页面，文件名为 register.html，页面运行效果（使用 NetBeans 运行的效果）如图 2-50 所示。使用 NetBeans 开发的项目名称为 ch02，项目文件结构如图 2-51 所示；使用 Eclipse 开发的项目名称为 ch2，项目文件结构如图 2-52 所示。

图 2-50　注册页面的运行效果

图 2-51　使用 NetBeans 开发的项目文件结构

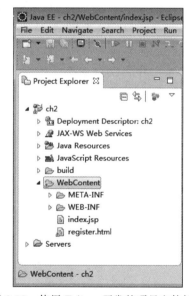

图 2-52　使用 Eclipse 开发的项目文件结构

2.7.2　学习目标

　　本实训主要的学习目标是熟练使用 NetBeans 和 Eclipse 工具,完成本实训需要参考第 3 章的内容。通过本实训进一步激发学生的学习兴趣,通过预习第 3 章的知识达到巩固已学知识以及预习新知识的目的。

2.7.3　项目需求说明

实现一个静态的注册页面,用户可以执行简单的注册功能。

2.7.4　项目实现

【**例 2-1**】　注册功能的页面(register.html)。

```html
<html>
<head>
  <title>用户注册</title>
  <meta http-equiv="Content-Type" content="text/html; charset=UTF-8">
</head>
<body>
    <form action="" method="post">
        <table border="1" align="center">
         <tr>
                <td colspan="2" align="center">注 册 页 面</td>
         </tr>
         <tr>
             <td>用 户 名：</td>
             <td><input type="text" name="userName"/></td>
         </tr>
         <tr>
             <td>密　　码：</td>
             <td><input type="password" name="password1"/></td>
         </tr>
         <tr>
             <td>确认密码：</td>
             <td><input type="password" name="password2"/></td>
         </tr>
         <tr>
             <td>个人爱好：</td>
             <td>
                 <input type="checkbox" name="checkbox1"/>足球
                 <input type="checkbox" name="checkbox2"/>篮球
                 <input type="checkbox" name="checkbox3" />足球
             </td>
         </tr>
         <tr>
             <td>个人职业：</td>
             <td>
                 <select name="select" size="1">
                     <option value="学生">学生</option>
                     <option value="员工">员工</option>
                     <option value="其他">其他</option>
                 </select>
             </td>
         </tr>
```

```html
<tr>
    <td>性    别：</td>
    <td>
        <input type="radio" name="radiobutton"/>男
        <input type="radio" name="radiobutton" />女
    </td>
</tr>
<tr>
    <td>邮    箱：</td>
    <td><input type="text" name="email" /></td>
</tr>
<tr>
    <td>生    日：</td>
    <td>
        <select name="select1">
            <option value="1978">1978</option>
            <option value="1979">1979</option>
            <option value="1980">1980</option>
            <option value="1981">1981</option>
            <option value="1982">1982</option>
            <option value="1983">1983</option>
            <option value="1984">1984</option>
            <option value="1985">1985</option>
            <option value="1986">1986</option>
            <option value="1987">1987</option>
            <option value="1988">1988</option>
            <option value="1989">1989</option>
            <option value="1990">1990</option>
            <option value="1991">1991</option>
            <option value="1992">1992</option>
            <option value="1993">1993</option>
            <option value="1994">1994</option>
            <option value="1995">1995</option>
            <option value="1996">1996</option>
            <option value="1997">1997</option>
        </select>年
        <select name="select2">
            <option value="1">1</option>
            <option value="2">2</option>
            <option value="3">3</option>
            <option value="4">4</option>
            <option value="5">5</option>
            <option value="6">6</option>
            <option value="7">7</option>
            <option value="8">8</option>
            <option value="9">9</option>
            <option value="10">10</option>
            <option value="11">11</option>
            <option value="12">12</option>
```

```html
            </select>月
            <select name="select3">
                <option value="1">1</option>
                <option value="2">2</option>
                <option value="3">3</option>
                <option value="4">4</option>
                <option value="5">5</option>
                <option value="6">6</option>
                <option value="7">7</option>
                <option value="8">8</option>
                <option value="9">9</option>
                <option value="10">10</option>
                <option value="11">11</option>
                <option value="12">12</option>
                <option value="13">13</option>
                <option value="14">13</option>
                <option value="15">15</option>
                <option value="16">16</option>
                <option value="17">17</option>
                <option value="18">18</option>
                <option value="19">19</option>
                <option value="20">20</option>
                <option value="21">21</option>
                <option value="22">22</option>
                <option value="23">23</option>
                <option value="24">24</option>
                <option value="25">25</option>
                <option value="26">26</option>
                <option value="27">27</option>
                <option value="28">28</option>
                <option value="29">29</option>
                <option value="30">30</option>
                <option value="31">31</option>
            </select>日
        </td>
    </tr>
    <tr>
        <td>你所在地：</td>
        <td>
            <select name="select4" size="1">
                <option value="1" selected>北京</option>
                <option value="2">天津</option>
                <option value="3">河北</option>
                <option value="4">上海</option>
                <option value="5">河南</option>
                <option value="6">吉林</option>
                <option value="7">黑龙江</option>
                <option value="8">内蒙古</option>
                <option value="9">山东</option>
                <option value="10">山西</option>
                <option value="11">陕西</option>
```

```
                <option value="12">甘肃</option>
                <option value="13">宁夏</option>
                <option value="14">青海</option>
                <option value="15">新疆</option>
                <option value="16">辽宁</option>
                <option value="17">江苏</option>
                <option value="18">浙江</option>
                <option value="19">安徽</option>
                <option value="20">广东</option>
                <option value="21">海南</option>
                <option value="22">广西</option>
                <option value="23">云南</option>
                <option value="24">贵州</option>
                <option value="25">四川</option>
                <option value="26">重庆</option>
                <option value="27">西藏</option>
                <option value="28">香港</option>
                <option value="29">澳门</option>
                <option value="30">福建</option>
                <option value="31">江西</option>
                <option value="32">湖南</option>
                <option value="33">湖北</option>
                <option value="34">台湾</option>
            </select>省
        </td>
    </tr>
    <tr>
        <td><input type="submit" name="Submit" value="提交"/></td>
        <td><input type="reset" name="Submit2" value="重置"/></td>
    </tr>
    </table>
  </form>
 </body>
</html>
```

2.7.5 项目实现过程中应注意的问题

本项目实现过程中除了要注意 1.4.5 节中提及的问题外，在使用 NetBeans 和 Eclipse 工具时也要注意熟悉其菜单功能和常用的操作方式。

2.7.6 常见问题及解决方案

项目的开发过程中，除了 1.4.6 节指出的常见问题外，在使用 NetBeans 和 Eclipse 工具时也可能会遇到以下问题。

1. 卸载 NetBeans 时出现无法卸载异常

解决方案：如果系统已安装了 NetBeans，现在想重新安装或者安装其他版本的 NetBeans，卸载时可能提示"安装 JDK"等相关信息，主要原因是因为在卸载 NetBeans 以前先卸载了 JDK。解决方法是先安装 JDK 再卸载 NetBeans，所以在卸载 JDK 以前先卸载 NetBeans。在安装 NetBeans 以前也要先安装 JDK。

2. 在使用 NetBeans 工具自带的 Tomcat 时发生异常

解决方案：在 NetBeans 工具的使用过程中，有可能提示让输入 Tomcat 的管理员账号和密码，这可能是因为安装的 NetBeans 发生异常。如果能够解决就解决，如果确实解决不了可以卸载 NetBeans 并重新安装。卸载完 NetBeans 工具后要删除"C:\Documents and Settings\Administrator\"文件夹中的 netbeans 文件夹，否则重新安装后也会发生同样的异常。

3. 无法访问 URL 异常（见图 2-53）

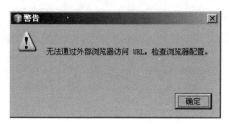

图 2-53　无法访问 URL 异常

解决方案：出现这种异常主要是因为浏览器不支持，可以重新设置浏览器，单击 NetBeans 菜单"工具"→"选择"命令将弹出如图 2-54 所示的对话框，在该对话框的"Web 浏览器："中选择支持的浏览器。

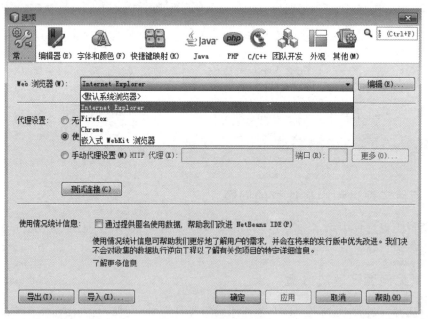

图 2-54　"选项"对话框

2.7.7　拓展与提高

首先，学会熟练使用 NetBeans、Eclipse、MyEclipse。其次，尝试增加本实训项目的功能，如图 2-55 所示。

图 2-55　功能扩展后的注册页面

2.8　课外阅读（WPS）

　　WPS(Word Processing System) Office 是由我国金山软件股份有限公司自主研发的一款办公软件套装，可以实现办公软件最常用的文字、表格、演示等多种功能。具有内存占用低、运行速度快、体积小巧、强大插件平台支持、免费提供海量在线存储空间及文档模板、支持阅读和输出 PDF 文件、全面兼容微软 Microsoft Office 格式的独特优势。支持桌面和移动办公，适用于 Windows、Linux、Android、iOS 等多个平台，已覆盖全球 50 多个国家和地区。

　　1989 年，WPS 1.0 作为中国第一套中文字处理软件，由香港金山公司与北大方正联合发布。几乎是一夜之间，书店里的计算机类书架上摆满了诸如《WPS 使用教程》《WPS 使用指南》一类的书，专业或非专业的报刊上整版的 WPS 使用技巧，社会上各种计算机培训班的主要课程除五笔字型外就是 WPS 操作。WPS 成了计算机的代名词，在许多人的印象中，计算机就是 WPS 加五笔字型。

　　在 20 世纪 90 年代初期，WPS 在中国保持了很大的用户群体。1994 年，WPS 用户超过千万，占领了中文字处理市场的 90％，在国外软件盗版丛生的市场大环境下，撑起了国产软件的一杆大旗。

　　1994 年，微软公司的 Windows 系统登陆中国。1996 年，微软公司主动与 WPS 签订兼容协议，共享文件格式。随着 Windows 操作系统的普及，通过各种渠道传播的 Office 97 将大部分 WPS 用户过渡为自己的用户，WPS 的发展进入历史最低点。

　　1999 年，WPS 2000 发布，继承了文字办公、表格处理、多媒体演示等多种功能，附带了更多的方正中文字库和金山词霸。

2001年5月,新版本以 WPS Office——"金山办公组合"为名发布,分为 WPS Office 专业版、WPS Office 教师版、WPS Office 学生版,开始从文字处理转向桌面办公,并尝试兼容微软 Office 不同时期的各个版本。

2002年6月,WPS Office 2002 发布,增添了电子邮件功能,设计了与微软 Office 相似的界面和功能,深受广大用户喜爱。与此同时,金山软件公司在中央和地方政府采购中多次击败微软公司,成为主流办公软件之一。

2003年8月,WPS Office 2003 发布。

2004年,基于 OpenOffice 的 WPS Office Storm 发布,支持 Windows 和 Linux 平台。

2005年,WPS Office 2005 发布。这是一款全新的中文办公软件,耗资 3500 万元,100 多名工程师历时 3 年,重写 500 万行代码,实现了和微软 Office 的双向兼容,而大小只有 15MB。

WPS 2005 的成功标志着 WPS 的重新崛起。WPS Office 2005 政府版连续获得包括国务院以及北京市政府、天津市政府、广东省政府、浙江省政府等在内的近 30 个省级政府机关的采购订单。从 2005 年年末开始,WPS Office 2005 个人版免费发行。

2007年,WPS Office 2007 发布,开始开辟海外市场,先后发布了繁体中文版、日文版、英文版。

2008年11月,WPS Office 2009 体验版发布。2009年5月,WPS Office 2009 正式版发布,做了进一步优化升级,增加了对微软.docx 和.xlsx 新格式的支持,并提供了面向学生的免费学生版、面向教育人员的教育版、面向中小企业可供二次开发的中小企业版,英文版的 WPS Office 2009 Professional 再次受到东南亚英语用户的青睐,日文版(Kingsoft Office)更新到 2010 版。

2010年5月,WPS Office 2010 正式版发布,2011年3月,抢鲜版 V3.0 发布。

2011年9月,WPS Office 2012 正式版发布,更小巧,界面更美观。同年发布了第一个 Android 版,进军移动办公领域。

2012年3月,WPS for Linux 发布了 Alpha 测试版,在小范围内进行内测,开始向 Linux 桌面办公领域进军。至此,WPS 产品已成功在 30 多个省级政府单位、70 多个国家部局级、中央单位、300 多个地市级政府单位以及数千家大中型企业中广泛应用,获得用户一致好评。同年,WPS Office 荣获世界知识产权版权金奖,WPS 手机版获得"移动互联网民族品牌奖"。WPS 移动办公支持 23 种主要文件及 46 种语言,并在 25 个主要国家及地区的业务 App 类市场中占领首要位置。

2013年1月,WPS for Linux Beta1 发布公测,下载地址完全开放。

2013年5月,WPS 2013 抢鲜版发布,这是 WPS 2013 个人版的首个产品版本,遵循扁平化设计风格,性能提升,更快更稳定。

2013年7月,WPS for Linux Alpha 11 版本正式发布。

2015年,WPS Office 荣膺苹果公司"App Store 2015 年度精选"、谷歌公司"2015 年度最佳应用"。

2018年7月,金山在北京召开了主题为"简单·创造·不简单"的云·AI 未来办公大会,正式发布了 WPS Office 2019、金山文档以及 WPS Office for macOS 等 3 款新软件。WPS Office 2019 将文字、表格、PPT、PDF 等内容合而为一,实现一个账号就可以操作你所想操作的所有文档内容,帮助用户提升办公效率。

在2020年新冠肺炎疫情时期,为帮助社会复工复产,金山办公免费支持了超过2亿人的远程办公,向各级政府、企业、学校和医疗机构免费提供了超过400万个商业协作版云办公账号。

2020年6月30日,北京冬奥组委官方网站披露,金山办公正式成为北京2022年冬奥会官方协同办公软件供应商。

目前,金山WPS全线产品月活用户已超过3亿,移动版的年复增长率达300%。正因为金山公司把握住了行业变革的趋势,敢于在技术创新上大胆投入,并对用户需求深切洞察、关怀备至、不忘初心,才能经久不衰,持续发展壮大。

随着科技互联网的新一轮变革,金山WPS相继开展了智能推荐、智能写作、智能校对、智能机器人等研究,并推出人工智能机器人WPS AI助手,帮助用户提升生产力和创造力。

金山办公作为中国龙头办公软件企业,经过多年的发展,已成长为全球领先的办公软件和服务提供商,覆盖众多主流操作平台,建立起完整的国产化办公体系,并在医疗、教育等众多行业内打造了稳定可靠的协同办公软件服务体系,用工匠精神扛起了民族软件大旗。

2.9 小　　结

本章主要介绍了常见的Java Web开发环境的安装、配置和使用。通过本章的学习,应该了解掌握常用开发工具的安装、配置和使用,为后续章节的学习奠定良好基础。本书选择介绍了比较典型的几种软件,如需了解其他软件可以参考相关书籍或资料。

2.10 习　　题

1. 安装与配置NetBeans 8、Eclipse、MyEclipse 10和Tomcat 8。
2. 使用NetBeans 8、Eclipse和MyEclipse 10开发简单的JSP或者HTML页面。

第3章 HTML 与 CSS 简介

为了设计出美观、漂亮、赏心悦目的网站，HTML 和 CSS 是必不可少的技术，将它们和 JSP 结合起来能够开发出漂亮且功能强大的动态网页。本章主要介绍网页制作的基础知识。

本章主要内容如下所示。

(1) HTML。

(2) CSS。

3.1 HTML 页面的基本构成

超文本标记语言（Hypertext Markup Language，HTML）是目前网络上应用最为广泛的标记语言，也是构成网页文档的主要语言。HTML 是一种用来制作超文本文档的简单标记语言，它不是一种真正的编程语言，只是一种标记符。通过一些约定的标签符号对文件的内容进行标注，指出内容的输出格式，如字体大小及颜色、背景颜色、表格形式、各部分之间逻辑关系等。当用户浏览 WWW 信息时，浏览器会自动解释这些标签的含义，并按照一定的格式在屏幕上显示这些被标记的信息。

用 HTML 编写的超文本文档称为 HTML 文档，它是一个放置了标签的文本文件，通常带有 html 或 htm 的文件扩展名，是能独立于各种操作系统平台的、可供浏览器解释浏览的网页文件。

下面通过一个 HTML 页面来了解其基本构成。页面实例运行效果如图 3-1 所示。

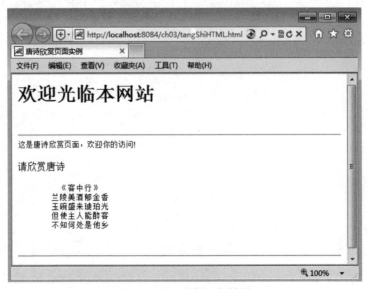

图 3-1　页面实例运行效果

【例 3-1】 唐诗欣赏页面实例（TangShiTML.html）。

```html
<html>
    <head>
        <title>唐诗欣赏页面实例</title>
        <meta http-equiv="Content-Type" content="text/html; charset=UTF-8">
    </head>
    <body>
        <h1>欢迎光临本网站</h1>
        <br>
        <hr>
        <font face="楷体_GB3212" size="2" color="blue">
            这是唐诗欣赏页面,欢迎你的访问!
        </font>
        <p>请欣赏唐诗</p>
        <pre>
            《客中行》
        兰陵美酒郁金香
        玉碗盛来琥珀光
        但使主人能醉客
        不知何处是他乡
        </pre>
        <hr>
        <!--
            《客中行》,作者李白(701—762),字太白,号青莲居士,又号"谪仙人"(贺知章评李白,
        李白亦自诩),祖籍陇西成纪(今甘肃省静宁县),隋朝末年,因避乱(一说被流放)迁徙到中
        亚细亚碎叶城(今吉尔吉斯斯坦北部托克马克附近),李白即诞生于此。他的一生,绝大部
        分在漫游中度过。五岁时,其家迁入绵州彰明县(今四川江油)。二十岁时只身出川,开始
        了广泛漫游,南到洞庭湘江,东至吴、越。他到处游历,希望结交朋友,干谒社会名流,从而
        得到引荐,一举登上高位,去实现政治理想和抱负。可是,十年漫游,却一事无成。他又继
        续北上太原、长安,东到齐、鲁各地,并寓居山东任城(今山东济宁)。这时他已结交了不少
        名流,创作了大量优秀诗篇,诗名满天下。天宝初年,由道士吴筠推荐,唐玄宗召他进京,命
        他供奉翰林。不久,因权贵的谗言,于天宝三四年间(公元 744 或 745 年),被排挤出京。
            唐朝文宗御封李白的诗歌、裴旻的剑舞、张旭的草书为"三绝"。李白的剑术在唐朝可
        排第二(在裴旻之下)。与李商隐、李贺三人并称唐代"三李"。集诗人、神仙家、驴友、纵横
        家为一身的伟大天才。民间流传,高力士曾为他脱靴,杨贵妃曾为他磨墨。杜甫赞曰: "笔
        落惊风雨,诗成泣鬼神。"
        -->
    </body>
</html>
```

在上边这段代码中,一些字母或单词用<>括起来,如<html>、<head>等,这些称为"标签"。标签用来分割和标记网页中的元素,以形成网页的布局、格式等,通过标签可以在网页中加入文本、图片、声音、动画、影视等多媒体信息,还可以实现页面之间的跳转等。每种标签的作用均不同,当用户需要对网页某处进行修改时,把标签放置在该处前面,浏览器就知道用户希望下面的内容应如何显示。

标签分为单标签和双标签。单标签只需单独使用就能完整地表达意思,控制网页效果,如<meta>、
、<hr>。双标签成对使用,由一个开始标签和一个结束标签构成。开始标签告诉 Web 浏览器从此处开始执行该标签所代表的功能,而结束标签告诉 Web 浏览

器在这里结束该功能,结束标签的形式是在开始标签前加上一个斜杠。如<body>和</body>就是一对双标签。在单标签和双标签的开始标签里,还可以包含一些属性,以达到个性化的效果,如<标签 属性1 属性2 属性3 …>,各属性之间无先后次序,属性也可省略(即取默认值)。

HTML不区分大小写,如
和
都表示换行。另外,使用HTML标签时,被使用标签不可以交错,即标签需正确进行嵌套,如<body><form></body></form>,应改为<body><form></form></body>。

HTML标签有多种,下面先来了解基本标签。

1. 页面结构标签

通过上面的例子可以看出,HTML文档分为文档头和文档体两部分。在文档头里,对这个文档进行一些必要的定义,文档体中才是要显示在网页中的各种正文信息。通常由3对标签来构成一个HTML文档的框架。

1) <html></html>

这个标签告诉浏览器本文件是HTML文档。<html>用于HTML文档的最前处,用来标识HTML文档的开始;</html>放在HTML文档的最后处,用来标识HTML文档的结束。

2) <head></head>

这个标签中的内容是文档的头部信息,说明一些文档的基本情况,如文档的标题等,其内容不会显示在网页中。在此标签之间可使用<title></title>、<meta>、<script></script>等描述HTML文档相关信息的标签对。

<meta>标签用来描述HTML网页文档的属性,如日期和时间、网页描述、关键词、页面刷新等。

例如:

<meta http-equiv="Content-Type" content="text/html; charset=UTF-8">

属性http-equiv用于向浏览器提供一些说明信息,从而可以根据这些说明做出相应处理。http-equiv其实并不仅仅只有说明网页的字符编码这一个作用,常用的http-equiv类型还包括网页到期时间、默认的脚本语言、网页自动刷新时间等。

属性charset的作用是指定当前文档所使用的字符编码为UTF-8,也就是支持中文简体字符。根据这一行代码,浏览器就可以识别出网页中的中文字符。

3) <body></body>

这个标签中的内容是HTML文档的主体部分,可包含<p></p>、<h1></h1>、
、<hr>等标签,它们所定义的文本、图像等将会在网页中显示出来。

2. 页头标签

<title></title>标签对用来设定网页标题,浏览器通常会将标题显示在浏览器窗口的标题栏左边。<title></title>标签放在<head></head>标签对之间。

3. 标题标签

在HTML文档中,<hn></hn>标签可以定义不同显示效果的标题,n表示标题的级数,取值范围为1~6,n越小,标题字号越大。

<hn>可以使用属性 align,用于设置标题文字的对齐方式,其取值如下所示。

(1) left:左对齐。

(2) right:右对齐。

(3) center:居中对齐。

未设置该属性时,默认为左对齐。

【例 3-2】 标题标签实例(title.html)。

```
<html>
    <head>
        <title>标题标签实例</title>
        <meta http-equiv="Content-Type" content="text/html; charset=UTF-8">
    </head>
    <body>
        <hr>
        <h1 align ="center">一级标题的效果</h1>
        <h2>二级标题的效果</h2>
        <h3>三级标题的效果</h3>
        <h4>四级标题的效果</h4>
        <h5>五级标题的效果</h5>
        <h6>六级标题的效果</h6>
        <hr>
    </body>
</html>
```

运行效果如图 3-2 所示。可以看出,每级标题的字体均为"黑体"。

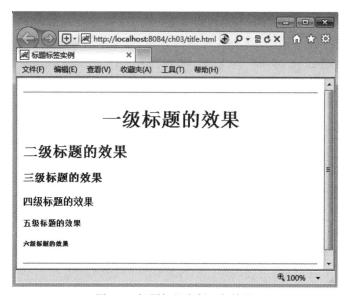

图 3-2 标题标签实例运行效果

4. 格式排版标签

1)

该标签强制文本换行,但不会在行与行之间留下空行。如果把
加在<p></p>

标签对的外部,将创建一个大的回车换行,即
前面和后面文本的行与行之间的距离比较大;若放在<p></p>的内部,则
前面和后面文本的行与行之间的距离将比较小。

2) <hr>

该标签在网页中加入一条横跨网页的水平线,具有以下多种属性,用于设置水平线的宽度、长度及显示效果等。

（1）size：设置水平线的粗细,默认单位是像素。

（2）width：设置水平线的宽度,默认单位是像素,也可以使用相对屏幕的百分比表示。

（3）noshade：该属性不用赋值,直接加入标签即可使用,用来取消水平线的阴影(不加入此属性水平线默认有阴影)。

（4）align：设置水平线的对齐方式。

（5）color：设置水平线的颜色。

例如：

<hr align="center" width ="600" size ="9" color ="blue">

5. 文字格式标签

<font></font>标签通过设置<font>属性来控制文字的样式、大小和颜色,属性功能如下所示。

（1）face：设置文字样式。

（2）size：设置文字大小,值为整数,分为 7 个级别,默认文字大小为 3 磅。

（3）color：设置文字颜色。

6. 段落标签

<p></p>标签用来创建一个新的段落,在此标签对之间加入的文本将按照段落的格式显示在浏览器上。<p>表示一个段落的开始,结尾标记</p>可以省略。<p>标签可以有多种属性,如 align 属性控制其内容的对齐方式;clear 属性控制图文混排方式,其取值如下所示。

（1）left：下一段显示在左边界处的空白区域。

（2）right：下一段显示在右边界处的空白区域。

（3）center：下一段的左右两边都不允许有其他内容。

为了防止文档出错,尽量不要省略结尾标记</p>。

7. 预定格式标签

在编辑文档时,如果希望将来浏览网页时仍能保留在编辑工具中已经排好的形式,可以使用<pre></pre>标签。使用该标签时,默认字号为 10 磅。

8. 注释标签

在编写 HTML 文件时,为提高文件的可读性,可以使用<！－－和－－>标签注释文字,其语法如下：

<!--注释语句-->

注释内容不会在浏览器中显示。

3.2 HTML 常用标签

本节介绍在设计 HTML 页面时一些常用的 HTML 标签。

3.2.1 列表标签及其应用实例

列表是一种规定格式的文字排列方式,用于列举内容。常用的列表分为有序列表、无序列表和自定义列表。

1. 有序列表

有序列表是指各列表项按一定的编号顺序显示,列表用<ol>开始,以</ol>结束,每一个列表项用<li></li>标签定义,其语法如下:

```
<ol>
    <li>列表项 1</li>
    <li>列表项 2</li>
        ⋮
</ol>
```

在<ol>中可以使用 type、start 属性。其中,type 属性用于设置编号的种类,其取值如下所示。

(1) l:编号为数字,默认值,如 1、2、3…

(2) A:编号为大写英文字母,如 A、B、C…

(3) a:编号为小写英文字母,如 a、b、c…

(4) I:编号为大写罗马字符,如Ⅰ、Ⅱ、Ⅲ…

(5) i:编号为小写罗马字符,如ⅰ、ⅱ、ⅲ…

start 属性用于设置编号的开始序号,无论 type 取值是什么,start 值只能是 1、2、3 等整数,默认值为 1。

在<li>中可以使用 type、value 属性。其中,type 属性的作用与<ol>中的一致;value 属性用来设定该项的编号,其后各项将以此作为起始编号而递增,其值只能是 1、2、3 等整数,没有默认值。

【例 3-3】 有序列表实例(olTag.html)。

```
<html>
    <head>
        <title>有序列表实例</title>
        <meta http-equiv="Content-Type" content="text/html; charset=UTF-8">
    </head>
    <body>
        Java 方向核心专业课程:
        <ol type ="1">
            <li>Java 程序设计</li>
            <li>JSP 程序设计</li>
            <li>Java Web 框架技术(Struts、Spring、Hibernate)</li>
            <li>数据库技术</li>
        </ol>
```

```
        </body>
</html>
```

运行效果如图 3-3 所示。

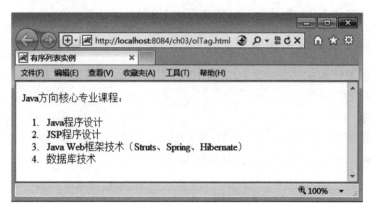

图 3-3　有序列表实例运行效果

2．无序列表

无序列表指各列表项之间没有顺序关系，列表项显示时前面有一个项目符号。无序列表用<ul>开始，以</ul>结束，每一个列表项同样也用<li></li>标签定义，其语法如下：

```
<ul>
    <li>列表项 1</li>
    <li>列表项 2</li>
     ⋮
</ul>
```

在<ul>、<li>中都可以使用 type 属性，其中，<ul>中的 type 属性用于设置列表中所有列表项前的项目符号的类型；<li>中的 type 属性用于设置当前列表项前的项目符号的类型。type 属性取值如下。

（1）disc：实心圆点，默认值。

（2）circle：空心圆点。

（3）square：实心正方形。

【例 3-4】 无序列表实例（ulTag.html）。

```
<html>
    <head>
        <title>无序列表实例</title>
        <meta http-equiv="Content-Type" content="text/html; charset=UTF-8">
    </head>
    <body>
        Java方向其他专业课程：
        <ul type ="disc">
            <li>计算机网络</li>
            <li type="circle">数据结构</li>
            <li type="square">专业英语</li>
```

```
        </ul>
    </body>
</html>
```

运行效果如图 3-4 所示。

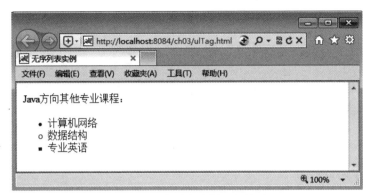

图 3-4　无序列表实例运行效果

3. 自定义列表

除了上述两种列表外,在实际应用中还可以根据需要自定义列表,实现一种分两层的项目清单,其语法如下:

```
<dl>
    <dt>第一个列表项</dt>
    <dd>对第一个列表项的说明</dd>
    <dt>第二个列表项</dt>
    <dd>对第二个列表项的说明</dd>
     ⋮
</dl>
```

自定义列表用<dl>开始,以</dl>结束,给每一个列表项加上了一段说明性文字,说明性文字独立于列表项另起一行显示。其中,<dt></dt>标签用来定义列表项;<dd></dd>标签用来对列表项进行说明。

【例 3-5】　自定义列表实例(dlTag.html)。

```
<html>
    <head>
        <title>自定义列表实例</title>
        <meta http-equiv="Content-Type" content="text/html; charset=UTF-8">
    </head>
    <body>
        Java方向核心专业课程介绍:
        <dl>
            <dt>Java 程序设计</dt>
            <dd>该课程主要讲述…</dd>
            <dt>JSP 程序设计</dt>
            <dd>该课程主要讲述…</dd>
            <dt>Java Web 框架技术(Struts、Spring、Hibernate)</dt>
            <dd>该课程主要讲述…</dd>
```

```
            <dt>数据库技术</dt>
            <dd>该课程主要讲述…</dd>
        </dl>
    </body>
</html>
```

运行效果如图 3-5 所示。

图 3-5　自定义列表实例运行效果

3.2.2　多媒体和超链接标签及其应用实例

多媒体和超链接在网页中起着非常重要的作用。多媒体有图像、视频、背景音乐等多种形式,可以把网页更加丰富多彩,超链接可以把包含不同信息的网页链接在一起。

1. 插入图像

使用<img>标签可以为网页添加.gif、.jpg、.png 等格式的图像,<img>的主要属性如下所示。

(1) src：指定图像的源文件路径,可以使用相对路径、绝对路径或 URL。

(2) width：指定图像的宽度,单位为像素。

(3) height：指定图像的高度,单位为像素。

(4) hspace：指定图像水平方向的边沿空白,以免文字或其他图片过于贴近,单位为像素。

(5) vspace：指定图像垂直方向的边沿空白,单位为像素。

(6) border：指定图像的边框厚度。

(7) align：当文字与图像并排放置时,指定图像与文本行的对齐方式,其属性值可取 top(与文本行顶部对齐)、center(水平居中对齐)、middle(垂直居中对齐)、bottom(底部对齐,默认值)、left(图像左对齐)、right(图像右对齐)。

(8) alt：用于描述该图像的文字,图像不能显示时将显示该属性值;当鼠标移至图像上时,将该属性值作为提示信息显示。

【例 3-6】 插入图像实例(imgTag.html)。

```
<html>
    <head>
        <title>插入图像实例</title>
        <meta http-equiv="Content-Type" content="text/html; charset=UTF-8">
    </head>
    <body>
        听得到的微笑!
        <img src ="image/t2.jpg" alt="美女" width ="360" height ="200" align ="left">
    </body>
</html>
```

运行效果如图 3-6 所示。

图 3-6　插入图像实例运行效果

2. 插入视频

使用＜embed＞标签可以在网页中插入视频，主要属性如下所示。

(1) src：指定视频的源文件路径。

(2) width：视频宽度。

(3) height：视频高度。

【例 3-7】 插入视频实例(embedTag.html)。

```
<html>
    <head>
        <title>插入视频实例</title>
        <meta http-equiv="Content-Type" content="text/html; charset=UTF-8">
    </head>
    <body>
        笨笨熊的故事!
        <br>
        <embed src="image/笨笨熊.wmv" width="500" height="350"/>
    </body>
```

</html>

运行效果如图 3-7 所示。鼠标未移到播放区域之上时不播放，鼠标移到播放区域之上时将播放"笨笨熊.wmv"。

图 3-7　插入视频实例运行效果

备注：如果播放视频时出现无法播放的情况，首先检查一下是否安装了播放器，其次可以换一下浏览器再播放。有的 IE 浏览器版本无法播放。

3. 插入背景音乐

使用＜embed＞标签还可以在网页中添加.wav、.mid、.mp3 等格式的背景音乐。

【例 3-8】　插入背景音乐实例（embedTag1.html）。

```
<html>
    <head>
        <title>插入背景音乐实例</title>
        <meta http-equiv="Content-Type" content="text/html; charset=UTF-8">
    </head>
    <body>
        <h1 align="center">传奇</h1>
        <hr>
        <img src="image/wf.jpg" width="260" height="300" alt="歌手.王菲"/>
        <hr>
        <embed src="image/传奇.mp3"/>
    </body>
</html>
```

运行效果如图 3-8 所示。

4. 插入超链接

创建超链接是在当前页面与其他页面间建立链接，使用户可以从一个页面直接跳转到其他页面、图像或服务器。基本格式如下：

图 3-8　插入背景音乐实例运行效果

```
<a href="资源地址" target="目标窗口">超链接文本及图像</a>
```

其中，<a></a>标签对用来创建超链接。<a>的主要属性如下所示。

(1) href：指定链接地址。若是链接到网站外部页面，必须为 URL 地址；若是链接到网站内部页面，只需指明该页面的绝对路径或相对路径。

(2) target：指定显示链接目标的窗口，其值可取_blank(浏览器总在一个新打开、未命名的窗口中载入目标文档)、_parent(目标文档载入当前窗口的父窗口中)、_self(默认值，目标文档载入并显示在当前窗口中)、_top(清除当前窗口所有被包含的框架并将目标文档载入整个浏览器窗口)。

例如：

```
<a href="http://www.zzuli.edu.cn/" target="_blank">学校网站</a>
<a href="http://www.tup.tsinghua.edu.cn/" target="_blank">清华大学出版社</a>
```

3.2.3　表格标签及其应用实例

表格是一种能够有效描述信息的组织方式，由行、列、单元格组成，可以很好地控制页面布局，所以在网页中应用非常广泛。许多网站都用多重表格来构建网站的总体布局，固定文本或图像的输出，并可以任意进行背景和前景颜色的设置。

在 HTML 中，使用<table></table>标签来进行一个完整表格的声明，使用<tr></tr>标签定义表格中的一行，使用<th></th>定义表格中列标题单元格，使用<td></td>标签定义行中的一个单元格。<tr></tr>只能放在<table></table>标签之间使用，<td></td>、<th></th>也只有放在<tr></tr>标签之间才是有效的。表格定义基本格式如下所示。

```
<table>
    <tr>
        <th>表格第一列的标题</th>
        <th>表格第二列的标题</th>
            ⋮
    </tr>
    <tr>
        <td>表格第一行的第一个单元格内容</td>
        <td>表格第一行的第二个单元格内容</td>
            ⋮
    </tr>
    <tr>
        <td>表格第二行的第一个单元格内容</td>
        <td>表格第二行的第二个单元格内容</td>
            ⋮
    </tr>
       ⋮
</table>
```

1. ＜table＞常用属性

（1）border：设置表格边框的宽度，值为非负整数，若为 0 表示边框不可见，单位为像素。

（2）cellspacing：设置单元格边框到表格边框的距离，单位为像素。

（3）cellpadding：设置单元格内文字到单元格边框的距离，单位为像素。

（4）width：设置表格宽度。其值可为整数，单位为像素，如 100 表示 100 像素；也可以是相对页面宽度的相对值，如 20％表示表格宽度为整个页面宽度的 20％。

（5）height：设置表格高度，取值方式与 width 一致。

（6）bgcolor：设置表格背景色。其值可以是十六进制代码，也可以是英文字母，如 silver 为银色。

（7）bordercolor：设置表格边框颜色。

（8）align：设置表格在水平方向的对齐方式，其值可为 left、right 和 center。

（9）valign：设置表格在垂直方向的对齐方式，其值可为 top、middle 和 baseline。

2. ＜tr＞常用属性

（1）bordercolor：设置该行的外边框颜色。

（2）bgcolor：设置该行单元格的背景颜色。

（3）height：设置该行的高度。

（4）align：设置该行各单元格的内容在水平方向的对齐方式，其值可为 left、right 和 center。

（5）valin：设置该行各单元格的内容在垂直方向的对齐方式，其值可为 top、middle 和 bottom。

3. ＜td＞常用属性

（1）colspan：设置单元格所占的列数，默认值为 1。

（2）rowspan：设置单元格所占的行数，默认值为1。

（3）background：设置单元格背景图像。

（4）width：设置单元格宽度。

<th></th>定义的列标题的文字以粗体方式显示，其属性使用与<td>一致，在表格的定义语法中，也可以不使用<th>定义标题单元格。

【例 3-9】 表格实例(tableTag.html)。

```
<html>
    <head>
        <title>表格实例</title>
        <meta http-equiv="Content-Type" content="text/html; charset=UTF-8">
    </head>
    <body>
        <table border="1" width="90%" bordercolor="red" cellpadding="2">
            <tr height="50" valign="middle">
                <th width="33%" colspan="2">Java 方向</th>
                <th width="36%" colspan="2">软测方向</th>
                <th width="36%" colspan="2">.NET 方向</th>
            </tr>
            <tr align="center">
                <td width="16%">Java 程序设计</td>
                <td width="16%">JSP 程序设计</td>
                <td width="17%">Java 程序设计</td>
                <td width="17%">JSP 程序设计</td>
                <td width="17%">C#程序设计</td>
                <td width="17%">ASP.NET</td>
            </tr>
            <tr align="center">
                <td width="16%">Java Web 框架技术</td>
                <td width="16%">数据库技术</td>
                <td width="17%">软件测试理论</td>
                <td width="17%">软件测试技术</td>
                <td width="17%">.NET Framework 技术</td>
                <td width="17%">数据库技术</td>
            </tr>
        </table>
    </body>
</html>
```

运行效果如图 3-9 所示。

3.2.4 表单标签及其应用实例

表单在网页中用来供用户填写信息，以实现服务器获得用户信息，使网页具有交互功能。一般是将表单设计在一个 HTML 文档中，当用户填写完信息执行提交操作后，表单的内容就从客户端浏览器传送到服务器上，经过服务器上的处理程序处理后，再将用户所需要的信息传送回客户端浏览器上，这样网页就具有了交互性。

网页中的可输入项、选择项等实现数据采集功能的控件所组成的就是表单，表单一般由

图 3-9 表格实例运行效果

表单标签、表单域、表单按钮组成。表单标签包含了处理表单数据所用 CGI 程序的 URL 以及数据提交到服务器的方法；表单域包含了文本框、密码框、隐藏域、多行文本框、复选框、单选框、下拉选择框和文件上传框等用于用户输入和交互的控件；表单按钮包括提交按钮、复位按钮和一般按钮，用于将数据传送给服务器上的 CGI 脚本或者取消输入，还可以用表单按钮来控制其他处理工作。

1. 表单标签

＜form＞＜/form＞标签对用来创建一个表单，即定义表单的开始和结束位置。该标签属于容器标签，表单里所有数据采集功能的控件需要定义在该标签对之间。表单标签的基本语法结构如下：

```
<form action="url" method="get|post" name="value" onsubmit="function" onreset="function" target="window"></form>
```

(1) action：设置服务器上用来处理表单数据的处理程序地址，处理程序可以是 JSP 程序、CGI 程序、ASP.NET 程序等，该属性值可以是 URL 地址，也可以是电子邮件地址。例如：

```
action="http://localhost:8080/ch03/ShopCart.jsp"
```

表示当用户提交表单后，将调用服务器上的 JSP 页面 ShopCart.jsp 来处理用户的输入。

另外，采用电子邮件地址的格式是 action="mailto:接收用户输入信息的邮件地址"。

例如，action="mailto:youremail@163.com"，表示把用户的输入信息发送到电子邮件地址 youremail@163.com。

(2) method：设置处理程序从表单中获得信息的方式，取值可为 get 或 post。

get 方法将表单中的输入信息作为查询字符串附加在 action 指定的地址后（中间用"?"隔开）传送到服务器。查询字符串使用 key="value"的形式定义，如果有多个域，中间用 & 隔开，如 http://localhost:8080/ch03/ShopCart.jsp?flowerid="0169"&count="16"，问号后面的内容即为查询字符串。get 方法在浏览器的地址栏中以明文形式显示表单中各个表单域的值，对数据的长度有限制。

post 方法将表单中用户输入的数据进行包装,按照 HTTP 中的 post 方式传送到服务器,且对数据的长度基本没有限制,目前大都采用此方式。

(3) name:设置表单的名字。

(4) onsubmit、onreset:设置在单击 submit 或 reset 按钮后要执行的脚本函数名。

(5) target:设置显示表单内容的窗口名。

HTML 对表单的数量没有限制,但一个页面中如果有太多的表单将不易于阅读,因此需要合理设置。

2. 表单域

1) 单行输入域

<input>标签用来定义单行输入域,用户可在其中输入单行信息。主要属性如下所示。

(1) type:设置输入域的类型,取值如表 3-1 所示。

表 3-1 单行输入域类型

type 属性取值	输入域类型
<input type="text" size="" maxlength="">	单行文本输入区域,size 与 maxlength 属性用来定义此区域显示的尺寸大小与输入的最大字符数
<input type="submit">	将表单内容提交给服务器的按钮
<input type="reset">	将表单内容全部清除,重新填写的按钮
<input type="checkbox" checked>	一个复选框,checked 属性用来设置该复选框默认状态是否被选中
<input type="hidden">	隐藏区域,用户不能在其中输入,用来预设某些要传送的信息
<input type="image" src="url">	使用图像来代替 submit 按钮,图像的源文件名由 src 属性指定,用户单击后,表单中的信息和单击位置的 X、Y 坐标一起传送给服务器
<input type="password">	输入密码的区域,当用户输入密码时,区域内将会用 * 代替用户输入的内容
<input type="radio" checked>	单选按钮,checked 属性用来设置该单选按钮默认状态是否被选中

(2) name:设置输入域的名字。

(3) value:设置输入域的默认值。

(4) align:设置输入域位置,可取值为 left(靠左)、right(靠右)、middle(居中)、top(靠上)和 bottom(靠底)。

(5) onclick 属性:设置按下按钮后执行的脚本函数名。

2) 多行输入域

<textarea></textarea>标签对用来定义多行文本输入域,主要属性如下所示。

(1) name:设置输入域名字。

(2) rows:设置输入域的行数。

(3) cols:设置输入域的列数。

(4) wrap：设置是否自动换行，属性值可取 off(不自动换行)、hard(自动硬回车换行，换行标记一同被传送到服务器)、soft(自动软回车换行，换行标记不会被传送到服务器)。

3) 选择域

<select></select>标签对用来建立一个下拉列表，<option>标签用来定义下拉列表中的一个选项，用户可以从列表中选择一项或多项。

(1) <select></select>标签的主要属性如下所示。

① name：设置下拉列表的名字。

② size：设置下拉列表中选项的个数，默认值为 1。

③ multiple：表示下拉列表支持多选。

(2) <option>的主要属性如下所示。

① selected：表示当前选项被默认选中。

② value：设置当前选项的值，在该项被选中之后，该项的值将被送到服务器。

3. 表单按钮

<button></button>标签对用于定义提交表单内容给服务器的按钮，主要属性有 type 和 accesskey。

(1) type：设置按钮的类型，属性值可取 button(一般按钮)、reset(复位按钮)、submit(提交按钮)。它们与<input>中同名的属性具有相同的功能。

(2) accesskey：设置按钮热键，即按下 Alt 键的同时按下该属性值所对应的键便可以快速定位到该按钮。

【例 3-10】 表单实例(formTag.html)。

```html
<html>
    <head>
        <title>表单实例</title>
        <meta http-equiv="Content-Type" content="text/html; charset=UTF-8">
    </head>
    <body>
        <h1 align ="left" >用户注册</h1>
        <form name="" action ="" method="post">
            <table border="1">
                <tr>
                    <td>用户名：</td>
                    <td><input type ="text" name="userName"></td>
                </tr>
                <tr>
                    <td>密　码：</td>
                    <td><input type ="password"name="userPassword"></td>
                </tr>
                <tr>
                    <td>确认密码：</td>
                    <td><input type ="password"name="userPassword1"></td>
                </tr>
                <tr>
                    <td>密码提示问题：</td>
                    <td><input type="text" name="passwordHint"></td>
                </tr>
```

```html
<tr>
    <td>真实姓名：</td>
    <td><input type="text" name="name"></td>
</tr>
<tr>
    <td>性    别：</td>
    <td>
        <input type ="radio" name ="sex" value="男">男
        <input type ="radio" name ="sex1" value="女">女
    </td>
</tr>
<tr>
    <td>出生日期：</td>
    <td>
        <select name="select" size="1">
            <option selected>1988</option>
            <option>1989</option>
            <option>1990</option>
            <option>1991</option>
            <option>1992</option>
            <option>1993</option>
            <option>1994</option>
            <option>1995</option>
            <option>1996</option>
            <option>1997</option>
        </select>
        年<select name="select" size="1">
            <option selected>1</option>
            <option>2</option>
            <option>3</option>
            <option>4</option>
            <option>5</option>
            <option>6</option>
            <option>7</option>
            <option>8</option>
            <option>9</option>
            <option>10</option>
            <option>11</option>
            <option>12</option>
        </select>
    </td>
</tr>
<tr>
    <td>证件类型：</td>
    <td>
        <select name="select">
            <option value="xsz">学生证
            <option value="sfz" selected>身份证
            <option value="jgz">军官证
        </select>
    </td>
```

```
                </tr>
                <tr>
                    <td>证件号码：</td>
                    <td><input type ="text" name="userID"></td>
                </tr>
                <tr>
                    <td><input type="submit"name="submit"value="提交"></td>
                    <td><input type ="reset" name="reset" value ="取消"></td>
                </tr>
            </table>
        </form>
    </body>
</html>
```

运行效果如图 3-10 所示。

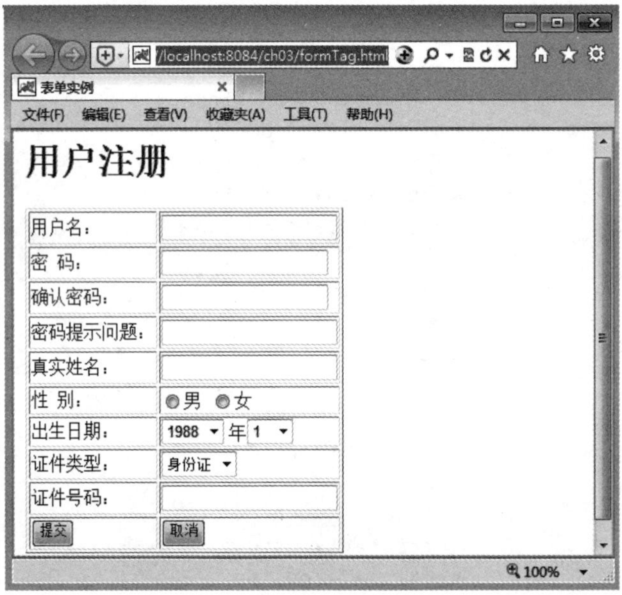

图 3-10 表单实例运行效果

3.2.5 框架标签及其应用实例

在进行网站整体结构布局时，框架也是经常被使用的一种标签，主要用来分割窗口和插入浮动窗口，使同一个浏览器窗口同时显示多个网页，如果能有效地运用将有助于提高网页的浏览效率。

1. 框架结构文件格式

框架将浏览器窗口分成多个子窗口，每个子窗口可以单独显示一个 HTML 文档，各个子窗口也可以相关联地显示某一个内容，如可以将目录放在一个子窗口，而将文件内容显示在另一个子窗口。框架结构文件格式如下所示。

```
<html>
    <head>
```

```
            <title>…</title>
        </head>
        <frameset>
            <frame src="url">
              ⋮
            <frameset>
                <frame src="url">
                  ⋮
            </frameset>
            <noframes>
            </noframes>
        </frameset>
</html>
```

2. 框架结构基本标签

1) <frameset></frameset>

该标签用来定义一个框架结构容器,即用来定义网页被分割成几个子窗口,各个子窗口是如何排列的。可以嵌套在其他<frameset></frameset>标签对中实现网页多重框架结构。<frameset>常用属性如下。

(1) rows:在垂直方向将浏览器窗口分割成多个子窗口,即浏览器中所有子窗口从上到下排列,同时设置每个子窗口所占的高度。该属性值可以是百分数(子窗口高度相对页面高度的百分比)、整数(绝对像素值)或星号(＊),其中星号代表那些未说明高度的空间,如果同一个属性中出现多个星号则将剩下的未被说明高度的空间平均分配。各个子窗口高度之间用逗号分隔。

(2) cols:在水平方向将浏览器窗口分割成多个子窗口,即浏览器中所有子窗口从左到右排列,同时设置每个子窗口所占的宽度。该属性取值方式与 rows 一致。

例如:

<frameset rows="＊,＊,＊">	在浏览器窗口垂直方向有 3 个子窗口,每个子窗口的高度占整个浏览器窗口高度的 1/3
<frameset cols="40％,＊,＊">	在浏览器窗口水平方向有 3 个子窗口,第一个子窗口宽度占整个浏览器窗口宽度的 40％,剩下的空间平均分配给另外两个子窗口
<frameset rows="40％,＊" cols="50％,＊,200">	总共有 6 个子窗口,先是在第一行中从左到右排列 3 个子窗口,然后在第二行中从左到右再排列 3 个子窗口,即两行三列

rows 属性说明框架横向分割的情况,cols 属性说明框架纵向分割的情况,所以使用<frameset></frameset>标签时 rows 和 cols 这两个属性至少必须选择一个,否则浏览器只显示一个子窗口,即一个网页内容,<frameset></frameset>标签也就没有起任何作用。

(3) border:设置子窗口的边框宽度。

(4) frameborder:设置子窗口是否显示边框。

(5) onload:设置框架被载入时引发的事件。

(6) onunload:设置框架被卸载时引发的事件。

2) <frame>

<frame>标签放在<frameset></frameset>之间,用来定义框架结构中某一个具体

的子窗口。常用属性如下。

（1）src：设置该子窗口中将要显示的HTML文件地址，取值可以是URL地址，也可以是相对路径或绝对路径。

（2）name：设置子窗口的名字。

（3）scrolling：指定子窗口是否显示滚动条，取值可以是yes（显示）、no（不显示）或auto（根据窗口内容自动决定是否显示滚动条）。

（4）noresize：指定窗口不能调整大小，该属性直接加入标签中即可使用，不需要赋值。

src和name这两个属性必须赋值。

3）<noframes></noframes>

该标签中的内容显示在不支持框架的浏览器窗口中。标签中的内容可能是浏览器太旧，无法显示Frame功能的提示性语句，也可能是没有Frame语法的普通版本的HTML文档。这样，不支持Frame功能的浏览器，便会自动显示没有Frame语法的网页。

3. target 属性

在框架结构子窗口的HTML文档中如果含有超链接，当用户单击该链接时，目标网页显示的位置由target属性指定，若没有指定则在当前子窗口打开。target属性常用格式如下：

<a href="目标网页地址" target="显示目标网页的子窗口名字">超链接文字</a>

如框架中定义了一个子窗口main，在main中显示jc.htm网页，则代码为

<frame src="jc.htm" name="main">

若jc.htm中有一个超链接，当单击该链接后，网页new.htm将要显示在名为main的子窗口中，则代码为

<a href="new.htm" target="main">需要链接的文本</a>

【例 3-11】 框架实例（framesetTag.html）。

```
<html>
    <head>
        <title>框架实例</title>
        <meta http-equiv="Content-Type" content="text/html; charset=UTF-8">
    </head>
    <frameset cols="70%,*" frameborder="yes" border="10">
        <frameset rows="60%,*" frameborder="yes">
            <frame src="top.html" name="top" scrolling="auto" noresize>
            <frame src="bottom.html" name="bottom" scrolling="no" noresize>
        </frameset>
        <frame src="right.html" name="right" scrolling="no" noresize>
        <noframes>
            对不起，您的浏览器版本太低！
        </noframes>
    </frameset>
</html>
```

【例 3-12】 top.html页面代码。

```html
<html>
    <head>
        <title>top 页面</title>
        <meta http-equiv="Content-Type" content="text/html; charset=UTF-8">
    </head>
    <body>
        <h1>该子窗口是 top 页面部分!</h1>
    </body>
</html>
```

【例 3-13】 bottom.html 页面代码。

```html
<html>
    <head>
        <title>bottom 页面</title>
        <meta http-equiv="Content-Type" content="text/html; charset=UTF-8">
    </head>
    <body>
        <h1>该子窗口是 bottom 页面部分!</h1>
    </body>
</html>
```

【例 3-14】 right.html 页面代码。

```html
<html>
    <head>
        <title>right 页面</title>
        <meta http-equiv="Content-Type" content="text/html; charset=UTF-8">
    </head>
    <body>
        <h1>该子窗口是 right 页面部分!</h1>
    </body>
</html>
```

运行效果如图 3-11 所示。

图 3-11 框架实例运行效果

> **想一想**：网站设计和制作的一个基本要求是让网页在不同的浏览器下都正常显示。作为软件开发人员,你了解网站兼容性问题造成的影响吗?

3.3 CSS 基础知识

对于任何 Web 网站的开发通常都包含两方面的内容,即站点的外观设计和站点的功能实现,而成功的网站应该在这两方面保持平衡,既设计美观,又方便实用。站点的外观设计包括页面和控件的外观样式、背景色、前景色、字体、网页布局等,如果通过 HTML 的各种标签及其属性实现满足要求的外观,编码实在是太复杂、太臃肿,而 CSS 可以助你一臂之力。

级联样式表(Cascading Style Sheets,CSS)是一种设计网页样式的工具,借助 CSS 的强大功能,网页将在你丰富的想象力下千变万化。

CSS 是 W3C 为弥补 HTML 在显示属性设定上的不足而制定的一套扩展样式标准,其重新定义了 HTML 中的文字显示样式,并增加了一些新的概念,如类、层等,可以实现对文字重叠、定位等。CSS 还允许将样式定义单独存储在样式文件中,将显示的内容和显示的样式定义分离,使在保持 HTML 简单明了的初衷的同时能够对页面的布局施加更多的控制,避免代码的冗余,使网页体积更小,下载更快。另外,也可以将多个网页链接到同一个样式文件,从而为整个网站提供一个统一、通用的外观,同时也使多个具有相同样式表的网页可以简单快速地同时更新。

3.3.1 CSS 样式表定义

在网页制作过程中,定义样式表的方法主要为以下 3 种。

1. 通过 HTML 标签定义样式表

CSS 样式表的基本语法如下:

引用样式的对象{标签属性:属性值;标签属性:属性值;标签属性:属性值;…}

引用样式的对象指的是需要引用该样式的 HTML 标签,可以是一个或多个标签(各个标签之间用逗号分开),需要注意的是,这里使用的是去掉尖括号的标签名。

例如,p、table 等,而不是<p>、<table>。

标签属性和属性值是一一对应的,每个属性与属性值对之间用分号隔开。有一点要说明的是,CSS 的属性设置与脚本语言中的属性设置有一点不同,即属性名称的写法不同。在 CSS 中,凡属性名为两个或两个以上的单词构成时,单词之间用"-"隔开,如背景颜色属性 background-color。

例如:

"<h1></h1>标签和<h2></h2>标签内的文本居中显示,并采用蓝色字体"的样式表为 h1,h2{text-align:center;color:blue}。

2. 使用 id 定义样式表

在 HTML 页面中,id 选择符用来对某个单一元素定义单独的样式,定义 id 选择符要在 id 名称前加上一个#。使用 id 定义样式表的基本语法如下:

```
#id 名称{标签属性:属性值;标签属性:属性值;标签属性:属性值;… }
```

使用时只需将要用该样式的网页内容前加一个 id="id 名称"。

例如:

```
#sample{font-family:宋体;font-size:60pt}
<p id=sample>段落文本</p>
```

这样就可以使<p></p>标签对内的文本以 sample 样式显示。

3. 使用 class 定义样式表

若要为同一元素创建不同的样式或为不同元素创建相同的样式,可以使用 CSS 类。CSS 类有两种定义格式,定义时,在自定义类的名称前面加一个点号。

(1) 标签名.类名{标签属性:属性值;标签属性:属性值;标签属性:属性值;… }

这种格式的类指明所定义的样式只能用在类名前所指定的标签上。例如:

```
h1.center{text-align:center}
```

该 center 类的样式只能用在<h1>标签上。

(2) .类名{标签属性:属性值;标签属性:属性值;标签属性:属性值;… }

这种格式的类使所有 class 属性值为该类名的标签都遵循该类所定义的样式。例如:

```
.text {font-family:宋体;color: red;}
<p class ="text">段落文本</p>
```

<p></p>标签使用 text 类使标签中的文本字体为宋体,颜色为红色。

3.3.2　HTML 中加入 CSS 的方法及其应用实例

在 HTML 中加入 CSS 的方法主要有 3 种:嵌入式样式表、内联式样式表和外联式样式表。3 种方法各有妙用,主要的区别在于它们规定风格的使用范围不同,下面分别对这 3 种方法做简单介绍。

1. 嵌入式样式表

嵌入式样式表很简单,只要在需要应用样式的 HTML 标签上添加 CSS 属性就可以,这种方法主要用于对具体的标签做具体的样式设置,其作用范围只限于本标签。例如:

```
<p style="color:red;font-size:10pt">使用嵌入式样式表</p>
```

这个样式表只是让当前的<p></p>标签对中的文字为红色,文字大小为 10 磅。

2. 内联式样式表

内联式样式表利用<style></style>标签对将样式表定义在 HTML 文档的<head></head>标签对之间,内联式样式表的作用范围是定义所在的 HTML 文档。

【例 3-15】　内联式样式表实例(style1.html)。

```
<html>
    <head>
        <title>内联式样式表实例</title>
        <meta http-equiv="Content-Type" content="text/html; charset=UTF-8">
        <style type="text/css">
        <!--
```

```
            p{font-family:宋体;font-size:9pt;color:blue;text-decoration:
            underline}
            h2{font-family:宋体;font-size:13pt;color:red}
        -->
        </style>
    </head>
    <body>
        <h2>内联式样式表,本标题文字大小为13磅,文字颜色为红色</h2>
        <p>本段文字大小为9磅,颜色为蓝色</p>
    </body>
</html>
```

运行效果如图 3-12 所示。

图 3-12　内联式样式表实例运行效果

（1）＜style＞＜/style＞用来说明标签中的代码用于定义样式表。

（2）＜style＞标签的 type 属性用于指明样式的类别,默认值为 text/css,允许不支持 CSS 的浏览器忽略样式表。

（3）＜！--和--＞是注释标签。

3．外联式样式表

外联式样式表是将定义好的 CSS 单独放到一个以 css 为扩展名的纯文本文件中,再使用＜link＞标签链接到网页中。

这种方法的最大好处就是,定义一个样式可以用到大量网页中,从而使整个站点风格保持一致,避免重复的 CSS 属性设置。另外,当遇上站点改版或某些重大调整要对风格进行修改时,可直接修改 CSS 文件,而不用打开每个网页进行修改。

【例 3-16】　外联式样式表实例。

（1）创建样式表 StyleSheet.css。

StyleSheet.css 代码如下所示。

```
p {
    background-color:yellow;color:blue;font-style: italic
}
.text {
    font-family: 宋体;font-size: 20pt;text-decoration:underline
}
```

（2）在网页上引用样式表(Style2.html)。

```
<html>
```

```
        <head>
            <title>外联式样式表实例</title>
            <meta http-equiv="Content-Type" content="text/html; charset=UTF-8">
            <link href="StyleSheet.css" rel="stylesheet" type="text/css" />
        </head>
        <body>
            <h1 class ="text">本标题文字大小为 20 磅,有下画线</h1>
            <p>本段文字背景为黄色,文字颜色为蓝色,斜体</p>
        </body>
</html>
```

运行效果如图 3-13 所示。

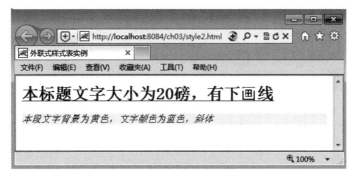

图 3-13　外联式样式表实例运行效果

<link>标签中的 rel="stylesheet"指明此处链接的元素是一个样式表单,该值一般不需要改动。

<link>标签中的 href 属性用来设置需要链接的样式表文件地址。

越来越多的页面显示需求使得 HTML 页面越来越杂乱、臃肿。CSS 的出现拯救了混乱的 HTML,拯救了 Web 开发者。哪里有问题哪里就有需求,哪里有需求哪里就有创新,你如何理解创新?

3.3.3　CSS 的优先级

CSS 是级联样式表,级联是指继承性,即在标签中嵌套的标签继承外层标签的样式。级联的优先级顺序是嵌入式样式表(优先级最高)、内联式样式表、外联式样式表、浏览器默认(优先级最低)。当样式表继承遇到冲突时,总是以最后定义的样式为准。例如:

```
<div style="color:blue;font-size:20pt">
    <p style="font-size:25pt ">段落文本</p>
</div>
```

因为<p></p>标签嵌套在<div></div>标签之间,所以,<p></p>标签中的文本内容样式将继承<div>样式设置,文字颜色是蓝色。而 font-size 属性值继承后发生冲突,所以,以最后定义的<p>属性值为准,文字大小为 25 磅。

3.3.4　CSS 基本属性

从 CSS 定义的基本语法可以看出,属性是 CSS 非常重要的部分,熟练掌握各种属性将会使页面编辑更加得心应手,下面介绍几种主要的属性。

1. 字体属性

基本字体属性简介如表 3-2 所示。

表 3-2　字体属性

属性名	属性含义	属　性　值
font-family	字体名称	任意字体名称
font-style	字体风格	normal(普通,默认值)、italic(斜体)、oblique(倾斜)
font-variant	字体变形	normal(普通,默认值)、small-caps(小型大写字母)
font-weight	字体加粗	normal(普通,默认值)、bold(一般加粗)、bolder(重加粗)、lighter(轻加粗)、100、…、400(普通)、…、900(重加粗)
font-size	字体大小	绝对大小:xx-small、x-small、small、medium(默认值)、large、x-large、xx-large 相对大小:larger、smaller 长度:单位为 pt(点数),如 15pt 百分比:嵌套标签内文本字体的大小相对于外层标签内文本字体的大小的值。 　　　　例如,200%表示嵌套标签内文本字体大小是外层标签内文本字体大小的两倍
font	字体属性的略写	[字体风格||字体变形||字体加粗] 字体大小 [/行高] 字体名称 例如,font: italic bold 12pt/14pt Times, serif 指定为 bold(粗体)和 italic(斜体),Times 或 serif 字体,大小为 12pt,行高为 14pt

例如:

h2 { font-family: helvetica, impact, sans-serif }

Web 浏览器阐释样式表的规则是:首先在本地计算机中寻找字体的名称(helvetica),如果在该计算机中安装了这种字体,就使用它;如果在该计算机中没有安装这种字体,则移向下一种字体(impact),如果这种字体也没有安装,则移向第三种字体(sans-serif)。

h1 { font-style: oblique }
span { font-variant: small-caps }

当文字中的所有字母都是大写时,小型大写字母会显示比小写字母稍大的大写字符。

p{ font-weight: 800 }
h3 { font-size: large }
h4{ font-size: 12pt }
h5{ font-size: 90% }
h6{ font-size: larger }

2. 颜色和背景属性

颜色和背景属性简介如表 3-3 所示。
例如:

b { color: #333399 }
b { color: rgb(51,204,0) }
b { color: blue }

```
b{ background-image: url(background.gif) }
p{background- repeat: no- repeat; background- image: url(http://www.zzuli.com/
images/bg.gif) }
p{background: url(sample.jpg)no-repeat}
```

表 3-3 颜色和背景属性

属性名	属性含义	属性值
color	前景色	颜色名称：aqua、black、blue、fuchsia、gray、green、lime、maroon、navy、olive、purple、red、silver、teal、white、yellow RGB 值：R 代表红色，G 代表绿色，B 代表蓝色；数值范围为 0～255，如 rgb(51,204,0) 十六进制值：以♯开头，如♯336699
background-color	背景色	颜色名称、RGB 值、十六进制值同 color 属性
background-image	背景图案	none：不用图形作为背景 url：提供图形文件的 URL 地址
background-repeat	背景图片是否重复排列	repeat：垂直和水平重复，默认值 repeat-x：水平重复；repeat-y：垂直重复 no-repeat：不重复
background-attachment	背景图片是否滚动	scroll：元素背景图片随元素一起滚动 fixed：背景图片固定
background-position	背景图片位置	top、left、right、bottom、center 等
background	背景属性略写	[background-color]‖[background-image]‖[background-repeat]‖[background-attacement]‖[background-position]

3. 文本属性

文本属性如表 3-4 所示。

表 3-4 文本属性

属性名	属性含义	属性值
letter-spacing	字母之间的间距	normal：正常间距 长度：设置字间距长度，正值表示加父元素中继承的正常长度，负值则减去正常长度。在数字后指定度量单位 mm、cm、in、pt（点数）、px（像素）、pc、ex（小写字母 x 的高度）、em（大写字母 M 的宽度）
word-spacing	单词之间的间距	normal：正常间距 长度：如果长度为正，则加从父元素继承的正常长度；如果是负值，则减去
text-decoration	文字的装饰样式	none：无文本修饰，默认设置 underline：下画线 overline：上画线 line-through：删除 blink：闪烁

续表

属性名	属性含义	属性值
vertical-align	文本垂直方向对齐方式	baseline：对准两个元素的小写字母基准线 sub：下标 super：上标 top：顶部对齐 text-top：字母顶对齐 middle：中线对齐 bottom：底线对齐 text-bottom：字母底线对齐 百分比：将线上元素基准线在父元素基准线基础上升降一定的百分比，和元素的 line-height 属性组合使用
text-transform	文本转换方式	none：不改变文本的大写和小写 capitalize：元素中每个单词的第一个字母大写 uppercase：将所有文本设置为大写 lowercase：将所有文本设置为小写
text-align	文本水平对齐方式	left：左对齐 right：右对齐 center：居中 justify：两端对齐
text-indent	文本首行缩进方式	长度：设置首行缩进尺寸为指定度量单位 百分比：以行长的百分比设置首行缩进量
line-height	文本的行高	normal：正常高度，通常为字体尺寸的 1~1.2 倍，默认设置 数字：设置元素中每行文本行高为字体尺寸乘以这个数字。例如，字体尺寸为 10pt，设置 line-height 为 2，则行高为 20pt 长度：用标准度量单位设置间距 百分比：用相对字体尺寸的百分比设置间距

例如：

p{letter-spacing:1em; text-align: justify; text-indent:4em; line-height:17pt}

该 CSS 样式设置字间距为 1em，文本水平对齐方式为两端对齐，文本首行缩进为 4em，行高为 17pt。

4. 分级属性

通过 CSS 提供的分级属性，能实现"项目符号和编号"功能，表 3-5 对分级属性进行了简单介绍。

表 3-5 分级属性

属性名	属性含义	属性值
display	是否显示	block：在元素的前和后都会有换行，默认值 inline：在元素的前和后都不会有换行 list-item：与 block 相同，但增加了目录项标记 none：没有显示

续表

属 性 名	属 性 含 义	属 性 值
white-space	处理空白方式	normal：将多个空格折叠成一个，默认值 pre：不折叠空格 nowrap：不允许换行，除非遇到 标记
list-style-type	项目编号类型	disc（默认值）、circle、square、decimal、lower-roman、upper-roman、lower-alpha、upper-alpha、none
list-style-image	列表项前的图案	url：图片 URL 地址 none：默认值
list-style-position	列表项第二行起始位置	inside：内部，第二行不缩进，默认值 outside：外部
list-style	分级属性略写	[项目编号类型]‖[列表项第二行起始位置]‖[列表项前图案]

例如：

```
p{display: block; white-space: normal}
ol { list-style-type: upper-alpha }
```

项目编号为 A B C D E …

```
ol { list-style-type: decimal }
```

项目编号为 1 2 3 4 5 …

```
ol { list-style-type: lower-roman }
```

项目编号为 i ii iii iv v …

```
ul.check { list-style-image: url(sample.gif) }
li.square { list-style: square inside }
```

5. 鼠标属性

通过改变 cursor 属性，可以使鼠标移动到不同元素对象上时显示不同的形状，例如，若链接目标为帮助文件，则可以使用帮助形式的鼠标；若想告诉用户网页哪里可以点击，那么只要在页面上特定的位置让鼠标变成手形，用户就会辨认出页面上的活动区域。cursor 属性值及其含义如表 3-6 所示。

表 3-6 cursor 属性值及其含义

属 性 值	含 义
auto	鼠标按照默认的状态根据页面上的元素自行改变样式
crosshair	精确定位"十"字
default	默认指针
hand	手形
move	移动
e-resize	箭头朝右方

续表

属性值	含义
ne-resize	箭头朝右上方
nw-resize	箭头朝左上方
n-resize	箭头朝上方
se-resize	箭头朝右下方
sw-resize	箭头朝左下方
s-resize	箭头朝下方
w-resize	箭头朝左方
text	文本 I 形
wait	等待
help	帮助

例如:

`<span style="cursor:wait">等待</span>`

设置鼠标属性为"等待"。

`<span style="cursor:help">求助</span>`

设置鼠标属性为"求助"。

3.4 项目实训

3.4.1 项目描述

本项目实现一个会员管理系统。系统有一个登录页面 login.html,代码如例 3-17 所示。登录页面上有一个超链接可以链接到会员注册页面 register.html,代码如例 3-18 所示。登录系统后转到系统主页面 main.html,代码如例 3-19 所示。主页面分为 3 个子窗口,3 个子窗口分别连接 top.html、left.html 和 bottom.html,代码如例 3-20~例 3-22 所示,在窗口中的 left.html 页面上可以查询会员信息、修改会员信息和删除会员信息,分别使用的静态页面是 lookMember.html、updateMember.html 和 deleteMember.html,代码如例 3-23~例 3-25 所示。项目的文件结构如图 3-14 所示。本项目分别使用 NetBeans 和 Eclipse 开发。

3.4.2 学习目标

本实训的主要学习目标是通过项目综合运用本

图 3-14 项目的文件结构

章的知识点来巩固本章所学理论知识,并能为第 4 章的案例开发奠定基础。

3.4.3 项目需求说明

本项目通过使用静态页面设计一个会员管理系统,会员能够注册、登录、查询会员信息,修改会员信息和删除会员信息。

3.4.4 项目实现

系统登录页面(login.html)运行效果如图 3-15 所示。

图 3-15 系统登录页面

【例 3-17】 登录页面(login.html)。

```
<html>
    <head>
        <title>会员管理系统</title>
        <meta http-equiv="Content-Type" content="text/html; charset=UTF-8">
    </head>
    <body bgcolor="CCCFFF">
        <div align="center">
            <h2>会员管理系统</h2>
            <form action="../memberManage/main.html" method="post">
                <table border="2"  bgcolor="#95BDFF">
                    <tr>
                        <td>会员名称:</td>
                        <td><input type="text" name="userName" size="16"/></td>
                    </tr>
                    <tr>
                        <td>会员密码:</td>
                        <td>
                            <input type="password" name="password" size="18"/>
                        </td>
                    </tr>
                    <tr>
```

```
                    <td align="center">
                        <input type="submit" value="登 录">
                    </td>
                    <td align="center"><input type="reset" value="清 除"></td>
                </tr>
                <tr>
                    <td colspan="2" align="center">
                        <a href="../memberManage/register.html">注册</a>
                    </td>
                </tr>
            </table>
        </form>
    </div>
</body>
</html>
```

单击图3-15所示页面中的"注册"按钮,将出现如图3-16所示的会员注册页面。单击图3-16所示页面中的"提交"按钮,将跳转到登录页面。

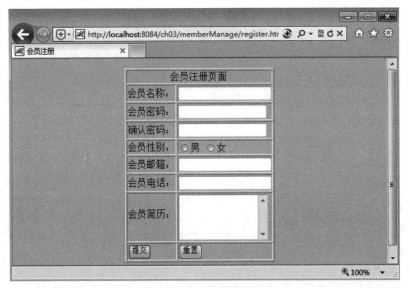

图3-16 会员注册页面

【例3-18】 会员注册页面(register.html)。

```
<html>
    <head>
        <title>会员注册</title>
        <meta http-equiv="Content-Type" content="text/html; charset=UTF-8">
    </head>
    <body bgcolor="CCCFFF">
        <form action="../memberManage/login.html" method="post">
            <table border="1" align="center">
                <tr>
                    <td colspan="2" align="center">会员注册页面</td>
```

```html
            </tr>
            <tr>
                <td>会员名称：</td>
                <td><input type="text" name="memberName"/></td>
            </tr>
            <tr>
                <td>会员密码：</td>
                <td><input type="password" name="password1"/></td>
            </tr>
            <tr>
                <td>确认密码：</td>
                <td><input type="password" name="password2"/></td>
            </tr>
            <tr>
                <td>会员性别：</td>
                <td>
                    <input type="radio" name="radiobutton"/>男
                    <input type="radio" name="radiobutton" />女
                </td>
            </tr>
            <tr>
                <td>会员邮箱：</td>
                <td><input type="text" name="email" /></td>
            </tr>
            <tr>
                <td >会员电话：</td>
                <td><input type="text" name="memberTel"/></td>
            </tr>
            <tr>
                <td >会员简历：</td>
                <td><textarea  rows="10" cols="16"></textarea></td>
            </tr>
            <tr>
                <td><input type="submit" value="提交"/></td>
                <td><input type="reset" value="重置"/></td>
            </tr>
        </table>
    </form>
  </body>
</html>
```

单击图 3-15 所示页面中的"登录"按钮，将跳转到会员管理系统主页面，如图 3-17 所示。

【例 3-19】 会员管理系统主页面(main.html)。

```html
<html>
    <head>
        <title>会员管理系统</title>
        <meta http-equiv="Content-Type" content="text/html; charset=UTF-8">
    </head>
    <frameset rows="60, * ">
```

图 3-17 会员管理系统主页面

```
        <frame src="../memberManage/top.html" scrolling="no">
        <frameset cols="120,*">
            <frame src="../memberManage/left.html" scrolling="no">
            <frame src="../memberManage/bottom.html" name="main"
                scrolling="no">
        </frameset>
    </frameset>
</html>
```

【例 3-20】 top.html 页面。

```
<html>
    <head>
        <title></title>
        <meta http-equiv="Content-Type" content="text/html; charset=UTF-8">
    </head>
    <body bgcolor="CCCFFF">
        <center>
            <h1>会员管理系统</h1>
        </center>
    </body>
</html>
```

【例 3-21】 left.html 页面。

```
<html>
    <head>
        <title></title>
        <meta http-equiv="Content-Type" content="text/html; charset=UTF-8">
    </head>
    <body bgcolor="CCCFFF">
        <br>
        <p>
```

```
            <a href="../memberManage/lookMember.html" target="main">
                查询会员信息
            </a>
        </p>
        <br>
        <p>
            <a href="../memberManage/updateMember.html" target="main">
                修改会员信息
            </a>
        </p>
        <br>
        <p>
            <a href="../memberManage/deleteMember.html" target="main">
                删除会员信息
            </a>
        </p>
    </body>
</html>
```

【例 3-22】 bottom.html 页面。

```
<html>
    <head>
        <title></title>
        <meta http-equiv="Content-Type" content="text/html; charset=UTF-8">
    </head>
    <body bgcolor="CCCFFF">
    </body>
</html>
```

单击图 3-17 所示页面中的"查询会员信息",将出现如图 3-18 所示的页面,对应的超链接页面是 lookMember.html。

图 3-18 查询会员信息

【例 3-23】 查询会员信息(lookMember.html)。

```html
<html>
    <head>
        <title>查询会员信息</title>
        <meta http-equiv="Content-Type" content="text/html; charset=UTF-8">
    </head>
    <body bgcolor="CCCFFF">
        <div align="center">
            <table border="2">
                <tr align="center">
                    <th colspan="5">会员信息</th>
                </tr>
                <tr align="center">
                    <th>会员名称</th>
                    <th>会员性别</th>
                    <th>会员邮箱</th>
                    <th>会员电话</th>
                    <th>会员简历</th>
                </tr>
                <tr align="center">
                    <td>奋斗</td>
                    <td>男</td>
                    <td>10066@qq.com</td>
                    <td>13655661020</td>
                    <td>本科学历</td>
                </tr>
                <tr align="center">
                    <td>小鸟依人</td>
                    <td>女</td>
                    <td>6613@qq.com</td>
                    <td>15917171717</td>
                    <td>硕士学历</td>
                </tr>
            </table>
        </div>
    </body>
</html>
```

单击图 3-18 所示页面中的"修改会员信息",将出现如图 3-19 所示的页面,对应的超链接页面是 updateMember.html。

【例 3-24】 修改会员信息(updateMember.html)。

```html
<html>
    <head>
        <title>修改会员信息</title>
        <meta http-equiv="Content-Type" content="text/html; charset=UTF-8">
    </head>
    <body bgcolor="CCCFFF">
        <div align="center">
            <form action="../memberManage/lookMember.html" method="post">
```

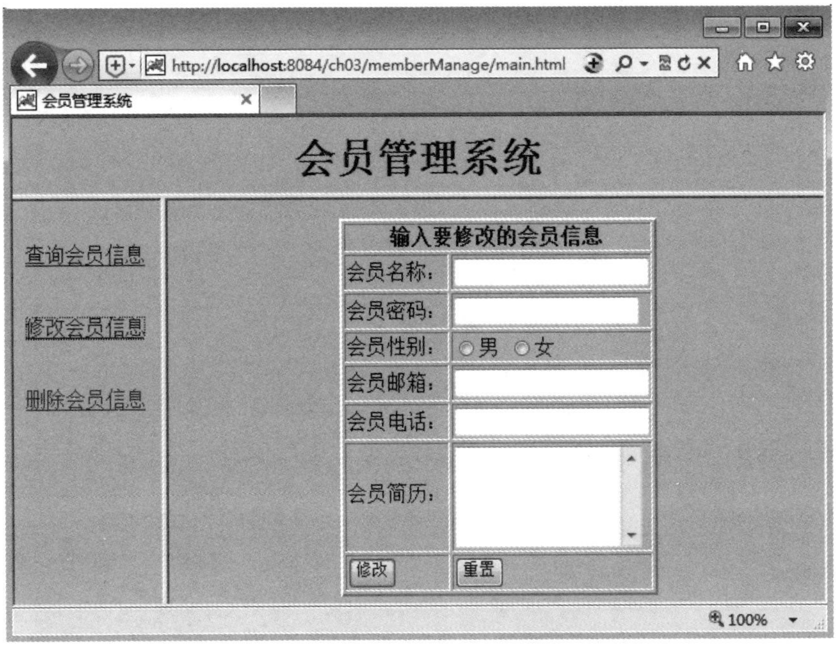

图 3-19 修改会员信息

```html
<table border="2" align="center">
    <tr>
        <th colspan="2" align="center">输入要修改的会员信息</th>
    </tr>
    <tr>
        <td>会员名称:</td>
        <td><input type="text" name="memberName"/></td>
    </tr>
    <tr>
        <td>会员密码:</td>
        <td><input type="password" name="password"/></td>
    </tr>
    <tr>
        <td>会员性别:</td>
        <td>
            <input type="radio" name="radiobutton"/>男
            <input type="radio" name="radiobutton" />女
        </td>
    </tr>
    <tr>
        <td>会员邮箱:</td>
        <td><input type="text" name="email" /></td>
    </tr>
    <tr>
        <td >会员电话:</td>
        <td><input type="text" name="memberTel"/></td>
    </tr>
    <tr>
```

```
                <td>会员简历：</td>
                <td><textarea  rows="16" cols="22"></textarea></td>
            </tr>
            <tr>
                <td><input type="submit" value="修改"/></td>
                <td><input type="reset" value="重置"/></td>
            </tr>
        </table>
      </form>
    </div>
  </body>
</html>
```

单击图3-19所示页面中的"删除会员信息",将出现如图3-20所示的页面,对应的超链接页面是deleteMember.html。单击图3-20所示页面中的"删除"按钮,将跳转到查询会员信息页面。

图3-20　删除会员信息

【例3-25】　删除会员信息(deleteMember.html)。

```
<html>
    <head>
        <title>删除会员信息</title>
        <meta http-equiv="Content-Type" content="text/html; charset=UTF-8">
    </head>
    <body bgcolor="CCCFFF">
        <div align="center">
            <form action="../memberManage/lookMember.html" method="post">
                <table border="2" align="center">
                    <tr>
                        <th colspan="2" align="center">输入要删除的会员</th>
                    </tr>
                    <tr>
```

```html
            <td>会员名称：</td>
            <td><input type="text" name="memberName"/></td>
          </tr>
          <tr>
            <td><input type="submit" value="删除"/></td>
            <td><input type="reset" value="取消"/></td>
          </tr>
        </table>
      </form>
    </div>
  </body>
</html>
```

3.4.5 项目实现过程中应注意的问题

在项目实现的过程中除了要注意第 1 章和第 2 章中提到的项目实现过程中应注意的问题外，还需要注意框架之间的嵌套关系，否则有可能出现异常情况。

3.4.6 常见问题及解决方案

1．＜frameset＞标签之间嵌套关系错误

＜frameset＞标签之间嵌套关系错误表现如图 3-21 所示。

图 3-21 ＜frameset＞标签之间嵌套关系错误

解决方案：出现如图 3-21 所示的异常情况时，主要的解决方案是检查＜frameset＞和＜frame＞标签是否使用正确。

2．使用框架出现空白页面异常

使用框架出现空白页面异常，如图 3-22 所示。

解决方案：使用＜frameset＞标签划分窗口时不能把＜frameset＞放在＜body＞中，划分窗口时 HTML 页面不用＜body＞标签，请参考例 3-10 和例 3-19。

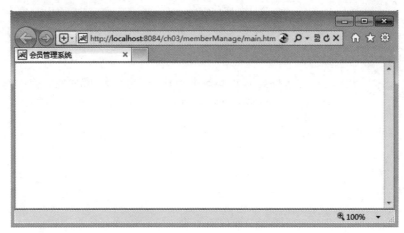

图 3-22　使用框架出现空白页面

3.4.7　拓展与提高

请为会员管理系统添加"修改个人密码"功能，效果如图 3-23 所示。

图 3-23　修改个人密码

3.5　课外阅读（从 XHTML 到 HTML5）

3.5.1　XHTML 简介

HTML 从出现发展到今天，仍有些缺陷和不足。HTML 的 3 个主要缺点如下。

（1）太简单。不能适应现在越来越多的网络设备和应用的需要，例如手机、PDA、信息家电都不能直接显示 HTML。

（2）不规范。由于 HTML 代码的不规范、臃肿，浏览器需要足够智能和庞大才能够正确显示 HTML。

（3）数据与表现混杂。当页面要改变显示时，就必须重新制作 HTML。

因此，HTML 需要发展才能解决这些问题，于是 W3C 又制定了可扩展超文本标记语言（eXtensible HyperText Markup Language，XHTML），XHTML 是 HTML 向 XML 过渡的一个桥梁。

XHTML 是一种标记语言，表现方式与 HTML 类似，不过语法上更加严格。从继承关系上讲，HTML 是一种基于标准通用标记语言（SGML）的应用，是一种基本的 Web 网页设计语言，而 XHTML 则基于可扩展标记语言（Extensible Markup Language，XML），XML 是 SGML 的一个子集。XHTML 看起来与 HTML 有些相像，只有一些小的但重要的区别，XHTML 就是一个扮演着类似 HTML 的角色的 XML，所以，本质上说，XHTML 是一个过渡技术，结合了部分 XML 的强大功能及大多数 HTML 的简单特性。

从 HTML 到 XHTML 过渡的变化比较小，主要是为了适应 XML。最大的变化在于文档必须是良构的，所有标签必须闭合。也就是说，开始标签要有相应的结束标签。另外，XHTML 中所有的标签必须小写。而按照 HTML 2.0 以来的传统，很多人都是将标签大写，这点两者的差异显著。在 XHTML 中，所有的参数值，包括数字，必须用双引号引起来（而在 HTML 中，引号不是必需的，当内容只是数字、字母及其他允许的特殊字符时，可以不用引号）。所有元素，包括空元素，比如 img、br 等，也都必须闭合，实现的方式是在开始标签末尾加入斜扛。具体体现在以下几点。

1. 所有标记都必须要有一个相应的结束标记

以前在 HTML 中，可以写许多单标签，例如写<li>而不一定写对应的</li>来关闭。但在 XHTML 中这是不合法的，XHTML 要求所有标签必须关闭。如果是单独、不成对的标签，在标签最后加一个"/"来关闭它。

例如：

<img src ="image/scenery.jpg" alt="风景" width ="360" height ="200"/>

2. 所有标签的元素和属性的名字都必须小写

与 HTML 不一样，XHTML 对大小写是敏感的，<title>和<TITLE>是不同的标签。XHTML 要求所有的标签和属性的名字都必须小写。例如，<BODY>必须写成<body>。大小写夹杂也是不被认可的。

3. 所有的 XML 标记都必须合理嵌套

同样地，因为 XHTML 要求有严谨的结构，所以所有的嵌套都必须按层次严格对称，以前我们这样写的代码：

<p><b></p></b>

必须修改为

<p><b></b></p>

4. 所有的属性值用引号""引起来

在 HTML 中，可以不给属性值加引号，但是在 XHTML 中必须加引号。例如：

<img src =image/scenery.jpg alt=风景 width=360 height =200>

必须修改为

<img src ="image/scenery.jpg" alt="风景" width ="360" height ="200"/>

5．所有特殊符号用编码表示

任何小于号(<)，不是标签的一部分的，都必须编码为 &lt。
任何大于号(>)，不是标签的一部分的，都必须编码为 &gt。
任何与号(&)，不是实体的一部分的，都必须编码为 &amp。
注意：以上字符之间无空格。

6．所有属性都要赋值

XHTML 规定所有属性都必须有一个值，没有值就重复其本身。
例如：

<input type="checkbox" name="爱好" checked>

必须修改为

<input type="checkbox" name="爱好" checked="checked"/>

7．注释内容中不要使用"--"

"--"只能出现在 XHTML 注释的开头和结束，也就是说，在内容中它们不再有效。例如，下面的代码是无效的：

<!--这里是注释-----------这里是注释-->

用等号或者空格替换内部的虚线：

<!--这里是注释========这里是注释-->

以上这些规范有的看上去比较奇怪，但这一切都是为了使代码有一个统一、唯一的标准，便于以后的数据再利用。

8．图片必须有说明文字

每个图片标签都必须有 alt 说明文字。例如：

<img src ="image/scenery.jpg" alt="风景" title="风景" width ="360" height ="200"/>

为了兼容火狐和 IE 浏览器，对于图片标签，尽量采用 alt 和 title 双标签，单纯的 alt 标签在火狐浏览器下没有图片说明。

XHTML 作为 HTML 的一个子集，可以被大部分常见的浏览器（包括许多低版本浏览器）正确地解析。也就是说，几乎所有的浏览器在正确解析 HTML 的同时，可以兼容 XHTML。跟 CSS 结合后，XHTML 能发挥真正的威力，在实现样式跟内容分离的同时，又能有机地组合网页代码。

3.5.2 XML

XML 是标记电子文件使其成为结构化文档的标记语言，可以用来标记数据、定义数据类型，是一种允许用户对自己的标记语言进行定义的源语言。XML 提供统一的方法来描述和交换独立于应用程序或供应商的结构化数据。

XML 并非像 HTML 那样,提供了一组事先已经定义好的标签,而是提供了一个标准,利用这个标准,可以根据实际需要定义自己的新的标记语言,并为这些标记语言规定它特有的一套标签。准确地说,XML 是一种元标记语言,它允许你根据它所提供的规则,制定各种各样的标记语言。这也正是 XML 语言制定之初的目标所在。

XML 与 HTML 的区别是:XML 的核心是数据,其重点是数据的内容,标签代表的是对数据的语义解释;HTML 被设计用来显示数据,其重点是数据的显示,标签代表的是显示格式。另外,不是所有的 HTML 标记都需要成对出现,XML 则要求所有的标记必须成对出现;HTML 标记不区分大小写,XML 则大小写敏感,即区分大小写。

XML 文档使用的是自描述的和简单的语法,一个 XML 文档最基本的构成包括声明、处理指令(可选)和元素。例如,下面的 book.xml 定义了一些标签来代表书籍的名称、作者、出版社等信息。这组标签很简单,代表了一定的语义,与 HTML 相比,更加清晰易读:

```
<?xml version="1.0" encoding="UTF-8"?>
<bookstore>
    <book publicationdate="2017 年 8 月" ISBN="978-7-302-47311-4">
        <bookname>Java 程序设计与项目实训教程(第 2 版)</bookname>
        <author>张志锋</author>
        <price>59</price>
    </book>
    <book publicationdate="2019 年 5 月" ISBN="978-7-302-52429-8">
        <bookname>Web 框架技术(Struts2+Hibernate+Spring3)教程(第 2 版)</bookname>
        <author>张志锋</author>
        <price>89</price>
    </book>
    <book publicationdate="2016 年 7 月" ISBN="978-7-302-43624-9">
        <bookname>深入浅出 Java 程序设计</bookname>
        <author>张志锋</author>
        <price>89.5</price>
    </book>
</bookstore>
```

1. 声明

所有 XML 文档的第一行都有一个 XML 声明。这个声明表示该文档是一个 XML 文档,它遵循的是哪个 XML 版本的规范。

2. 注释

`<!--注释内容-->`

3. 元素

所有的 XML 元素必须合理包含,且所有的 XML 文档必须有一个根元素。XML 元素的属性以"名字/值"的形式成对出现。其格式如下:

`<元素 属性名 1="值 1" …>数据内容</元素>`

XML 的最重要之处在于其信息处于文档中,而显示指令在其他位置,即内容和显示是相互独立的。XML 文档本身不知道如何来显示数据,必须有辅助文件来帮助实现。XML

中用来设定显示风格样式的文件类型有如下两种。

1. XSL

可扩展样式表语言(eXtensible Stylesheet Language, XSL)是用来设计 XML 文档显示样式的主要文件类型。

XSL 是基于 XML 的语言,用于创建样式表。XSL 创建的样式表能够将 XML 文档转换成其他的文档,例如 HTML 文档,这样即可在浏览器上显示。在执行转换之前,首先要创建一个 XSL 样式表,以定义如何进行转换。

2. CSS

CSS 是目前在浏览器上显示 XML 文档的主要方法。

3.5.3 HTML5

HTML5(HyperText Markup Language 5)是下一代的 HTML,其上一个版本出现于 1999 年,引起了 Web 世界的巨变。它是万维网联盟(World Wide Web Consortium, W3C)与 Web 超文本应用技术工作组(Web Hypertext Application Technology Working Group, WHATWG)合作下的产物。W3C 专注于 XHTML 2.0,而 WHATWG 致力于 Web 表单和应用程序,二者在 2006 年合作创建新版本的 HTML,即 HTML5。HTML5 技术结合了 HTML 4.01 的相关标准并进行了革新,2008 年正式发布,2012 年形成了稳定的版本。

与传统的技术相比,HTML5 的语法特征更加明显,并且结合了 SVG 的内容,使用这些内容可以在网页中更加便捷地处理多媒体内容。HTML5 的新特性主要如下。

(1)新的语义元素,如＜header＞、＜footer＞、＜article＞、＜section＞等。部分新语义元素及其描述如表 3-7 所示。

表 3-7 HTML5 定义的部分新语义元素及其描述

标　　签	描　　述
＜article＞	定义文档内的文章
＜aside＞	定义页面内容之外的内容
＜bdi＞	定义与其他文本不同的文本方向
＜details＞	定义用户可查看或隐藏的额外细节
＜dialog＞	定义对话框或窗口
＜figcaption＞	定义＜figure＞元素的标题
＜figure＞	定义自包含内容,例如图示、图表、照片、代码清单等
＜footer＞	定义文档或节的页脚
＜header＞	定义文档或节的页眉
＜mark＞	定义重要或强调的内容
＜menuitem＞	定义用户能够从弹出菜单调用的命令/菜单项目
＜meter＞	定义已知范围(尺度)内的标量测量

续表

标签	描述
<nav>	定义文档内的导航链接
<progress>	定义任务进度
<rp>	定义在不支持 ruby 注释的浏览器中显示什么
<rt>	定义关于 ruby 注释的解释(用于东亚字体)
<ruby>	定义 ruby 注释(用于东亚字体)
<section>	定义文档中的节
<summary>	定义 <details> 元素的可见标题
<time>	定义日期/时间
<wbr>	定义可能的换行符

(2) 新的表单元素：<datalist>、<keygen>、<output>。

表单是实现用户与页面后台交互的重要组成部分,通过新增加的表单标签,可以直接使用 HTML5 标签来实现一些原本需要 JavaScript 代码来实现的控件。

(3) 新的表单输入类型,如数字 number、日期 date、时间 time、日历 calendar、电子邮件地址 email、滑块 range、搜索域 search 等,通过这些类型可以更好地进行输入控制和验证。如下面的代码:

```
<input type="number" name="points" min="1" max="10" />
```

该代码生成一个文本框,输入内容限制为 1~10 的数字。

(4) 强大的图像支持(借助 <canvas> 和 <svg>)。

HTML5 提供的 canvas 元素可以结合 JavaScript 脚本语言在网页上绘制图形图像,包括绘制各种线条和形状、用样式和颜色填充区域、书写样式化文本以及添加图像等操作。要注意的是,canvas 元素本身并没有绘图能力,图像的绘制在 JavaScript 内部完成。例如,下面的代码在指定两点间绘制一条直线:

```
<!--canvas 元素-->
<canvas id="myCanvas" width="200" height="100" style="border:1px solid #c3c3c3;">
    Your browser does not support the canvas element.
</canvas>
<!--JavaScript 代码-->
<script type="text/javascript">
    var c=document.getElementById("myCanvas");
    var cxt=c.getContext("2d");
    cxt.moveTo(10,10);
    cxt.lineTo(150,50);
    cxt.lineTo(10,50);
    cxt.stroke();
</script>
```

SVG 为可伸缩矢量图形(Scalable Vector Graphics),矢量图形在放大或改变尺寸的情况下其图形质量不会有损失。在 HTML5 中,可以将 SVG 元素直接嵌入页面中。

(5) 强大的多媒体支持(借助 <video> 和 <audio>)。

直到现在,因为不存在一种旨在网页上播放音频、视频的标准,网页上的大多数音频、视频都需要通过插件(如 Flash)才能播放,但是并非所有的浏览器都拥有同样的插件。

HTML5 规定了通过 audio 元素来包含音频的一个标准方法。audio 元素能够播放 mp3、WAV、ogg 格式的声音文件或者音频流。要注意的是,Internet Explorer 9 及其以上版本才支持 audio 元素。

另外,HTML5 还提供了在网页上展示视频的标准方法,即通过 video 元素来包含视频。video 元素支持的视频格式有以下 3 种。

ogg:带有 Theora 视频编码和 Vorbis 音频编码的 ogg 文件。

MPEG4:带有 H.264 视频编码和 AAC 音频编码的 MPEG4 文件。

WebM:带有 VP8 视频编码和 Vorbis 音频编码的 WebM 文件。

HTML5 通过<audio>和<video>标签实现了对音频、视频文件的支持,让浏览器摆脱了对第三方插件的依赖,加快了页面的加载速度,扩展了互联网多媒体技术的发展空间。

(6) 强大的新 API,例如用本地存储取代 cookie、使用 Geolocation 进行地理定位、引入应用程序缓存等。

需要注意的是,浏览器在读取 HTML 文档时,需要根据文档类型声明获知文档类型,才能按对应的规范进行解析并显示。与前期基于 SGML 的 HTML 版本相比,HTML5 的文档类型声明要简单得多,只需要在<html>标签前面加上<！DOCTYPE html>标签。例如下面的代码,就告诉浏览器这是一个 HTML5 文档:

```
<!DOCTYPE html>
<html>
  <head>
    <title>文档的标题</title>
  </head>
  <body>
      文档的内容……
  </body>
</html>
```

HTML5 是互联网的下一代标准,被认为是互联网的核心技术之一。到目前为止,HTML5 仍处于完善之中,但大部分现代浏览器都已经具备了某些 HTML5 支持。通过下面两个网址可以查看 HTML 的最新规范:http://www.w3.org/TR/html5/和 http://www.w3.org/TR/html51/。

3.6 小　　结

本章主要介绍 JSP 程序设计必备的基础知识,通过本章的学习,应该掌握以下内容。

(1) HTML 的主要标签及其应用。

(2) CSS 样式表的定义和使用。

3.7 习　　题

3.7.1 选择题

1. 用来换行的标签是(　　)。
   A. <p>　　　　B.
　　　　C. <hr>　　　　D. <pre>
2. 用来建立有序列表的标签是(　　)。
   A. <ol></ol>　　B. <ul></ul>　　C. <dl></dl>　　D. <il></il>
3. 用来插入图片的标签是(　　)。
   A. <img>　　　B. <image>　　　C. <bgsound>　　D. <table>
4. css 文件的扩展名为(　　)。
   A. doc　　　　B. text　　　　C. html　　　　D. css

3.7.2 填空题

1. HTML 文档的扩展名是＿＿＿＿或＿＿＿＿，它们是可供浏览器解释浏览的网页文件格式。
2. 在 HTML 中加入 CSS 的方法主要有＿＿＿＿、＿＿＿＿和＿＿＿＿。
3. HTML 文档分为文档头和＿＿＿＿两部分。
4. 常用的列表分为＿＿＿＿、＿＿＿＿和自定义列表。
5. 表单一般由＿＿＿＿、＿＿＿＿和＿＿＿＿组成。
6. ＿＿＿＿是一种能够有效描述信息的组织形式,由行、列和单元格组成。

3.7.3 简答题

1. 简述什么是 HTML,有哪些基本标签。
2. 简述什么是 CSS。
3. 简述 CSS 定义样式表的几种方式。
4. 简述在 HTML 中加入 CSS 的几种方式。

3.7.4 实验题

1. 用 HTML 编写一个框架结构的 BBS 论坛网页。
2. 在设计 BBS 论坛页面时使用 CSS 级联样式表,使所有子页面的段落和标题具有相同外观。

第 4 章 通信资费管理系统项目实训

通信资费管理系统项目实训

本章要求综合运用前 3 章的相关概念与原理,完成通信资费管理系统(Communication Charges Management System,CCMS)的前端页面设计。通过项目的综合训练,能够在逐步掌握 Java Web 项目开发的流程和页面设计的基础上,为后面章节学习以及项目开发奠定基础。要求能够通过本项目实训了解项目开发的基本过程并能熟练运用前 3 章所学知识设计其他系统的页面。

本章主要内容如下所示。
(1) 项目需求说明。
(2) 项目设计。
(3) 项目实现。

4.1 通信资费管理系统项目需求说明

近年来,通信行业发生了很大变化,包括从固定到移动、从语音到数据、从电路交换到分组交换、从窄带到宽带的变化。通信运营商在市场和政策的双重影响下,正面临着重组。新技术、新业务创造了市场机会,使新运营商不断兴起。旧运营商为了保持原有的市场份额也通过兼并改组等方式不断扩大业务范围,争取为客户提供从传统的市话、长话、移动、智能网(5G)到新兴的数据。用户将来可以在多个运营商提供的多种通信业务中自由选择。

根据业务模型和通信行业的业务需要,该系统的功能模块需求分析和设计如下。

1. 登录和注册模块

实现用户登录和新用户注册功能。

2. 用户管理模块

实现开通账号、用户账号查询、用户列表功能。其中,账号查询可以方便用户查询,用户可以通过账号查询来获取特定账户的信息。用户列表显示所有用户的基本信息。

3. 资费管理模块

实现资费的查看、添加、修改和删除等功能。

4. 账单管理模块

实现查看账单、查看明细、查询账单功能。可以实现查看账单信息(可参考移动、联通、电信的账单管理模块自行设计)、查看账单明细以及查询某个账单等功能。

5. 账务管理模块

实现月和年账务信息的查询功能以及资费详单功能。

6. 管理员管理模块

实现增加管理员、管理员列表和私人信息功能。增加管理员需要提供的信息有账号、登录密码、重复密码、真实姓名、管理员邮箱、联系电话、登录权限等。其中,登录权限包括管理员管理、资费管理、用户管理、账务查询、账单查询。管理员列表包括的信息有账号、姓名、电话、邮箱、开户日期、权限、修改和删除。私人信息包括登录密码、重复密码、真实姓名、管理员邮箱、开通日期、联系电话、登录权限,其中登录权限又包括资费管理、账务查询和管理员管理。

7. 用户自服务管理模块

实现用户自助查询个人账单信息的功能,并允许用户修改个人账户信息以及变更相关业务。

4.2 通信资费管理系统项目总体结构与构成

项目使用 HTML 来完成静态页面的设计,可以使用 IDE 或直接使用记事本编辑。经需求分析,本项目的总体功能模块架构设计如图 4-1 所示。

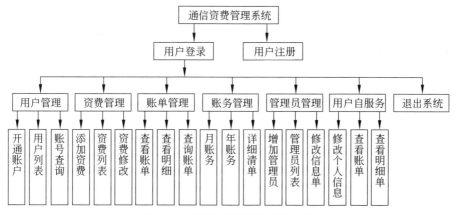

图 4-1 系统的功能模块架构设计

4.3 通信资费管理系统项目代码实现

4.3.1 项目文件结构

本项目命名为 CCMS,系统的登录页面(login.html)和注册页面(register.html)在 Web 文件夹的根目录中,如图 4-2 所示。

用户管理功能相关的页面在 userManage 文件夹中,该文件夹中的文件用于实现用户管理功能相关页面的设计。

资费管理功能相关的页面在 pricingManage 文件夹中,该文件夹中的文件用于资费管理功能相关页面的设计。

账单管理功能相关的页面在 reckonManage 文件夹中,该文件夹中的文件用于账单管理功能相关页面的设计。

账务管理功能相关的页面在 accountManage 文件夹中,该文件夹中的文件用于账务管理功能相关页面的设计。

管理员管理功能相关的页面在 adminManage 文件夹中,该文件夹中的文件用于管理员管理功能相关页面的设计。

用户自服务功能相关的页面在 userSelf 文件夹中,该文件夹中的文件用于用户自服务功能相关页面的设计。

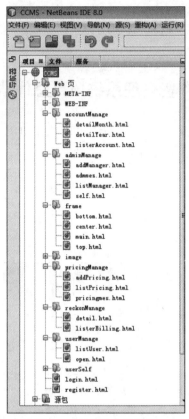

图 4-2　项目的文件结构

4.3.2　登录和注册页面的实现

本系统提供登录页面(login.html),如果用户没有注册,需要先注册(register.html)后登录。登录页面效果如图 4-3 所示,代码见例 4-1。页面实现所需的图片在 image 文件中。

【例 4-1】　登录页面(login.html)。

```
<html>
    <head>
        <title>通信资费管理系统</title>
        <meta http-equiv="Content-Type" content="text/html; charset=UTF-8">
    </head>
    <body background="image/login.jpg">
        <br><br><br><br>
        <br><br><br><br>
        <center>
            <form action="frame/main.html" method="post">
```

图 4-3　系统登录页面

```
<table border="2" bgcolor="CCCFFF" width="300">
    <tr>
        <td height="50">用户账号：</td>
        <td height="50">
            <input type="text" name="userName" size="20"
            value="请输入账号"/>
        </td>
    </tr>
    <tr>
        <td height="50" >用户密码：</td>
        <td height="50">
            <input type="password" name="userPassword" size="22"
            value="********"/>
        </td>
    </tr>
    <tr>
        <td align="center" height="50">
            <input type="submit" value="登　录"/>
        </td>
        <td align="center" height="50">
            <input type="reset" value="清　除"/>
        </td>
    </tr>
    <tr>
        <td colspan="2" align="center" bgcolor="#95BDFF"
            height="50">
            通信改变生活！
        </td>
    </tr>
    <tr>
        <td colspan="2" align="center" bgcolor="#95BDFF"
            height="50">
            <a href="register.html">注册</a>
```

```
                </td>
            </tr>
        </table>
    </form>
</center>
</body>
</html>
```

　　用户需要先注册。单击图 4-3 所示页面中的"注册"超链接将出现如图 4-4 所示的注册页面（register.html），代码见例 4-2。

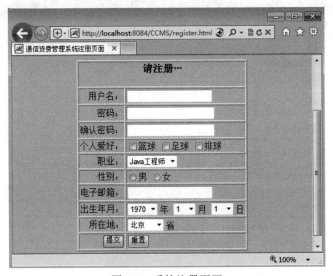

图 4-4　系统注册页面

【例 4-2】　注册页面（register.html）。

```
<html>
    <head>
        <title>通信资费管理系统注册页面</title>
        <meta http-equiv="Content-Type" content="text/html; charset=UTF-8">
    </head>
    <body bgcolor="CCCFFF">
        <form action="login.html" method="post">
        <br><br><br><br><br><br>
        <table border="1" width="310" align="center">
            <tr>
                <td colspan="2">
                    <h3 align="center">请注册…</h3>
                </td>
            </tr>
            <tr>
                <td align="right">用户名：</td>
                <td><input type="text" name="userName" size="20"/></td>
            </tr>
            <tr>
```

```html
            <td align="right">密码：</td>
            <td>
                <input type="password" name="userPassword" size="22"/>
            </td>
        </tr>
        <tr>
            <td align="right">确认密码：</td>
            <td>
                <input type="password" name="userPassword1" size="22"/>
            </td>
        </tr>
        <tr>
            <td align="right">个人爱好：</td>
            <td>
                <input type="checkbox" name="checkbox1"/>篮球
                <input type="checkbox" name="checkbox2"/>足球
                <input type="checkbox" name="checkbox3"/>排球
            </td>
        </tr>
        <tr>
            <td align="right">职业：</td>
            <td>
                <select name="select" size="1">
                    <option value="Java">Java 工程师</option>
                    <option value="公务员">公务员</option>
                    <option value="学生">学生</option>
                    <option value="其他">其他</option>
                </select>
            </td>
        </tr>
        <tr>
            <td align="right">性别：</td>
            <td>
                <input type="radio" name="radiobutton"/>
                男
                <input type="radio" name="radiobutton"/>
                女
            </td>
        </tr>
        <tr>
            <td align="right">电子邮箱：</td>
            <td><input type="text" name="email"/></td>
        </tr>
        <tr>
            <td align="right">出生年月：</td>
            <td>
                <select name="select1">
                    <option value="1970">1970</option>
                    <option value="1971">1971</option>
                    <option value="1972">1972</option>
                    <option value="1973">1973</option>
```

```html
            <option value="1974">1974</option>
            <option value="1975">1975</option>
            <option value="1976">1976</option>
            <option value="1977">1977</option>
            <option value="1978">1978</option>
            <option value="1979">1979</option>
            <option value="1980">1980</option>
            <option value="1981">1981</option>
            <option value="1982">1982</option>
            <option value="1983">1983</option>
            <option value="1984">1984</option>
            <option value="1985">1985</option>
            <option value="1986">1986</option>
            <option value="1987">1987</option>
            <option value="1988">1988</option>
            <option value="1989">1989</option>
            <option value="1990">1990</option>
            <option value="1991">1991</option>
            <option value="1992">1992</option>
            <option value="1993">1993</option>
            <option value="1994">1994</option>
            <option value="1995">1995</option>
            <option value="1996">1996</option>
            <option value="1997">1997</option>
            <option value="1998">1998</option>
            <option value="1999">1999</option>
            <option value="2000">2000</option>
            <option value="2001">2001</option>
            <option value="2002">2002</option>
            <option value="2003">2003</option>
            <option value="2004">2004</option>
            <option value="2005">2005</option>
            <option value="2006">2006</option>
        </select>
        年
        <select name="select2">
            <option value="1">1</option>
            <option value="2">2</option>
            <option value="3">3</option>
            <option value="4">4</option>
            <option value="5">5</option>
            <option value="6">6</option>
            <option value="7">7</option>
            <option value="8">8</option>
            <option value="9">9</option>
            <option value="10">10</option>
            <option value="11">11</option>
            <option value="12">12</option>
        </select>
        月
        <select name="select3">
```

```html
                <option value="1">1</option>
                <option value="2">2</option>
                <option value="3">3</option>
                <option value="4">4</option>
                <option value="5">5</option>
                <option value="6">6</option>
                <option value="7">7</option>
                <option value="8">8</option>
                <option value="9">9</option>
                <option value="10">10</option>
                <option value="11">11</option>
                <option value="12">12</option>
                <option value="13">13</option>
                <option value="14">14</option>
                <option value="15">15</option>
                <option value="16">16</option>
                <option value="17">17</option>
                <option value="18">18</option>
                <option value="19">19</option>
                <option value="20">20</option>
                <option value="21">21</option>
                <option value="22">22</option>
                <option value="23">23</option>
                <option value="24">24</option>
                <option value="25">25</option>
                <option value="26">26</option>
                <option value="27">27</option>
                <option value="28">28</option>
                <option value="29">29</option>
                <option value="30">30</option>
                <option value="31">31</option>
            </select>
            日
        </td>
    </tr>
    <tr>
        <td align="right">所在地：</td>
        <td>
            <select name="select4" size="1">
                <option value="1" selected>北京</option>
                <option value="2">天津</option>
                <option value="3">河北</option>
                <option value="4">上海</option>
                <option value="5">河南</option>
                <option value="6">吉林</option>
                <option value="7">黑龙江</option>
                <option value="8">内蒙古</option>
                <option value="9">山东</option>
                <option value="10">山西</option>
                <option value="11">陕西</option>
                <option value="12">甘肃</option>
```

```
                    <option value="13">宁夏</option>
                    <option value="14">青海</option>
                    <option value="15">新疆</option>
                    <option value="16">辽宁</option>
                    <option value="17">江苏</option>
                    <option value="18">浙江</option>
                    <option value="19">安徽</option>
                    <option value="20">广东</option>
                    <option value="21">海南</option>
                    <option value="22">广西</option>
                    <option value="23">云南</option>
                    <option value="24">贵州</option>
                    <option value="25">四川</option>
                    <option value="26">重庆</option>
                    <option value="27">西藏</option>
                    <option value="28">香港</option>
                    <option value="29">澳门</option>
                    <option value="30">福建</option>
                    <option value="31">江西</option>
                    <option value="32">湖南</option>
                    <option value="33">湖北</option>
                    <option value="34">台湾</option>
                    <option value="35">其他</option>
                </select>
                省
            </td>
        </tr>
        <tr>
            <td align="right"><input type="submit" value="提交"/></td>
            <td><input type="reset" value="重置"/></td>
        </tr>
    </table>
  </form>
 </body>
</html>
```

4.3.3 系统主页面的实现

单击图 4-3 所示页面中的"登录"按钮后进入系统的主页面（main.html），如图 4-5 所示。实现主页面的 HTML 文件在文件夹 frame 中，该文件夹中有 4 个页面文件：main.html、top.html、center.html 和 bottom.html，代码分别见例 4-3～例 4-6。其中，main.html 是使用框架设计的，另外 3 个页面是组成该窗口的子窗口页面。页面所需图片在文件夹 image 中。

【例 4-3】 系统主页面（main.html）。

```
<html>
    <head>
        <title>通信资费管理系统</title>
        <meta http-equiv="Content-Type" content="text/html; charset=UTF-8">
```

图 4-5 系统主页面

```
    </head>
    <frameset rows="110,*">
        <frame src="../frame/top.html" name="top" scrolling="no">
        <frameset rows="90,*">
            <frame src="../frame/center.html" name="center" scrolling="no">
            <frame src="../frame/bottom.html" name="bottom">
        </frameset>
    </frameset>
</html>
```

【例 4-4】 子窗口页面(top.html)。

```
<html>
    <head>
        <title></title>
        <meta http-equiv="Content-Type" content="text/html; charset=UTF-8">
    </head>
    <body background="../image/top.jpg">
        <br>
        <h1 align="center">欢迎使用通信资费管理系统</h1>
    </body>
</html>
```

top.html 页面运行效果如图 4-6 所示。

【例 4-5】 子窗口页面(center.html)。

```
<html>
    <head>
        <title></title>
```

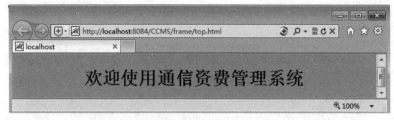

图 4-6 top.html 页面运行效果

```
      <meta http-equiv="Content-Type" content="text/html; charset=UTF-8">
</head>
 <body bgcolor="#95BDFF">
    <div align="center">
       <table border="1" width="95%">
          <tr>
             <th>
                <a href="../userManage/listUser.html" target="bottom">
                   用户管理
                </a>
             </th>
             <th>
                <a href="../pricingManage/listPricing.html" target="bottom">
                   资费管理
                </a>
             </th>
             <th>
                <a href="../reckonManage/listerBilling.html" target="bottom">
                   账单管理
                </a>
             </th>
             <th>
                <a href="../accountManage/listerAccount.html" target="bottom">
                   账务管理
                </a>
             </th>
             <th>
                <a href="../adminManage/listManager.html" target="bottom">
                   管理员管理
                </a>
             </th>
             <th>
                <a href="../userSelf/userServer.html" target="bottom">
                   用户自服务
                </a>
             </th>
             <th>
                <a href="../login.html" target="_parent">退出系统</a>
             </th>
          </tr>
       </table>
```

```
        </div>
    </body>
</html>
```

center.html 页面运行效果如图 4-7 所示。

图 4-7 center.html 页面运行效果

【例 4-6】 子窗口页面(bottom.html)。

```
<html>
    <head>
        <title></title>
        <meta http-equiv="Content-Type" content="text/html; charset=UTF-8">
    </head>
    <body bgcolor="CCCFFF">
        <center>
            <br><br><br><br>
            <br><br><br><br>
            <img src="../image/login.jpg" height="300" width="500">
            <br><br><br><br>
            <br><br><br><br>
            <p>
                <font size="-1">
                    Copyright  2015. 清华大学出版社
                </font>
            </p>
            <p></p>
        </center>
    </body>
</html>
```

bottom.htm 页面运行效果如图 4-8 所示。

4.3.4 用户管理页面的实现

单击图 4-5 所示页面中的"用户管理",默认打开用户管理模块的用户列表页面,在此可以对用户管理模块进行操作,如图 4-9 所示。实现用户管理页面的文件在文件夹 userManage 中,该文件夹中有两个页面文件:listUser.html 和 open.html,代码分别见例 4-7 和例 4-8。从例 4-5 中的代码"<a href="../userManage/listUser.html" target="bottom">用户管理</a>"可以知道,单击"用户管理"将链接到 listUser.html 页面,即图 4-9 所示页面中的 bottom 部分由 listUser.html 的代码实现。

图 4-8　bottom.html 页面运行效果

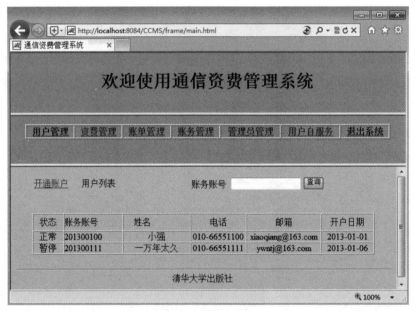

图 4-9　用户列表页面

【例 4-7】 用户列表(listUser.html)。

```
<html>
    <head>
        <title>用户管理</title>
        <meta http-equiv="Content-Type" content="text/html; charset=UTF-8">
    </head>
    <body bgcolor="#ccddee">
        <div align="center">
            <form name="form1" method="post" action="">
                <table width="91%" border="0" align="center">
```

```html
            <tr bgcolor="#ccddee">
                <td width="14%" height="6">
                    <a href="open.html">开通账户</a>
                </td>
                <td>用户列表</td>
                <td bgcolor="#ccddee">
                    <div align="center">
                        <font color="#000000">账务账号</font>
                        <input name="textfield2" type="text" size="16">
                        <input type="submit"  value="查询">
                    </div>
                </td>
            </tr>
        </table>
</form>
<form action="listUser.html" method="post" name="userform">
    <div align="center">
        <br/>
        <table width="91%" border=1 align="center" cellpadding="0"
            cellspacing="0"  bgcolor="#ccddee">
            <tr align="center">
                <td width="55" height="31">
                    <div align="center">状态</div>
                </td>
                <td width="67">
                    <div align="center">账务账号</div>
                </td>
                <td width="73">
                    <div align="center">姓名</div>
                </td>
                <td width="101">
                    <div align="center">电话</div>
                </td>
                <td width="138">
                    <div align="center">邮箱</div>
                </td>
                <td width="96">开户日期</td>
            </tr>
            <tr align="center" >
                <td height="10">正常</td>
                <td><div align="left">201300100</div></td>
                <td>小强</td>
                <td>010-66551100</td>
                <td>xiaoqiang@163.com</td>
                <td>2013-01-01</td>
            </tr>
            <tr align="center" >
                <td height="10">暂停</td>
                <td><div align="left">201300111</div></td>
                <td>一万年太久</td>
                <td>010-66551111</td>
```

```
                    <td>ywntj@163.com</td>
                    <td>2013-01-06</td>
                </tr>
            </table>
        </div>
    </form>
</div>
<hr/>
<center>
    清华大学出版社
</center>
</body>
</html>
```

单击图 4-9 所示页面中的"开通账户"将出现如图 4-10 所示的开通账户页面(open.html),代码见例 4-8。

图 4-10 开通账户页面

【例 4-8】 开通账户(open.html)。

```
<html>
    <head>
        <title>用户管理</title>
        <meta http-equiv="Content-Type" content="text/html; charset=UTF-8">
    </head>
    <body bgcolor="#ccddee">
        <hr size="1">
        <div align="center">
            <form name="form1" method="post" action="listUser.html">
```

```html
        <table width="91%" border="0" align="center">
            <tr bgcolor="#ccddee">
                <td width="14%" height="6">开通账号</td>
                <td><a href="listUser.html">用户列表</a></td>
                <td bgcolor="#ccddee">
                    <div align="center">
                        <font color="#000000">账务账号</font>
                        <input name="textfield2" type="text" size="16">
                        <input type="submit" value="查询">
                    </div>
                </td>
            </tr>
        </table>
</form>
<hr size="1">
<p align="left"> </p>
<center>
    <h1>请输入用户的基本信息(带 * 的必须填写!)</h1>
    <form   method="post" action="listUser.html">
        <table width="90%" border="1"   bgcolor="ccddee">
            <tr>
                <td width="17%">账务账号 * </td>
                <td width="83%">
                    <input type="text" name="loginName">请输入用户的账
                    务账号名称(只允许用英文、数字、下画线,区分大小写)
                </td>
            </tr>
            <tr>
                <td>账务密码  * </td>
                <td>
                    <input type="password" name="loginPassword">请输
                    入用户的账务账号密码(限度为 6~8 位)
                </td>
            </tr>
            <tr>
                <td>重复密码  * </td>
                <td>
                    <input type="password" name="loginPassword2">请重
                    复输入以上密码
                </td>
            </tr>
            <tr>
                <td>用户名称  * </td>
                <td>
                    <input type="text" name="userName">
                    请输入用户真实姓名
                </td>
            </tr>
            <tr>
                <td>性别选项  * </td>
                <td>
```

```html
                <input name="sex" type="radio" value="男"
                    checked>男
                <input type="radio" name="sex" value="女">女
            </td>
        </tr>
        <tr>
            <td>付款方式*</td>
            <td>
                <select name="moneyStyle">
                    <option value="0" selected>
                        现金支付
                    </option>
                    <option value="1">银行转账</option>
                    <option value="2">邮局汇款</option>
                    <option value="3">其他</option>
                </select>
            </td>
        </tr>
        <tr>
            <td>用户状态*</td>
            <td>
                <input name="userStatus" type="radio"
                    value="1" checked>开通
                <input type="radio" name="userStatus"
                    value="3">暂停
            </td>
        </tr>
        <tr>
            <td>电子邮箱*</td>
            <td>
                <input type="text" name="userEmail">请输入正确的电
                子邮箱信息,以便我们能及时跟你联系
            </td>
        </tr>
        <tr>
            <td height="56" colspan="2">
                <hr size="1">
                <p align="center">
                    以下是选填信息(请尽量填写)
                </p>
            </td>
        </tr>
        <tr>
            <td>省份     </td>
            <td>
                <select name="nationality">
                    <option value="1" selected>北京</option>
                    <option value="2">天津</option>
                    <option value="3">河北</option>
                    <option value="4">上海</option>
                    <option value="5">河南</option>
```

```html
                <option value="6">吉林</option>
                <option value="7">黑龙江</option>
                <option value="8">内蒙古</option>
                <option value="9">山东</option>
                <option value="10">山西</option>
                <option value="11">陕西</option>
                <option value="12">甘肃</option>
                <option value="13">宁夏</option>
                <option value="14">青海</option>
                <option value="15">新疆</option>
                <option value="16">辽宁</option>
                <option value="17">江苏</option>
                <option value="18">浙江</option>
                <option value="19">安徽</option>
                <option value="20">广东</option>
                <option value="21">海南</option>
                <option value="22">广西</option>
                <option value="23">云南</option>
                <option value="24">贵州</option>
                <option value="25">四川</option>
                <option value="26">重庆</option>
                <option value="27">西藏</option>
                <option value="28">湖南</option>
                <option value="29">湖北</option>
                <option value="30">福建</option>
                <option value="31">江西</option>
                <option value="32">香港</option>
                <option value="33">澳门</option>
                <option value="34">台湾</option>
            </select>
        </td>
    </tr>
    <tr>
        <td>职业</td>
        <td>
            <select name="zy">
                <option value="1" selected>Java工程师
                </option>
                <option value="2">公务员</option>
                <option value="3">学生</option>
                <option value="4">其他</option>
            </select>
        </td>
    </tr>
    <tr>
        <td>联系电话 </td>
        <td>
            <input type="text" name="userPhone">请连续输入用户
            电话(例：010-56561122)
        </td>
    </tr>
```

```html
                <tr>
                    <td>公司     </td>
                    <td>
                        <input type="text" name="company">请输入用户所在单
                        位信息
                    </td>
                </tr>
                <tr>
                    <td>公司邮箱 </td>
                    <td>
                        <input type="text" name="mailAddress">请输入用户
                        所在单位邮箱地址
                    </td>
                </tr>
                <tr>
                    <td>邮政编码 </td>
                    <td>
                        <input type="text" name="postCode">请输入用户邮政
                        编码
                    </td>
                </tr>
                <tr>
                    <td></td>
                    <td align="right">   </td>
                </tr>
            </table>
            <p>
                <input type="submit" value="提交">  
                <input type="reset" value="重设">
            </p>
        </form>
    </center>
</div>
<center>
    清华大学出版社
</center>
</body>
</html>
```

4.3.5 资费管理页面的实现

单击图 4-10 所示页面中的"资费管理",默认打开资费管理模块的资费列表页面,如图 4-11 所示,在此可以对资费管理模块进行操作。实现资费管理的页面文件在文件夹 pricingManage 中,该文件夹中有 3 个页面文件:listPricing.html、addPricing.html 和 pricingmes.html,代码分别见例 4-9～例 4-11。从 例 4-5 中的代码 "< a href = "../pricingManage/listPricing.html" target="bottom">资费管理</a>"可以知道,单击"资费管理"将链接到 listPricing.html 页面,即图 4-11 所示页面中的 bottom 部分由 listPricing.html 的代码实现。

图 4-11 资费列表页面

【例 4-9】 资费列表(listPricing.html)。

```html
<html>
    <head>
        <title>资费管理</title>
        <meta http-equiv="Content-Type" content="text/html; charset=UTF-8">
    </head>
    <body bgcolor="#ccddee">
        <hr size="1">
        <div align="center">
            <table width="91%" border="1" align="center" cellpadding="0"
                cellspacing="0" bgcolor="ccddee">
                <tr bgcolor="#ccddee">
                    <td width="13%" height="24">
                        <a href="addPricing.html">添加资费</a>
                    </td>
                    <td width="13%">
                        <a href="listPricing.html">资费列表</a>
                    </td>
                    <td width="27%">  </td>
                </tr>
            </table>
            <form action="listPricing.html" method="post">
                <table width="91%" border="1" bgcolor="#ccddee">
                    <tr>
                        <td width="12%">资费名称</td>
                        <td width="30%">SWFY30-3</td>
                        <td></td>
                    </tr>
                    <tr>
                        <td>月租费用</td>
```

```html
            <td><input name="baseFee" type="text" value="30"></td>
            <td>更改月租费用(只允许输入数字或小数点)</td>
        </tr>
        <tr>
            <td>每小时费用</td>
            <td><input name="retaFee" type="text" value="3"></td>
            <td>更改每小时的费用(只允用数字或小数点)</td>
        </tr>
        <tr>
            <td height="10">资费描述</td>
            <td>
                <textarea name="pricingDesc">
                    月租30元,每小时3元
                </textarea>
            </td>
            <td>更改资费信息</td>
        </tr>
        <tr>
            <td><div align="right"></div></td>
            <td>  </td>
            <td>
                <input type="submit" name="Submit" value="修改">
                   
                <input type="reset" name="Submit2" value="重设">
            </td>
        </tr>
    </table>
    <p> </p>
    </form>
    </div>
</body>
</html>
```

单击图4-11所示页面中的"添加资费"将出现如图4-12所示的添加资费页面(addPricing.html),代码见例4-10。

【例4-10】 添加资费(addPricing.html)。

```html
<html>
    <head>
        <title>资费管理</title>
        <meta http-equiv="Content-Type" content="text/html; charset=UTF-8">
    </head>
    <body bgcolor="#ccddee">
        <hr size="1">
        <div align="center">
            <table width="91%" border="1" align="center" cellpadding="0"
                cellspacing="0" bgcolor="ccddee">
                <tr bgcolor="#ccddee">
                    <td width="13%" height="24">添加资费</td>
                    <td width="13%"><a href="listPricing.html">资费列表</a></td>
                </tr>
```

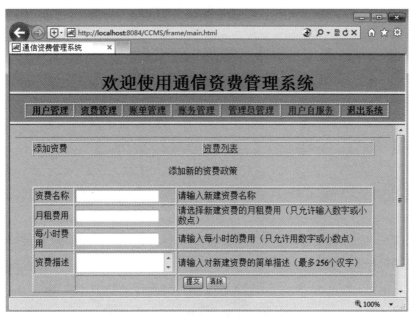

图 4-12　添加资费页面

```html
</table>
<form action="listPricing.html" method="post">
    <p>添加新的资费政策</p>
    <table width="91%" border="1" bgcolor="#ccddee">
      <tr>
        <td width="12%">资费名称</td>
        <td width="30%">
            <input type="text" name="pricingName">
        </td>
         <td>请输入新建资费名称</td>
      </tr>
      <tr>
          <td>月租费用</td>
          <td><input type="text" name="baseFee"></td>
          <td>
              请选择新建资费的月租费用(只允许输入数字或小数点)
          </td>
      </tr>
      <tr>
          <td>每小时费用</td>
          <td><input type="text" name="rateFee"></td>
          <td>请输入每小时的费用(只允许用数字或小数点)</td>
      </tr>
      <tr>
          <td height="10">资费描述</td>
          <td><textarea name="pricingDesc"></textarea></td>
          <td>请输入对新建资费的简单描述(最多 256 个汉字)</td>
      </tr>
      <tr>
```

```
                <td><div align="right"></div></td>
                <td> </td>
                <td>
                     
                    <input type="submit" value="提交">
                    <input type="reset" value="清除">
                </td>
            </tr>
        </table>
        <p> </p>
    </form>
  </div>
 </body>
</html>
```

单击图 4-11 所示页面中的"修改"将出现如图 4-13 所示的修改资费页面(pricingmes.html),代码见例 4-11。

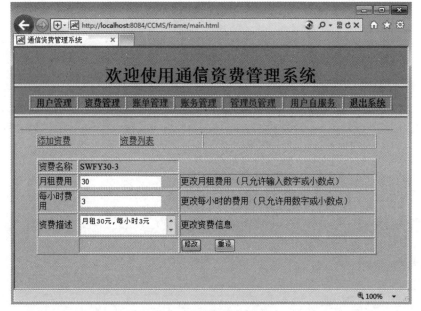

图 4-13　修改资费页面

【例 4-11】　修改资费(pricingmes.html)。

```
<html>
    <head>
        <title>资费管理</title>
        <meta http-equiv="Content-Type" content="text/html; charset=UTF-8">
    </head>
    <body bgcolor="#ccddee">
        <hr size="1">
        <div align="center">
            <table width="91%" border="1" align="center" cellpadding="0"
                cellspacing="0" bgcolor="ccddee">
```

```html
            <tr bgcolor="#ccddee">
                <td width="13%" height="24">
                    <a href="addPricing.html">添加资费</a>
                </td>
                <td width="13%">
                    <a href="listPricing.html">资费列表</a>
                </td>
                <td width="27%">  </td>
            </tr>
        </table>
        <form action="listPricing.html" method="post">
            <table width="91%" border="1" bgcolor="#ccddee">
                <tr>
                    <td width="12%">资费名称</td>
                    <td width="30%">SWFY30-3</td>
                    <td></td>
                </tr>
                <tr>
                    <td>月租费用</td>
                    <td><input name="baseFee" type="text" value="30"></td>
                    <td>更改月租费用(只允许输入数字或小数点)</td>
                </tr>
                <tr>
                    <td>每小时费用</td>
                    <td><input name="retaFee" type="text" value="3"></td>
                    <td>更改每小时的费用(只允许用数字或小数点)</td>
                </tr>
                <tr>
                    <td height="10">资费描述</td>
                    <td>
                        <textarea name="pricingDesc">
                            月租 30 元,每小时 3 元
                        </textarea>
                    </td>
                    <td>更改资费信息</td>
                </tr>
                <tr>
                    <td><div align="right"></div></td>
                    <td> </td>
                    <td>
                        <input type="submit" name="Submit" value="修改">
                           
                        <input type="reset" name="Submit2" value="重设">
                    </td>
                </tr>
            </table>
            <p> </p>
        </form>
    </div>
</body>
</html>
```

4.3.6 账单管理页面的实现

单击图 4-13 所示页面中的"账单管理"可以对账单管理模块进行操作,如图 4-14 所示。实现账单管理的页面文件在文件夹 reckonManage 中,该文件夹中有 2 个页面文件:listerBilling.html 和 detail.html,代码分别见例 4-12、例 4-13。从例 4-5 中的代码"<a href="../reckonManage/listerBilling.html" target="bottom">账单管理</a>"可以知道,单击"账单管理"将链接到 listerBilling.html 页面,即图 4-14 所示页面中的 bottom 部分由 listerBilling.html 的代码实现。

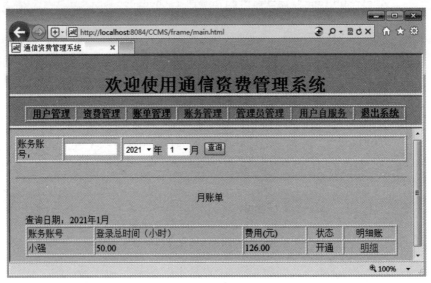

图 4-14 账单管理页面

【例 4-12】 账单管理(listerBilling.html)。

```
<html>
    <head>
        <title>账单管理</title>
        <meta http-equiv="Content-Type" content="text/html; charset=UTF-8">
    </head>
    <body bgcolor="#ccddee">
      <form action="" method="post">
          <table width="100%" border="1" bgcolor="ccddee">
            <tr>
                <td width="12%">账务账号:</td>
                <td width="15%">
                    <input name="textfield" type="text" size="10" maxlength="10">
                </td>
                <td width="73%" colspan="2">
                    <select size="1" name="select1">
                        <option value="2021" selected>2021</option>
                        <option value="2020">2020</option>
                        <option value="2019">2019</option>
```

```html
                    <option value="2018">2018</option>
                </select>年
                <select size="1" name="select2">
                    <option value="1" selected>1</option>
                    <option value="2">2</option>
                    <option value="3">3</option>
                    <option value="4">4</option>
                    <option value="5">5</option>
                    <option value="6">6</option>
                    <option value="7">7</option>
                    <option value="8">8</option>
                    <option value="9">9</option>
                    <option value="10">10</option>
                    <option value="11">11</option>
                    <option value="12">12</option>
                </select>月
                <input type="submit" value="查询" name="B122">
            </td>
        </tr>
    </table>
</form>
<hr size="1">
<div align="center">
    <p>月账单</p>
    <table width="95%" border="0" cellspacing="0" cellpadding="0">
        <tr>
            <td width="36%">查询日期：2021年1月</td>
            <td width="54%"> </td>
            <td width="10%"> </td>
        </tr>
    </table>
    <table width="95%" border="1" bgcolor="ccddee">
        <tr bgcolor="ccddee">
            <td>账务账号</td>
            <td>登录总时间(小时)</td>
            <td>费用(元)</td>
            <td><div align="center">状态</div></td>
            <td align="center">明细账</td>
        </tr>
        <tr>
            <td>小强</td>
            <td>50.00</td>
            <td>126.00</td>
            <td><div align="center">开通</div></td>
            <td align="center"><a href="detail.html">明细</a></td>
        </tr>
    </table>
</div>
</body>
</html>
```

单击图 4-14 所示页面中的"明细"将出现如图 4-15 所示的账单明细页面(detail.html),代码见例 4-13。

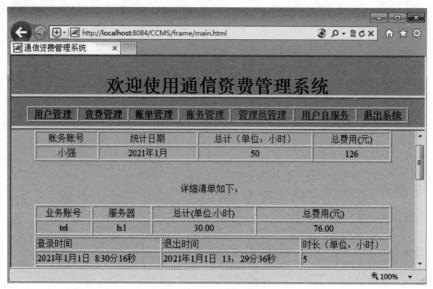

图 4-15　账单明细页面

【例 4-13】　账单明细(detail.html)。

```
<html>
    <head>
        <title>>账单管理</title>
        <meta http-equiv="Content-Type" content="text/html; charset=UTF-8">
    </head>
    <body bgcolor="#ccddee">
        <hr size="1">
        <div align="center">
            <table width="91%" border="1">
                <tr align="center" bgcolor="#FFCCFF">
                    <td width="18%" height="19">账务账号</td>
                    <td width="28%">
                        <div align="center">统计日期</div>
                    </td>
                    <td width="32%">总计(单位：小时)</td>
                    <td width="22%">总费用(元)</td>
                </tr>
                <tr align="center" bgcolor="#FFCCFF">
                    <td height="20">小强</td>
                    <td>
                        <div align="center">2021 年 1 月</div>
                    </td>
                    <td>50</td>
                    <td>126</td>
                </tr>
            </table>
```

```html
<p>
    <br>
    详细清单如下：
</p>
<table width="91%" border="1" bgcolor="ccddee">
    <tr align="center">
        <td width="10%" height="19">业务账号</td>
        <td width="11%">服务器</td>
        <td width="18%">总计(单位:小时)</td>
        <td width="24%">总费用(元)</td>
    </tr>
    <tr align="center">
        <td height="20">tel</td>
        <td>lx1</td>
        <td>30.00</td>
        <td>76.00</td>
    </tr>
</table>
<table width="91%" border="1" bgcolor="ccddee">
    <tr bgcolor="ccddee">
        <td width="36%"><div align="left">登录时间</div></td>
        <td width="39%">退出时间</td>
        <td width="25%">时长(单位：小时)</td>
    </tr>
    <tr>
        <td>
            <div align="left">2021年1月1日 8:30分 16秒</div>
        </td>
        <td>2021年1月1日 13:29分 36秒</td>
        <td>5</td>
    </tr>
    <tr>
        <td>
            <div align="left">2021年1月2日 7:30分 16秒</div>
        </td>
        <td>2021年1月2日 13:25分 16秒</td>
        <td>6</td>
    </tr>
    <tr>
        <td>
            <div align="left">2021年1月3日 13:00分 01秒</div>
        </td>
        <td>2021年1月3日 18:00分 00秒</td>
        <td>5</td>
    </tr>
    <tr>
        <td>
            <div align="left">2021年1月6日 10:30分 00秒</div>
        </td>
        <td>2021年1月6日 14:00分 26秒</td>
        <td>4</td>
```

```html
            </tr>
            <tr>
                <td>
                    <div align="left">2021 年 1 月 7 日 8:30 分 16 秒</div>
                </td>
                <td>2021 年 1 月 7 日 8:55 分 26 秒</td>
                <td>1</td>
            </tr>
            <tr>
                <td>
                    <div align="left">2021 年 1 月 8 日 18:00 分 00 秒</div>
                </td>
                <td>2021 年 1 月 8 日 21:00 分 00 秒</td>
                <td>3</td>
            </tr>
            <tr>
                <td>
                    <div align="left">2021 年 1 月 10 日 8:30 分 00 秒</div>
                </td>
                <td>2021 年 1 月 10 日 11:20 分 26 秒</td>
                <td>3</td>
            </tr>
            <tr>
                <td>
                    <div align="left">2021 年 1 月 16 日 9:30 分 16 秒</div>
                </td>
                <td>2021 年 1 月 16 日 12:10 分 26 秒</td>
                <td>3</td>
            </tr>
        </table>
        <br>
        <br>
        <table width="91%" border="1" bgcolor="ccddee">
            <tr align="center">
                <td width="10%" height="19">业务账号</td>
                <td width="11%">服务器</td>
                <td width="18%">总计(单位:小时)</td>
                <td width="24%">总费用(元)</td>
            </tr>
            <tr align="center">
                <td height="20">Net</td>
                <td>1x2</td>
                <td>20.00</td>
                <td>50</td>
            </tr>
        </table>
        <table width="91%" border="1" bgcolor="ccddee">
            <tr bgcolor="ccddee">
                <td width="36%"><div align="left">登录时间</div></td>
                <td width="39%">退出时间</td>
                <td width="25%">时长(单位：小时)</td>
```

```html
    </tr>
    <tr>
        <td>
            <div align="left">2021年1月1日 9:30分06秒</div>
        </td>
        <td>2021年1月1日 11: 29分36秒</td>
        <td>2</td>
    </tr>
    <tr>
        <td>
            <div align="left">2021年1月2日 7:30分16秒</div>
        </td>
        <td>2021年1月2日 9: 25分16秒</td>
        <td>2</td>
    </tr>
    <tr>
        <td>
            <div align="left">2021年1月3日 13:00分01秒</div>
        </td>
        <td>2021年1月3日 15: 00分00秒</td>
        <td>2</td>
    </tr>
    <tr>
        <td>
            <div align="left">2021年1月6日 10:00分00秒</div>
        </td>
        <td>2021年1月6日 13: 00分00秒</td>
        <td>3</td>
    </tr>
    <tr>
        <td>
            <div align="left">2021年1月7日 8:30分16秒</div>
        </td>
        <td>2021年1月7日 10: 20分26秒</td>
        <td>2</td>
    </tr>
    <tr>
        <td>
            <div align="left">2021年1月8日 18:00分00秒</div>
        </td>
        <td>2021年1月8日 20:00分00秒</td>
        <td>2</td>
    </tr>
    <tr>
        <td>
            <div align="left">2021年1月10日 8:30分00秒</div>
        </td>
        <td>2021年1月10日 10:20分26秒</td>
        <td>2</td>
    </tr>
    <tr>
```

```
                <td>
                    <div align="left">2021 年 1 月 16 日 10:30 分 16 秒</div>
                </td>
                <td>2021 年 1 月 16 日 12:16 分 16 秒</td>
                <td>2</td>
            </tr>
        </table>
        <a href="listerBilling.html">返回</a>
    </div>
</body>
</html>
```

4.3.7 账务管理页面的实现

单击图 4-15 所示页面中的"账务管理",默认打开账务管理模块的服务器月账务查询页面,如图 4-16 所示,在此可以对账务管理模块进行操作。账务管理的页面文件在文件夹 accountManage 中,该文件夹中有 3 个页面文件:listerAccount.html、detailMonth.html 和 detailYear.html,代码分别见例 4-14 ~ 例 4-16。从例 4-5 中的代码"＜a href＝"../accountManage/listerAccount.html" target＝"bottom"＞账务管理＜/a＞"可以知道,单击"账务管理"将链接到 listerAccount.html 页面,即图 4-16 中 bottom 部分由 listerAccount.html 中的代码实现。

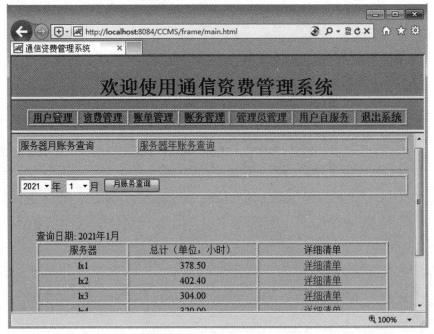

图 4-16 服务器月账务查询页面

【例 4-14】 月账务信息(listerAccount.html)。

```
<html>
    <head>
```

```html
        <title>账务管理</title>
        <meta http-equiv="Content-Type" content="text/html; charset=UTF-8">
</head>
<body bgcolor="#ccddee">
    <form action="" method="post">
        <table width="100%" border="1" bgcolor="ccddee">
            <tr>
                <td width="31%">服务器月账务查询</td>
                <td width="69%" colspan="2">
                    <a href="detailYear.html">服务器年账务查询</a>
                </td>
            </tr>
        </table>
    </form>
    <hr size="1">
    <div align="center">
        <table width="100%" border="1" bgcolor="ccddee">
            <tr>
                <td width="73%" colspan="2">
                    <select size="1" name="select1">
                        <option value="2021" selected>2021</option>
                        <option value="2020">2020</option>
                        <option value="2019">2019</option>
                        <option value="2018">2018</option>
                    </select>年
                    <select size="1" name="select2">
                        <option value="1" selected>1</option>
                        <option value="2">2</option>
                        <option value="3">3</option>
                        <option value="4">4</option>
                        <option value="5">5</option>
                        <option value="6">6</option>
                        <option value="7">7</option>
                        <option value="8">8</option>
                        <option value="9">9</option>
                        <option value="10">10</option>
                        <option value="11">11</option>
                        <option value="12">12</option>
                    </select>月
                    <input type="submit" value="月账务查询">
                </td>
            </tr>
        </table>
        <p> </p>
        <table width="90%" border="0" cellspacing="0" cellpadding="0">
            <tr>
                <td width="36%">查询日期：2021年1月</td>
```

```html
            <td width="54%"> </td>
            <td width="10%"> </td>
        </tr>
    </table>
    <table width="90%" border="1" bgcolor="ccddee">
        <tr align="center" bgcolor="ccddee">
            <td width="16%">服务器</td>
            <td width="23%">总计(单位:小时)</td>
            <td width="23%">详细清单</td>
        </tr>
        <tr align="center">
            <td>1x1</td>
            <td>378.50</td>
            <td><a href="detailMonth.html">详细清单</a></td>
        </tr>
        <tr align="center">
            <td>1x2</td>
            <td>402.40</td>
            <td><a href="detailMonth.html">详细清单</a></td>
        </tr>
        <tr align="center">
            <td>1x3</td>
            <td>304.00</td>
            <td><a href="detailMonth.html">详细清单</a></td>
        </tr>
        <tr align="center">
            <td>1x4</td>
            <td>320.00</td>
            <td><a href="detailMonth.html">详细清单</a></td>
        </tr>
        <tr align="center">
            <td>1x5</td>
            <td>234.00</td>
            <td><a href="detailMonth.html">详细清单</a></td>
        </tr>
        <tr align="center">
            <td>1x6</td>
            <td>435.00</td>
            <td><a href="detailMonth.html">详细清单</a></td>
        </tr>
    </table>
    <p> </p>
</div>
</body>
</html>
```

单击图 4-16 所示页面中的"详细清单"将出现如图 4-17 所示的服务器月明细清单页面（detailMonth.html），代码见例 4-15。

图 4-17 服务器月明细清单页面

【例 4-15】 服务器月明细清单(detailMonth.html)。

```html
<html>
    <head>
        <title>账务管理</title>
        <meta http-equiv="Content-Type" content="text/html; charset=UTF-8">
    </head>
    <body bgcolor="#ccddee">
        <hr size="1">
        <div align="center">
            <p>服务器月明细清单</p>
            <table width="91%" border="1" bgcolor="ccddee">
                <tr>
                    <td width="12%">服务器</td>
                    <td width="17%">统计日期</td>
                    <td width="14%">时长统计（单位：小时)</td>
                </tr>
                <tr>
                    <td>lx1</td>
                    <td>2010 年 1 月</td>
                    <td>378.50</td>
                </tr>
            </table>
            <table width="91%" border="1" bgcolor="ccddee">
                <tr align="center" bgcolor="ccddee">
                    <td><div align="center">时间(单位：日)</div></td>
                    <td>总计(单位：小时)</td>
                    <td><div align="center">时间(单位：日)</div></td>
                    <td>总计(单位：小时)</td>
```

```html
        </tr>
        <tr align="center">
            <td>1</td>
            <td>12.43</td>
            <td>15</td>
            <td>12.43</td>
        </tr>
        <tr align="center">
            <td height="19">2</td>
            <td>14.56</td>
            <td>16</td>
            <td>14.56</td>
        </tr>
        <tr align="center">
            <td>3</td>
            <td>23.89</td>
            <td>17</td>
            <td>23.89</td>
        </tr>
        <tr align="center">
            <td>4</td>
            <td>10.67</td>
            <td>18</td>
            <td>10.67</td>
        </tr>
        <tr align="center">
            <td>5</td>
            <td>34.23</td>
            <td>19</td>
            <td>34.23</td>
        </tr>
        <tr align="center">
            <td>6</td>
            <td>17.89</td>
            <td>20</td>
            <td>17.89</td>
        </tr>
        <tr align="center">
            <td>7</td>
            <td>19.78</td>
            <td>21</td>
            <td>19.78</td>
        </tr>
        <tr align="center">
            <td>8</td>
            <td>12.43</td>
            <td>22</td>
            <td>12.43</td>
        </tr>
        <tr align="center">
            <td height="19">9</td>
            <td>14.56</td>
```

```html
                <td>23</td>
                <td>14.56</td>
            </tr>
            <tr align="center">
                <td>10</td>
                <td>23.89</td>
                <td>24</td>
                <td>23.89</td>
            </tr>
            <tr align="center">
                <td>11</td>
                <td>10.67</td>
                <td>25</td>
                <td>10.67</td>
            </tr>
            <tr align="center">
                <td>12</td>
                <td>34.23</td>
                <td>26</td>
                <td>34.23</td>
            </tr>
            <tr align="center">
                <td>13</td>
                <td>17.89</td>
                <td>27</td>
                <td>17.89</td>
            </tr>
            <tr align="center">
                <td>14</td>
                <td>19.78</td>
                <td>28</td>
                <td>19.78</td>
            </tr>
            <tr align="center">
                <td>15</td>
                <td>29.00</td>
                <td>29</td>
                <td>29.00</td>
            </tr>
            <tr align="center">
                <td>16</td>
                <td>12.43</td>
                <td>30</td>
                <td>30.00</td>
            </tr>
        </table>
        <br>
        <a href="listerAccount.html">返回</a>
    </div>
</body>
</html>
```

单击图 4-16 所示页面中的"服务器年账务查询"将出现如图 4-18 所示的服务器年明细清单页面(detailYear.html),代码见例 4-16。

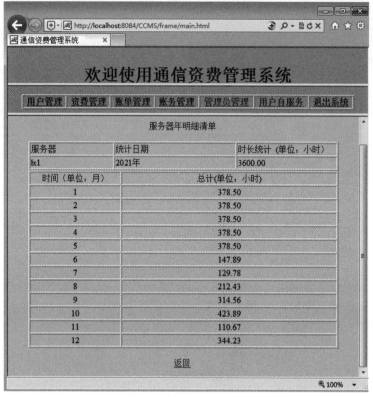

图 4-18　服务器年明细清单页面

【例 4-16】　服务器年明细清单(detailYear.html)。

```
<html>
    <head>
        <title>账务管理</title>
        <meta http-equiv="Content-Type" content="text/html; charset=UTF-8">
    </head>
    <body bgcolor="#ccddee">
        <hr size="1">
        <div align="center">
            <p>服务器年明细清单</p>
            <table width="91%" border="1" bgcolor="ccddee">
                <tr>
                    <td width="12%">服务器</td>
                    <td width="17%">统计日期</td>
                    <td width="14%">时长统计(单位：小时)</td>
                </tr>
                <tr>
                    <td>lx1</td>
                    <td>2021 年</td>
                    <td>3600.00</td>
```

```html
        </tr>
</table>
<table width="91%" border="1" bgcolor="ccddee">
    <tr align="center" bgcolor="ccddee">
        <td width="30%"><div align="center">时间(单位：月)</div>
        </td>
        <td width="70%">总计(单位：小时)</td>
    </tr>
    <tr align="center">
        <td><div align="center">1</div></td>
        <td>378.50</td>
    </tr>
    <tr align="center">
        <td height="19"><div align="center">2</div></td>
        <td>378.50</td>
    </tr>
    <tr align="center">
        <td><div align="center">3</div></td>
        <td>378.50</td>
    </tr>
    <tr align="center">
        <td><div align="center">4</div></td>
        <td>378.50</td>
    </tr>
    <tr align="center">
        <td><div align="center">5</div></td>
        <td>378.50</td>
    </tr>
    <tr align="center">
        <td><div align="center">6</div></td>
        <td>147.89</td>
    </tr>
    <tr align="center">
        <td><div align="center">7</div></td>
        <td>129.78</td>
    </tr>
    <tr align="center">
        <td><div align="center">8</div></td>
        <td>212.43</td>
    </tr>
    <tr align="center">
        <td height="19"><div align="center">9</div></td>
        <td>314.56</td>
        </tr>
        <tr align="center">
            <td><div align="center">10</div></td>
            <td>423.89</td>
        </tr>
        <tr align="center">
            <td><div align="center">11</div></td>
            <td>110.67</td>
```

```
            </tr>
            <tr align="center">
                <td><div align="center">12</div></td>
                <td>344.23</td>
            </tr>
        </table>
        <br>
        <a href="listerAccount.html">返回</a></div>
    </body>
</html>
```

4.3.8 管理员管理页面的实现

单击图 4-18 所示页面中的"管理员管理",默认打开管理员管理模块的管理员列表页面,如图 4-19 所示,在此可以对管理员管理模块进行操作。实现管理员管理的页面文件在文件夹 adminManage 中,该文件夹中有 4 个页面文件:listManager.html、admmes.html、addManager.html 和 self.html,代码分别见例 4-17~例 4-20。从例 4-5 中的代码"<a href="../adminManage/listManager.html" target="bottom">管理员管理</a>"可以知道,单击"管理员管理"将链接到 listManager.html 页面,即图 4-19 中 bottom 部分由 listManager.html 中的代码实现。

图 4-19 管理员列表页面

【例 4-17】 管理员列表(listManager.html)。

```
<html>
    <head>
        <title>管理员管理</title>
        <meta http-equiv="Content-Type" content="text/html; charset=UTF-8">
    </head>
    <body bgcolor="#ccddee">
        <hr size="1">
        <div align="center">
            <table width="91%" border="0" align="center">
```

```html
        <tr align="center" bgcolor="#ccddee">
            <td width="17%" height="6">
                <a href="addManager.html">增加管理员</a>
            </td>
            <td width="15%">管理员列表</td>
            <td width="17%"><a href="self.html">私人信息</a></td>
        </tr>
</table>
<form action="listManager.html" method="post">
    <p>管理员列表</p>
    <table width="100%" border=1 align="center" cellpadding="0"
        cellspacing="0" bgcolor="#ccddee">
        <tr>
            <td width="53" height="32" align="center">删除</td>
            <td width="50" align="center">账号</td>
            <td width="61" align="center">姓名</td>
            <td width="100" align="center">电话</td>
            <td width="158" align="center">邮箱</td>
            <td width="109" align="center">开户日期</td>
            <td width="80" align="center">权限</td>
            <td width="61" align="center">修改 </td>
        </tr>
        <tr>
            <td height="10" align="center">
                <input type="checkbox" name="ids" value="1">
            </td>
            <td align="center">
                <div align="center">tup </div>
            </td>
            <td align="center">tup </td>
            <td align="center">55661122 </td>
            <td align="center">tup@tup.com.cn </td>
            <td align="center">2013 年 1 月 16 日  </td>
            <td align="center">
                资费管理   
                账务查询   
                管理员管理   
                用户管理   
                账单查询   
            </td>
            <td align="center">
                <a href="admmes.html">修改</a>
            </td>
        </tr>
        <tr align="center">
            <td height="22">
                <input type="submit" name="delete" value="删除">
            </td>
            <td>
                <div align="center">
                    <input type="reset" value="清除">
                </div>
```

```
                    </td>
                    <td colspan="4">
                        <div align="center">
                            <strong>
                                <font color="#000066" size="2"></font>
                            </strong>
                        </div>
                    </td>
                </tr>
            </table>
            <p> </p>
            <p> </p>
        </form>
        <p> </p>
    </div>
</body>
</html>
```

单击图 4-19 所示页面中的"修改"将出现如图 4-20 所示的信息修改页面（admmes.html），代码见例 4-18。

图 4-20　信息修改页面

【例 4-18】　信息修改（admmes.html）。

```
<html>
    <head>
        <title>管理员管理</title>
        <meta http-equiv="Content-Type" content="text/html; charset=UTF-8">
```

```html
        </head>
<body bgcolor="#ccddee">
    <hr size="1">
    <div align="center">
        <table width="91%" border="0" align="center">
            <tr bgcolor="#ccddee">
                <td width="17%" height="6">
                    <a href="addManager.html">增加管理员</a>
                </td>
                <td width="15%">
                    <a href="listManager.html">管理员列表</a>
                </td>
                <td width="17%"><a href="self.html">私人信息</a></td>
            </tr>
        </table>
        <form action="listManager.html" method="post">
            <p>信息修改 </p>
            <table width="91%" border="1" bgcolor="ccddee">
                <tr>
                    <td colspan="2"></td>
                </tr>
                <tr>
                    <td width="20%">登录密码</td>
                    <td width="80%">
                        <input type="password" name="password" value="tup">
                    </td>
                </tr>
                <tr>
                    <td>重复密码 </td>
                    <td>
                        <input type="password" name="password1"
                            value="tup"/>
                    </td>
                </tr>
                <tr>
                    <td>真实姓名</td>
                    <td><input type="text" name="name" value="tup"></td>
                </tr>
                <tr>
                    <td>管理员邮箱 </td>
                    <td>
                        <input type="text" name="email"
                            value="tup@tup.com.cn">
                    </td>
                </tr>
                <tr>
                    <td>开通日期 </td>
                    <td>2013年1月16日</td>
                </tr>
                <tr>
                    <td>联系电话 </td>
                    <td>
```

```html
                    <input type="text" name="phone" value="55661122">
                </td>
            </tr>
            <tr>
                <td>登录权限 </td>
                <td>
                    <table>
                        <tr>
                            <td>
                                <input type="checkbox" name="modules"
                                    value="1" checked="checked"/>
                            </td>
                            <td>管理员管理</td>
                        </tr>
                        <tr>
                            <td>
                                <input type="checkbox" name="modules"
                                    value="2" checked="checked"/>
                            </td>
                            <td>资费管理</td>
                        </tr>
                        <tr>
                            <td>
                                <input type="checkbox" name="modules"
                                    value="3" checked="checked"/>
                            </td>
                            <td>用户管理</td>
                        </tr>
                        <tr>
                            <td>
                                <input type="checkbox" name="modules"
                                    value="4" checked="checked"/>
                            </td>
                            <td>账务查询</td>
                        </tr>
                        <tr>
                            <td>
                                <input type="checkbox" name="modules"
                                    value="5" checked="checked"/>
                            </td>
                            <td>账单查询</td>
                        </tr>
                    </table>
                </td>
            </tr>
            <tr>
                <td> </td>
                <td>
                    <div align="center">
                        <input type="submit" value="修改">
                           
                        <input type="reset" value="重设">
```

```
                    </div>
                </td>
            </tr>
        </table>
    </form>
</div>
</body>
</html>
```

单击图 4-20 所示页面中的"增加管理员"将出现如图 4-21 所示的添加管理员信息页面（addManager.html），代码见例 4-19。

图 4-21　添加管理员信息页面

【例 4-19】　添加管理员信息（addManager.html）。

```
<html>
    <head>
        <title>管理员管理</title>
        <meta http-equiv="Content-Type" content="text/html; charset=UTF-8">
    </head>
    <body bgcolor="#ccddee">
        <hr size="1">
        <div align="center">
            <table width="91%" border="0" align="center">
                <tr bgcolor="#ccddee">
                    <td width="17%" height="6">增加管理员</td>
                    <td width="15%"
```

```html
                <a href="listManager.html">管理员列表</a>
            </td>
            <td width="17%"><a href="self.html">私人信息</a></td>
        </tr>
</table>
<form action="listManager.html" method="post">
    <p align="center">请添加管理员信息</p>
    <table width="91%" border="1" bgcolor="ccddee">
        <tr>
            <td>账号 * </td>
            <td width="32%">
                <input type="text" name="loginName">
            </td>
            <td width="48%">请输入管理员账号</td>
        </tr>
        <tr>
            <td width="20%">登录密码 * </td>
            <td>
                <input type="password" name="loginPassword">
            </td>
            <td>
                请输入管理员的登录密码(只限字母、数字、特殊符号)
            </td>
        </tr>
        <tr>
            <td>重复密码 * </td>
            <td>
                <input type="password" name="oginPassword1">
            </td>
            <td>请重复输入以上管理员的密码</td>
        </tr>
        <tr>
            <td>真实姓名 * </td>
            <td><input type="text" name="name"></td>
            <td>请输入管理员的真实姓名</td>
        </tr>
        <tr>
            <td>管理员邮箱 * </td>
            <td><input type="text" name="email"></td>
            <td>请输入管理员的邮箱</td>
        </tr>
        <tr>
            <td>联系电话 </td>
            <td><input type="text" name="phone"></td>
            <td>请输入管理员的联系电话</td>
        </tr>
        <tr>
            <td>登录权限 * </td>
            <td></td>
            <td>请选择管理员的操作权限</td>
        </tr>
        <tr>
```

```html
            <td> </td>
            <td> 
                <input type="checkbox" name="modules"
                    value="1"> 管理员管理
            </td>
            <td> </td>
        </tr>
        <tr>
            <td> </td>
            <td> 
                <input type="checkbox" name="modules"
                    value="2"> 资费管理
            </td>
            <td> </td>
        </tr>
        <tr>
            <td> </td>
            <td> 
                <input type="checkbox" name="modules"
                    value="3"> 用户管理
            </td>
            <td> </td>
        </tr>
        <tr>
            <td> </td>
            <td> 
                <input type="checkbox" name="modules"
                    value="4"> 账务查询
            </td>
            <td> </td>
        </tr>
        <tr>
            <td> </td>
            <td> 
                <input type="checkbox" name="modules"
                    value="5"> 账单查询
            </td>
            <td> </td>
        </tr>
        <tr>
            <td> </td>
            <td colspan="2">
                <div align="center">
                    <input type="submit" value="提交">
                </div>
            </td>
        </tr>
    </table>
    <p> </p>
</form>
<p> </p>
</div>
```

            </body>
        </html>

单击图4-21所示页面中的"私人信息"将出现如图4-22所示的私人信息管理页面(self.html),代码见例4-20。

图4-22 私人信息管理页面

【例4-20】 私人信息管理(self.html)。

```
<html>
    <head>
        <title>管理员管理</title>
        <meta http-equiv="Content-Type" content="text/html; charset=UTF-8">
    </head>
    <body bgcolor="#ccddee">
        <hr size="1">
        <div align="center">
            <table width="91%" border="0" align="center">
                <tr bgcolor="#ccddee">
                    <td width="17%" height="6">
                        <a href="addManager.html">增加管理员</a>
                    </td>
                    <td width="15%">
                        <a href="listManager.html">管理员列表</a>
                    </td>
                    <td width="17%">私人信息</td>
                </tr>
            </table>
            <form action="self.html" method="post">
                <p>信息管理 </p>
```

```html
<table width="91%" border="1" bgcolor="ccddee">
    <tr>
        <td colspan="2"></td>
    </tr>
    <tr>
        <td width="20%">登录密码</td>
        <td width="80%">
            <input type="password" name="loginPassword"
            value="tup">
        </td>
    </tr>
    <tr>
        <td>重复密码 </td>
        <td>
            <input name="textfield3" type="password"
                value="tup"/>
        </td>
    </tr>
    <tr>
        <td>真实姓名</td>
        <td><input type="text" name="name" value="tup"></td>
    </tr>
    <tr>
        <td>管理员邮箱 </td>
        <td>
            <input type="text" name="email"
                value="tup@tup.com.cn">
        </td>
    </tr>
    <tr>
        <td>开通日期 </td>
        <td>2013 年 1 月 16 日</td>
    </tr>
    <tr>
        <td>联系电话 </td>
        <td>
            <input type="text" name="phone" value="55661122">
        </td>
    </tr>
    <tr>
        <td>登录权限</td>
        <td>
            资费管理   
            账务查询   
            管理员管理   
            用户管理   
            账单查询   
        </td>
    </tr>
    <tr>
        <td height="25"> </td>
```

```
            <td>
                <div align="center">
                    <input type="submit" value="修改">
                        
                    <input type="reset" value="重设">
                </div>
            </td>
        </tr>
    </table>
</form>
</div>
</body>
</html>
```

4.3.9 用户自服务页面的实现

单击图 4-22 所示页面中的"用户自服务",默认打开用户自服务模块的账单查询页面,如图 4-23 所示,在此可以对用户自服务模块进行操作。实现用户自服务的页面文件在文件夹 userSelf 中,该文件夹中有 3 个页面文件:userServer.html、detail.html 和 usermes.html,代码分别见例 4-21～例 4-23。从例 4-5 中的代码"<a href="../userSelf/userServer.html" target="bottom">用户自服务</a>"可以知道,单击"用户自服务"将链接到 userServer.html 页面,即图 4-23 中 bottom 部分由 userServer.html 中的代码实现。

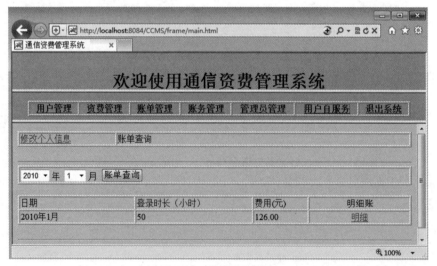

图 4-23 账单查询页面

【例 4-21】 用户账单(userServer.html)。

```
<html>
    <head>
        <title>用户自服务</title>
        <meta http-equiv="Content-Type" content="text/html; charset=UTF-8">
    </head>
    <body bgcolor="#ccddee">
```

```html
<div align="center">
    <form action="" method="post">
        <table width="100%" border="1" bgcolor="ccddee">
            <tr>
                <td width="25%" height="20">
                    <a href="usermes.html">修改个人信息</a>
                </td>
                <td width="75%" colspan="2">账单查询</td>
            </tr>
        </table>
    </form>
    <hr size="1">
    <table width="100%" border="1" bgcolor="ccddee">
        <tr>
            <td width="73%" colspan="2">
                <select size="1" name="select1">
                    <option value="2010" selected>2010</option>
                    <option value="2011">2011</option>
                    <option value="2012">2012</option>
                    <option value="2013">2013</option>
                </select>
                年
                <select size="1" name="select2">
                    <option value="1" selected>1</option>
                    <option value="2">2</option>
                    <option value="3">3</option>
                    <option value="4">4</option>
                    <option value="5">5</option>
                    <option value="6">6</option>
                    <option value="7">7</option>
                    <option value="8">8</option>
                    <option value="9">9</option>
                    <option value="10">10</option>
                    <option value="11">11</option>
                    <option value="12">12</option>
                </select>
                月
                <input type="submit" value="账单查询">
            </td>
        </tr>
    </table>
    <br>
    <table width="100%" border="1" bgcolor="ccddee">
        <tr bgcolor="ccddee">
            <td width="30%">日期</td>
            <td width="30%" nowrap>登录时长(小时)</td>
            <td width="14%" nowrap>费用(元)</td>
            <td width="35%" align="center">明细账</td>
        </tr>
        <tr>
            <td nowrap>2010年1月</td>
```

```
            <td height="20">50</td>
            <td>126.00</td>
            <td align="center"><a href="detail.html">明细</a></td>
          </tr>
        </table>
        <br>
        <hr/>
      </div>
    </body>
</html>
```

单击图4-23所示页面中的"明细"将出现如图4-24所示的某个月账单明细页面(detail.html),代码见例4-22。

图4-24 用户月账单明细页面

【例4-22】 用户月账单明细(detail.html)。

```
<html>
    <head>
        <title>用户自服务</title>
        <meta http-equiv="Content-Type" content="text/html; charset=UTF-8">
    </head>
    <body bgcolor="#ccddee">
        <hr size="1">
        <div align="center">
          <table width="91%" border="1" bgcolor="ccddee">
            <tr align="center">
                <td width="10%" height="19">业务账号</td>
                <td width="11%">服务器</td>
                <td width="18%">总计(单位:小时)</td>
                <td width="24%">总费用(元)</td>
```

```html
        </tr>
        <tr align="center">
            <td height="20">tel</td>
            <td>1x1</td>
            <td>30.00</td>
            <td>76.00</td>
        </tr>
</table>
<table width="91%" border="1" bgcolor="ccddee">
        <tr bgcolor="ccddee">
            <td width="36%"><div align="left">登录时间</div></td>
            <td width="39%">退出时间</td>
            <td width="25%">时长(单位:小时)</td>
        </tr>
        <tr>
            <td>
                <div align="left">2010 年 1 月 1 日 8:30 分 16 秒</div>
            </td>
            <td>2010 年 1 月 1 日 13:29 分 36 秒</td>
            <td>5</td>
        </tr>
        <tr>
            <td>
                <div align="left">2010 年 1 月 2 日 7:30 分 16 秒</div>
            </td>
            <td>2010 年 1 月 2 日 13:25 分 16 秒</td>
            <td>6</td>
        </tr>
        <tr>
            <td>
                <div align="left">2010 年 1 月 3 日 13:00 分 01 秒</div>
            </td>
            <td>2010 年 1 月 3 日 18:00 分 00 秒</td>
            <td>5</td>
        </tr>
        <tr>
            <td>
                <div align="left">2010 年 1 月 6 日 10:30 分 00 秒</div>
            </td>
            <td>2010 年 1 月 6 日 14:00 分 26 秒</td>
            <td>4</td>
        </tr>
        <tr>
            <td>
                <div align="left">2010 年 1 月 7 日 8:30 分 16 秒</div>
            </td>
            <td>2010 年 1 月 7 日 8:55 分 26 秒</td>
            <td>1</td>
        </tr>
        <tr>
            <td>
```

```html
                    <div align="left">2010 年 1 月 8 日 18:00 分 00 秒</div>
                </td>
                <td>2010 年 1 月 8 日 21:00 分 00 秒</td>
                <td>3</td>
            </tr>
            <tr>
                <td>
                    <div align="left">2010 年 1 月 10 日 8:30 分 00 秒</div>
                </td>
                <td>2010 年 1 月 10 日 11:20 分 26 秒</td>
                <td>3</td>
            </tr>
            <tr>
                <td>
                    <div align="left">2010 年 1 月 16 日 9:30 分 16 秒</div>
                </td>
                <td>2010 年 1 月 16 日 12:10 分 26 秒</td>
                <td>3</td>
            </tr>
        </table>
        <br>
        <br>
        <table width="91%" border="1" bgcolor="ccddee">
            <tr align="center">
                <td width="10%" height="19">业务账号</td>
                <td width="11%">服务器</td>
                <td width="18%">总计(单位:小时)</td>
                <td width="24%">总费用(元)</td>
            </tr>
            <tr align="center">
                <td height="20">Net</td>
                <td>lx2</td>
                <td>20.00</td>
                <td>50</td>
            </tr>
        </table>
        <table width="91%" border="1" bgcolor="ccddee">
            <tr bgcolor="ccddee">
                <td width="36%"><div align="left">登录时间</div></td>
                <td width="39%">退出时间</td>
                <td width="25%">时长(单位：小时)</td>
            </tr>
            <tr>
                <td>
                    <div align="left">2010 年 1 月 1 日 9:30 分 06 秒</div>
                </td>
                <td>2010 年 1 月 1 日 11:29 分 36 秒</td>
                <td>2</td>
            </tr>
            <tr>
                <td>
```

```html
                <div align="left">2010 年 1 月 2 日 7:30 分 16 秒</div>
            </td>
            <td>2010 年 1 月 2 日 9:25 分 16 秒</td>
            <td>2</td>
        </tr>
        <tr>
            <td>
                <div align="left">2010 年 1 月 3 日 13:00 分 01 秒</div>
            </td>
            <td>2010 年 1 月 3 日 15:00 分 00 秒</td>
            <td>2</td>
        </tr>
        <tr>
            <td>
                <div align="left">2010 年 1 月 6 日 10:00 分 00 秒</div>
            </td>
            <td>2010 年 1 月 6 日 13:00 分 00 秒</td>
            <td>3</td>
        </tr>
        <tr>
            <td>
                <div align="left">2010 年 1 月 7 日 8:30 分 16 秒</div>
            </td>
            <td>2010 年 1 月 7 日 10:20 分 26 秒</td>
            <td>2</td>
        </tr>
        <tr>
            <td>
                <div align="left">2010 年 1 月 8 日 18:00 分 00 秒</div>
            </td>
            <td>2010 年 1 月 8 日 20:00 分 00 秒</td>
            <td>2</td>
        </tr>
        <tr>
            <td>
                <div align="left">2010 年 1 月 10 日 8:30 分 00 秒</div>
            </td>
            <td>2010 年 1 月 10 日 10:20 分 26 秒</td>
            <td>2</td>
        </tr>
        <tr>
            <td>
                <div align="left">2010 年 1 月 16 日 10:30 分 16 秒</div>
            </td>
            <td>2010 年 1 月 16 日 12:16 分 16 秒</td>
            <td>2</td>
        </tr>
    </table>
    <a href="userServer.html">返回</a>
    </div>
</body>
```

        </html>

单击图 4-23 所示页面中的"修改个人信息"将出现如图 4-25 所示的修改个人信息页面（usermes.html），代码见例 4-23。

图 4-25　修改个人信息页面

【例 4-23】　修改个人信息（usermes.html）。

```
<html>
    <head>
        <title>用户自服务</title>
        <meta http-equiv="Content-Type" content="text/html; charset=UTF-8">
    </head>
    <body bgcolor="#ccdee">
        <table width="100%" border="1" bgcolor="ccddee">
            <tr>
                <td width="24%" height="20">修改个人信息</td>
                <td width="76%" colspan="2">
                    <a href="userServer.html">账单查询</a>
                </td>
            </tr>
        </table>
        <hr size="1">
        <div align="center">
            <form action="usermes.html" method="post">
                <table width="91%" border="1" align="center" bgcolor="#ccddee">
                    <tr>
                        <td height="9" colspan="2" bgcolor="ccddee">
                            <div align="center">
                                <p>
                                    <span><strong>小强</strong></span>
```

```html
                    <span>的资料管理状态</span>
                    [<span><strong>正常</strong>]</span>
                </p>
            </div>
        </td>
    </tr>
    <tr>
        <td width="87" ><p>密码 * </p></td>
        <td>
            <input  type="password" name="password"
                value="tup">修改用户的密码(区分大小写)
        </td>
    </tr>
    <tr>
        <td>重复密码 * </td>
        <td>
            <input type="password" name="password1"
                value="tup">请重复输入用户密码</td>
    </tr>
    <tr>
        <td>姓名 * </td>
        <td>
            <input type="text" name="userName" value="小强">
            请输入用户的真实姓名
        </td>
    </tr>
    <tr>
        <td>联系方式 * </td>
        <td>
            <input type="text" name="tel" value="010-66551100">请
            输入有效的联系方式
        </td>
    </tr>
    <tr>
        <td>电子邮箱 * </td>
        <td>
             <input type="text" name="email" value="xiaoqiang@
            163.com">请输入有效的电子邮箱
        </td>
    </tr>
    <tr>
        <td>付款方式 * </td>
        <td>
            <input type="radio" name="radiobutton"
                value="radiobutton" checked>现金支付
            <input type="radio" name="radiobutton"
                value="radiobutton">银行转账
            <input type="radio" name="radiobutton"
                value="radiobutton">网银
        </td>
    </tr>
```

```html
<tr>
    <td colspan="2">
        <div align="center">
            <span>以下是附加信息(可不填)</span>
            <hr>
        </div>
    </td>
</tr>
<tr>
    <td>职业</td>
    <td>
        <select name="select1">
            <option value="Java 工程师" selected>
                Java 工程师
            </option>
            <option value="公务员">公务员</option>
            <option value="学生">学生</option>
            <option value="其他">其他</option>
        </select>
    </td>
</tr>
<tr>
    <td>省份</td>
    <td>
        <select name="select4" size="1">
            <option value="1" selected>北京</option>
            <option value="2">天津</option>
            <option value="3">河北</option>
            <option value="4">上海</option>
            <option value="5">河南</option>
            <option value="6">吉林</option>
            <option value="7">黑龙江</option>
            <option value="8">内蒙古</option>
            <option value="9">山东</option>
            <option value="10">山西</option>
            <option value="11">陕西</option>
            <option value="12">甘肃</option>
            <option value="13">宁夏</option>
            <option value="14">青海</option>
            <option value="15">新疆</option>
            <option value="16">辽宁</option>
            <option value="17">江苏</option>
            <option value="18">浙江</option>
            <option value="19">安徽</option>
            <option value="20">广东</option>
            <option value="21">海南</option>
            <option value="22">广西</option>
            <option value="23">云南</option>
            <option value="24">贵州</option>
            <option value="25">四川</option>
            <option value="26">重庆</option>
```

```html
                    <option value="27">西藏</option>
                    <option value="28">香港</option>
                    <option value="29">澳门</option>
                    <option value="30">福建</option>
                    <option value="31">江西</option>
                    <option value="32">湖南</option>
                    <option value="33">湖北</option>
                    <option value="34">台湾</option>
                </select>
                省
            </td>
        </tr>
        <tr>
            <td>性别</td>
            <td>
                <input type="radio" name="radiobutton"
                    value="radiobutton" checked>
                男
                <input type="radio" name="radiobutton"
                    value="radiobutton">
                女
            </td>
        </tr>
        <tr>
            <td>公司</td>
            <td>
                <input type="text" name="textfield1">
                请输入公司名称(可不填)
            </td>
        </tr>
        <tr>
            <td>公司邮箱 </td>
            <td>
                <input type="text" name="textfield2">
                请输入公司电子邮箱(可不填)
            </td>
        </tr>
        <tr>
            <td>邮编 </td>
            <td colspan="2">
                <input type="text" name="textfield3">
                请输入公司邮编号码(可不填)
            </td>
        <tr>
            <td colspan="3">
                <div align="center">
                    <input type="submit" value="修改">
                </div>
            </td>
    </table>
</form>
```

```
        </div>
    </body>
</html>
```

4.4 课外阅读(了解 JavaScript)

脚本语言是一种简单的语言,其语法和规则没有编程语言严格和复杂。用 C++、Java 等编写的程序必须先经过编译,将源代码转换为二进制代码之后才可执行,而脚本语言是一种解释性的语言,其程序不需要事先编译,可以直接运行,只要使用合适的解释器来解释便可以执行。JavaScript 是常用的脚本语言之一。

4.4.1 JavaScript 简介

通过 HTML 标签的描述可以实现文字、表格、声音、图像、动画等信息的浏览,但只是一种静态信息资源的提供,缺少动态交互。JavaScript 的出现,使得信息和用户之间不仅只是一种显示和浏览的关系,而且实现了一种实时的、动态的、可交互式的表达,从而使得基于 CGI 的静态 HTML 页面被可提供动态实时信息并对客户操作进行反应的 Web 页面所取代。

JavaScript 是由 Netscape(网景)公司研发出来的一种在 Netscape 浏览器上执行的程序语言,不仅包含了数组对象、数学对象,还包括一般语言所包含的操作数、控制流程等结构组件。用户可以利用它设计出交互式的网页内容,但这些网页不能单独执行,必须由浏览器或服务器执行。

开发 JavaScript 的最初动机是想要减轻服务器数据处理的负荷,能够完成如在网页上显示时间、动态广告、处理表单传送数据等工作。随着 JavaScript 所支持的功能日益增多,不少网页编制人员转而利用它来进行动态网页的设计。微软公司所研发的 IE 网络浏览器早期版本是不支持 JavaScript 的,但在 IE 4.0 之后版本的浏览器也开始全面支持 JavaScript,这使得 JavaScript 成为两大浏览器的通用语言。

1. 什么是 JavaScript

JavaScript 是一种基于对象(Object)和事件驱动(Event Driven)、并具有安全性能的脚本语言。使用它的目的是与 HTML、Java 脚本语言(Java 小程序)一起实现在一个 Web 页面中链接多个对象,与 Web 客户交互,从而可以开发客户端的应用程序等。它是通过嵌入在标准的 HTML 中实现的,它的出现弥补了 HTML 的缺陷。

2. JavaScript 与 Java 的区别

很多人看到 Java 和 JavaScript 都有 Java,就以为它们是同一种语言,实际上 Java 与 JavaScript 就好比 Car(汽车)与 Carpet(地毯),虽然都包含 Car,但完全不同。虽然 JavaScript 与 Java 有紧密的联系,但却是两个公司开发的不同的两个产品。Java 是 Sun 公司推出的新一代面向对象的程序设计语言,特别适合 Internet 应用程序开发;而 JavaScript 是 Netscape 公司的产品,是为了扩展 Netscape Navigator 功能而开发的一种可以嵌入 Web 页面的基于对象和事件驱动的解释性语言。

1) 基于对象和面向对象

Java 是完全面向对象的语言,即使是开发简单的程序,也必须设计类和对象。JavaScript 是基于对象的脚本语言,它虽然基于对象和事件驱动,但由于脚本语言的特性,在功能上与 Java 相比要差得多。

2）解释和编译

两种语言在其浏览器中执行的方式不一样。Java 的源代码在传递到客户端执行之前，必须经过编译，因而客户端上必须具有相应平台上的仿真器或解释器，它可以通过编译器或解释器实现独立于某个特定的平台编译代码。JavaScript 是一种解释性编程语言，其源代码在发往客户端执行之前不需经过编译，而是将文本格式的字符代码发送给客户端由浏览器解释执行。

3）强变量和弱变量

两种语言所采用的变量是不一样的。Java 采用强类型变量检查，即所有变量在编译之前必须进行声明。JavaScript 中的变量是弱类型的，即变量在使用前不需进行声明。

4）代码格式不一样

Java 的格式与 HTML 无关，其代码以字节形式保存在独立的文档中。而 JavaScript 的代码是一种文本字符格式，可以直接嵌入 HTML 文档中，并且可动态装载。

5）嵌入方式不一样

在 HTML 文档中，通过不同的标签标识两种编程语言，JavaScript 使用＜script＞…＜/script＞标签，而 Java 使用＜applet＞…＜/applet＞标签。

6）静态联编和动态联编

Java 采用静态联编，即 Java 的对象引用必须在编译时进行，以使编译器能够实现强类型检查。JavaScript 采用动态联编，即 JavaScript 先编译，再在运行时对对象引用进行检查。

4.4.2 JavaScript 语言基础知识

1. JavaScript 代码的加入

使用标签对＜script＞＜/script＞，可以在 HTML 文档的任意地方插入 JavaScript，甚至在＜html＞之前插入也不成问题，多数情况下将其放于＜head＞＜/head＞中，因为一些代码可能需要在页面装载起始就开始运行。不过如果要在声明框架的网页中插入，就一定要在＜frameset＞之前插入，否则不会运行。脚本代码插入基本格式如下：

```
<script language ="JavaScript">
JavaScript 代码；
…
</script>
```

标签对＜script＞＜/script＞指明其间放入的是脚本源代码；属性 language 说明标签中使用的是何种脚本语言，这里是 JavaScript 代码，也可以不写，因为目前大部分浏览器都将其设为默认值。

另外，还可以把 JavaScript 代码写到一个单独的文件中（此文件通常应该用 js 作为扩展名），然后用下面所示的格式在 HTML 文档中调用。

```
<script language="JavaScript" src="url">
…
</script>
```

其中，url 属性指明 JavaScript 文档的地址。这种方式非常适合多个网页调用同一个

JavaScript 程序的情况。

2. 基本数据类型

JavaScript 中有 4 种基本数据类型：数值型（整数和实数）、字符串型（用""括起来的字符或数值）、布尔型（用 true 或 false 表示）、空值。JavaScript 的基本类型数据可以是常量，也可以是变量。JavaScript 采用弱类型的形式，因而一个变量或常量不必在使用前声明，而是在使用或赋值时确定其数据类型。当然，用户也可以先声明该数据的类型，然后再进行赋值，也可以在声明变量的同时为其赋值。

3. 常量

和其他语言一样，常量的值在程序执行过程中不会发生改变。

1) 整型常量

(1) 十进制：例如，666。

(2) 八进制：由 0 开始，例如，0222。

(3) 十六进制：由 0x 开始，例如，0x33。

2) 实型常量

例如，0.002。也可以使用科学记数法表示实型常量，即写成指数形式。例如，0.002 可以写成 2e-3 或 2E-3。

3) 布尔常量

布尔常量只有两个值：true、false。不能用 0 表示假、用非 0 表示真。

4) 字符型常量

使用单引号(')括起来的一个字符或使用双引号("")括起来的一个或若干个字符。例如，"3a6e"。转义字符用反斜杠(\)开头，例如，\n 表示换行，\r 表示回车。

5) 未定义(undefined)

变量定义后没有赋初值，变量的值便是 undefined。

6) 空值(null)

null 表示什么也没有，如果试图引用没有定义的变量，则返回一个 null 值。

4. 变量

变量的值在程序执行过程中可以发生改变，其命名必须满足合法标识符要求，即以字母或下画线开头，只包含字母、数字和下画线，不能使用 JavaScript 中的关键字作为变量名。在 JavaScript 中，变量的定义方式有 3 种。

(1) 用关键字 var 定义变量，但不赋初值，使用时再赋值。例如：

```
var sample;
```

此时变量 sample 的值是 undefined。

(2) 用关键字 var 定义变量的同时给变量赋初值，这样就定义了变量的数据类型，使用时也可再赋其他类型的值。例如：

```
var sample=99;
```

(3) 变量不事先定义，而是在使用时通过给变量赋值来定义变量同时确定变量类型。例如：

```
temp=true;
```

该语句定义变量 temp,变量数据类型是布尔型。

与其他语言一样,JavaScript 中有全局变量和局部变量。全局变量定义在所有函数体之外,其作用范围是整个文档;局部变量定义在函数体之内,作用范围是定义它的函数内部。

5. 运算符

JavaScript 运算符按操作数个数可分为一元、二元、三元运算符,按类型可分为算术运算符、关系运算符、逻辑运算符、位运算符、赋值运算符。在运算时按优先级顺序进行,表 4-1 中按优先级从高到低对各种运算符进行了简单介绍。

表 4-1 JavaScript 运算符

	运 算 符	运算符说明
括号	(x) [x]	圆括号用来提高运算的优先级;方括号只用于指明数组的下标
求反、自加、自减	−x	返回 x 的相反数
	!x	返回与 x(布尔值)相反的布尔值
	x++	x 值加 1,但仍返回原来的 x 值
	x−−	x 值减 1,但仍返回原来的 x 值
	++x	x 值加 1,返回最新的 x 值
	−−x	x 值减 1,返回最新的 x 值
乘、除、求余	x*y	返回 x 乘以 y 的值
	x/y	返回 x 除以 y 的值
	x%y	返回 x 与 y 的模(x 除以 y 的余数)
加、减	x+y	返回 x 加 y 的值
	x−y	返回 x 减 y 的值
关系运算	x<y x<=y x>=y x>y	当符合条件时返回 true,否则返回 false
等于、不等于	x==y	当 x 等于 y 时返回 true,否则返回 false
	x!=y	当 x 不等于 y 时返回 true,否则返回 false
按位与	x&y	当两个数位同时为 1 时,返回的数据的当前数位为 1,其他情况都为 0
按位异或	x^y	两个数位中有且只有一个为 0 时,返回 1,否则返回 0
按位或	x|y	两个数位中只要有一个为 1,则返回 1;当两个数位都为 0 时才返回 0
逻辑与	x&&y	当 x 和 y 同时为 true 时返回 true,否则返回 false
逻辑或	x||y	当 x 和 y 任意一个为 true 时返回 true,当两者同时为 false 时返回 false
条件	c? x: y	当条件 c 为 true 时返回 x 的值(执行 x 语句),否则返回 y 的值(执行 y 语句)
赋值、复合运算	x=y	把 y 的值赋给 x,返回所赋的值
	x+=y x−=y x*=y x/=y x%=y	x 与 y 相加/减/乘/除/求余,所得结果赋给 x,并返回 x 赋值后的值

除此之外,JavaScript 里还有一些特殊运算符。

(1) 字符串连接运算符"＋":该运算符可以将多个字符串连接在一起。

例如:"Java"＋"Script"的结果为"JavaScript"。

(2) delete:删除对象。

(3) typeof:返回一个可以标识类型的字符串。

(4) void:函数无返回值。

6. 控制语句

与其他语言一样,JavaScript 控制语句包括选择语句、循环语句、跳出语句。

1) 选择语句

- if(条件判定)

    …语句 1(条件为 true 时)
  else
    …语句 2(条件为 false 时)

- 嵌套的 if…else 结构
- switch(表达式)

```
{
  case 常量 1:  语句
        break;
  case 常量 2: 语句
        break;
  …
  default: 语句
}
```

2) 循环语句

- do{
    语句
  }while(条件判断)

- while(条件判断) 语句

- for([初始表达式];[条件];[增量表达式])
    语句

3) 跳出语句

- break 语句:跳出并结束本层循环。
- continue 语句:跳出并结束本层的本次循环,开始下一次循环。

7. 函数

函数是一个执行特定任务的过程,它是 JavaScript 中最基本的成员。使用函数前,必须先定义,然后再在脚本中调用。JavaScript 中支持的函数分为两大类:一类是 JavaScript 预定义函数;另一类是用户自定义函数。

1) 函数定义

函数定义语法格式如下所示。

```
function 函数名(参数集合)
{
  函数体
  return 表达式;
}
```

(1) 函数由关键字 function 来定义,定义形式与其他语言类似。

(2) 函数定义位置通常在文档的头部,以便当文档被载入时首先载入函数;否则,有可能文档正在被载入时,用户已经触发了一个事件而调用了一个还没有定义的函数,导致一个错误的产生。

(3) 可使用 arguments.Length 来获得参数集合中参数的个数。

2) 预定义函数

下面介绍几种常用的预定义函数。

(1) eval()函数:对包含数字表达式的字符串求值。其语法格式如下所示。

```
eval(参数)
```

如果参数是数字表达式字符串,那么对该表达式求值;如果该参数代表一个或多个 JavaScript 语句,则执行这些语句;eval()还可以把一个日期从一种格式转换为数值表达式或数字。

(2) Number 和 String 函数:用来将一个对象转换为一个数字或字符串。其语法格式如下所示。

```
Number(对象)
String(对象)
```

(3) parseInt()和 parseFloat()函数:用来将字符串参数转换为一个数值。其语法格式如下所示。

```
parseFloat(str)
parseInt(str[,radix])
```

parseFloat 将字符串转换为一个浮点数。parseInt 基于指定的基数 radix 或底数之上返回一个整数。例如,若基数为 10 则将其转化为十进制,为 8 则转化为八进制。

4.4.3 JavaScript 对象

JavaScript 中的对象是对客观事物或事物之间关系的描述,对象可以是一段文字、一幅图片、一个表单(form),每个对象有它自己的属性、方法和事件。对象的属性是指该对象具有的特性,例如,图片的地址;对象的方法指该对象具有的行为,例如表单的"提交"(submit);对象的事件指外界对该对象所做的动作,例如点击 button 产生的"单击事件"。JavaScript 中可以使用以下几种对象。

(1) 内置对象,例如 Date、Math、String。

(2) 用户自定义的对象。

(3) 由浏览器根据页面内容自动提供的对象。

(4) 服务器上固有的对象。

在 JavaScript 中提供了几个对象处理的语句,例如,this(返回当前对象)、with(为一个或一组语句指定默认对象)、new(创建对象)等。但 JavaScript 没有提供继承、重载等面向对象语言所必须具有的功能,所以它只是基本面向对象的语言。

1. 创建对象

在 JavaScript 中创建一个新的对象,首先需要定义一个类,然后再为该类创建一个实例。定义类用关键字 function,格式如下所示。

```
function 类名(类中属性的值的集合)
{
  属性定义、赋值
  方法定义
}
```

创建对象使用关键字 new,格式如下所示。

```
对象实例名=new 类名(参数表);
```

例如,定义类 person,它的属性包括 name、age、sex、depart,则:

```
function person(name,age,sex,depart)
{
 this.name=name;
 this.age=age;
 this.sex=sex;
 this.depart=depart;
}
```

然后再创建该类对象 sample,如下:

```
sample=new person("peter",22, "female","personnel department");
```

2. 引用对象属性

引用对象属性的语法格式为:对象名.属性名。

3. 引用对象方法

引用对象方法的语法格式为:对象名.方法名。

4. 删除对象

删除对象用 delete 运算符。例如,删除上面创建的对象 sample,使用

```
delete sample;
```

5. 内置对象

下面介绍几种内置对象。

1) String 对象

String 对象即字符串对象,用于处理或格式化文本字符串,以及确定和定位子串。

(1) 属性。

length:保存字符串的长度。格式:字符串对象名.length。例如:

```
var str="helloworld";
```

则 str.length 的值为 10。

（2）方法。

charAt(position)：返回该字符串第 position 位的字符。

indexOf(substring[,startpos])：返回字符串中第 startpos 位开始的第一个子串 substring 的位置，如果该子串存在，就返回它的位置，不存在返回－1。例如：

```
str.indexOf("llo",1);     //结果为 2
```

lastIndexOf(substring[,startpos])：跟 indexOf() 相似，不过是从 startpos 位开始从后边往前查找第一个 substring 出现的位置。

split(字符串分隔符集合)：返回一个数组，该数组的值是按"字符串分隔符"从原字符串对象中分离开来的子串。例如：

```
str.split('o');
```

则返回的数组值是："hell"、"w"、"rld"。

substring(startpos[,endpos])：返回原字符串的子串，子串是原字符串从 startpos 位置到 endpos 位置的字符序列。如果没有指定 endpos 或指定的超过字符串长度，则子字符串一直取到原字符串尾；如果所指定的位置不能返回字符串，则返回空字符串。

toLowerCase()：返回把原字符串所有大写字母都变成小写字母的字符串。

toUpperCase()：返回把原字符串所有小写字母都变成大写字母的字符串。

2) Array 对象

Array 对象即数组对象，是一个对象的集合，里边的对象可以是不同类型的。数组的每一个成员对象都有一个"下标"，用来表示它在数组中的位置。创建数组有两种方法：

```
arrName=new Array(element0,element1,…,elementN)
arrName=new Array(arrLength)
```

这里 arrName 既可以是存在的对象，也可以是一个新的对象。而 element0,element1,…,elementN 是数组元素的值，arrLength 则是数组初始化的长度。

除了在创建数组时给它赋值以外，也可以直接通过数组名加下标的方法给数组元素赋值，例如：

```
arr=new Array(6);
arr[0]="sample";
```

（1）属性。

length：返回数组的长度。

（2）方法。

join(分隔符)用法：返回一个字符串，该字符串把数组中的各个元素串起来，用分隔符置于元素与元素之间。

reverse()用法：返回将原数组元素顺序反转后的新数组。

sort()用法：返回排序后的新数组。

3) Math 对象

Math 对象即算术对象，提供常用的数学常量和数学函数。

例如：E 返回 2.718281828…，PI 返回 3.1415926535…，abs(x) 返回 x 的绝对值，

max(a,b)返回 a、b 中较大的数,random()返回大于 0 且小于 1 的一个随机数等。

4) Date 对象

Date 对象即日期对象,可以存储任意一个日期,从 0001 年到 9999 年,并且可以精确到毫秒数(1/1000s)。Date 对象有许多方法来设置、提取和操作时间,类似于 Java。

6. 文档对象

文档对象是指在网页文档里划分出来的对象,在 JavaScript 中文档对象主要有 navigator、screen、window、history、location、document 等。

1) navigator 对象

navigator 对象即浏览器对象,包含了当前使用的浏览器的版本信息。

(1) appName 属性返回浏览器的名字。

(2) appVersion 属性返回浏览器的版本。

(3) platform 属性返回浏览器的操作系统平台。

(4) javaEnabled 属性返回一个布尔值代表当前浏览器是否允许使用 Java。

2) screen 对象

screen 对象即屏幕对象,包含了当前用户的屏幕设置信息。

(1) width 属性返回屏幕的宽度,单位为像素。

(2) height 属性返回屏幕的高度,单位为像素。

(3) colorDepth 属性保存当前颜色设置,取值可为-1(黑白)、8(256 色)、16(增强色)、24/32(真彩色)。

3) window 对象

window 对象即窗口对象,它是所有对象的"父"对象,可以在 JavaScript 应用程序中创建多个窗口,而一个框架页面也是一个窗口。

(1) open(参数表):该方法用来创建一个新的窗口,其中参数表提供有窗口的尺寸、内容以及是否有按钮条、地址框等属性。

(2) close():该方法用来关闭一个窗口。其中,window.close()或 self.close()用来关闭当前窗口;窗口对象名.close()用来关闭指定的窗口。

(3) alert(字符串):该方法弹出一个只包含"确定"按钮的对话框,并显示"字符串"的内容,同时整个文档的读取和 Script 的运行暂停,直到用户单击"确定"按钮。

(4) confirm(字符串):该方法弹出一个包含"确定"和"取消"按钮的对话框,并显示"字符串"的内容,同时整个文档的读取和 Script 的运行暂停,等待用户的选择。如果用户单击"确定"按钮,则返回 true;如果单击"取消"按钮,则返回 false。

(5) prompt(字符串[,初始值]):该方法弹出一个包含"确认"和"取消"按钮以及一个文本框的对话框,并显示"字符串"的内容,要求用户在文本框输入数据,同时整个文档的读取和 Script 的运行暂停。如果用户单击"确认"按钮,则返回文本框里已有的内容,如果用户单击"取消"按钮,则返回 null 值。如果指定"初始值",则文本框里将用初始值作为默认值。

(6) blur()和 focus():使窗口失去或得到焦点。

(7) scrollTo(x,y):该方法使窗口滚动到指定的坐标。

4) history 对象

history 对象即历史对象，包含浏览器的浏览历史。其 length 属性返回历史记录的项数。

5) location 对象

location 对象即地址对象，它描述的是某一个窗口对象所打开页面的 URL 地址信息。

(1) protocol 属性：返回地址的协议，取值为"http"、"https"、"file"等。

(2) hostname 属性：返回地址的主机名。

(3) reload()方法：强制窗口重载当前文档。

(4) replace()方法：从当前历史记录装载指定的 URL。

6) document 对象

document 对象即文档对象，它描述当前窗口或指定窗口对象从＜head＞到＜/body＞的文档信息。

(1) open()：打开文档。

(2) write()/ writeln()：向文档写入数据。writeln()在写入数据以后换行。

(3) clear()：清空当前文档。

(4) close()：关闭文档，停止写入数据。

4.4.4　JavaScript 事件

用户与网页交互时产生的动作，称为事件。事件可以由用户引发，例如，用户单击时引发 click 事件；事件也可以由页面自身引发。事件引发后所执行的程序或函数称为事件处理程序，指定事件的处理程序的一般方法是直接在 HTML 标签中指明函数名或程序，格式如下：

＜标签 … 事件="事件处理程序" [事件="事件处理程序" …]＞

例如：

＜body … onload="alert('欢迎！')" onunload="alert('bye！')"＞

该例在文档读取完毕时弹出一个对话框，对话框里写着"欢迎！"；在用户关闭窗口或访问另一个页面时弹出"bye!"。

经常引发的事件如下所示。

(1) onfocus 事件：窗口获得焦点时引发，应用于 window 对象。

(2) onload 事件：文档全部载入时引发，应用于 window 对象，写在＜body＞标签中。

(3) onmousedown 事件：鼠标在对象上按下时引发，应用于 Button 对象、Link 对象。

(4) onmouseout 事件：鼠标离开对象时引发，应用于 Link 对象。

(5) onmouseover 事件：鼠标进入对象时引发，应用于 Link 对象。

(6) onmouseup 事件：鼠标在对象上按下后弹起时引发，应用于 Button 对象、Link 对象。

(7) onreset 事件："重置"按钮被单击时引发，应用于 Form 对象。

(8) onresize 事件：窗口被调整大小时引发，应用于 window 对象。

(9) onsubmit 事件："提交"按钮被单击时引发，应用于 Form 对象。

(10) onunload 事件：卸载文档时引发，应用于 window 对象，写在＜body＞标签中。

4.5 小　　结

　　本章主要讲解通信资费管理系统项目的开发过程,通过本项目的训练应熟练掌握所学理论知识,同时提高项目开发能力。
　　通过本章的学习应掌握如下内容。
　　(1) 第 1 章～第 3 章所有理论知识。
　　(2) 项目的需求分析与设计。
　　(3) 项目的实现。
　　(4) 项目设计中的常见问题以及解决方案。

4.6 习　　题

1. 完善通信资费管理系统项目的功能。
2. 如果你熟悉 JavaScript、Ajax 或者 jQuery 技术,请用这些技术美化该项目的页面。

第 5 章 JSP 基础知识

JSP 页面主要由 HTML、CSS、Java 代码段（脚本元素）、注释、JSP 指令和 JSP 动作等构成。本章主要讲解 JSP 页面的基本语法构成。

本章主要内容如下所示。
(1) JSP 页面的基本结构。
(2) JSP 的注释。
(3) JSP 的脚本元素。
(4) JSP 的指令。
(5) JSP 的动作。

5.1 JSP 页面的基本结构

一个 JSP 页面由以下基本元素组成。
(1) HTML 标签。
(2) CSS。
(3) 变量和方法。
(4) Java 代码段。
(5) JSP 动作和指令。
(6) 其他脚本元素（如 JavaScript）等。

本节通过一个 JSP 实例，了解 JSP 页面的基本语法构成。具体的 JSP 基本语法部分将在以后的章节里详细介绍。

【例 5-1】 JSP 页面的基本结构实例（pageStructure.jsp）。

```
1.   <%@page contentType="text/html" pageEncoding="UTF-8"%>
2.   <html>
3.       <head>
4.           <meta http-equiv="Content-Type" content="text/html; charset=UTF-8">
5.           <title>JSP 页面的基本结构实例</title>
6.       </head>
7.       <body>
8.           <%!int sum=0;
9.              int x=1;
10.            %>
11.           <%
12.              while (x <=10)
13.              {
14.                  sum+=x;
15.                  ++x;
16.              }
```

```
17.         %>
18.         <p>1 加到 10 的结果是:<%=sum%></p>
19.         <p>现在的时间是:<%=new java.util.Date()%></p>
20.     </body>
21. </html>
```

本程序的功能是计算 1 加到 10 的结果并将结果在页面第一行中显示,在第二行显示当前系统时间,如图 5-1 所示。

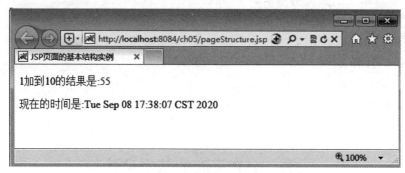

图 5-1　页面运行效果

从例 5-1 中可以看到,JSP 页面除了比普通的 HTML 页面多一些 Java 代码、指令和动作外,两者的基本结构相似。实际上,JSP 基本元素是嵌入在 HTML 页面中的,为了和 HTML 的标签有所区别,JSP 标记都以"＜％"或"＜jsp"开头,以"％＞"或"＞"结尾。下面对该 JSP 文件进行详细介绍。

第 1 行是 JSP 的 page 指令,它描述 JSP 文件转换成 JSP 服务器所能执行的 Java 代码的控制信息,如 JSP 页面所使用的语言、对处理内容是否使用缓存、是否线程安全、错误页面处理、指定内容类型、指定页面编码方式等。例如,contentType="text/html"用于指定内容类型,pageEncoding="UTF-8"用来指定页面的编码方式。

第 2～7 行是一些 HTML 常用的标签,在第 3 章中已介绍,这里不再赘述。

第 8～10 行是 JSP 中的声明。JSP 页面中用到的变量和方法与 Java 程序中用到的变量和方法的声明是相同的,不过在 JSP 页面中声明以"＜％!"或者"＜％"开头,以"％＞"结尾。本例中对两个整型变量的声明并初始化,也可以写成"＜％!int sum=0;int x = 1;％＞"。

第 11～17 行是 JSP 中的程序代码,即 JSP 中的脚本。JSP 的程序代码封装了 JSP 页面的业务处理逻辑——Java 代码程序,以"＜％"开头,以"％＞"结尾。

第 12～16 行是一段标准的 Java 程序,其功能是对 1 加到 10 的计算。

第 18 行,"<p>1 加到 10 的结果是:＜％=sum％＞</p>"中的"＜％=sum％＞"是表达式,在 JSP 中表达式以"＜％="开头,以"％＞"结尾。本行语句用于输出 1 加到 10 的结果。

第 19 行,"<p>现在的时间是:＜％=new java.util.Date()％＞</p>"中的"＜％=new java.util.Date()％＞"是使用表达式以及 Java 类库中的 Date 类获取系统的当前时间。

第 20、21 行是 HTML 的基本标签。

通过上面典型的 JSP 页面可以看出,JSP 页面就是在 HTML 或者 XML 代码中嵌入 Java 语法或者 JSP 元素,从而实现系统的业务功能,这一点读者将会在以后的学习中有更深刻的体会。

> **想一想**：JSP 页面设计要遵循既定的语法规则和开发规范。你对软件开发规范的重要性有什么认识？作为一名软件工程师，你认为应该遵循哪些工程职业道德规范？

5.2　JSP 的 3 种常用注释

JSP 常用注释

程序中注释的作用是为了提高程序的可读性、可维护性和可扩展性，所以一个 Java Web 项目中需要各种各样的注释。在 JSP 中注释有 3 种类型：隐藏注释、HTML 注释和 Java 语言注释。下面分别介绍这 3 种注释的使用。

5.2.1　隐藏注释及其应用实例

隐藏注释是 JSP 的标准注释，写在 JSP 程序中，用于描述和说明 JSP 程序代码，在发布 JSP 网页时完全被忽略，也不会输送到客户浏览器上。当希望隐藏 JSP 程序的注释时是很有用的。

其语法格式为

```
<%--注释语句 --%>
```

注释语句为要添加的注释内容。

【例 5-2】　隐藏注释实例（hideNotes.jsp）。

```
<%@page contentType="text/html" pageEncoding="UTF-8"%>
<html>
    <head>
        <meta http-equiv="Content-Type" content="text/html; charset=UTF-8">
        <title>隐藏注释实例</title>
    </head>
    <body>
        <h3>本页面是演示隐藏注释的功能,在 JSP 页面中的隐藏注释不会发布到客户端!
        </h3>
        <hr>
        <%--这一行注释在发布网页时不会被看到--%>
    <hr>
    </body>
</html>
```

hideNotes.jsp 运行效果如图 5-2 所示。在发布网页时看不到注释,在客户端浏览器源文件中也看不到注释。在浏览器中查看源文件的方法：单击"查看"→"源文件"命令。

5.2.2　HTML 注释及其应用实例

HTML 注释在发布网页时可以在浏览器源文件窗口中看到,即注释的内容会被输送到客户端的浏览器中。该注释中也可以使用 JSP 的表达式。

其语法格式为

```
<!--注释语句 [<%=表达式 %>] -->
```

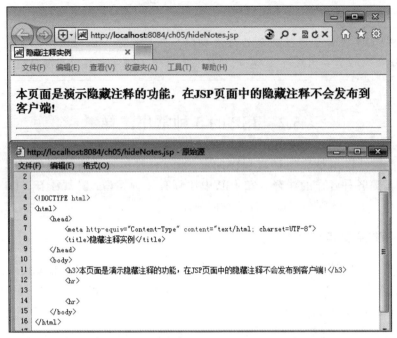

图 5-2 hideNotes.jsp 的运行效果以及源文件

其中，注释语句是文字说明，表达式为 JSP 表达式。

【例 5-3】 HTML 注释实例（HTMLNotes.jsp）。

```
<%@page contentType="text/html" pageEncoding="UTF-8"%>
<html>
    <head>
        <meta http-equiv="Content-Type" content="text/html; charset=UTF-8">
        <title>HTML 注释实例</title>
    </head>
    <body>
        <h3>本页面是演示 HTML 注释的功能,在 JSP 页面中的 HTML 注释会在客户端源文件中看
            到,但是不会发布到页面上！
        </h3>
        <hr>
        <!--这一行注释在发布网页时不会被看到,在源文件中可以看到<%=new java.util.
            Date()%>-->
        <hr>
    </body>
</html>
```

HTMLNotes.jsp 的运行效果如图 5-3 所示。在发布网页时看不到注释,但在源文件中可以看到注释,而且表达式是动态的,即根据表达式的值输出结果。

5.2.3 Java 注释及其应用实例

在 JSP 程序中,也可遵循 Java 语言本身的注释规则对代码进行注释,这样的注释和隐藏注释相似,在发布网页时完全忽略,在浏览器的源文件窗口中也看不到注释内容。

图 5-3 HTMLNotes.jsp 的运行效果以及源文件

其语法格式为

```
<%/*注释语句*/%>
```

或者

```
<%//注释语句%>
```

其中,注释语句为要添加的注释文本。

【例 5-4】 Java 注释实例(JavaNotes.jsp)。

```
<%@p3age contentType="text/html" pageEncoding="UTF-8"%>
<html>
    <head>
        <meta http-equiv="Content-Type" content="text/html; charset=UTF-8">
        <title>Java 注释实例</title>
    </head>
    <body>
        <h3>本页面是演示 Java 注释的功能,在 JSP 页面中的 Java 注释不会发布到客户端!
        </h3>
        <hr>
        <%//这一行注释在发布网页时不会被看到,在源文件中也看不到%>
        <hr>
    </body>
</html>
```

JavaNotes.jsp 的运行效果如图 5-4 所示。在发布网页时看不到注释,在源文件中也看不到注释。

图 5-4　JavaNotes.jsp 的运行效果以及源文件

5.3　JSP 常用脚本元素

JSP 常用脚本元素

在 JSP 页面中,经常使用一些变量、方法、表达式以及脚本,下面分别介绍这些基本元素的使用。

5.3.1　变量和方法的声明及其应用实例

在 JSP 页面中可以声明一个或者多个合法的变量和方法,声明后的变量和方法可以在本 JSP 页面的任何位置使用,并将在 JSP 页面初始化时被初始化。

语法格式为

```
<%!语句 1; …; [ 语句 n; ] %>
```

其中,语句主要用来声明变量、方法。

在声明变量和方法时,需要注意以下几点。

(1) 声明以"<%!"或者"<%"开头,以"%>"结尾。

(2) 变量声明必须以";"结尾。

(3) 变量和方法的命名规则与 Java 中变量和方法的命名规则相同。

(4) 可以直接使用在<%@ page%>中被包含进来的已经声明的变量和方法,不需要重新声明。

(5) 一个声明仅在一个页面中有效。如果想在每个页面都用到某些声明,最好把它们写成一个单独的文件,然后用<%@ include%>指令或<jsp:include>动作包含进来。

例如:

```
<%! int i=0;%>
```

```jsp
<%! int x,y,z,a,b,c,sum;%>
<%! String str="北京!";%>
<%! Date date=new java.util.Date();%>
```

【例 5-5】 变量和方法的声明实例(declare.jsp)。

```jsp
<%@page contentType="text/html" pageEncoding="UTF-8"%>
<html>
    <head>
        <meta http-equiv="Content-Type" content="text/html; charset=UTF-8">
        <title>变量和方法的声明实例</title>
    </head>
    <body>
        <%!
            String str="JSP 技术带你走进动态网页开发时代!";          //变量声明
        %>
        <%!
            String print(){                                          //方法声明
                return str;
            }
        %>
        <%=print()%>
    </body>
</html>
```

declare.jsp 的运行效果如图 5-5 所示。

图 5-5 declare.jsp 的运行效果

在 declare.jsp 中声明了一个字符串变量 str 和一个方法 print(),该方法用来返回字符串变量 str 的值。

5.3.2 表达式和脚本及其应用实例

1. 表达式及其应用实例

JSP 中的表达式是由变量、常量和运算符组成,可以将数据转换成一个字符串并直接在网页上输出。

表达式的语法格式为

```
<%=表达式%>
```

JSP 的表达式中没有分号。

JSP 的表达式常用在以下几种情况。

(1) 向页面输出内容。

(2) 生成动态的链接地址。

(3) 动态指定 form 表单处理页面。

注意：在"<%"与"="之间不要有空格。

【例 5-6】 表达式实例(expression.jsp)。

```
<%@page contentType="text/html" pageEncoding="UTF-8"%>
<html>
    <head>
        <meta http-equiv="Content-Type" content="text/html; charset=UTF-8">
        <title>表达式实例</title>
    </head>
    <body>
        <%!
            String name="清华大学出版社";
            String urlAddress="www.tup.tsinghua.edu.cn";
            String page="www.sohu.com";
        %>
        <br>
        用户名：<%=name%>
        <br>
        <a href="<%=urlAddress%>">清华大学出版社网站</a>
        <br>
        <form action="<%=page%>">
        </form>
    </body>
</html>
```

本例演示了表达式的几种常用方式，expression.jsp 的运行效果如图 5-6 所示。

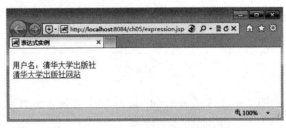

图 5-6　expression.jsp 的运行效果

2. 脚本及其应用实例

JSP 脚本即 Script，也就是 JSP 中的代码部分，是一段 Java 代码，几乎可以使用任何 Java 语法，它是在请求期间执行，可以使用 JSP 页面所定义的变量、方法、表达式或者 JavaBean。脚本定义的变量和方法在当前整个页面内有效，但不会被其他线程共享，用户对该变量的作用不会影响其他用户，当变量所在页面关闭时该变量就会被销毁。

脚本的语法格式为

```
<%脚本语句%>
```

【例 5-7】 脚本实例(scriptlet.jsp)。

```
<%@page contentType="text/html" pageEncoding="UTF-8"%>
<html>
    <head>
        <meta http-equiv="Content-Type" content="text/html; charset=UTF-8">
        <title>脚本实例</title>
    </head>
    <body>
        <%!
            int x=6;
        %>
        <table>
            <%
                if(x==1){
            %>
            <tr>
                <td>欢迎登录,您的权限是管理员!<td/>
            </tr>
            <%
                }
                else{
            %>
            <tr>
                <td>欢迎登录,您的权限是普通用户!<td/>
            </tr>
            <%
                }
            %>
        </table>
    </body>
</html>
```

scriptlet.jsp 的运行效果如图 5-7 所示。

图 5-7　scriptlet.jsp 的运行效果

JSP 中大部分功能的实现可以通过 JSP 脚本实现。使用脚本程序比较灵活,它所实现的功能是 JSP 表达式无法实现的,所以脚本在 JSP 中非常重要。有关 JSP 脚本的内容在以后的章节中涉及很多,读者可以在今后的开发中不断学习和应用。

5.4 JSP 常用指令

JSP 常用指令

指令(Directive)描述 JSP 文件转换成 JSP 服务器所能执行的 Java 代码的控制信息,用于指定整个 JSP 页面的相关信息,并设置 JSP 页面的相关属性。

常用的 JSP 指令有 3 种：page 指令、include 指令和 taglib 指令。

5.4.1 page 指令及其应用实例

page 指令用来定义 JSP 文件中的全局属性,它描述了与页面相关的一些信息,其作用域为它所在 JSP 页面和其包含的文件。页面指令一般位于 JSP 页面的顶端,但是可以放在 JSP 页面的任何位置,无论把<%@ page %>指令放在 JSP 文件的哪个地方,它的作用范围都是整个 JSP 页面。为了 JSP 程序的可读性以及养成良好的编程习惯,最好把它放在 JSP 文件的顶部。

在同一个 JSP 页面中可以有多个 page 指令。在使用多个 page 指令时,其属性除 import 属性外只能使用一次。

page 指令的语法格式如下：

```
<%@page
    [ language="java" ]
    [ extends="package.class" ]
    [ import="{package.class|package.*}, ..." ]
    [ session="true|false" ]
    [ buffer="none|8KB|sizeKB" ]
    [ autoFlush="true|false" ]
    [ isThreadSafe="true|false" ]
    [ info="text" ]
    [ errorPage="relativeURL" ]
    [ contentType="mimeType [ ;charset=characterSet ]" ]
    [ pageEncoding=" pageEncoding "]
    [ isErrorPage="true | false" ]
%>
```

下面分别对这些属性的含义和用法进行介绍。

1. language 属性

【功能说明】 language 属性用于指定 JSP 页面中使用的脚本语言,其默认值为 Java。根据 JSP 2.0 规范,目前只可以使用 Java 语言。

例如：

```
<%@page language="java" %>
```

如果 language 属性指定了其他的脚本语言,将会产生异常。

2. extends 属性

【功能说明】 extends 属性用于指定 JSP 编译器父类的完整限定名,此 JSP 页面产生的 Servlet 将由该父类扩展而来。

例如：

```
<%@page extends="javax.servlet.http.HttpServlet" %>
```

一般建议不要使用 extends 属性。JSP 容器可以提供专用的高性能父类,如果指定父类,可能会限制 JSP 容器本身具有的能力。

3. import 属性

【功能说明】 import 属性用于导入 JSP 页面所使用的 Java API 类库。import 属性是所有 page 属性中唯一可以多次设置的属性,用来指定 JSP 页面中所用到的类。

【例 5-8】 import 属性实例(import.jsp)。

```
<%@page import="java.util.Date"%>
<%@page contentType="text/html" pageEncoding="UTF-8"%>
<html>
    <head>
        <meta http-equiv="Content-Type" content="text/html; charset=UTF-8">
        <title>import 属性实例</title>
    </head>
    <body>
        <%
            Date date=new Date();
        %>
        <p>page 指令的 import 属性实例演示!</p>
        <p>现在的时间是:<%=date%></p>
    </body>
</html>
```

import.jsp 的运行效果如图 5-8 所示。

图 5-8 import.jsp 的运行效果

如果需要在一个 JSP 页面中同时导入多个 Java 包,可以逐一声明,也可以在同一个声明中使用逗号分隔。

例如:

```
<%@page import="java.util.Date" %>
<%@page import="java.io.*" %>
```

可写成:

```
<%@page import="java.util.Date, java.io.*" %>
```

4. session 属性

【功能说明】 session 属性用于指定是否可以使用 session 对象,若允许页面参与 HTTP 会话,就设置为 true,否则设为 false,其默认值为 true。

【例 5-9】 session 属性实例(session.jsp)。

```
<%@page contentType="text/html" pageEncoding="UTF-8"%>
<html>
    <head>
        <meta http-equiv="Content-Type" content="text/html; charset=UTF-8">
        <title>session 属性实例</title>
    </head>
    <body>
        <hr>
        会话 ID 号为:<%=session.getId()%>
        <hr>
    </body>
</html>
```

session.jsp 的运行效果如图 5-9 所示。

图 5-9 session.jsp 的运行效果

5. buffer 属性

【功能说明】 buffer 属性用于设定页面的缓冲区大小(字节数),属性值为 none,表示禁用缓冲区,其默认值为 8KB。

例如,设置页面缓冲区大小为 64KB:

```
<%@page buffer="64KB" %>
```

禁用缓冲区:

```
<%@page buffer="none" %>
```

6. autoFlush 属性

【功能说明】 autoFlush 属性用于指定 JSP 页面缓冲区是否自动刷新输出,其默认值为 true。如果该属性设置为 true,则页面缓冲区满时自动刷新输出;否则,当页面缓冲区满时抛出一个异常。

例如:

```
<%@page autoFlush="false"%>
```

7. isThreadSafe 属性

【功能说明】 isThreadSafe 属性用于指定 JSP 页面是否能够处理一个以上的请求,如果为 true,则该页面可能同时收到 JSP 引擎发出的多个请求;反之,JSP 引擎会对收到的请求进行排队,当前页面在同一时刻只能处理一个请求。其默认值为 true。

建议将 isThreadSafe 属性设置为 true,确保页面所用的所有对象都是线程安全的。

例如:

```
<%@page isThreadSafe="true" %>
```

8. info 属性

【功能说明】 info 属性用于指定 JSP 页面的相关信息文本,无默认值。

例如:

```
<%@page info="Page directive property: info" %>
```

9. errorPage 属性

【功能说明】 errorPage 属性用于指定错误页面,无默认值。当页面出现一个没有被捕获的异常时,错误信息将被 throw 语句抛出,而被设置为错误信息网页的 JSP 页面,将利用 exception 隐含对象获取错误信息。relativeURL 默认设置为空,即没有错误处理页面。

10. isErrorPage 属性

【功能说明】 isErrorPage 属性指定 JSP 页面是否为处理异常错误的页面,其默认值为 false。如果将 isErrorPage 属性设置为 true,则固有的 exception 对象脚本元素可用。

11. contentType 属性

【功能说明】 contentType 属性用于指定内容 MIME 类型和 JSP 页面的编码方式。对于普通 JSP 页面,默认的 contentType 属性值为"text/html;charset=ISO-8859-1"。

例如:

```
<%@page contentType="text/html; charset=UTF-8"%>
```

12. pageEncoding 属性

【功能说明】 pageEncoding 属性用于指定 JSP 页面的编码方式,默认值为 ISO-8859-1,为支持中文可设置为 UTF-8。

例如:

```
<%@page pageEncoding="UTF-8"%>
```

5.4.2 include 指令及其应用实例

include 指令用于在当前 JSP 页面中加载需要插入的文件代码,即为页面插入一个静态文件,如 JSP 页面、HTML 页面、文本文件或是一段 Java 程序,这些加载的代码和原有的 JSP 代码合并成一个新的 JSP 文件。

include 指令的语法格式如下:

```
<%@include file="文件名" %>
```

其中,文件名指被包含的文件名称。

include 指令只有一个 file 属性。

【功能说明】 file 属性用于指定插入的包含文件的相对路径,无默认值。

例如:

```
<%@include file="index.html" %>
<%@include file="main.jsp" %>
```

在 JSP 中用 include 指令包含一个静态文件,同时解析这个文件中的 JSP 语句。使用 JSP 的 include 指令有助于实现 JSP 页面的模块化。

<%@include%>将会在 JSP 编译时插入一个包含文本或代码的文件,当使用<%@ include%>时,这个包含的过程是静态的。静态的包含是指这个被包含的文件将会被插入 JSP 文件中去,这个包含的文件可以是 JSP 文件、HTML 文件、文本文件。一个页面可以有多个 include 指令。

【例 5-10】 include 指令实例(include.jsp 和 hello.jsp)。

include.jsp 代码如下所示。

```
<%@page contentType="text/html" pageEncoding="UTF-8"%>
<html>
    <head>
        <meta http-equiv="Content-Type" content="text/html; charset=UTF-8">
        <title>include 指令实例</title>
    </head>
    <body>
        下面输出的数据是加载的另外一个页面的内容!
        <hr>
    <%@include file="hello.jsp" %>
        <hr>
    </body>
</html>
```

hello.jsp 代码如下所示。

```
<%@page contentType="text/html" pageEncoding="UTF-8"%>
<html>
    <head>
        <meta http-equiv="Content-Type" content="text/html; charset=UTF-8">
        <title>JSP Page</title>
    </head>
    <body>
        <h1>Hello World!</h1>
    </body>
</html>
```

include.jsp 的运行效果如图 5-10 所示。

5.4.3 taglib 指令

taglib 指令用来指定页面中使用的标签库以及自定义标签的前缀。

图 5-10　include.jsp 的运行效果

taglib 指令语法格式如下：

`<%@taglib uri="tagLibraryURI" prefix="tagPrefix" %>`

1. uri 属性

【功能说明】　uri(Uniform Resource Identifier,统一资源标识符)属性用于指定标记库的存放位置,并告诉 JSP 引擎在编译 JSP 程序时如何处理指定标签库中的标签,无默认值。uri 属性可以是在 TLD(标记库描述符)文件或 web.xml 文件中定义的标记库的符号名,也可以是 TLD 文件或 JAR 文件的相对路径。

2. prefix 属性

【功能说明】　prefix 属性用于指定标记库中所有动作元素名使用的前缀,无默认值。

例如：

`<%@taglib prefix="c" uri="http://java.sun.com/jsp/jstl/core" %>`

就是在页面中导入标签库,"http://java.sun.com/jsp/jstl/core"是 JSP 标签库所在的路径。

5.5　JSP 常用动作

JSP 常用动作

当客户请求 JSP 页面时,可以利用 JSP 动作动态地插入文件、重用 JavaBean 组件、把用户重定向到另外的页面。

动作元素名和属性名都是大小写敏感的。

JSP 规范定义了一系列标准动作,使用 jsp 作为前缀。其中常用的动作有<jsp:param>、<jsp:include>、<jsp:useBean>、<jsp:setProperty>、<jsp:getProperty>和<jsp:forward>。

5.5.1　<jsp:param>动作

<jsp:param>动作可以用于<jsp:include>、<jsp:forward>动作体中,为其他动作传送一个或者多个参数。

<jsp:param>动作的语法格式如下：

`<jsp:param name="参数名" value="参数值"/>`

1. name 属性

【功能说明】 name 属性用于指定参数名称，不可以接受动态值。

2. value 属性

【功能说明】 value 属性用于指定参数值，可以接受动态值。

5.5.2 ＜jsp:include＞动作及其应用实例

＜jsp:include＞动作用来把指定文件动态插入正在生成的页面中。

＜jsp:include＞动作的语法格式如下：

```
<jsp:include page="文件名" flush="true"/>
```

或者

```
<jsp:include page="文件名" flush="true">
    <jsp:param name="参数" value="参数值"/>
</jsp:include>
```

1. page 属性

【功能说明】 page 属性指定所包含资源的相对路径，可以接受动态值。

2. flush 属性

【功能说明】 flush 属性指定在包含目标资源之前是否刷新输出缓冲区，默认值为 false，不可以接收动态值。

＜jsp:include＞动作允许包含静态文件和动态文件，这两种包含文件的结果是不同的。

如果包含文件仅是静态文件，那么这种包含仅仅是把包含文件的内容加到 JSP 文件中去，这个文件不会被 JSP 编译器执行；如果包含文件是动态的，那么这个被包含文件也会被 JSP 编译器执行。

include 指令和 include 动作都能实现将外部文档包含到 JSP 文档中的功能，名称相似，但也有区别。

1）include 指令

include 指令可以在 JSP 页面转换成 Servlet 之前，将 JSP 代码插入其中。

include 指令的语法格式如下：

```
<%@include file="文件名"%>
```

2）include 动作

＜jsp:include＞动作是在主页面被请求时，将其他页面的输出包含进来。

＜jsp:include＞动作的语法格式如下：

```
<jsp:include page="文件名" flush="true">
```

3）两者的区别和比较

＜jsp:include＞动作和 include 指令之间的根本不同在于它们被调用的时间。＜jsp:include＞动作在请求期间被激活，而 include 指令在页面转换期间被激活。

两者之间的差异决定着它们在使用上的区别。使用 include 指令的页面要比使用＜jsp:include＞动作的页面难于维护。＜jsp:include＞动作相对于 include 指令在维护上有着明显优势,而 include 指令仍然能够得以存在,自然在其他方面有特殊的优势。这个优势就是 include 指令的功能更强大,执行速度也稍快。include 指令允许所包含的文件中含有影响主页面的 JSP 代码,如响应内容的设置和属性方法的定义。

【例 5-11】 ＜jsp:include＞动作实例 1(includeAction1.jsp)。

```
<%@page contentType="text/html" pageEncoding="UTF-8"%>
<html>
    <head>
        <meta http-equiv="Content-Type" content="text/html; charset=UTF-8">
        <title>动作实例 1</title>
    </head>
    <body>
        下面输出的数据是使用动作指令动态加载的另外一个页面的内容!
        <hr>
        <jsp:include  page="hello.jsp"/>
        <hr>
    </body>
</html>
```

includeAction1.jsp 的运行效果如图 5-11 所示。

图 5-11 includeAction1.jsp 的运行效果

【例 5-12】 ＜jsp:include＞动作实例 2(includeAction2.jsp 和 hello1.jsp)。
includeAction2.jsp 的代码如下所示。

```
<%@page contentType="text/html" pageEncoding="UTF-8"%>
<html>
    <head>
        <meta http-equiv="Content-Type" content="text/html; charset=UTF-8">
        <title>动作实例 2</title>
    </head>
    <body>
        以下是 hello1.jsp 页面的内容:
        <hr>
        <jsp:include page="hello1.jsp">
            <jsp:param name="name" value="QQ"/>
        </jsp:include>
    </body>
</html>
```

hello1.jsp 的代码如下所示。

```
<%@page contentType="text/html" pageEncoding="UTF-8"%>
<html>
    <head>
        <meta http-equiv="Content-Type" content="text/html; charset=UTF-8">
        <title>JSP Page</title>
    </head>
    <body>
        <%=request.getParameter("name")%>你好,欢迎你访问!
    </body>
</html>
```

本例演示了 JSP 动作的动态功能,运行效果如图 5-12 所示。其中,"<%=request.getParameter("name")%>你好,欢迎你访问!%>"中的 request.getParameter("name")是使用内置对象的方法获取 name 的值。

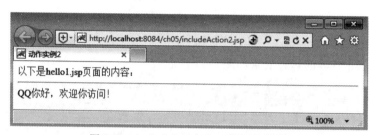

图 5-12 includeAction2.jsp 的运行效果

注意:本节部分程序涉及第 6 章内置对象的知识,可参考第 6 章的相关内容。

5.5.3 ＜jsp:useBean＞动作及其应用实例

＜jsp:useBean＞动作用来加载在 JSP 页面中使用到的 JavaBean。这个功能非常有用,能够实现 JavaBean 组件的重用。

＜jsp:useBean＞动作的语法格式如下:

```
<jsp:useBean id="Bean 实例名称" scope="page | request | session | application"
class="JavaBen 类" type="对象变量的类型" beanName="Bean 名字"/>
```

＜jsp:useBean＞动作的属性有 5 个:id、scope、class、type 和 beanName。下面简要说明这些属性的用法。

1. id 属性

【功能说明】 id 属性用于指定该 JavaBean 的实例名称,不可接受动态值。如果能够找到 id 和 scope 相同的 Bean 实例,＜jsp:useBean＞动作将使用已有的 Bean 实例而不是创建新的实例。

2. scope 属性

【功能说明】 scope 属性用于指定 Bean 作用域的范围,一个作用域范围内 id 属性的值是唯一的,即一个作用域范围内不能有两个 id 一样的值,不可以接受动态值,可选作用域有 page、request、session 和 application。

page：scope 属性的默认值，表示该 Bean 只在当前页面内可用（保存在当前页面的 PageContext 内）。

request：表示该 Bean 在当前的客户请求内有效（保存在 ServletRequest 对象内）。

session：表示该 Bean 对当前 HttpSession 内的所有页面都有效，即会话作用域内有效。

application：表示该 Bean 在任何使用相同的 application 的 JSP 页面中有效，即整个应用程序范围内有效。

3. class 属性

【功能说明】 class 指定 Bean 的类路径和类名，不可接受动态值，这个 class 不能是抽象的。

【例 5-13】 ＜jsp:useBean＞动作实例 1（useBeanAction1.jsp）。

```
<%@page contentType="text/html" pageEncoding="UTF-8"%>
<html>
    <head>
        <meta http-equiv="Content-Type" content="text/html; charset=UTF-8">
        <title>jsp:useBean 动作实例 1</title>
    </head>
    <body>
        jsp:useBean 动作实例
        <hr>
        <jsp:useBean id="time" class="java.util.Date" />
        现在时间：<%=time%>
    </body>
</html>
```

useBeanAction1.jsp 的运行效果如图 5-13 所示。

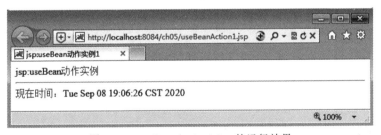

图 5-13 useBeanAction1.jsp 的运行效果

4. type 属性

【功能说明】 type 属性指定引用该对象变量的类型，它必须是 Bean 类的名字、超类名字、该类所实现的接口名字之一。变量的名字由 id 属性指定。

5. beanName 属性

【功能说明】 beanName 属性用于指定 Bean 的名字，可以接受动态值。BeanName 属性必须与 type 属性结合使用，不能与 class 属性同时使用。

【例 5-14】 ＜jsp:useBean＞动作实例 2（useBeanAction2.jsp）。

```
<%@page contentType="text/html" pageEncoding="UTF-8"%>
<html>
```

```
        <head>
            <meta http-equiv="Content-Type" content="text/html; charset=UTF-8">
            <title>useBeanAction 动作实例 2</title>
        </head>
        <body>
            jsp:useBean 动作实例
            <hr>
            <jsp:useBean id="time" type="java.io.Serializable"
                beanName="java.util.Date"/>
            现在时间：<%=time%>
        </body>
</html>
```

useBeanAction2.jsp 的运行效果如图 5-14 所示。

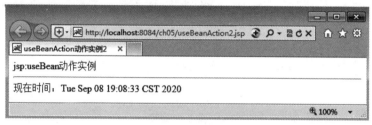

图 5-14   useBeanAction2.jsp 的运行效果

5.5.4   <jsp:setProperty>动作及其应用实例

<jsp:setProperty>动作用来设置、修改已实例化 Bean 中的属性值。

<jsp:setProperty>动作的语法格式如下：

`<jsp:setProperty name="Bean 的名称" property="*"|property="属性" [param="属性"| value="值"]/>`

1. name 属性

【功能说明】   name 属性是必需的，表示要设置的属性是哪个 Bean，不可接受动态值。

2. property 属性

【功能说明】   property 属性是必需的，表示要设置哪个属性。如果 property 的值是 "*"，表示所有名字和 Bean 属性名字匹配的请求参数，都将被传递给相应属性的 set 方法。

3. param 属性

【功能说明】   param 是可选的，指定用哪个请求参数作为 Bean 属性的值。如果当前请求没有参数，则什么事情也不做，系统不会把 null 传递给 Bean 属性的 set 方法。因此，可以让 Bean 自己提供默认属性值，只有当请求参数明确指定了新值时才修改默认属性值。

【例 5-15】   <jsp:setProperty>动作实例（setPropertyAction.jsp）。

```
<%@page contentType="text/html" pageEncoding="UTF-8"%>
<html>
    <head>
        <meta http-equiv="Content-Type" content="text/html; charset=UTF-8">
        <title>jsp:setProperty 动作实例</title>
```

```
        </head>
        <body>
            jsp:setProperty动作实例
            <hr>
            <jsp:useBean id="time" class="java.util.Date">
                <jsp:setProperty name="time" property="hours" param="hh"/>
                <jsp:setProperty name="time" property="minutes" param="mm"/>
                <jsp:setProperty name="time" property="seconds" param="ss"/>
            </jsp:useBean>
            <br>
            设置属性后的时间：${time}
            <br>
        </body>
</html>
```

setPropertyAction.jsp 的运行效果如图 5-15 所示。

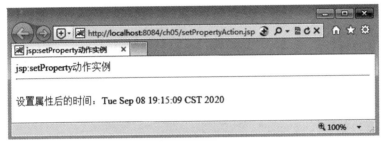

图 5-15　setPropertyAction.jsp 的运行效果

4．value 属性

【功能说明】　value 属性是可选的，用来指定 Bean 属性的值。

value 和 param 不能同时使用，但可以使用其中任意一个。

5.5.5　<jsp:getProperty>动作及其应用实例

<jsp:getProperty>动作获取指定 Bean 属性值后转换成字符串输出。

<jsp:getProperty>动作的语法格式如下：

`<jsp:getProperty name="Bean的名称" property="Bean的属性" />`

<jsp:getProperty>元素可以获取 Bean 的属性值并使用或将其显示在 JSP 页面中。在使用<jsp:getProperty>之前，必须用<jsp:useBean>创建实例化对象。

1．name 属性

【功能说明】　name 属性指定要获取属性值的 Bean 名称，不能接受动态值。

2．property 属性

【功能说明】　property 属性指定要获取的 Bean 属性名，不能接受动态值。

【例 5-16】　用户注册实例。

用户注册是大部分网站提供的功能模块，本实例模拟实现用户注册功能。为简化开发，假定用户注册信息包含 3 个参数：姓名、密码和年龄。用户注册页面为 register.html，该页面提交到数据处理页面 register.jsp,并使用 JavaBean(UserRegisterBean 类)保存数据。

注册页面 register.html 的代码如下所示。

```html
<html>
    <head>
        <title>用户注册实例</title>
        <meta http-equiv="Content-Type" content="text/html; charset=UTF-8">
    </head>
    <body>
        用户信息注册:
        <hr>
      <form method="get" action="register.jsp">
            <table border="1" bordercolor="blue">
              <tr>
                    <td>姓名:<input name="userName" type="text"
                        size="16">
                    </td>
              </tr>
              <tr>
                    <td>密码:<input name="password" type="password"
                        size="18">
                    </td>
              </tr>
              <tr>
                    <td>年龄:<input name="age" type="text" size="16"></td>
              </tr>
              <tr>
                    <td><input type=submit value="提交"></td>
              </tr>
            </table>
      </form>
        <hr>
    </body>
</html>
```

数据处理页面 register.jsp 的代码如下所示。

```jsp
<%@page contentType="text/html" pageEncoding="UTF-8"%>
<html>
    <head>
        <meta http-equiv="Content-Type" content="text/html; charset=UTF-8">
        <title>处理用户注册信息页面</title>
    </head>
    <body>
        <jsp:useBean id="user" scope="page" class="ch04.UserRegisterBean"/>
        <jsp:setProperty name="user" property="*"/>
        注册成功:
        <hr/>
        使用 Bean 属性方法:
        <br/>
        用户名:<%=user.getUserName()%>
```

```
            <br/>
            密码:<%=user.getPassword() %>
            <br/>
            年龄:<%=user.getAge()%>
            <hr/>
            使用getProperty动作:
            <br/>
            用户名:<jsp:getProperty name="user" property="userName"/>
            <br/>
            密码:<jsp:getProperty name="user" property="password"/>
            <br/>
            年龄:<jsp:getProperty name="user" property="age"/>
            <br/>
    </body>
</html>
```

代码<jsp:useBean id="user" scope="page" class="ch04.UserRegisterBean"/>表示使用已声明的JavaBean,id为"user"。

代码<jsp:setProperty name="user" property="*"/>用于设置JavaBean的属性。

使用Bean的方法获取属性值"用户名:<%=user.getUserName()%>
密码:<%=user.getPassword()%>
年龄:<%=user.getAge()%>
"。

使用<jsp:getProperty>动作获取Bean的属性"用户名:<jsp:getProperty name="user" property="userName"/>
密码:<jsp:getProperty name="user" property="password"/>
年龄:<jsp:getProperty name="user" property="age"/>
"。

数据处理页面register.jsp使用UserRegisterBean来保存数据。

UserRegisterBean.java的代码如下所示。

```
package ch05;

public class UserRegisterBean {
    private  String userName;
    private  String password;
    private  int age;
    public String getUserName() {
        return userName;
    }
    public void setUserName(String userName) {
        this.userName=userName;
    }
    public String getPassword() {
        return password;
    }
    public void setPassword(String password) {
        this.password=password;
    }
    public int getAge() {
        return age;
    }
```

```
    public void setAge(int age) {
        this.age=age;
    }
}
```

register.html 的运行效果如图 5-16 所示。在图 5-16 所示页面中输入数据后单击"提交"按钮，register.jsp 页面进行处理后的结果如图 5-17 所示。

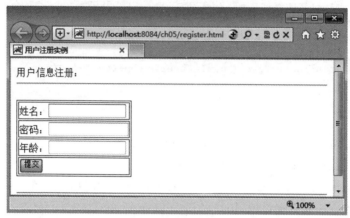

图 5-16　register.html 的运行效果

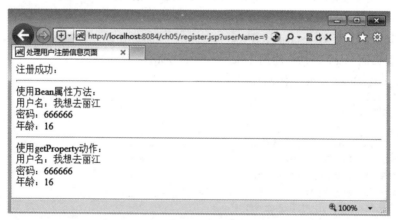

图 5-17　用户注册实例运行结果

5.5.6　<jsp:forward>动作及其应用实例

<jsp:forward>动作用于转发客户端的请求到另一个页面或者另一个 Servlet 文件中去。<jsp:forward>动作的语法格式如下：

`<jsp:forward page="地址或者页面" />`

<jsp:forward>动作可以包含一个或多个<jsp:param>子动作，用于向要引导进入的页面传递参数。当<jsp:forward>动作发生时，如果已经有文本被写入输出流而且页面没有设置缓冲，将抛出异常。

page 属性

【功能说明】 page 属性指定资源相对路径,可接受动态值。

【例 5-17】 登录实例。

为了简化程序,本例没有连接数据库。假定用户名和密码正确,使用<jsp:forward>动作把页面跳转到 success.jsp 页面,否则进入 login.jsp 页面。3 个页面分别是登录页面 login.jsp、对登录页面进行数据处理的页面 loginCheck.jsp 和登录成功后的成功页面 success.jsp。

login.jsp 的代码如下所示。

```jsp
<%@page contentType="text/html" pageEncoding="UTF-8"%>
<html>
    <head>
        <meta http-equiv="Content-Type" content="text/html; charset=UTF-8">
        <title>登录页面</title>
    </head>
    <body>
        <form action="loginCheck.jsp">
            <table>
                <tr>
                    <td>输入用户名:</td>
                    <td><input type="text" name="name" size="16"
                        value=<%=request.getParameter("name")%>>
                    </td>
                </tr>
                <tr>
                    <td>输 入 密 码:</td>
                    <td><input type="password" name="password"
                        size="18">
                    </td>
                </tr>
                <tr>
                    <td><input type="submit" value="登录"></td>
                </tr>
            </table>
        </form>
    </body>
</html>
```

处理登录页面 loginCheck.jsp 的代码如下所示。

```jsp
<%@page contentType="text/html" pageEncoding="UTF-8"%>
<html>
    <head>
        <meta http-equiv="Content-Type" content="text/html; charset=UTF-8">
        <title>数据处理页面</title>
    </head>
    <body>
        <%
            String name=request.getParameter("name");
            String password=request.getParameter("password");
            if(name.equals("QQ")||password.equals("123")){
        %>
```

```jsp
            <jsp:forward page="success.jsp">
              <jsp:param name="user" value="<%=name%>"/>
            </jsp:forward>
            <%
                }
                else{
             %>
            <jsp:forward page="login.jsp">
              <jsp:param name="user" value="<%=name%>"/>
            </jsp:forward>
            <%
                }
             %>
        </body>
</html>
```

登录成功页面 success.jsp 的代码如下所示。

```jsp
<%@page contentType="text/html" pageEncoding="UTF-8"%>
<html>
    <head>
        <meta http-equiv="Content-Type" content="text/html; charset=UTF-8">
        <title>登录成功页面</title>
    </head>
    <body>
        登录成功
        <hr>
        欢迎<%=request.getParameter("name")%>访问本网站！
    </body>
</html>
```

request.getParameter()是用内置对象 request 调用 getParameter()方法获取参数值，请参考第 6 章。

login.jsp 的运行效果如图 5-18 所示。输入用户名和密码后，单击"登录"按钮，如果用户名正确将登录成功，效果如图 5-19 所示。若用户名不正确，将重新跳转到登录页面。

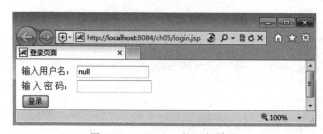

图 5-18　login.jsp 的运行效果

想一想：JSP 动作替代 Java 代码段，简化了页面设计。随着版本的更新，JSP 提供的动作日益丰富。你如何看待开发人员在软件持续优化方面所做的努力？

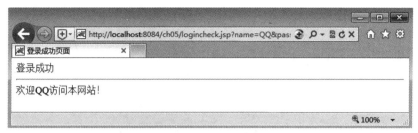

图 5-19 登录成功页面

5.6 项目实训

在线购书系统设计与实现

5.6.1 项目描述

本项目是一个在线购书系统,系统有一个登录页面 bookShopLogin.jsp,代码如例 5-18 所示。登录页面提交后转到 bookShopLoginCheck.jsp 页面,代码如例 5-19 所示,该页面对提交的用户信息进行处理。首先,使用动作把提交的用户信息保存在 UserInfoBean 类中,该类的代码如例 5-20 所示。然后,通过输入的用户信息判断用户账号和密码是否正确,若正确就进入购书页面(bookShop.jsp)进行购书,代码如例 5-21 所示,否则使用动作把页面重新跳转到登录页面(bookShopLogin.jsp)。购书后信息提交到 bookShopCheck.jsp,代码如例 5-22 所示,该页面对提交的购书信息进行处理。使用动作把提交的购书信息保存在 BookShopBean 类中,该类中同时封装了对购书进行处理的其他方法,代码如例 5-23 所示。

项目的文件结构如图 5-20 所示。本项目分别使用 NetBeans 和 Eclipse 开发。

5.6.2 学习目标

本实训主要的学习目标是通过综合运用本章的知识点来巩固本章所学理论知识,要求在熟悉 JSP 页面结构的基础上熟练使用 JSP 中的脚本元素、指令和动作。

5.6.3 项目需求说明

本项目设计一个在线购书系统,用户通过账号和密码登录后进入购书页面。用户可以在购书页面选择自己需要的书籍。

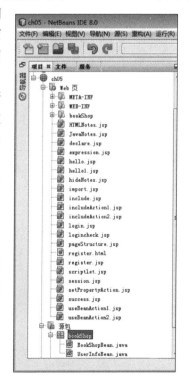

图 5-20 项目的文件结构

5.6.4 项目实现

登录页面(bookShopLogin.jsp)的效果如图 5-21 所示。

图 5-21　系统登录页面

【例 5-18】　登录页面(bookShopLogin.jsp)。

```jsp
<%@page contentType="text/html" pageEncoding="UTF-8"%>
<html>
    <head>
        <meta http-equiv="Content-Type" content="text/html; charset=UTF-8">
        <title>欢迎访问网上购书系统</title>
    </head>
    <body bgcolor="CCCFFF">
        <div align="center">
            <form  action="bookShopLoginCheck.jsp" method="post">
                <table border="2">
                    <tr>
                        <td align="center" colspan="2">用户请先登录</td>
                    </tr>
                    <tr>
                        <td>用户账号：</td>
                        <td>
                            <input type="text" name="userName"   size="16">
                        </td>
                    </tr>
                    <tr>
                        <td>用户密码：</td>
                        <td>
                            <input type="password" name="password" size="18">
                        </td>
                    </tr>
                    <tr>
                        <td align="center" colspan="2">
                            <input type="submit" value="登录">
                        </td>
                    </tr>
                </table>
            </form>
        </div>
    </body>
</html>
```

单击图 5-21 所示页面中的"登录"按钮,请求提交到 bookShopLoginCheck.jsp,并将数据保存在 UserInfoBean 类中。如果账号和密码正确,页面跳转到 bookShop.jsp,该页面效果如图 5-22 所示。

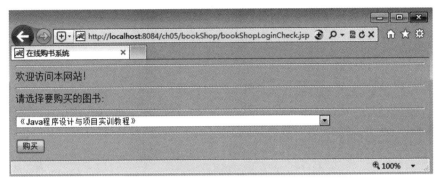

图 5-22 购书页面

【例 5-19】 对登录页面数据进行处理(bookShopLoginCheck.jsp)。

```
<%@page contentType="text/html" pageEncoding="UTF-8"%>
<html>
    <head>
        <meta http-equiv="Content-Type" content="text/html; charset=UTF-8">
        <title>在线购书系统-处理登录的页面</title>
    </head>
    <body bgcolor="CCCFFF">
        <jsp:useBean id="user" scope="page" class="bookShop.UserInfoBean"/>
        <jsp:setProperty name="user" property="*"/>
        <%
            if(user.getUserName()==null||user.getPassword()==null){
        %>
        <jsp:forward page="bookShopLogin.jsp"/>
        <%
            }
            if(user.getUserName().equals("QQ")){
                if(user.getPassword().equals("123")){
        %>
                <jsp:forward page="bookShop.jsp">
                    <jsp:param name="userName"
                    value="<%=user.getUserName()%>"/>
                </jsp:forward>
        <%
            }else{
        %>
                <jsp:forward page="bookShopLogin.jsp"/>
        <%
            }
        }else{
        %>
                <jsp:forward page="bookShopLogin.jsp"/>
```

```
            <%
                }
            %>
        </body>
</html>
```

【例 5-20】 保存用户信息的 JavaBean(UserInfoBean.java)。

```
package bookShop;
public class UserInfoBean {
    private  String userName;
    private  String password;
    public String getUserName() {
        return userName;
    }
    public void setUserName(String userName) {
        this.userName=userName;
    }
    public String getPassword() {
        return password;
    }
    public void setPassword(String password) {
        this.password=password;
    }
}
```

【例 5-21】 选书页面(bookShop.jsp)。

```
<%@page contentType="text/html" pageEncoding="UTF-8"%>
<html>
    <head>
        <meta http-equiv="Content-Type" content="text/html; charset=UTF-8">
        <title>在线购书系统</title>
    </head>
    <body bgcolor="CCCFFF">
        <form action="bookShopCheck.jsp" method="get">
            <hr>
            欢迎访问本网站!
            <hr>
            请选择要购买的图书:
            <hr>
            <select name="item">
                <option>《Java 程序设计与项目实训教程》</option>
                <option>《JSP 程序设计技术教程》</option>
                <option>《JSP 程序设计与项目实训教程》</option>
                <option>《JSP 程序设计实训与案例教程》</option>
                <option>《Struts2+Hibernate 框架技术教程》</option>
                <option>
                    《Web 框架技术(Struts2+Hibernate+Spring3)教程》
                </option>
                <option>
                    《Java Web 技术整合应用与项目实战(JSP+Servlet+Struts2+
                    Hibernate+Spring3)》
```

```
                </option>
            </select>
            <br>
            <hr>
            <input type="submit" name="submit" value="购买"/>
        </form>
    </body>
</html>
```

在图 5-22 所示页面中选书后单击"购书"按钮,请求提交到 bookShopCheck.jsp,并把数据保存在 BookShopBean 类中。

【例 5-22】 对购书页面中的数据进行处理(bookShopCheck.jsp)。

```
<%@page contentType="text/html" pageEncoding="UTF-8"%>
<html>
    <head>
        <meta http-equiv="Content-Type" content="text/html; charset=UTF-8">
        <title>已购书信息</title>
    </head>
    <body>
        <jsp:useBean id="cart" scope="session" class="bookShop.BookShopBean"/>
        <jsp:setProperty name="cart" property=" * "/>
        <%
            cart.processRequest(request);
        %>
        <br>您已选购的书有:
        <ol>
            <%
                String[] items=cart.getItems();
                for (int i=0;i<items.length;i++){
            %>
            <li><%=items[i]%></li>
            <%
                }
            %>
        </ol>
        <br>
        <hr>
        <%@include file ="bookShop.jsp"%>
    </body>
</html>
```

【例 5-23】 处理购书的 JavaBean(BookShopBean.java)。

```
package bookShop;
import java.util.Vector;
import javax.servlet.http.HttpServletRequest;
public class BookShopBean {
    private String item;
    private String submit;
    Vector v=new Vector();
    public String getItem() {
```

```
            return item;
        }
        public void setItem(String item){
            this.item=item;
        }
        public String getSubmit() {
            return submit;
        }
    public void setSubmit(String submit){
            this.submit=submit;
        }
        private void addItem(String item){
            v.addElement(item);
        }
        public String[] getItems(){
            String[] s=new String[v.size()];
            v.copyInto(s);
            return s;
        }
        public void processRequest(HttpServletRequest request){
            if(submit==null)
                addItem(item);
            if(submit.equals("购买"))
                addItem(item);
            reset();
        }
        private void reset() {
            setSubmit(null);
            setItem(null);
        }
    }
```

在图 5-22 所示页面中选择需要购买的图书后页面效果如图 5-23 所示。

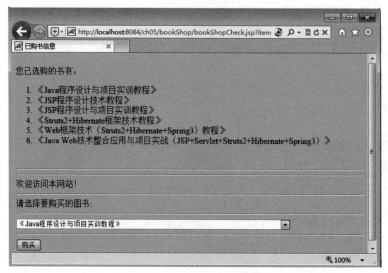

图 5-23　已选图书页面效果

5.6.5 项目实现过程中应注意的问题

在项目实现的过程中要注意的问题有：首先，必须按照 JSP 基本语法编写 JSP 页面；其次，必须正确使用 JSP 中脚本元素、指令以及动作的名称和属性；再次，编写 JSP 页面时不能出现语法错误，即拼写错误；最后，要规范使用 JSP 基本语法，包括对 JSP 页面命名、变量命名以及对 JavaBean 的命名等。

5.6.6 常见问题及解决方案

1. method 属性使用不当发生的异常

method 属性使用不当发生的异常如图 5-24 所示。

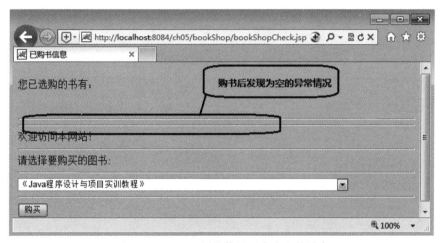

图 5-24　method 属性使用不当发生的异常

解决方案：若出现如图 5-24 所示的异常情况，可检查 bookShop.jsp 页面中的＜form action="bookShopCheck.jsp" method="get"＞，这里 method 的方法需要使用 get 方法，因为 get 方法传送数据的方式是以字符串形式传送过去，而 post 方法是以包的形式传送过去的。

2. scope 属性使用不当发生的异常

scope 属性使用不当发生的异常如图 5-25 所示。

解决方案：若出现如图 5-25 所示的异常情况，即只能购买一本书，无法像如图 5-23 所示那样可以购买多本书，一般原因在于 bookShopCheck.jsp 页面中的＜jsp:useBean id="cart" scope="session" class="bookShop.BookShopBean"/＞代码中 scope 属性使用不当，应使用 session 属性。

5.6.7 拓展与提高

请为在线购书系统增加删除图书功能，即可以把已经选购而不想购买的书在购书页面上删除，如图 5-26 所示。例如，可以在已选购的书中删除《Java 程序设计与项目实训教程》，如图 5-27 所示。

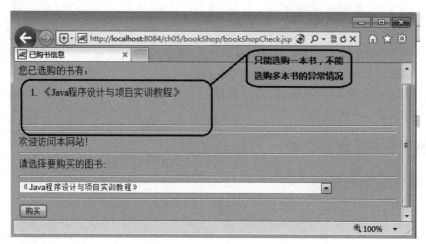

图 5-25 scope 属性使用不当发生的异常

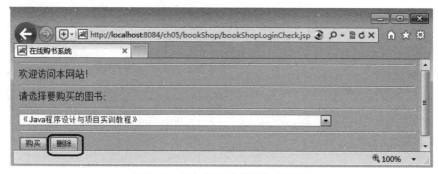

图 5-26 添加删除功能的购书页面

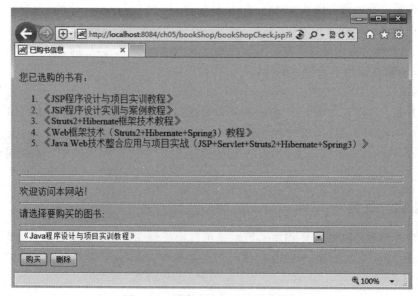

图 5-27 删除已选书后的页面信息

5.7 课外阅读(JSTL)

JSP 标准标签库(JSP Standarded Tag Library,JSTL)是由 JCP(Java Community Process)制定的标准规范,提供了一个标准通用的 JSP 标签库,封装了 JSP 的通用核心功能,由 Apache 的 Jakarta 小组来维护。

JSTL 出现的目的是代替 JSP 页面中的脚本代码。JSTL 支持通用的、结构化的任务,例如迭代、条件判断、XML 文档操作、国际化、SQL 操作。除了这些,JSTL 还提供了一个框架来使用集成 JSTL 的自定义标签。

5.7.1 JSTL 库安装

安装 JSTL 库的步骤如下。

(1) 从 Apache 的标准标签库中下载压缩包 jakarta-taglibs-standard-current.zip,官方下载地址为 http://archive.apache.org/dist/jakarta/taglibs/standard/binaries/。例如,下载 jakarta-taglibs-standard-1.1.2.zip 并解压。

(2) 将 jakarta-taglibs-standard-1.1.2/lib/ 下的两个 jar 文件 standard.jar 和 jstl.jar 复制到 /WEB-INF/lib/ 下。

(3) 在 web.xml 文件中添加以下配置:

```xml
<?xml version="1.0" encoding="UTF-8"?>
<web-app version="2.4"
    xmlns="http://java.sun.com/xml/ns/j2ee"
    xmlns:xsi="http://www.w3.org/2001/XMLSchema-instance"
    xsi:schemaLocation="http://java.sun.com/xml/ns/j2ee
        http://java.sun.com/xml/ns/j2ee/web-app_2_4.xsd">
<jsp-config>
<taglib>
<taglib-uri>http://java.sun.com/jsp/jstl/fmt</taglib-uri>
<taglib-location>/WEB-INF/fmt.tld</taglib-location>
</taglib>
<taglib>
<taglib-uri>http://java.sun.com/jsp/jstl/fmt-rt</taglib-uri>
<taglib-location>/WEB-INF/fmt-rt.tld</taglib-location>
</taglib>
<taglib>
<taglib-uri>http://java.sun.com/jsp/jstl/core</taglib-uri>
<taglib-location>/WEB-INF/c.tld</taglib-location>
</taglib>
<taglib>
<taglib-uri>http://java.sun.com/jsp/jstl/core-rt</taglib-uri>
<taglib-location>/WEB-INF/c-rt.tld</taglib-location>
</taglib>
<taglib>
<taglib-uri>http://java.sun.com/jsp/jstl/sql</taglib-uri>
<taglib-location>/WEB-INF/sql.tld</taglib-location>
</taglib>
```

```
        <taglib>
            <taglib-uri>http://java.sun.com/jsp/jstl/sql-rt</taglib-uri>
            <taglib-location>/WEB-INF/sql-rt.tld</taglib-location>
        </taglib>
        <taglib>
            <taglib-uri>http://java.sun.com/jsp/jstl/x</taglib-uri>
            <taglib-location>/WEB-INF/x.tld</taglib-location>
        </taglib>
        <taglib>
            <taglib-uri>http://java.sun.com/jsp/jstl/x-rt</taglib-uri>
            <taglib-location>/WEB-INF/x-rt.tld</taglib-location>
        </taglib>
    </jsp-config>
</web-app>
```

5.7.2 JSTL 标签分类

根据所提供的功能，JSTL 标签可以分为 5 类：核心标签、格式化标签、SQL 标签、XML 标签、JSTL 函数。

1. 核心标签

核心标签(见表 5-1)是最常用的 JSTL 标签。引用核心标签库的语法如下：

```
<%@taglib prefix="c" uri="http://java.sun.com/jsp/jstl/core" %>
```

表 5-1 核心标签

标签	描述
<c:out>	用于在 JSP 中显示数据，就像<%= … >
<c:set>	用于保存数据
<c:remove>	用于删除数据
<c:catch>	用来处理异常，并将错误信息存储起来
<c:if>	与程序中使用的 if 一样
<c:choose>	<c:when>和<c:otherwise>的父标签
<c:when>	<c:choose>的子标签，用来判断条件是否成立
<c:otherwise>	<c:choose>的子标签，接在<c:when>标签后，当<c:when>标签判断为 false 时被执行
<c:import>	根据指定的绝对或相对 URL，将页面内容包含到当前页面
<c:forEach>	基础迭代标签，接受多种集合类型
<c:forTokens>	根据指定的分隔符来分隔内容并迭代输出
<c:param>	用来给包含或重定向的页面传递参数
<c:redirect>	重定向至一个新的 URL
<c:url>	使用可选的查询参数来构造一个 URL

2. 格式化标签

JSTL 格式化标签(见表 5-2)用来格式化并输出文本、日期、时间、数字。引用格式化标签库的语法如下:

`<%@taglib prefix="fmt" uri="http://java.sun.com/jsp/jstl/fmt" %>`

表 5-2　格式化标签

标　　签	描　　述
<fmt:formatNumber>	使用指定的格式或精度格式化数字
<fmt:parseNumber>	解析一个代表数字、货币或百分比的字符串
<fmt:formatDate>	使用指定的风格或模式格式化日期和时间
<fmt:parseDate>	解析一个代表日期或时间的字符串
<fmt:bundle>	指定资源束
<fmt:setLocale>	将给定区域存储到 local 配置变量中
<fmt:setBundle>	载入资源束
<fmt:timeZone>	指定时区
<fmt:setTimeZone>	复制时区对象到指定作用域
<fmt:message>	显示资源配置文件信息
<fmt:requestEncoding>	设置 request 的字符编码

3. SQL 标签

JSTL SQL 标签库提供了与关系数据库(Oracle、MySQL、SQL Server 等)进行交互的标签(见表 5-3)。引用 SQL 标签库的语法如下:

`<%@taglib prefix="sql" uri="http://java.sun.com/jsp/jstl/sql" %>`

表 5-3　SQL 标签

标　　签	描　　述
<sql:setDataSource>	指定数据源
<sql:query>	执行 SQL 查询语句
<sql:update>	执行 SQL 更新语句
<sql:param>	设置 SQL 语句中的参数值
<sql:dateParam>	设置 SQL 语句中的日期参数
<sql:transaction>	将一系列 SQL 语句封装成一个事务

4. XML 标签

JSTL XML 标签库提供了创建和操作 XML 文档的标签(见表 5-4)。引用 XML 标签库的语法如下:

`<%@taglib prefix="x" uri="http://java.sun.com/jsp/jstl/xml" %>`

注意：在使用 XML 标签前，必须将 XML 和 XPath 的相关包复制至＜Tomcat 安装目录＞\lib 下。XercesImpl.jar 下载地址为 http://www.apache.org/dist/xerces/j/，xalan.jar 下载地址为 http://xml.apache.org/xalan-j/index.html。

表 5-4　XML 标签

标　　签	描　　述
＜x:out＞	与＜%= …＞类似，但仅用于 XPath 表达式
＜x:parse＞	解析 XML 数据
＜x:set＞	设置 XPath 表达式
＜x:if＞	判断 XPath 表达式，若为真，则执行语句，否则跳过
＜x:forEach＞	迭代 XML 文档中的节点
＜x:choose＞	＜x:when＞和＜x:otherwise＞的父标签
＜x:when＞	＜x:choose＞的子标签，用来进行条件判断
＜x:otherwise＞	＜x:choose＞的子标签，当＜x:when＞判断为 false 时被执行
＜x:transform＞	将 XSL 转换应用在 XML 文档中
＜x:param＞	与＜x:transform＞共同使用，用于设置 XSL 样式表

5. JSTL 函数

JSTL 包含一系列标准函数，大部分是通用的字符串处理函数（见表 5-5）。引用 JSTL 函数库的语法如下：

```
<%@taglib prefix="fn" uri="http://java.sun.com/jsp/jstl/functions" %>
```

表 5-5　JSTL 函数

函　　数	描　　述
fn:contains()	测试输入的字符串是否包含指定的子串
fn:containsIgnoreCase()	测试输入的字符串是否包含指定的子串，忽略大小写
fn:endsWith()	测试输入的字符串是否以指定的后缀结尾
fn:escapeXml()	跳过可以作为 XML 标记的字符
fn:indexOf()	返回指定字符串在输入字符串中出现的位置
fn:join()	将数组中的元素合成一个字符串并输出
fn:length()	返回字符串长度
fn:replace()	将输入字符串中指定位置的子串替换为指定的字符串然后返回
fn:split()	将字符串用指定的分隔符分隔并以字符串数组的形式返回
fn:startsWith()	测试输入字符串是否以指定的前缀开始
fn:substring()	返回字符串的子集
fn:substringAfter()	返回字符串在指定子串之后的子集

函　　数	描　　述
fn:substringBefore()	返回字符串在指定子串之前的子集
fn:toLowerCase()	将字符串中的字符转为小写
fn:toUpperCase()	将字符串中的字符转为大写
fn:trim()	移除字符串首尾的空白符

5.8　小　　结

本章主要介绍JSP页面的基本语法构成，通过本章的学习为今后JSP页面开发奠定了基础，同时本章知识也是Java Web应用程序开发的基础。通过本章的学习，应该熟练掌握以下内容。

(1) JSP的注释。
(2) JSP的脚本元素。
(3) JSP的指令。
(4) JSP的常用动作。

5.9　习　　题

5.9.1　选择题

1. 对JSP中的HTML注释，叙述正确的是(　　)。
   A. 发布网页时看不到，在源文件中也看不到
   B. 发布网页时看不到，在源文件中能看到
   C. 发布网页时能看到，在源文件中看不到
   D. 发布网页时能看到，在源文件中也能看到
2. JSP支持的语言是(　　)。
   A. C　　　　　B. C++　　　　C. C♯　　　　D. Java
3. 在同一个JSP页面中可以使用多次的page指令属性是(　　)。
   A. import　　B. session　　C. extends　　D. info
4. 用于获取Bean属性的动作是(　　)。
   A. <jsp:useBean>　　　　　B. <jsp:getProperty>
   C. <jsp:setProperty>　　　　D. <jsp:forward>
5. 用于为其他动作传送参数的动作是(　　)。
   A. <jsp:include>　　　　　B. <jsp:plugin>
   C. <jsp:param>　　　　　 D. <jsp:useBean>

5.9.2 填空题

1. JSP 标记都是以＿＿＿＿或＿＿＿＿开头,以＿＿＿＿或＿＿＿＿结尾的。
2. JSP 页面就是在＿＿＿＿或＿＿＿＿代码中嵌入 Java 语法或 JSP 元素,从而实现业务功能。
3. JSP 的指令描述＿＿＿＿转换成 JSP 服务器所能执行的 Java 代码的控制信息,用于指定整个 JSP 页面的相关信息,并设置 JSP 页面的相关属性。
4. JSP 程序中的注释有＿＿＿＿、＿＿＿＿和＿＿＿＿注释。
5. JSP 表达式常用在＿＿＿＿、生成动态链接地址和动态指定 form 表单处理页面。

5.9.3 简答题

1. 简述 JSP 程序中 3 种注释的异同。
2. 简述 page 指令、include 指令和 taglib 指令的作用。
3. JSP 常用基本动作有哪些?简述其作用。
4. 简述 include 指令和＜jsp:include＞动作的异同。

5.9.4 实验题

1. 设计与实现网上书店的主页面并实现部分业务功能。
2. 设计与实现会员注册页面并实现其业务功能。

第 6 章　JSP 常用内置对象

JSP 提供了一些由 JSP 容器实现和管理的内置对象，在 JSP 应用程序中不需要预先声明和创建这些对象就能直接使用。JSP 程序人员不需要对这些内部对象进行实例化，只需调用其方法就能实现特定的功能，使 Java Web 编程更加快捷、方便。常用的 JSP 内置对象有 out、request、response、session、pageContext、exception 和 application。

本章主要内容如下。
（1）out 内置对象基础知识及应用实例。
（2）request 内置对象基础知识及应用实例。
（3）response 内置对象基础知识及应用实例。
（4）session 内置对象基础知识及应用实例。
（5）pageContext 内置对象基础知识及应用实例。
（6）exception 内置对象基础知识及应用实例。
（7）application 内置对象基础知识及应用实例。

6.1　out 对象

out 对象

out 对象主要用于向客户输出各种数据，同时管理应用服务器上的输出缓冲区（buffer）。应用服务器上缓冲区大小默认是 8KB，可以通过 page 指令中的 buffer 属性来设置。

6.1.1　out 对象的基础知识

out 对象可以调用如下方法把数据输出到网页上，并能够控制管理输出缓冲区和输出流。

（1）print()/println()：用于输出数据。print()方法把数据输出到客户端，而 println()方法除了把数据输出到客户端外，还在后面添加一个空行。

（2）newLine()：用于输出一个换行字符，用于实现换行功能。

（3）flush()：用于输出缓冲区里的数据。该方法先把缓冲区的数据输出到客户端，而后再清除缓冲区中的数据。

（4）clearBuffer()：用于清除缓冲区里的数据，但是不会把缓冲区的数据输出到客户端。

（5）getBufferSize()：用于获取缓冲区的大小。

（6）getRemaining()：用于获取缓冲区剩余空间。

（7）isAutoFlush()：用于判断是否自动刷新缓冲区。自动刷新返回 true，否则返回 false。

（8）close()：用于关闭输出流。

6.1.2 out 对象应用实例

通过下面的应用实例进一步了解和掌握 out 对象及其常用方法的使用。

【例 6-1】 out 对象应用实例 1(out1.jsp)。

```
<%@page contentType="text/html" pageEncoding="UTF-8"%>
<html>
    <head>
        <meta http-equiv="Content-Type" content="text/html; charset=UTF-8">
        <title>out 对象应用实例 1</title>
    </head>
    <body>
        <%
            for(int i=0;i<3;i++)
                out.println("<h3>我的理想是什么…</h3>");
            String str="我一定学好 JSP 程序设计课程!";
            out.print(str+"<br>");
            out.println("加油");
        %>
    </body>
</html>
```

out1.jsp 的运行效果如图 6-1 所示。

图 6-1 out1.jsp 的运行效果

【例 6-2】 out 对象应用实例 2(out2.jsp)。

```
<%@page contentType="text/html" pageEncoding="UTF-8"%>
<html>
    <head>
        <meta http-equiv="Content-Type" content="text/html; charset=UTF-8">
        <title>out 对象应用实例 2</title>
    </head>
    <body>
        以下是 out 对象其他常用方法的使用:
        <hr>
        获取缓存大小:<%=out.getBufferSize()%>
        <br>
```

```
        获取剩余缓存区大小：<%=out.getRemaining()%>
        <br>
        判断是否自动刷新：<%=out.isAutoFlush()%>
        <br>
        <%
            out.print("知识改变命运,技术改变生活!<br>");
            out.print("当前可用缓冲区大小: "+out.getRemaining()+"<br>");
            out.flush();
            out.print("当前可用缓冲区空间大小: "+out.getRemaining()+"<br>");
            out.clearBuffer();
            out.print("当前可用缓冲区空间大小: "+out.getRemaining()+"<br>");
            out.flush();
        %>
        <hr>
    </body>
</html>
```

out2.jsp 的运行效果如图 6-2 所示。

图 6-2　out2.jsp 的运行效果

6.2　request 对象

request 对象

request 对象用于获取客户端的各种信息。request 对象的生命周期由 JSP 容器控制。当客户端通过 HTTP 请求一个 JSP 页面时，JSP 容器就会创建 request 对象并将请求封装到 request 对象中；当 JSP 容器处理完请求，request 对象将会被销毁。

6.2.1　request 对象的基础知识

当用户请求一个 JSP 页面时，JSP 页面所在的 Web 服务器会将用户的请求信息封装到内置对象 request 中。request 对象主要用于接收客户端通过 HTTP 传送给服务器端的数据，可以通过其方法对数据进行操作。

request 对象的常用方法如下所示。

（1）getAttribute(String name)：用于返回 name 指定的属性值，若不存在指定的属性，则返回 null。

（2）getAttributeNames()：用于返回 request 对象保持的所有属性值，其结果集是一个

Enumeration(枚举)实例。

（3）getCookies()：用于返回客户端所有 Cookie 对象，结果是一个 Cookie 数组。

（4）getCharacterEncoding()：用于返回客户端请求中的字符编码方式。

（5）getContentLength()：用于以字节为单位返回客户端请求的大小，如果无法得到该请求的大小，则返回-1。

（6）getHeader(String name)：用于获得 HTTP 定义的文件头信息。

（7）getHeaderNames()：用于返回所有 HTTP 文件头信息，其结果是一个 Enumeration 实例。

（8）getInputStream()：用于返回请求的输入流，获得请求中的数据。

（9）getMethod()：用于获得客户端向服务器端传送数据的方法，如 get、post 等方法。

（10）getParameter(String name)：用于获得客户端传送给服务器端的参数值。获取表单提交的信息，以字符串形式返回客户端传来的某一个请求参数的值，该参数名由 name 指定。当传递给此方法的参数名没有实际参数与之对应时，返回 null。

（11）getParameterNames()：用于获得客户端传送给服务器端的所有参数值，其结果是一个 Enumeration 实例。

（12）getParameterValues(String name)：用于获得指定参数的所有值。返回客户端传送给服务器端的所有参数名，结果集是一个 Enumeration 实例。当传递给此方法的参数名没有实际参数与之对应时，返回 null。

（13）getProtocol()：用于获取客户端向服务器端传送数据所使用的协议名称。

（14）getRequestURL()：用于获取客户端的地址。

（15）getRemoteAddr()：用于获取客户端的 IP 地址。

（16）getRemoteHost()：用于获取客户端的名字。

（17）getSession([Boolean create])：用于返回和请求相关的 session。create 参数是可选的。当有参数 create 且这个参数值为 true 时，如果客户端还没有创建 session，那么将创建一个新的 session。

（18）getServerName()：用于获取服务器的名字。

（19）getServletPath()：用于获取客户端所请求的脚本文件的文件路径。

（20）getServerPort()：用于获取服务器的端口号。

（21）removeAttribute(String name)：用于删除请求中的一个属性。

（22）setAttribute(String name, java.lang.Object obj)：用于设置参数值。

6.2.2 request 对象应用实例

通过下面的应用实例进一步了解和掌握 request 对象及其常用方法的使用。

【例 6-3】 request 对象应用实例 1(request1.jsp 和 requestHandle.jsp)。

本实例使用 request 对象获取客户端提交的信息。本例包括两个文件：request1.jsp(主界面)和 requestHandle.jsp(数据处理页面)。在 request1.jsp 页面中输入数据并单击"提交"按钮后，跳转到 requestHandle.jsp 页面，该页面对提交的数据进行处理，并将数据输出到该页面中。

request1.jsp 的代码如下所示。

```
<%@page contentType="text/html" pageEncoding="UTF-8"%>
<html>
    <head>
        <meta http-equiv="Content-Type" content="text/html; charset=UTF-8">
        <title>request 对象应用实例 1</title>
    </head>
    <body>
        <form action="requestHandle.jsp" method="get">
            请输入数据：<input type="text" name="name"/>
            <input type="submit" name="submit" value="提交"/>
        </form>
    </body>
</html>
```

requestHandle.jsp 的代码如下所示。

```
<%@page contentType="text/html" pageEncoding="UTF-8"%>
<html>
    <head>
        <meta http-equiv="Content-Type" content="text/html; charset=UTF-8">
        <title>数据处理页面</title>
    </head>
    <body>
        <%
            String textContent=request.getParameter("name");
            String buttonName=request.getParameter("submit");
        %>
        获取到客户端提交的文本和按钮信息如下：
        <hr>
        文本框输入的信息：<%=textContent%>
        <br>
        按钮信息：<%=buttonName%>
        <hr>
    </body>
</html>
```

request1.jsp 的运行效果如图 6-3 所示。输入数据并单击"提交"按钮后，requestHandle.jsp 页面对提交的数据进行处理，处理后输出数据，效果如图 6-4 所示。

图 6-3　request1.jsp 的运行效果

【例 6-4】　request 对象应用实例 2（request2.jsp 和 requestHandle2.jsp）。

本实例模拟在线考试系统。本例包括两个文件：request2.jsp（主界面）和 requestHandle2.jsp

图 6-4　requestHandle.jsp 对提交的数据处理后的页面

（数据处理页面）。request2.jsp 页面是输出单选题页面，题目答完后单击"考试完成"按钮，跳转到 requestHandle2.jsp 页面，该页面对提交的数据进行处理，并将数据即本次测试成绩输出到页面中。

request2.jsp 的代码如下所示。

```
<%@page contentType="text/html" pageEncoding="UTF-8"%>
<html>
    <head>
        <meta http-equiv="Content-Type" content="text/html; charset=UTF-8">
        <title>request 对象应用实例 2_考试系统</title>
    </head>
    <body>
        <h3>第 6 章测试题</h3>
        <hr>
        <form action="requestHandle2.jsp" method="get">
            1.response 对象的 setHeader(String name,String value)方法的作用是（　）。<br>
            <input type="radio" name="1" value="A">添加 HTTP 文件头<br>
            <input type="radio" name="1" value="B">
            设定指定名字的 HTTP 文件头的值<br>
            <input type="radio" name="1" value="C">
            判断指定名字的 HTTP 文件头是否存在<br>
            <input type="radio" name="1" value="D">
            向客户端发送错误信息()<br>
            2.设置 session 的有效时间(也叫超时时间)的方法是（　）。<br>
            <input type="radio" name="2" value="A">
            setMaxInactiveInterval(int interval)<br>
            <input type="radio" name="2" value="B">getAttributeName()<br>
            <input type="radio" name="2" value="C">
            set AttributeName(String name,Java.lang.Object value)<br>
            <input type="radio" name="2" value="D">getLastAccessedTime()<br>
            3.能清除缓冲区中的数据,并且把数据输出到客户端是 out 对象中的方法是（　）。<br>
            <input type="radio" name="3" value="A">out.newLine()<br>
            <input type="radio" name="3" value="B">out.clear()<br>
            <input type="radio" name="3" value="C">out.flush()<br>
            <input type="radio" name="3" value="D">out.clearBuffer()<br>
            4.pageContext 对象的 findAttribute()方法的作用是（　）。<br>
            <input type="radio" name="4" value="A">
            用来设置默认页面的范围或指定范围之中的已命名对象<br>
```

```
            <input type="radio" name="4" value="B">
            用来删除默认页面的范围或指定范围之中已命名的对象<br>
            <input type="radio" name="4" value="C">按照页面请求、会话以及应用程序范
            围的顺序实现对某个已命名属性的搜索<br>
            <input type="radio" name="4" value="D">
            以字符串的形式返回一个对异常的描述<br>
            <input type="submit" value="考试完成">
        </form>
    </body>
</html>
```

requestHandle2.jsp 的代码如下所示。

```
<%@page contentType="text/html" pageEncoding="UTF-8"%>
<html>
    <head>
        <meta http-equiv="Content-Type" content="text/html; charset=UTF-8">
        <title>考试成绩</title>
    </head>
    <body>
        <%
            int examResults=0;                              //测试成绩
            String str1=request.getParameter("1");          //获取单选按钮
            String str2=request.getParameter("2");
            String str3=request.getParameter("3");
            String str4=request.getParameter("4");
            if(str1==null)
                str1="";
            if(str2==null)
                str2="";
            if(str3==null)
                str3="";
            if(str4==null)
                str4="";
            if(str1.equals("B"))
                examResults++;
            if(str2.equals("A"))
                examResults++;
            if(str3.equals("D"))
                examResults++;
            if(str4.equals("C"))
                examResults++;
        %>
        <h3>您本次测试成绩是：</h3>
        <%=examResults/4 * 100%>分
    </body>
</html>
```

request2.jsp 的运行效果如图 6-5 所示。在图 6-5 所示页面中完成答题并单击"考试完成"按钮后，由 requestHandle2.jsp 处理，数据处理后的效果如图 6-6 所示。

图 6-5　request2.jsp 的运行效果

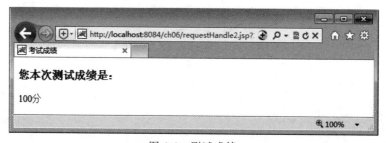

图 6-6　测试成绩

【例 6-5】 request 对象应用实例 3(request3.jsp 和 requestHandle3.jsp)。

本例包括两个文件：request3.jsp(主界面)和 requestHandle3.jsp(数据处理页面)。在 request3.jsp 页面中输入数据后单击"提交"按钮，跳转到 requestHandle3.jsp 页面，该页面对提交的数据进行处理，并将数据输出到页面中。

request3.jsp 的代码如下所示。

```
<%@page contentType="text/html" pageEncoding="UTF-8"%>
<html>
    <head>
        <meta http-equiv="Content-Type" content="text/html; charset=UTF-8">
        <title>request 对象应用实例 3</title>
    </head>
    <body>
        <form action="requestHandle3.jsp" method="post">
```

```html
            <p>文本内容<input type="text" name="text"></p>
            <p>整数类型<input type="text" name="integer"></p>
            <p>复选框:</p>
            <p>
                1.<input type="checkbox" name="checkbox1" value="1"><br>
              2.<input type="checkbox" name="checkbox2" value="1">
            </p>
            <p>
                下拉列表:
            <select name="select">
                <option value="1">1</option>
                  <option value="2">2</option>
                  <option value="3">3</option>
                  <option value="4">4</option>
                  <option value="5">5</option>
                  <option value="6">6</option>
            </select>
            </p>
            <p><input type="submit" name="submit" value="提交"></p>
        </form>
    </body>
</html>
```

requestHandle3.jsp 的代码如下所示。

```jsp
<%@page import="java.util.Vector"%>
<%@page contentType="text/html" pageEncoding="UTF-8"%>
<html>
    <head>
        <meta http-equiv="Content-Type" content="text/html; charset=UTF-8">
        <title>数据处理页面</title>
    </head>
    <body>
        <%
            String strText,strInteger,strCheckbox1,strCheckbox2;
            String strSelect,strOut,errOut;
            Integer intInteger;
            int errsCount;
            Vector errs =new Vector();
            strText=request.getParameter("text");
            //得到并处理名为 text 的文本输入
            if(strText.length()==0){
                //向错误信息库中添加信息
                errs.addElement(new String("文本内容域没有值输入"));
            }
            strInteger=request.getParameter("integer");
            //得到名为 integer 的输入并转化为 integer,同时检查是否为数值
            try{
                intInteger=Integer.valueOf(strInteger);
            }catch(NumberFormatException e){
                errs.addElement(new String("整数类型需要输入数字!"));
```

```
            //向错误信息库中添加信息
            intInteger=new Integer(0);
        }
        strCheckbox1=request.getParameter("checkbox1");
        strCheckbox2=request.getParameter("checkbox2");
        //得到 checkBox 的输入
        if(strCheckbox1==null){
            strCheckbox1="没有被选中";
        }else{
            strCheckbox1="被选中";
        }
        if(strCheckbox2==null){
            strCheckbox2="没有被选中";
        }else{
            strCheckbox2="被选中";
        }
        //得到 select 的输入:
        strSelect=request.getParameter("select");
        strOut="文本内容的值是: "+strText;
        strOut+="<br>整数类型的值是: "+intInteger;
        strOut+="<br>复选框 1"+strCheckbox1;
        strOut+="<br>复选框 2"+strCheckbox2;
        strOut+="<br>下拉列表的值是: "+strSelect+"<br>";
        //输出结果
        errsCount=errs.size();
        errOut=new String("");
        //输出错误
        for(int i=0;i<errsCount;i++){
            errOut+=errs.elementAt(i).toString();
            errOut+="<br>";
        }
        out.println("数据处理结果<br>");
        out.println(strOut);
        //输出结果
        if(errsCount!=0){
            out.println("错误原因<br>");
            out.println(errOut);
        }
    %>
  </body>
</html>
```

request3.jsp 的运行效果如图 6-7 所示。在图 6-7 中输入数据并单击"提交"按钮后由 requestHandle3.jsp 页面对提交的数据进行处理,数据处理后的效果如图 6-8 所示。

如果 requestHandle3.jsp 页面发现有对应的参数值,就将对应的参数值输出;如果 requestHandle3.jsp 页面没有发现对应的参数值,则最后输出未发现对应参数值的原因。

【例 6-6】 request 对象应用实例 4(request4.jsp)。

本例综合使用了 20 多个 request 对象中的方法。

```
<%@page import="java.util.Enumeration"%>
```

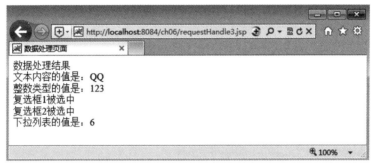

图 6-7　request3.jsp 的运行效果

图 6-8　数据处理页面

```
<%@page contentType="text/html" pageEncoding="UTF-8"%>
<html>
    <head>
        <meta http-equiv="Content-Type" content="text/html; charset=UTF-8">
        <title>request 对象应用实例 4</title>
</head>
<body>
        <hr>
        <%
            request.setAttribute("Name", "小强");
            request.setAttribute("Password", "123456");
            request.setAttribute("Email", "sanz@163.com");
            request.removeAttribute("Password");
            Enumeration e=request.getAttributeNames();
            String attrName;
              while(e.hasMoreElements()) {
                 attrName=e.nextElement().toString();
                 out.print(attrName+"="+request.getAttribute(attrName)+
                 "<br>");
            }
            request.setCharacterEncoding("ISO-8859-1");
        %>
```

```
<%=request.getCharacterEncoding() %>
Content Length: <%=request.getContentLength() %><br>
Content Type : <%=request.getContentType() %><br>
<%=request.getContextPath() %>
服务器地址: <%=request.getLocalAddr() %><br>
服务器名称: <%=request.getLocalName() %><br>
<%=request.getMethod() %>
<%=request.getProtocol() %><br>
客户端地址: <%=request.getRemoteAddr()%><br>
客户端名称: <%=request.getRemoteHost() %><br>
客户端端口: <%=request.getRemotePort() %><br>
验证用户名: <%=request.getRemoteUser() %><br>
获取 SessionId: <%=request.getRequestedSessionId() %><br>
请求 URI: <%=request.getRequestURI() %><br>
请求 URL: <%=request.getRequestURL() %><br>
服务器名字: <%=request.getServerName() %><br>
服务器端口: <%=request.getServerPort() %><br>
<%=request.getServletPath() %><br>
<%=request.getSession().getId() %><br>
请求的会话 ID 是否通过 Cookie 传入:
<%=request.isRequestedSessionIdFromCookie() %><br>
请求的会话 ID 是否通过 URL 传入:
<%=request.isRequestedSessionIdFromURL() %><br>
请求的会话 ID 是否仍然有效:
<%=request.isRequestedSessionIdValid() %><br>
<%=request.isSecure() %>
<hr>
</body>
</html>
```

request4.jsp 的运行效果如图 6-9 所示。

图 6-9　request4.jsp 的运行效果

6.3 response 对象

response 对象

response 对象将服务器端数据发送到客户端,该对象包含响应客户请求的有关信息,封装了 JSP 产生的响应,然后被发送到客户端以响应客户的请求。

6.3.1 response 对象的基础知识

response 对象用于向客户端浏览器发送数据,用户可以使用该对象将服务器的数据以 HTML 格式发送到客户端的浏览器,它与 request 组成了一对接收、发送数据的对象,这也是实现动态的基础。response 对象的生命周期由 JSP 容器自动控制。当服务器向客户端传送数据时,JSP 容器就会创建 response 对象并将请求信息封装到 response 对象中;当 JSP 容器处理完请求后,response 对象就会被销毁。

response 对象的主要方法如下所示。

(1) addCookie(Cookie cook):用于给用户添加一个 Cookie 对象,保存客户端的相关信息。可使用 request 的 getCookies()方法获取该 Cookie 对象。

(2) addHeader(String name,String value):用于添加带有指定名称和字符串的 HTTP 文件头信息,该 Header 信息将传送到客户端,如果不存在就添加,存在就覆盖。

(3) addDateHeader(String name,String value):用于添加带有指定名称和日期值的 HTTP 文件头信息,该 Header 信息将传送到客户端,如果不存在就添加,存在就覆盖。

(4) flushBuffer():用于强制把当前缓冲区所有内容发送到客户端。

(5) getBufferSize():用于获取实际缓冲区的大小,如果没使用缓冲区则返回 0。

(6) getCharacterEncoding():用于获取响应的字符编码方式。

(7) getContentType():用于获取响应的 MIME 类型。

(8) getOutputStream():用于获取客户端的输出流。

(9) sendError():用于向客户端发送错误信息,如 404 指网页找不到错误。

(10) sendRedirect():用于重新定向客户端的请求。

(11) setCharacterEncoding():用于设置响应的字符编码方式。

(12) setContent():用于设置响应的 MIME 类型。

(13) setContentLength():用于设置响应内容的长度(字节数)。

(14) setHeader():用于设置指定名称和字符串的 HTTP 文件头信息,该 Header 信息将传送到客户端,如果不存在就设置,存在就覆盖。

(15) setDateHeader():用于设置指定名称和日期值的 HTTP 文件头信息,该 Header 信息将传送到客户端,如果不存在就设置,存在就覆盖。

> **想一想**:如果没有预先设置合适的编码格式,处理中文信息时可能会出现乱码。行成于思毁于随,软件开发中任何细节的疏忽都可能导致项目失败。你认为一个合格的软件工程师应该具备哪些素质?

6.3.2　response 对象应用实例

通过下面的应用实例进一步了解和掌握 response 对象及其常用方法的使用。

【例 6-7】 response 对象应用实例 1（response1.jsp）。

```jsp
<%@page contentType="text/html" pageEncoding="UTF-8" %>
<html>
    <head>
        <meta http-equiv="Content-Type" content="text/html; charset=UTF-8">
        <title>response 对象实例 1</title>
    </head>
    <body>
        <h3>现在时间是：</h3>
        <hr>
        <%=new java.util.Date()%>
        <%
            response.setHeader("refresh","1");          //每隔 1s,重新对 refresh 赋值
        %>
        <hr>
    </body>
</html>
```

本例的功能是实现对页面定时刷新，每隔 1s 刷新一次，服务器就重新执行一次该程序，产生新的当前时间，然后输出到客户端。当希望能够获取实时信息时就可以使用该功能，如网上的聊天室、论坛、股票信息等。图 6-10 所示为页面某次刷新时的时间。

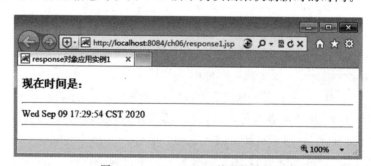

图 6-10　response1.jsp 的运行效果

【例 6-8】 response 对象应用实例 2（response2.jsp 和 responseHandle.jsp）。

本例包括两个文件：response2.jsp 与 responseHandle.jsp。response2.jsp 页面综合使用了 response 对象的多个方法，单击"确定"按钮后跳转到 responseHandle.jsp 页面，该页面根据选择的数据调用 sendRedirect()方法进行页面重定向。

response2.jsp 的代码如下所示。

```jsp
<%@page contentType="text/html" pageEncoding="UTF-8"%>
<html>
    <head>
        <meta http-equiv="Content-Type" content="text/html; charset=UTF-8">
        <title>response 对象应用实例 2</title>
```

```
    </head>
    <body>
        <hr>
        <%
            response.setBufferSize(10240);
        %>
        <%=response.getBufferSize()%>
        <br>
        <%
            response.setCharacterEncoding("UTF-8");
        %>
        <%=response.getCharacterEncoding()%>
        <br>
        网站友情链接：
        <hr>
        <form action="responseHandle.jsp" method="post">
            <select name="link">
                <option value="qhdxcbs" selected>清华大学出版社</option>
                <option value="jyb" >中华人民共和国教育部</option>
            </select>
            <input type="submit" name="submit" value="确定">
        </form>
        <hr>
    </body>
</html>
```

responseHandle.jsp 的代码如下所示。

```
<%@page contentType="text/html" pageEncoding="UTF-8"%>
<html>
    <head>
        <meta http-equiv="Content-Type" content="text/html; charset=UTF-8">
        <title>数据处理页面</title>
    </head>
    <body>
        <%
            String address =request.getParameter("link");
            if(address!=null)
            {
                if(address.equals("qhdxcbs"))
                    response.sendRedirect("http://www.tup.tsinghua.edu.cn/");
                else
                    response.sendRedirect("http://www.moe.edu.cn/");
            }
        %>
    </body>
</html>
```

response2.jsp 的运行效果如图 6-11 所示。单击"确定"按钮后出现如图 6-12 所示的结果,在友情链接的下拉列表中可以选择其他链接。

图 6-11　response2.jsp 的运行效果

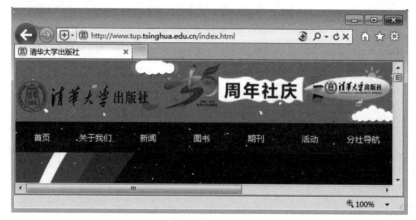

图 6-12　友情链接的页面

6.4　session 对象

session 对象

session 对象用于存储特定的用户会话所需的信息。当用户在应用程序的 Web 页之间跳转时,存储在 session 对象中的变量将不会丢失,而是在整个用户会话中一直存在。

当用户请求来自应用程序的 Web 页时,如果该用户还没有会话,则 Web 服务器将自动创建一个 session 对象。当会话过期或被放弃后,服务器将终止该会话。

6.4.1　session 对象的基础知识

session 对象处理客户端与服务器的会话,从客户端连到服务器开始,直到客户端与服务器断开连接为止。session 对象用来保存每个用户的信息,以便跟踪每个用户的操作状态。其中,session 信息保存在容器里,session 的 ID 保存在客户计算机的 Cookie 中。用户首次登录系统时容器会给用户分配一个唯一的 session id 标识用于区别其他的用户。当用户退出系统时,这个 session 就会自动消失。

当一个用户首次访问服务器上的一个 JSP 页面时,JSP 引擎产生一个 session 对象,同时分配一个 String 类型的 ID 号,JSP 引擎同时将这个 ID 号发送到客户端,存放在 Cookie 中,这样 session 对象和用户之间就建立了一一对应的关系。当用户再访问连接该服务器的其他页面时,不再分配给用户新的 session 对象。直到关闭浏览器后,服务器端该用户的 session 对象才取消,和用户的对应关系也一并消失。当重新打开浏览器再连接到该服务器时,服务器会为该用户再创建一个新的 session 对象。

session 对象的主要方法如下。

(1) getAttribute(String name):用于获取与指定名字相联系的属性,如果属性不存在,将会返回 null。

(2) getAttributeNames():用于返回 session 对象中存储的每一个属性对象,结果集是一个 Enumeration 类的实例。

(3) getCreateTime():用于返回 session 对象被创建的时间,单位为毫秒(千分之一秒)。

(4) getId():用于返回 session 对象在服务器端的编号。每生成一个 session 对象,服务器为其分配一个唯一编号,根据编号来识别 session,并且正确地处理某一特定的 session 及其提供的服务。

(5) getLastAccessedTime():用于返回和当前 session 对象相关的客户端最后发送请求的时间。

(6) getMaxInactiveInterval():用于返回 session 对象的生存时间,单位为秒。

(7) setAttribute(String name,java.lang.Object value):用于设定指定名字的属性值,并且把它存储在 session 对象中。

(8) setMaxInactiveInterval(int interval):用于设置 session 的有效时间,单位为秒。

(9) removeAttribute(String name):用于删除指定的属性(包含属性名、属性值)。如果在有效时间内,用户做出新的请求,那么服务器就会将其看作一个新的用户,此时,服务器将创建一个新的 session,旧的 session 信息将会丢失。

(10) isNew():用于判断目前 session 是否为新的 session,若是则返回 true,否则返回 false。

6.4.2 session 对象应用实例

通过下面的应用实例进一步了解和掌握 session 对象及其常用方法的使用。

【例 6-9】 session 对象应用实例 1(session1.jsp)。

本例实现的功能是获取页面的访问次数,页面每被访问一次数值加 1。

```
<%@page contentType="text/html" pageEncoding="UTF-8"%>
<html>
    <head>
        <meta http-equiv="Content-Type" content="text/html; charset=UTF-8">
        <title>session 对象应用实例 1</title>
    </head>
    <body>
        <%
            int number =10000;
            //从 session 对象获取 number
            Object obj=session.getAttribute("number");
            if(obj==null){
```

```
            //设定session对象的变量值
            session.setAttribute("number",String.valueOf(number));
        }
        else {
            //取得session对象中的number变量
            number=Integer.parseInt(obj.toString());
            //统计页面访问次数
            number+=1;
            //设定session对象的number变量值
            session.setAttribute("number",String.valueOf(number));
        }
    %>
        你是第<%=number%>个用户访问本网站。
    </body>
</html>
```

session1.jsp 运行并进行刷新后,页面效果如图 6-13 所示。

图 6-13　页面被访问若干次

【例 6-10】　session 对象应用实例 2(session2.jsp)。

```
<%@page import="java.util.Date"%>
<%@page contentType="text/html" pageEncoding="UTF-8"%>
<html>
    <head>
        <meta http-equiv="Content-Type" content="text/html; charset=UTF-8">
        <title>session对象应用实例2</title>
    </head>
    <body>
        <hr>
        session的创建时间是:<%=session.getCreationTime()%> 
        <%=new Date(session.getCreationTime())%>
        <br>
        session的Id号:<%=session.getId()%>
        <br>
        客户最近一次访问时间是:<%=session.getLastAccessedTime()%> 
        <%=new java.sql.Time(session.getLastAccessedTime())%>
        <br>
        两次请求间隔多长时间session将被取消(ms):
        <%=session.getMaxInactiveInterval()%>
        <br>
```

```
        是否是新创建的session:<%=session.isNew()?"是":"否"%>
        <hr>
        <%
            session.setAttribute("name", "传说中的小强");
            session.setAttribute("password", "1008610001");
        %>
        姓名:<%=session.getAttribute("name") %>
        <br>
        密码:<%=session.getAttribute("password") %>
        <br>
        ID号:<%=session.getId() %>
        <br>
        <%
            session.setMaxInactiveInterval(500);
        %>
            最大有效时间:<%=session.getMaxInactiveInterval() %>
        <br>
        <%
            session.removeAttribute("name");
        %>
        姓名:<%=session.getAttribute("name") %>
        <hr>
    </body>
</html>
```

session2.jsp 的运行效果如图 6-14 所示。

图 6-14 session2.jsp 的运行效果

【例 6-11】 session 对象应用实例 3(session3Login.jsp、shop.jsp 和 account.jsp)。

本例包括 3 个文件:session3Login.jsp、shop.jsp 和 account.jsp。本实例模拟网上购物系统功能,客户登录(登录页面为 session3Login.jsp)后方可在网上购物(购物页面为 shop.jsp),确定要购买的商品后需要结账(结账页面为 account.jsp)。

session3Login.jsp 的代码如下所示。

```
<%@page contentType="text/html" pageEncoding="UTF-8"%>
```

```html
<html>
    <head>
        <meta http-equiv="Content-Type" content="text/html; charset=UTF-8">
        <title>session 对象应用实例 3--登录页面</title>
    </head>
    <body>
        <%
            session.setAttribute("customer", "客户"); //为 customer 变量传值"客户"
        %>
        <h3>请先登录后购物：</h3>
        <hr>
        <form action="shop.jsp" method="get">
            客户名：<input type="text" name="loginName">
            <input type="submit" value="登录">
        </form>
    </body>
</html>
```

shop.jsp 的代码如下所示。

```html
<%@page contentType="text/html" pageEncoding="UTF-8"%>
<html>
    <head>
        <meta http-equiv="Content-Type" content="text/html; charset=UTF-8">
        <title>session 对象应用实例 3——购物</title>
    </head>
    <body>
        <%
            String na=request.getParameter("loginName");
            session.setAttribute("name",na);
        %>
        <h3>请输入想购买的商品：</h3>
        <hr>
        <form action="account.jsp" method="get">
            要购买的商品：<input type="text" name="goodsName">
            <input type="submit" value="购物">
        </form>
    </body>
</html>
```

account.jsp 的代码如下所示。

```html
<%@page contentType="text/html" pageEncoding="UTF-8"%>
<html>
    <head>
        <meta http-equiv="Content-Type" content="text/html; charset=UTF-8">
        <title>session 对象应用实例 3——结账</title>
    </head>
    <body>
        <%
            String gn=request.getParameter("goodsName");
            session.setAttribute("goods",gn);
```

```
            String 客户=(String)session.getAttribute("customer");
            String 姓名=(String)session.getAttribute("name");
            String 商品=(String)session.getAttribute("goods");
        %>
        <h3>结账信息:</h3>
        <hr>
        <%=客户%>的姓名是:<%=姓名%>
        <br>
        你购买的商品是:<%=商品%>
    </body>
</html>
```

session3Login.jsp 的运行效果如图 6-15 所示,输入客户名后单击"登录"按钮,请求提交到 shop.jsp 页面进行处理。shop.jsp 的运行效果如图 6-16 所示,输入数据后单击"购物"按钮,请求提交到 account.jsp 页面进行处理,效果如图 6-17 所示。

图 6-15 session3Login.jsp 的运行效果

图 6-16 shop.jsp 的运行效果

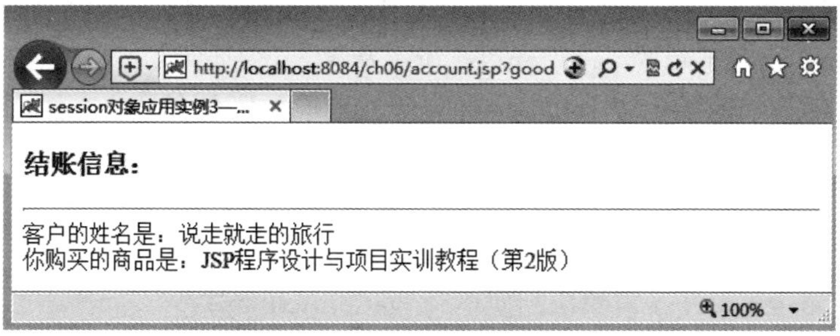

图 6-17 数据处理后的效果

6.5 pageContext 对象

pageContext 对象提供了对 JSP 页面所有的对象及命名空间的访问，如访问 out 对象、request 对象、response 对象、session 对象、application 对象，即使用 pageContext 对象可获取其他内置对象中的值。

6.5.1 pageContext 对象的基础知识

pageContext 提供了对 JSP 页面内使用到的所有对象及名字空间的访问，提供了对几种页面属性的访问，并且允许向其他应用组件转发 request 对象。它的创建和初始化都是由容器来完成的。pageContext 对象提供的方法可以处理与 JSP 容器有关的信息以及其他对象的属性。

pageContext 对象的主要方法如下。

(1) setAttribute(String name, Object attribute)：用于设置指定属性及属性值。

(2) setAttribute(String name, Object obj, int scope)：用于在指定范围内设置属性及属性值。

(3) getAttribute(String name, int scope)：用于在指定范围内获取属性的值。

(4) getAttribute(String name)：用于获取指定属性的值。

(5) getOut()：用于返回当前的 out 对象。

(6) getPage()：用于返回当前的 page 对象。

(7) getRequest()：用于返回当前的 request 对象。

(8) getResponse()：用于返回当前的 response 对象。

(9) getSession()：用于返回当前页面的 session 对象。

(10) getServletConfig()：用于返回当前的 config 对象。

(11) getException()：用于返回当前的 exception 对象。

(12) getServletContext()：用于返回当前页 application 对象。

(13) findAttribute()：用于按照页面、请示、会话以及应用程序范围的顺序实现对某个已命名属性的搜索，返回其属性值或 null。

(14) forward(java.lang.String relativeUrlPath)：用于把页面重定向到另一个页面或者 Servlet 组件上。

(15) removeAttribute()：用于删除默认页面范围或特定对象范围之中的已命名对象。

(16) release()：用于释放 pageContext 所占资源。

(17) include(String relativeUrlPath)：用于在当前位置包含另一文件。

6.5.2 pageContext 对象应用实例

通过下面的应用实例进一步了解和掌握 pageContext 对象及其常用方法的使用。

【例 6-12】 pageContext 对象应用实例（pageContext.jsp）。

```
<%@page contentType="text/html" pageEncoding="UTF-8"%>
<html>
```

```
<head>
    <meta http-equiv="Content-Type" content="text/html; charset=UTF-8">
    <title>pageContext 对象应用实例</title>
</head>
<body>
    <h3>使用 pageContext 对象获取其他内置对象中的值：</h3>
    <hr>
    <%
        request.setAttribute("name", "Java 程序设计与项目实训教程
        (清华大学出版社)");
        session.setAttribute("name", "JSP 程序设计技术教程
        (清华大学出版社)");
        application.setAttribute("name", "Struts2+Hibernate 框架技术教程
        (清华大学出版社)");
    %>
    request 对象中的值：<%=pageContext.getRequest().getAttribute("name")%>
    <br>
    session 对象中的值：<%=pageContext.getSession().getAttribute("name")%>
    <br>
    application 对象中的值：
    <%=pageContext.getServletContext().getAttribute("name")%>
</body>
</html>
```

pageContext.jsp 的运行效果如图 6-18 所示。

图 6-18　pageContext.jsp 的运行效果

6.6　exception 对象

exception 对象用来处理 JSP 文件执行时发生的错误和异常。exception 对象和 Java 中的 Exception 对象定义几乎一样。

exception
对象

6.6.1　exception 对象的基础知识

exception 对象用来处理 JSP 文件的错误和异常。exception 对象可以配合 page 指令一起使用，page 指令中 isErrorPage 属性应设为 true，否则无法编译。通过 exception 对象的方法指定某一个页面为错误处理页面，把所有的错误都集中到该页面进行处理，可以使得整个系统的健壮性得到加强，也使得程序的流程更加简单明晰。

exception 对象的主要方法如下所示。

（1）getMessage()：用于返回描述异常错误的提示信息。

（2）getlocalizedMessage()：用于获取本地化错误信息。

（3）printStackTrace()：用于输出异常对象及其堆栈跟踪信息。

（4）toString()：返回关于异常的简短描述消息。

> **想一想**：应用系统的异常处理体系或框架，应该在系统设计初期就明确。凡事预则立，不预则废。你认为软件项目开发时需要考虑哪些方面的因素？

6.6.2　exception 对象应用实例

通过下面的应用实例进一步了解和掌握 exception 对象及其常用方法的使用。

【例 6-13】　exception 对象应用实例（exception.jsp）。

```jsp
<%@page contentType="text/html" pageEncoding="UTF-8"%>
<html>
    <head>
        <meta http-equiv="Content-Type" content="text/html; charset=UTF-8">
        <title>exception 对象应用实例</title>
    </head>
    <body>
        <h3>以下是异常信息：</h3>
        <hr>
        <%
            int x=9, y=0, z;
            try{
                z=x/y;
            }catch(Exception e){
                out.println(e.toString()+"<br>");
            }
            finally{
                out.println("产生了除以 0 的错误!");
            }
        %>
        <hr>
    </body>
</html>
```

exception.jsp 的运行效果如图 6-19 所示。

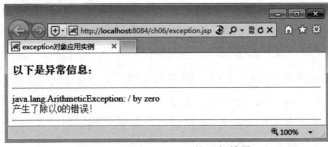

图 6-19　exception.jsp 的运行效果

6.7　application 对象

application 对象

application 对象用来保存 Java Web 应用程序的变量,并且所有用户不论何时皆可存取使用。application 对象最大的特点是没有生命周期。没有生命周期是指不论客户端的浏览器是否被关闭,application 对象都存在于主机上。

6.7.1　application 对象的基础知识

application 对象保存 Java Web 应用程序中公有的数据,可存放全局变量。服务器启动后自动创建 application 对象,该对象将一直有效,直到服务器关闭。不同用户可以对该对象的同一属性进行操作;在任何地方对该对象属性的操作,都将影响其他用户对该对象的访问。

session 对象和 application 对象的区别:在使用 session 对象时,一个客户对应一个 session 对象,而使用 application 对象时,为多个应用程序保存信息,对于一个容器而言,在同一个服务器中的 JSP 文件共享一个 application 对象。

application 对象的主要方法如下。

(1) getAttribute(String name):用于返回指定 application 对象的属性值。

(2) getAttributeNames():用于以 Enumeration 类型返回所有 application 对象属性的名字。

(3) getServerInfo():用于返回 Servlet 编译器的当前版本信息。

(4) getContext(String uripath):用于返回指定 Web Application 的 application 对象。

(5) getMimeType(String file):用于返回 application 对象指定文件的 MIME 类型。

(6) getResource(String path):用于返回 application 对象指定资源(文件及目录)的 URL 路径。

(7) getServlet(String name):用于返回 application 对象指定的 Servlet。

(8) setAttribute(String name,Object obj):用于设定 application 对象的属性及其属性值。

(9) removeAttribute(String name):用于删除 application 对象属性及其属性值。

(10) log(String msg):用于将指定 application 对象消息写入 Servlet 的日志文件。

6.7.2　application 对象应用实例

通过下面的应用实例进一步了解和掌握 application 对象及其常用方法的使用。

【例 6-14】　application 对象应用实例 1(application1.jsp)。

本例是一个页面访问计数器,每访问一次页面计数器值增 1。

```
<%@page contentType="text/html" pageEncoding="UTF-8"%>
<html>
    <head>
        <meta http-equiv="Content-Type" content="text/html; charset=UTF-8">
        <title>application 对象应用实例 1</title>
    </head>
```

```
    <body>
        <%
            //获取一个 Object 对象
            String strNum=(String)application.getAttribute("count");
            int count =0;
            //如果一个 Object 对象存在说明有用户访问
            if(strNum!=null)
                //类型转化后值加 1
                count=Integer.parseInt(strNum)+1;
            //人数值加 1 后重新对 count 赋值
            application.setAttribute("count", String.valueOf(count));
        %>
        您是第<%=application.getAttribute("count")%>位访问者!
    </body>
</html>
```

application1.jsp 的运行效果如图 6-20 所示。

图 6-20　application1.jsp 的运行效果

【例 6-15】 application 对象应用实例 2(application2.jsp)。

```
<%@page contentType="text/html" pageEncoding="UTF-8"%>
<html>
    <head>
        <meta http-equiv="Content-Type" content="text/html; charset=UTF-8">
        <title>application 对象应用实例 2</title>
    </head>
    <body>
        <br>
        JSP 引擎名及 Servlet 版本号:<%=application.getServerInfo()%>
        <br>
        <%
            application.setAttribute("name","Java 程序设计与项目实训教程");
            out.print(application.getAttribute("name")+"<br>");
            application.removeAttribute("name");
            out.print(application.getAttribute("name")+"<br>");
        %>
    </body>
</html>
```

application2.jsp 的运行效果如图 6-21 所示。

图 6-21　application2.jsp 的运行效果

6.8　项目实训

6.8.1　项目描述

本项目是一个带验证功能和验证码生成功能的登录系统,系统有一个登录页面 login.jsp,代码如例 6-16 所示。登录页面提交后跳转到 loginCheck.jsp,代码如例 6-17 所示。该页面对提交的用户信息进行处理,如果输入的用户名、密码以及验证码正确将进入系统主页面(main.jsp),代码如例 6-18 所示,否则页面重新跳转到登录页面(login.jsp)。另外,在主页面中可以退出系统(exit.jsp),代码如例 6-19 所示。项目的文件结构如图 6-22 所示。本项目分别使用 NetBeans 和 Eclipse 开发。

6.8.2　学习目标

本实训主要的学习目标是掌握应用 request 对象获取表单提交的数据,使用 session 对象记录用户的状态以及使用 JavaScript 脚本语言(JavaScript 脚本语言是未来 Java Web 项目开发中必备的技能,请根据自己的情况自主学习 JavaScript 或者 Ajax、jQuery),要求在熟悉 JSP 常用内置对象的基础上熟练运用 JSP 内置对象来开发项目,尤其是对 request、session 对象的使用。

6.8.3　项目需求说明

本项目设计一个具有登录功能的系统,用户通过用户名、密码和验证码登录后进入系统主页面,并通过 session 对象把登录的用户信息(用户状态)传递到下一个页面中。

图 6-22　项目的文件结构

6.8.4　项目实现

登录页面(login.jsp)的运行效果如图 6-23 所示。

【例 6-16】　登录页面(login.jsp)。

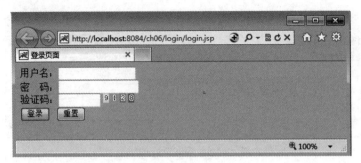

图 6-23　登录页面

```
<%@page contentType="text/html" pageEncoding="UTF-8"%>
<html>
    <head>
        <meta http-equiv="Content-Type" content="text/html; charset=UTF-8">
        <title>登录页面</title>
        <style type="text/css">
            body{font-size: 16px;}
        </style>
        <script type="text/javascript">
            function mycheck() {
                //判断用户名是否为空
                if (form1.userName.value==""){
                    alert("用户名不能为空,请输入用户名!");
                    form1.userName.focus();
                    return;
                }
                //判断密码是否为空
                if (form1.password.value=="") {
                    alert("密码不能为空,请输入密码!");
                    form1.password.focus();
                    return;
                }
                //判断验证码是否为空
                if (form1.validationCode.value==""){
                    alert("验证码不能为空,请输入验证码!");
                    form1.validationCode.focus();
                    return;
                }
                //判断验证码是否正确
                if (form1.validationCode.value !=form1.validationCode1.value) {
                    alert("请输入正确的验证码!!");
                    form1.validationCode.focus();
                    return;
                }
                form1.submit1();
            }
        </script>
    </head>
```

```html
<body bgcolor="pink">
  <form action="loginCheck.jsp" name="form1" method="post">
    用户名:<input type="text" name="userName" size="16">
    <br>
    密    码:
    <input type="password" name="password" size="18">
    <br>
    验证码:<input type="text" name="validationCode"  onKeyDown="if(event.
    keyCode==13){form1.submit.focus();}" size="6">
    <%
        int intmethod1=(int) ((((Math.random()) * 11)) -1);
        int intmethod2=(int) ((((Math.random()) * 11)) -1);
        int intmethod3=(int) ((((Math.random()) * 11)) -1);
        int intmethod4=(int) ((((Math.random()) * 11)) -1);
        //将得到的随机数进行连接
        String intsum=intmethod1+""+intmethod2+intmethod3+intmethod4;
    %>
    <!--设置隐藏域,验证比较时使用-->
    <input type="hidden" name="validationCode1" value="<%=intsum%>">
    <!--将图片名称与得到的随机数相同的图片显示在页面上   -->
    <img src="../image/<%=intmethod1%>.gif">
    <img src="../image/<%=intmethod2%>.gif">
    <img src="../image/<%=intmethod3%>.gif">
    <img src="../image/<%=intmethod4%>.gif">
    <br>
    <input type="submit" name="submit1" value="登录" onClick="mycheck()">
     
    <input type="reset"  value="重置">
  </form>
  </body>
</html>
```

单击图 6-23 所示页面中的"登录"按钮后,如果用户名为空将提示用户名不能为空,如图 6-24 所示;如果密码为空将提示密码不能为空,如图 6-25 所示;如果验证码为空将提示验证码不能为空,如图 6-26 所示;如果用户名、密码以及验证码不空,则请求提交到 loginCheck.jsp,如果用户名、密码以及验证码正确将跳转到主页面 main.jsp,效果如图 6-27 所示。

图 6-24　提示用户名不能为空

图 6-25 提示密码不能为空

图 6-26 提示验证码不能为空

图 6-27 系统主页面

【例 6-17】 对登录页面进行数据处理(loginCheck.jsp)。

```jsp
<%@page contentType="text/html" pageEncoding="UTF-8"%>
<!DOCTYPE html>
<html>
    <head>
        <meta http-equiv="Content-Type" content="text/html; charset=UTF-8">
        <title>处理登录页面的数据</title>
    </head>
    <body bgcolor="pink">
        <%
            //设置请求的编码,用于解决中文乱码问题
            request.setCharacterEncoding("UTF-8");
            String name=request.getParameter("userName");
```

```
            String password=request.getParameter("password");
            if(request. getParameter ( " validationCode1 "). equals ( request.
            getParameter("validationCode"))){
                if(name.equals("lixiang")&&(password.equals("666666"))){
                    //把用户名保存到 session 中
                    session.setAttribute("userName",name);
                    response.sendRedirect("main.jsp");
                }else{
                    response.sendRedirect("login.jsp");
                }
            }else{
                response.sendRedirect("login.jsp");
            }
        %>
    </body>
</html>
```

【例 6-18】 系统主页面(main.jsp)。

```
<%@page contentType="text/html" pageEncoding="UTF-8"%>
<html>
    <head>
        <meta http-equiv="Content-Type" content="text/html; charset=UTF-8">
        <title>系统主页面</title>
    </head>
    <body bgcolor="pink">
        <%
            //获取保存在 session 中的用户名
            String name=(String)session.getAttribute("userName");
        %>
        您好<%=name%>,欢迎您访问!<br>
        <a href="exit.jsp">[退出系统]</a>
    </body>
</html>
```

单击图 6-27 所示页面中的"退出系统"将链接到 exit.jsp 页面。

【例 6-19】 退出系统页面(exit.jsp)。

```
<%@page contentType="text/html" pageEncoding="UTF-8"%>
<html>
    <head>
        <meta http-equiv="Content-Type" content="text/html; charset=UTF-8">
        <title>退出系统</title>
    </head>
    <body>
        <%
            session.invalidate();              //销毁 session
            response.sendRedirect("login.jsp");
        %>
    </body>
</html>
```

6.8.5 项目实现过程中应注意的问题

在项目实现的过程中需要注意的问题有：首先，在开始使用 JavaScript 脚本语言时不要把函数名、变量名拼写错误，拼写错误时将无法获取表单中的数据，即无法和表单中的属性值对应；其次，使用 request 对象获取表单数据时参数名要和表单标签的值一致，否则无法获取表单中的值；最后，在使用 request 和 session 对象时要熟练运用其常用方法。

6.8.6 常见问题及解决方案

1. 无法正常显示验证码异常

无法正常显示验证码异常如图 6-28 所示。

图 6-28 无法正常显示验证码异常

解决方案：出现如图 6-28 所示的异常情况时，可检查代码＜img src＝"../image/＜％＝intmethod1％＞.gif"＞中路径是否正确或者检查文件夹名是否拼写错误。

2. 空指针异常

空指针异常如图 6-29 所示。

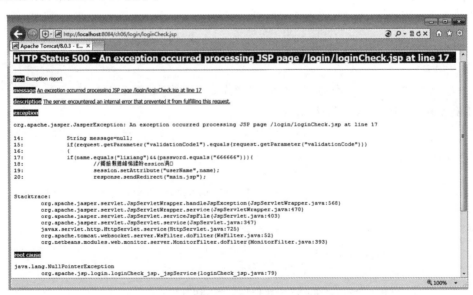

图 6-29 空指针异常

解决方案：如图 6-29 所示的异常情况即空指针异常。导致空指针异常的原因有很多，

图 6-29 所示的异常提示是 17 行有误,主要原因是 loginCheck.jsp 页面中"String name = request.getParameter("name");"的值为空,导致第 17 行错误。这是因为在 login.jsp 页面中用户名对应的文本框名为 userName,见代码＜input type＝"text" name＝"userName" size＝"16"＞,由于拼写错误导致 request.getParameter("name")获取的值为空,所以发生空指针异常。切记在使用 request 和 session 获取数据时一定不要把参数名拼写错。

6.8.7 拓展与提高

使用 JavaScript 脚本,完成如图 6-30 所示的功能。

图 6-30 添加提示用户名或密码错误的功能

6.9 课外阅读(EL 表达式)

EL(Expression Language)是 JSP 2.0 中引入的一种计算和输出 Java 对象的语言,目的和 JSTL 一样,代替 JSP 页面中的脚本代码,使 JSP 写起来更加简单。表达式语言的灵感来自于 ECMAScript 和 XPath 表达式语言,它提供了在 JSP 中简化表达式的方法,让 JSP 的代码更容易编写与维护。最基本的语法是 ${express}。

6.9.1 获取并显示数据

(1) 从 page、request、session、application 4 个域中通过 key 找到数据并显示出来。示例代码:

${name}　　　　＜!--等价于<%=pageContext.findAttribute("name") %>--＞

在 4 个域中查找的顺序是 page、request、session、application。若已经确定键值在某个域中,则可以通过具体的域来操作。例如:

${requestScope.name}

使用 EL 表达式的一个好处是,若找不到键值为 name 的属性值,不会显示 null,而是显示空字符串。

(2) 从 JavaBean 中获取对象的某个属性值并显示。

获取对象的属性值可以用"."运算符,也可以用[ ]运算符,如果键值名字中有"-",如 mike-abc,或者 key 值以数字开头,则只能用[ ]。

```
<jsp:useBean id="sc1" scope="session" class="ch07.studentManage.Score" >
</jsp:useBean>
<jsp:setProperty name="sc1" property="math" value="89分" />
<jsp:useBean id="stu" scope="session" class="ch07.studentManage.Student" >
</jsp:useBean>
<jsp:setProperty name="stu" property="name" value="张三" />
<jsp:setProperty name="stu" property="score" value="<%=sc1%>" />
${stu.name}             <!--找到键值为 stu 对象的 name 属性 -->
${stu.score.math}
${stu['name']}          <!--也可以用[]方式 -->
${stu['score']['math']}
```

(3) 从数组中获取数据并显示。

```
<%
   int arr0[]={0,1,2,3};
   request.setAttribute("arr",arr0);
%>
${arr['0']}             <!--只能用[ ]运算符-->
```

(4) 从 Map 中获取数据并显示。

```
<%
   Map<String,Student>mp =new HashMap();
   mp.put("1", new Student("张三"));
   mp.put("a", new Student("李四"));
   mp.put("b", new Student("小王"));
   request.setAttribute("map", mp);
%>
${map['1'].name}    <!--等价于${mp["1"].name},若是数字则只能用括号,即使 put 进去的
                    key 值是字符串类型-->
${map.a.name }
```

(5) 从 List 中获取数据并显示。

```
<%
   List lt =new ArrayList();
   lt.add( new Student("张三"));
   lt.add( new Student("李四"));
   lt.add( new Student("小叶"));
   application.setAttribute("list", lt);
%>
${list[0].name}<!--等价于${list['0'].name}、${list["0"].name}-->
```

6.9.2 执行运算并显示

EL 表达式中可以包含常用的运算符。语法如下：

${运算表达式}

EL 表达式常用的运算符如下。

(1) 算术运算符：

+   -   *   /   mod   div   % (mod)

(2) 关系运算符：

==(eq)　!=(ne)　<(lt)　>(gt)　<=(le)　>=(ge)

(3) 逻辑运算符：

&&(and)　||(or)　!(not)

(4) 条件运算符：

${10<3? "no": "yes"}

(5) 判断是否为空：

${empty name }

6.9.3 获取常用对象并显示

(1) 语法：${内置对象名称}。
(2) EL 表达式有 11 个内置对象，具体如表 6-1 所示。

表 6-1　EL 表达式的内置对象

对象名	示例用法	等价 JSP 代码
pageContext	${pageContext.session.id}	pageContext.getSession().getId()
pageScope	${pageScope.user}	pageContext.getAttribute("user")
requestScope	${requestScope.username}	request.getAttribute("username")
sessionScope	${sessionScope.username}	session.getAttribute("username")
applicationScope	${applicationScope.username}	application.getAttribute("username")
param	${param.username}	request.getParameter("username")
paramValues	${paramValues.username}	request.getParameterValues("username")//返回一个字符串数组
header	${header.name}	request.getHeader("name")
headerValues	${headerValues.name}	request.getHeaderValues("name")
cookie	${cookie.name.value}	request.getCookie()
initParam	${initParam.name}	ServletContext.getInitparameter("name")

6.10　小　　结

本章主要介绍 JSP 常用内置对象的基础知识及其应用，通过本章的学习应了解和掌握如下内容。

(1) out 对象及其应用实例。
(2) request 对象及其应用实例。
(3) response 对象及其应用实例。
(4) session 对象及其应用实例。
(5) pageContext 对象及其应用实例。
(6) exception 对象及其应用实例。
(7) application 对象及其应用实例。

6.11 习　　题

6.11.1 选择题

1. response 对象的 setHeader(String name,String value)方法的作用是(　　)。
   A. 添加 HTTP 文件头
   B. 设定指定名字的 HTTP 文件头的值
   C. 判断指定名字的 HTTP 文件头是否存在
   D. 向客户端发送错误信息
2. 设置 session 的有效时间(也称为超时时间)的方法是(　　)。
   A. setMaxInactiveInterval(int interval)
   B. getAttributeName()
   C. set AttributeName(String name,Java.lang.Object value)
   D. getLastAccessedTime()
3. 能清除缓冲区中的数据,并且把数据输出到客户端的 out 对象方法是(　　)。
   A. out.newLine()　　　　　　　　B. out.clear()
   C. out.flush()　　　　　　　　　D. out.clearBuffer()
4. pageContext 对象的 findAttribute()方法的作用是(　　)。
   A. 用来设置默认页面的范围或指定范围中已命名的对象
   B. 用来删除默认页面的范围或指定范围中已命名的对象
   C. 按照页面请求、会话以及应用程序范围的顺序实现对某个已命名属性的搜索
   D. 以字符串的形式返回一个对异常的描述

6.11.2 填空题

1. request 内置对象代表了_____的请求信息,主要用于接收通过 HTTP 传送给_____的数据。
2. _____对象主要用来向客户输出各种数据类型的内容。
3. _____对象提供了对 JSP 页面内使用到的所有对象及名字空间的访问。
4. _____对象保存应用程序中公有的数据。
5. JSP 文件在执行时_____,可用 exception 对象来处理。

6.11.3 简答题

1. 简述 out 对象、request 对象和 response 对象的作用。
2. 简述 session 对象、pageContext 对象、exception 对象和 application 对象的作用。

6.11.4 实验题

1. 使用 out 对象编写在网页上输出信息的程序。
2. 使用 session 对象编写页面访问计数程序。

第 7 章　数据库基本操作

在项目开发中,经常需要与数据库进行连接来完成对数据的操作。本章主要介绍数据库在 JSP 中的基本操作及应用。

本章主要内容如下所示。

(1) JDBC 基础知识。
(2) 通过 JDBC 驱动访问数据库。
(3) 数据库查询的实现。
(4) 数据库更新的实现。
(5) 数据库在 JSP 应用中的常见问题。

7.1　JDBC 基础知识

Java 数据库连接(Java DataBase Connectivity,JDBC)是面向应用程序开发人员和数据库驱动程序开发人员的应用程序接口（Application Programming Interface,API）。

JDBC 是一种用于执行 SQL 语句的 Java API,可以为多种关系型数据库提供统一访问,它由一组用 Java 语言编写的类和接口组成。JDBC 为开发人员提供了一个标准的 API,据此可以构建更高级的工具和接口,使数据库开发人员能够用纯 Java API 编写数据库应用程序,同时,JDBC 也是个商标名。有了 JDBC,向各种数据发送 SQL 语句就是一件很容易的事。换言之,有了 JDBC API,就不必为访问 MySQL 数据库专门写一个程序,为访问 Oracle 数据库又专门写一个程序,或为访问 SQL Server 数据库又编写另一个程序等,程序员只需用 JDBC API 写一个程序就够了,它可向相应数据库发送 SQL 调用。同时,将 Java 语言和 JDBC 结合起来使程序员不必为不同的平台编写不同的应用程序,只需编写一遍程序就可以让它在任何平台上运行,这也是 Java 语言"一次编写,到处运行"的优势。

Java 语言自从 1995 年 5 月正式公布以来风靡全球,市面上出现大量的用 Java 语言编写的程序,其中也包括数据库应用程序。由于没有一个 Java 语言的 API,编程人员不得不在 Java 程序中加入 C 语言的开放数据库互连(Open Database Connectivity,ODBC)函数调用。这就使很多 Java 的优秀特性无法充分发挥,比如平台无关性、面向对象特性等。随着越来越多的编程人员对 Java 语言的日益喜爱,越来越多的公司在 Java 程序开发上投入的精力日益增加,对 Java 语言接口访问数据库 API 的要求越来越强烈。也由于 ODBC 的不足之处,如它并不容易使用,没有面向对象的特性等,Sun 公司决定开发以 Java 语言为接口的数据库应用程序开发接口。在 JDK 1.0 版本中,JDBC 只是一个可选部件,到了 JDK 1.1 公布时,SQL 类(也就是 JDBC API)就成为 Java 语言的标准部件。

JDBC 工作原理概述

简单地说,JDBC 能完成以下任务。

(1) 同一个数据库建立连接。
(2) 向数据库发送 SQL 语句。

（3）处理数据库返回的结果。

JDBC 结构如图 7-1 所示。

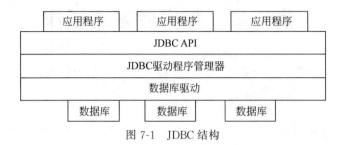

图 7-1 JDBC 结构

1. 应用程序

应用程序实现 JDBC 的连接、发送 SQL 语句，然后获取结果的功能，执行以下任务：向数据源请求建立连接；向数据源发送 SQL 请求；为结果集定义存储应用和数据类型；询问结果；处理错误；控制传输，提交操作；关闭连接。

2. JDBC API

JDBC API 是一个标准统一的 SQL 数据存取接口。JDBC API 为 Java 程序提供统一的操作各种数据库的接口。程序员编程时，不用关心它所要操作的数据库是哪种数据库，从而提高了软件的通用性。只要系统中安装了正确的驱动器组件，JDBC 应用程序就可以访问其相关的数据库。

3. JDBC 驱动程序管理器

JDBC 驱动程序管理器的主要作用是代表用户的应用程序调入特定驱动程序，要完成的任务包括：为特定数据库定位驱动程序；处理 JDBC 初始化调用等。

4. 驱动程序

驱动程序实现 JDBC 的连接，向特定数据源发送 SQL 声明，并且为应用程序获取结果。

5. 数据库

数据库是应用程序想访问的数据源（如 Oracle、Microsoft SQL Server 和 MySQL）。

7.2 通过 JDBC 驱动访问数据库

为了方便访问数据库，每个数据库厂商都提供了数据库的 JDBC 驱动程序，可以使用 DBMS 厂商提供的 JDBC 驱动器访问数据库。下面分别介绍如何通过 JDBC 驱动访问 MySQL、Microsoft SQL Server 数据库。

7.2.1 访问 MySQL 数据库及其应用实例

1. MySQL JDBC 驱动下载和配置

本书使用的是 MySQL 5.5，需下载支持 5.5 版本的 JDBC 驱动，其文件名是 mysql-connector-java-5.1.13-bin.jar。下载后可以把该文件放到任意目录下，这里假设是"D:\JSP 程序设计与项目实训教程（第 3 版）\ch07"。

如果开发 Java Web 项目使用的是 NetBeans、Eclipse 等，MySQL 的 JDBC 驱动配置如下。

1) 在 NetBeans 中配置 MySQL 的 JDBC 驱动

右击 NetBeans 项目 ch07 中的 WEB-INF，在弹出的快捷菜单中选择"新建"→"文件夹"命令，如图 7-2 所示，弹出如图 7-3 所示的新建文件夹对话框；在图 7-3 "文件夹名称"一栏中将文件夹命名为 lib，该文件夹所在的路径为"D:\JSP 程序设计与项目实训教程（第 3 版）\ch07\web\WEB-INF\lib"；然后把 JDBC 驱动复制到 lib 文件夹中。

图 7-2 新建文件夹命令

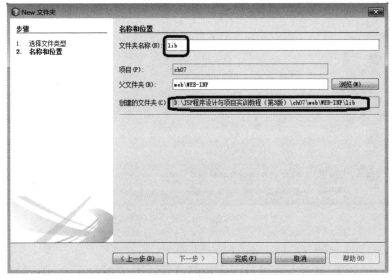

图 7-3 新建文件夹对话框

备注：使用工具开发项目时，一般都把所需的 JAR 文件放到 WEB-INF\lib 下，然后把需要的 JAR 文件导入库中。

右击 NetBeans 项目 ch07 中的"库"，在弹出的快捷菜单中选择"添加 JAR/文件夹"命令，如图 7-4 所示，弹出如图 7-5 所示的"添加 JAR/文件夹"对话框；找到 JDBC 驱动所在的位置(参考图 7-3)，找到所需的 JDBC 驱动后单击"打开"按钮，MySQL 的 JDBC 驱动配置即完成。

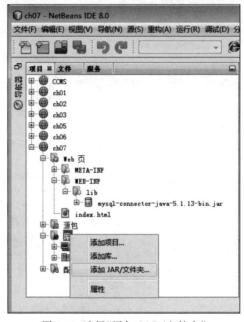

图 7-4　选择"添加 JAR/文件夹"

图 7-5　"添加 JAR/文件夹"对话框

2) 在 Eclipse 中配置 MySQL 的 JDBC 驱动

使用 Eclipse 新建项目 ch7 后，会自动在 WEB-INF 下面创建一个 lib 文件夹，只需把

JDBC 驱动复制到该 lib 文件夹中，然后右击 Eclipse 项目的 ch7，在弹出的快捷菜单中选择 Build Path→Configure Build Path，如图 7-6 所示，弹出如图 7-7 所示的对话框；在该对话框中选择选项卡 Libraries，单击 Add External JARs 按钮，找到 MySQL 的 JDBC 驱动所在位置，如图 7-8 所示；然后单击"打开"按钮，MySQL 的 JDBC 驱动在 Eclipse 中配置完成。

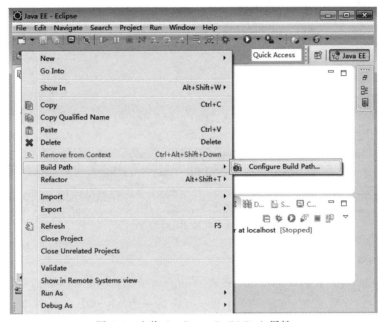

图 7-6　查找 Configure Build Path 属性

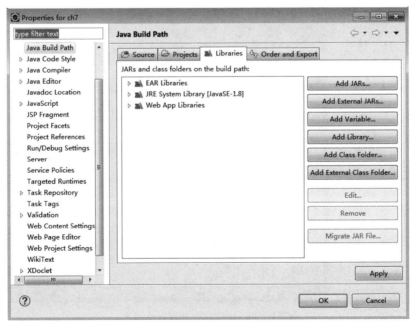

图 7-7　"添加 JAR 文件"对话框

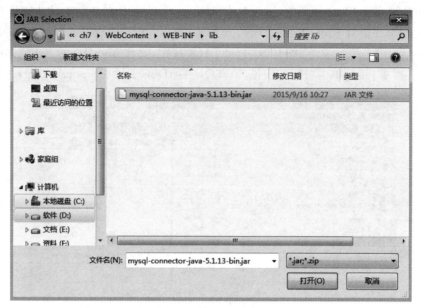

图 7-8 添加 JDBC 驱动

2. 使用 MySQL 建立数据库和表

使用 MySQL 建立数据库 student 和表 stuinfo。数据库、表以及表的字段名和字段类型如图 7-9 所示。安装完 MySQL 以后，最好再安装一个 MySQL 的插件 Navicat V8.2.12 For MySQL.exe，该插件能够在使用 MySQL 时提供可视化、友好的图形用户界面。

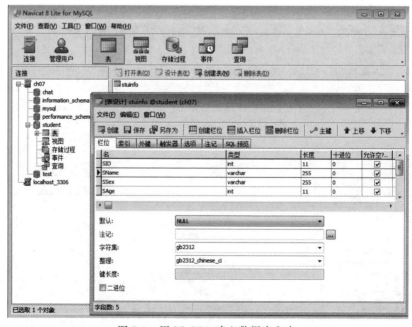

图 7-9 用 MySQL 建立数据库和表

3. 编写 JSP 文件访问数据库（accessMySQL.jsp）

【例 7-1】 使用 JDBC 驱动访问 MySQL 的 JSP 页面（accessMySQL.jsp）。

```jsp
<%@page import="java.sql.DriverManager"%>
<%@page import="java.sql.ResultSet"%>
<%@page import="java.sql.Statement"%>
<%@page import="java.sql.Connection"%>
<%@page contentType="text/html" pageEncoding="UTF-8"%>
<html>
    <head>
        <meta http-equiv="Content-Type" content="text/html; charset=UTF-8">
        <title>通过 MySQL 的 JDBC 驱动访问数据库</title>
    </head>
    <body bgcolor="pink">
        <h3 align="center">使用 MySQL 的 JDBC 驱动访问 MySQL 数据库</h3>
        <hr>
        <table border="1" bgcolor="#ccceee"  align="center">
           <tr>
               <th width="87" align="center">学号</th>
               <th width="87" align="center">姓名</th>
               <th width="87" align="center">性别</th>
               <th width="87" align="center">年龄</th>
               <th width="87" align="center">体重</th>
           </tr>
           <%
           Connection con=null;
           Statement stmt=null;
           ResultSet rs=null;
           Class.forName("com.mysql.jdbc.Driver");
           /*
               3306 为端口号,student 为数据库名,url 后面添加的？useUnicode=
               true&characterEncoding=gbk 用于处理向数据库中添加中文数据时出现
               乱码的问题。
            */
           String url="jdbc:mysql://localhost:3306/student?
                       useUnicode=true&characterEncoding=gbk";
           con=DriverManager.getConnection(url,"root","admin");
           stmt=con.createStatement();
           String sql="select * from stuinfo";
           rs=stmt.executeQuery(sql);
           while(rs.next()){
            %>
           <tr>
              <td><%=rs.getString("SID")%></td>
              <td><%=rs.getString("SName")%></td>
              <td><%=rs.getString("SSex")%></td>
              <td><%=rs.getString("SAge")%></td>
              <td><%=rs.getString("SWeight")%></td>
           </tr>
           <%
```

```
            }
            rs.close();
            stmt.close();
            con.close();
        %>
    </table>
    <hr>
    </body>
</html>
```

accessMySQL.jsp 的运行效果如图 7-10 所示。

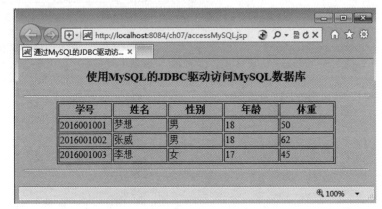

图 7-10 accessMySQL.jsp 的运行效果

7.2.2 访问 Microsoft SQL Server 2000 数据库及其应用实例

通过JDBC访问Microsoft SQL Server数据库

1. Microsoft SQL Server JDBC 驱动下载和配置

如果需要使用 Microsoft SQL Server 2000 数据库，可在微软网站下载 SQL Server 2000 Driver for JDBC。安装后会在安装路径中得到 3 个 SQL Server 驱动所需的 JAR 文件，如图 7-11 所示。

图 7-11 SQL Server 驱动所需的 JAR 文件

如果开发 Java Web 项目使用的是 NetBeans 或者 Eclipse,在其中加载 SQL Server 2000 的 JDBC 驱动的方法和加载 MySQL 的 JDBC 驱动方法相似,只是使用 Microsoft SQL Server 2000 JDBC 驱动时,需要同时加载 lib 包下的 3 个 JAR 文件,这里不再详述。

2. 使用 Microsoft SQL Server 建立数据库和表

本例使用 SQL Server 2000 自带的 pubs 数据库。把登录模式设置为 Windows 和 SQL 混合登录模式,用户名为 sa,密码设置为空。本例将查询 pubs 中的 jobs 表,该表中的字段有 job_id、job_desc、min_lvl、max_lvl。jobs 表的字段名称以及数据类型如图 7-12 所示。

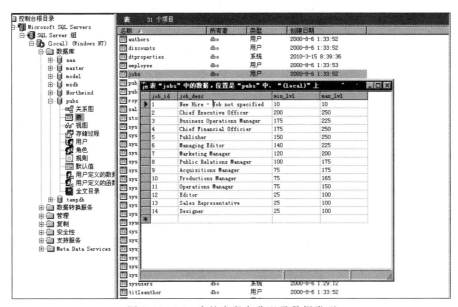

图 7-12　jobs 表的字段名称以及数据类型

登录模式和 sa 设置步骤如下。

1) 打开属性配置界面

单击"开始"→"所有程序"→Microsoft SQL Server→"企业管理器"命令,右击(local) (Windows NT),在弹出的快捷菜单中选择"属性"命令后进入属性配置界面,如图 7-13 所示。

2) 设置混合登录模式

在图 7-13 所示界面中的"身份验证"中选择"SQL Server 和 Windows[s]"单选按钮。

3) 添加系统管理员 sa

sa 是 SQL Server 默认的数据库管理员用户名。在图 7-13 所示界面中,选择"安全性",在图 7-14 中右击"登录",在弹出的快捷菜单中选择"新建登录"命令。单击"新建登录"后弹出图 7-15 所示对话框,在该对话框中输入用户名 sa,身份验证选择"SQL Server 身份验证"单选按钮,输入密码,选择要操作的数据库为 pubs。

4) 设置其他选项卡

在图 7-15 所示对话框中单击切换到"服务器角色"选项卡,选择数据库管理员身份为 System Administrators,如图 7-16 所示。

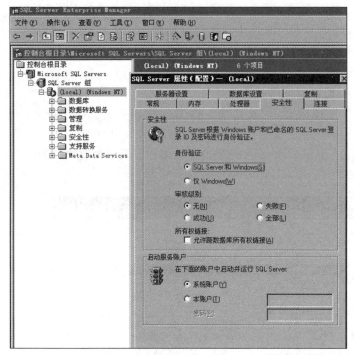

图 7-13 属性配置

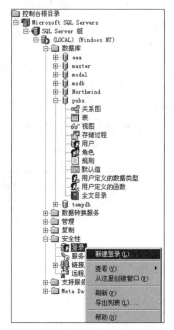

图 7-14 新建登录

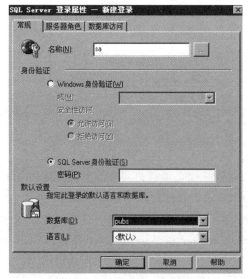

图 7-15 新建登录对话框

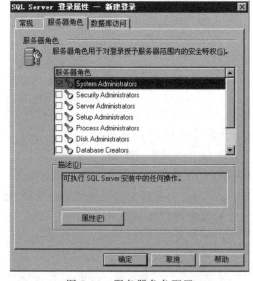

图 7-16 服务器角色配置

在图 7-15 所示对话框中单击切换到"数据库访问"选项卡,选择要访问的数据库名,并指定对该数据库所允许的操作,public 是公共操作,db_owner 是数据库所有者能够进行的操作,如图 7-17 所示。

3. 编写 JSP 文件访问数据库(accessSQLServer.jsp)

【例 7-2】 使用 JDBC 驱动访问 SQL Server 2000 的 JSP 页面(accessSQLServer.jsp)。

图 7-17　数据库访问配置

```
<%@page import="java.sql.*"%>
<%@page contentType="text/html" pageEncoding="UTF-8"%>
<html>
    <head>
        <meta http-equiv="Content-Type" content="text/html; charset=UTF-8">
        <title>通过 SQL Server 的 JDBC 驱动访问数据库</title>
    </head>
    <body>
        <center>
         <br><br><br>
         <h2>欢迎使用 SQL Server 的 JDBC 驱动访问 SQL Server 数据库</h2>
         <hr>
         <table border=2  bgcolor="ccceee"  align="center">
            <tr>
                <td>job_id</td>
                <td>job_desc</td>
                <td>min_lvl</td>
                <td>max_lvl</td>
            </tr>
          <%
            Class.forName("com.microsoft.jdbc.sqlserver.SQLServerDriver");
            //url,其中 pubs 为要访问的数据库
            String url="jdbc:microsoft:sqlserver://localhost:1433;DatabaseName=pubs";
            String user="sa";
            String password="";
            Connection conn=
                    DriverManager.getConnection(url,user,password);
            Statement stmt=conn.createStatement();
            String sql="select top 6 * from jobs";
```

```
            ResultSet rs=stmt.executeQuery(sql);
            while(rs.next()){
        %>
          <tr>
             <td><%=rs.getString("job_id")%></td>
             <td><%=rs.getString("job_desc")%></td>
             <td><%=rs.getString("min_lvl")%></td>
             <td><%=rs.getString("max_lvl")%></td>
          </tr>
        <%
            }
            rs.close();
            stmt.close();
            conn.close();
        %>
        </table>
        <hr>
      </center>
   </body>
</html>
```

accessSQLServer.jsp 的运行效果如图 7-18 所示。

图 7-18　accessSQLServer.jsp 的运行效果

7.2.3　访问 Microsoft SQL Server 2008 数据库及其应用实例

1. Microsoft SQL Server JDBC 驱动下载和配置

如果使用 Microsoft SQL Server 2008 数据库，可在微软网站下载 Microsoft JDBC Driver 4.0 for SQL Server。下载解压后得到两个 SQL Server 2008 驱动所需的 JAR 文件，如图 7-19 所示。

如果开发 Java Web 项目使用的是 NetBeans 或者 Eclipse，在其中加载 SQL Server 2008 的 JDBC 驱动的方法与加载 MySQL 驱动的方法相似，不过在使用 Microsoft JDBC Driver 4.0 for SQL Server 驱动时，只需要在库中加载 sqljdbc4.jar 文件，如图 7-20 所示。

图 7-19　SQL Server 2008 驱动所需的 JAR 文件

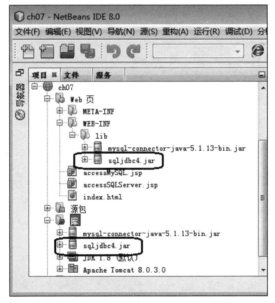

图 7-20　在库中加载 sqljdbc4.jar 文件

2. 使用 Microsoft SQL Server 2008 建立数据库和表

要使用的数据库、表以及表的字段和表中数据如图 7-21、图 7-22 所示。

登录模式和 sa 设置步骤如下。

1）打开属性配置界面

单击"开始"→"所有程序"→Microsoft SQL Server 2008→SQL Server Management Studio 命令，如图 7-23 所示，弹出如图 7-24 所示的"连接到服务器"对话框；选择服务器名称和身份验证后单击"连接"按钮，弹出如图 7-25 所示的管理界面；右击其中的服务器名称，弹出如图 7-26 所示的快捷菜单，单击"属性"命令后弹出图 7-27。

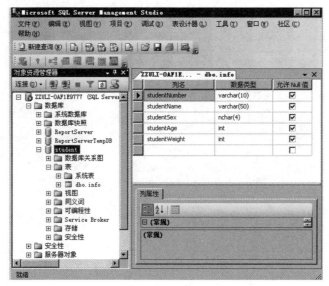

图 7-21 数据库、表以及表的字段

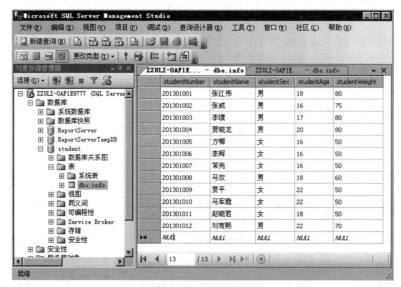

图 7-22 表中数据

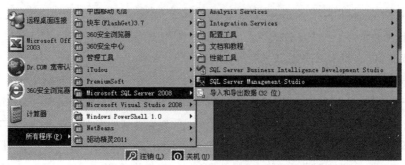

图 7-23 选择 SQL Server Management Studio

图 7-24 "连接到服务器"对话框

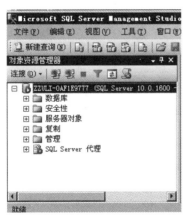

图 7-25 管理界面

图 7-26 服务器属性快捷菜单

2) 设置混合登录模式

在图 7-27 中,单击"选择页"中的"安全性"后选中"SQL Server 和 Windows 身份验证模式"单选按钮。

3) 登录设置

sa 是 SQL Server 默认的数据库管理员用户名。在图 7-25 中,单击"安全性"→"登录名",右击 sa 弹出快捷菜单,如图 7-28 所示;在其中选择"属性",弹出图 7-29;在其中设置数据库连接密码,选择要操作的数据库为 student。

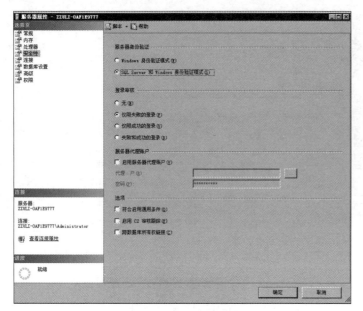
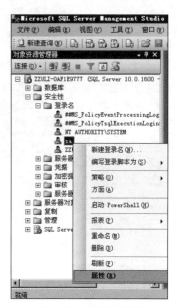

图 7-27 设置混合登录模式　　　　　　　图 7-28 选择"属性"

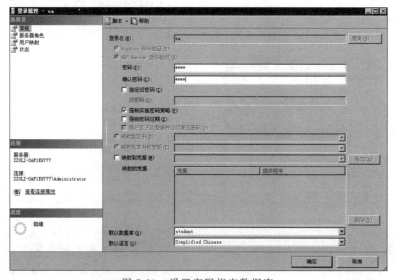

图 7-29 设置密码指定数据库

3. 编写 JSP 文件访问数据库（accessSQLServer2008.jsp）

【例 7-3】 使用 JDBC 驱动访问 SQL Server 2008 的 JSP 页面（accessSQLServer2008.jsp）。

```
<%@page import="java.sql.*"%>
<%@page contentType="text/html" pageEncoding="UTF-8"%>
<html>
    <head>
        <meta http-equiv="Content-Type" content="text/html; charset=UTF-8">
```

```html
            <title>通过JDBC驱动访问SQL Server 2008</title>
        </head>
        <body>
            <center>
                <br><br><br>
                <h2>使用JDBC驱动访问SQL Server 2008数据库</h2>
                <hr>
                <table border=2  bgcolor="ccceee"  align="center">
                    <tr>
                        <th>学号</th>
                        <th>姓名</th>
                        <th>性别</th>
                        <th>年龄</th>
                        <th>体重</th>
                    </tr>
                <%
                    //SQL Server 2008的驱动名和SQL Server 2000的驱动名不一样,请比较
                    Class.forName("com.microsoft.sqlserver.jdbc.SQLServerDriver");
                    //SQL Server 2008的URL和SQL Server 2000的URL不一样,请比较
                    String url="jdbc:sqlserver://localhost:1433;databasename=student";
                    String user="sa";            //数据库登录用户名
                    String password="root";      //数据库登录密码
                    Connection conn=
                    DriverManager.getConnection(url,user,password);
                    Statement stmt=conn.createStatement();
                    String sql="select * from info";
                    ResultSet  rs=stmt.executeQuery(sql);
                    while(rs.next()){
                %>
                    <tr>
                        <td><%=rs.getString("studentNumber")%></td>
                        <td><%=rs.getString("studentName")%></td>
                        <td><%=rs.getString("studentSex")%></td>
                        <td><%=rs.getString("studentAge")%></td>
                        <td><%=rs.getString("studentWeight")%></td>
                    </tr>
                <%
                    }
                    rs.close();
                    stmt.close();
                    conn.close();
                %>
                </table>
                <hr>
            </center>
        </body>
</html>
```

accessSQLServer2008.jsp的运行效果如图7-30所示。

使用JDBC驱动访问SQL Server 2008数据库

学号	姓名	性别	年龄	体重
201301001	张江伟	男	18	80
201301002	张威	男	16	75
201301003	李璞	男	17	80
201301004	贾晓龙	男	20	80
201301005	方哪	女	16	50
201301006	李辉	女	16	50
201301007	常亮	女	16	50
201301008	马欢	男	18	60
201301009	贾平	女	22	50
201301010	马军霞	女	22	50
201301011	赵晓君	女	18	50
201301012	刘育熙	男	22	70

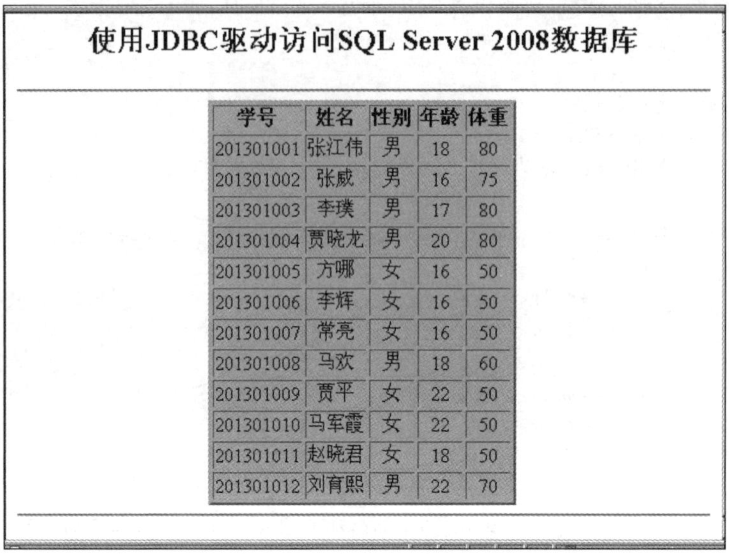

图 7-30　accessSQLServer2008.jsp 的运行效果

7.3　查询数据库及其应用实例

查询数据库及其应用实例

数据查询是数据库的一项基本操作,通常使用 SQL(Structure Query Language,结构化查询语言)语句和 ResultSet 对记录进行查询。查询数据库的方法有很多,可以分为顺序查询、带参数查询、模糊查询、查询分析等。

SQL 是标准的结构化查询语言,可以在任何数据库管理系统中使用,因此被普遍使用,其查询语句的语法格式如下:

```
select list from table
[where search_condition]
[group by group_by_expression] [having search_condition]
[order by order_expression [asc/desc] ];
```

各参数的含义如下所示。

(1) list:目标列表达式。用来指明要查询的列名,或是有列名参与的表达式。用 * 代表所有列。如果不同表中有相同列,需要用“表名.列名”的方式指明该列来自哪张表。

(2) table:指定要查询的表名称。可以是一张表也可以是多张表。

(3) search_condition:查询条件表达式,用来设定查询的条件。

(4) group_by_expression:分组查询表达式。按表达式条件将记录分为不同的记录组参与运算,通常与目标列表达式中的函数配合使用,实现分组统计的功能。

(5) order_expression:排序查询表达式。按指定表达式的值来对满足条件的记录进行排序,默认是升序(asc)。

SQL 中的查询语句除了可以实现单表查询以外,还可以实现多表查询和嵌套查询,使用起来比较灵活,可以参考其他资料了解较复杂的查询方式。

JDBC 提供 3 种接口实现 SQL 语句的发送执行,分别是 Statement、PreparedStatement

和 CallableStatement。Statement 接口的对象用于执行简单的不带参数的 SQL 语句；PreparedStatement 接口的对象用于执行带有 IN 类型参数的预编译过的 SQL 语句；CallableStatement 接口的对象用于执行一个数据库的存储过程。PreparedStatement 继承了 Statement，而 CallableStatement 又从 PreparedStatement 继承而来。通过上述对象发送 SQL 语句，由 JDBC 提供的 ResultSet 接口对结果集中的数据进行操作。下面分别对 JDBC 中执行发送 SQL 语句以及实现结果集操作的接口进行介绍。

1. Statement

使用 Statement 发送要执行的 SQL 语句前首先要创建 Statement 实例对象，然后根据参数 type、concurrency 的取值情况设置返回不同类型的结果集。语法格式如下：

```
Statement stmt=con.createStatement(type,concurrency);
```

其中，type 属性用来设置结果集的类型。type 属性有 3 种取值：取值为 ResultSet.TYPE_FORWORD_ONLY 时，代表结果集的记录指针只能向下滚动；取值为 ResultSet.TYPE_SCROLL_INSENSITIVE 时，代表结果集的记录指针可以上下滚动，数据库变化时，当前结果集不变；取值为 ResultSet.TYPE_SCROLL_SENSITIVE 时，代表结果集的记录指针可以上下滚动，数据库变化时，结果集随之变化。

Concurrency 属性用来设置结果集更新数据库的方式。它也有两种取值：当 Concurrency 属性取值为 ResultSet.CONCUR_READ_ONLY 时，代表不能用结果集更新数据库中的表；而当 Concurrency 属性的取值为 ResultSet.CONCUR_UPDATETABLE 时，代表可以更新数据库。

Statement 还提供了一些操作结果集的方法，表 7-1 列出了 Statement 的一些常用方法。

表 7-1 Statement 的常用方法

方 法	说 明
executeQuery()	用来执行查询
executeUpdate()	用来执行更新
execute()	用来执行动态的未知操作
setMaxRow()	设置结果集容纳的最多行数
getMaxRow()	获取结果集的最多行数
setQueryTimeOut()	设置一个语句执行的等待时间
getQueryTimeOut()	获取一个语句的执行等待时间
close()	关闭 Statement 对象，释放其资源

2. PreparedStatement

PreparedStatement 可以将 SQL 语句传给数据库做预编译处理，即在执行的 SQL 语句中包含一个或多个 IN 参数，可以通过设置 IN 参数值多次执行 SQL 语句，而不必重新编译 SQL 语句，这样可以大大提高执行 SQL 语句的速度。

所谓 IN 参数就是指那些在 SQL 语句创建时尚未指定值的参数，在 SQL 语句中 IN 参数用"?"号代替。

例如：

```
PreparedStatement pstmt=connection.preparedStatement("SELECT * FROM student
where 年龄>=? and 性别=? ");
```

这个 PreparedStatement 对象用来查询表中符合指定条件的信息，在执行查询之前必须对每个 IN 参数进行设置，设置 IN 参数的语法格式如下：

```
pstmt.set×××(position,value);
```

其中，×××为要设置数据的类型，position 为 IN 参数在 SQL 语句中的位置，value 指该参数被设置的值。

例如：

```
pstmt.setInt(1,20);
```

> **想一想**：SQL 注入攻击是黑客攻击 Web 应用的常用手段之一。除了黑客，还有红客、蓝客、骇客、灰客等，你如何看待他们的行为？

【例 7-4】 利用 PreparedStatement 对象查询 info 表信息（PreparedStatementSQL.jsp）。

```jsp
<%@page import="java.sql.*"%>
<%@page contentType="text/html" pageEncoding="UTF-8"%>
<html>
    <head>
        <meta http-equiv="Content-Type" content="text/html; charset=UTF-8">
        <title>PreparedStatement 类的使用</title>
    </head>
    <body>
        <br>
        <br>
        <center>
            <h2>使用 PreparedStatement 类访问 SQL Server 2008</h2>
            <hr>
        <table border=2  bgcolor="ccceee"  align="center">
            <tr>
                <th>学号</th>
                <th>姓名</th>
                <th>性别</th>
                <th>年龄</th>
                <th>体重</th>
            </tr>
            <%
                //2008
                Class.forName("com.microsoft.sqlserver.jdbc.SQLServerDriver");
                String url="jdbc:sqlserver://localhost:1433;databasename=student";
                String user="sa";
                String password="root";
                Connection conn=DriverManager.getConnection(url,user,password);
                String sql="select * from  info where studentAge>=? and
                studentAge<=?";
```

```
            PreparedStatement stmt=conn.prepareStatement(sql);
            stmt.setInt(1,18);
            stmt.setInt(2,20);
            ResultSet rs=stmt.executeQuery();
            while(rs.next()){
       %>
           <tr>
              <td><%=rs.getString("studentNumber")%></td>
              <td><%=rs.getString("studentName")%></td>
              <td><%=rs.getString("studentSex")%></td>
              <td><%=rs.getString("studentAge")%></td>
              <td><%=rs.getString("studentWeight")%></td>
           </tr>
       <%
            }
            rs.close();
            stmt.close();
            conn.close();
       %>
          </table>
          <hr>
       </center>
    </body>
</html>
```

PreparedStatementSQL.jsp 的运行效果如图 7-31 所示。

图 7-31　PreparedStatementSQL.jsp 的运行效果

3. ResultSet

可以通过 ResultSet 提供的方法在结果集中进行滚动查询。常用的查询方法如表 7-2 所示。

表 7-2　ResultSet 常用的查询方法

方　　法	说　　明
next()	顺序查询数据
previous()	将记录指针向上移动,当移动到结果集第一行之前时返回 false
beforeFirst()	将记录指针移动到结果集的第一行之前

续表

方　　法	说　　明
afterLast()	将记录指针移动到结果集的最后一行之后
first()	将记录指针移动到结果集的第一行
last()	将记录指针移动到结果集的最后一行
isAfterLast()	判断记录指针是否到达结果集的最后一行之后
isFirst()	判断记录指针是否到达结果集的第一行
isLast()	判断记录指针是否到达结果集的最后一行
getRow()	返回当前记录指针所指向的行号，行号从 1 开始，如果没有结果集则返回结果为 0
absolute(int row)	将记录指针移动到指定的第 row 行中
close()	关闭 ResultSet 对象，并释放它所占用的资源

【例 7-5】 ResultSet 对象的游标滚动（ResultSetSQL.jsp）。

```
<%@page import="java.sql.*"%>
<%@page contentType="text/html" pageEncoding="UTF-8"%>
<html>
    <head>
        <meta http-equiv="Content-Type" content="text/html; charset=UTF-8">
        <title>ResultSet 方法使用</title>
    </head>
    <body>
        <h2>使用 ResultSet 方法访问 SQL Server 2008</h2>
        <hr>
        <table border="2" bgcolor="ccceee" align="center">
            <tr>
                <th>学号</th>
                <th>姓名</th>
                <th>性别</th>
                <th>年龄</th>
                <th>体重</th>
            </tr>
            <%
            //2008
            Class.forName("com.microsoft.sqlserver.jdbc.SQLServerDriver");
            String url="jdbc:sqlserver://localhost:1433;databasename=student";
            String user="sa";
            String password="root";
            Connection conn=DriverManager.getConnection(url,user,password);
            Statement stmt=conn.createStatement(
            ResultSet.TYPE_SCROLL_SENSITIVE,
            ResultSet.CONCUR_READ_ONLY);
            String sql="select * from info";
            ResultSet rs=stmt.executeQuery(sql);
            rs.last();
```

```
            rs.afterLast();
            while(rs.previous()){

        %>
        <tr>
            <td><%=rs.getString("studentNumber")%></td>
            <td><%=rs.getString("studentName")%></td>
            <td><%=rs.getString("studentSex")%></td>
            <td><%=rs.getString("studentAge")%></td>
            <td><%=rs.getString("studentWeight")%></td>
        </tr>
        <%
            }
            rs.close();
            stmt.close();
            conn.close();
        %>
    </table>
        <hr>
   </center>
  </body>
</html>
```

ResultSetSQL.jsp 的运行效果如图 7-32 所示。

使用ResultSet方法访问SQL Server 2008

学号	姓名	性别	年龄	体重
201301012	刘育熙	男	22	70
201301011	赵晓君	女	18	50
201301010	马军霞	女	22	50
201301009	贾平	女	22	50
201301008	马欢	男	18	60
201301007	常亮	女	16	50
201301006	李辉	女	16	50
201301005	方哪	女	16	50
201301004	贾晓龙	男	20	80
201301003	李璞	男	17	80
201301002	张威	男	16	75
201301001	张江伟	男	18	80

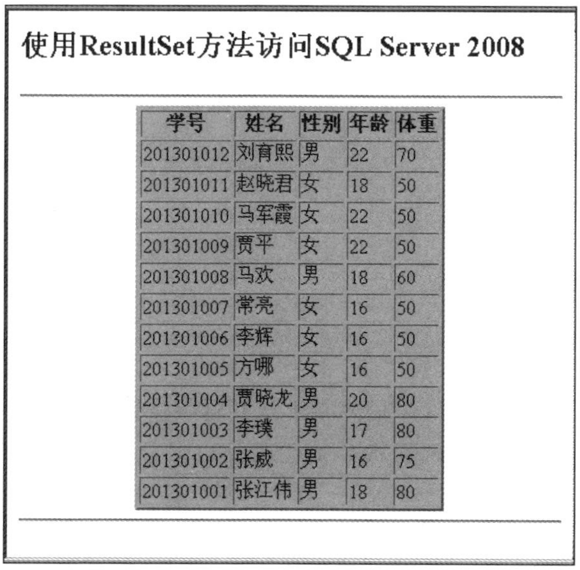

图 7-32　ResultSetSQL.jsp 的运行效果

7.4　更新数据库(增、删、改)及其应用实例

更新数据库
(增、删、改)

更新数据库是数据库的基本操作,因为数据库中的数据是不断变化的。通过执行增加、修改、删除操作,可以使数据库中的数据保持动态更新。

1. 添加操作

在 SQL 中,使用 insert 语句可以将新行添加到表或视图中,其语法格式如下:

```
insert into table_name column_list values({default|null|expression} [,…n]);
```

其中,table_name 指定将要插入数据的表或 table 变量的名称;column_list 是要在其中插入数据的一列或多列的列表,必须用圆括号将 column_list 括起来,并且用逗号进行分隔;values({default|null|expression}[,…n])引入要插入数据值的列表。对 column_list(如果已指定)中或者表中的每个列,都必须有一个数据值,且必须用圆括号将值列表括起来。如果 values 列表中的值与表中列的顺序不相同,或者未包含表中所有列的值,那么必须使用 column_list 明确地指定存储每个传入值的列。

例如,在学生信息表中添加一个学生的信息('00001','david','male'),则对应的 SQL 语句应为

```
insert into student values('00001','david','male');
```

2. 修改操作

SQL 中的更新语句是 update 语句,其语法格式如下:

```
update table_name set column_name= expression[,column_name1=expression]
[where search_condition];
```

其中,table_name 用来指定需要更新的表的名称;set column_name＝expression[,column_name1＝expression]指定要更新的列或变量名称的列表,column_name 指定要更改数据列的名称;where search_condition 指定条件来限定所要更新的行。

例如,修改所有学生的年龄,将年龄都增加一岁,则对应的 SQL 语句应为

```
update student set 年龄=年龄+1;
```

3. 删除操作

在 SQL 中,使用 delete 语句删除数据表中的行,其语法格式如下:

```
delete from table_name [where search_condition];
```

其中,table_name 用来指定表;where 用来指定限制删除操作的条件。如果没有提供 where 子句,则 delete 删除表中的所有记录。

例如,要从学生信息表中删除学号为 00001 的学生信息,则对应的 SQL 语句应为

```
delete from stuInfo where 学号='000001';
```

4. 应用实例

本例使用 SQL Server 2008 数据库,数据库、表以及表中记录参考图 7-21 和图 7-22。本例有一个添加学生信息页面(input.jsp),效果如图 7-33 所示。

在图 7-33 所示页面中输入信息。单击"提交"按钮后请求提交到 inputcheck.jsp 页面,inputCheck.jsp 页面中实现了对数据的添加、更改和删除操作,数据更新后的页面如图 7-34 所示。

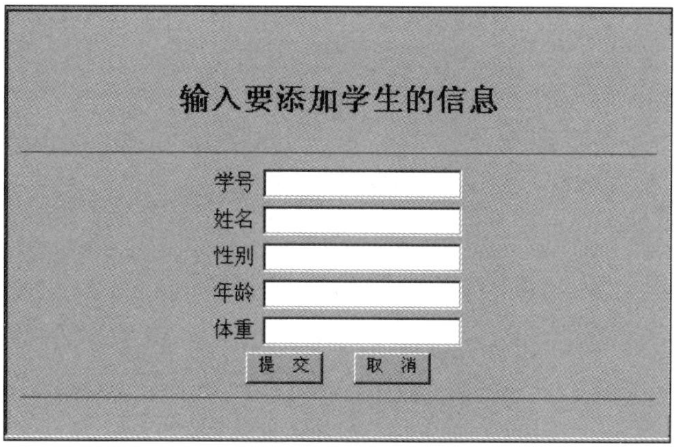

图 7-33　添加学生信息页面

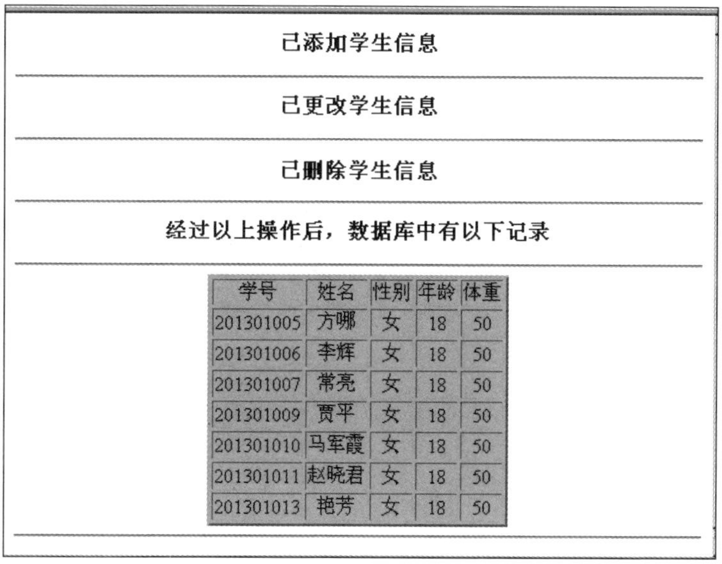

图 7-34　数据更新后的页面

【例 7-6】 添加学生信息页面(input.jsp)。

```
<%@page contentType="text/html" pageEncoding="UTF-8"%>
<html>
    <head>
        <meta http-equiv="Content-Type" content="text/html; charset=UTF-8">
        <title>JSP 中更新数据库</title>
    </head>
    <body bgcolor="CCCFFF">
      <br><br>
      <center>
          <form action="inputCheck.jsp" method="post">
              <h2>输入要添加学生的信息</h2>
              <hr>
```

```html
                <table border="0" width="200">
                    <tr>
                        <td>学号</td>
                        <td><input type="text" name="studentNumber"></td>
                    </tr>
                    <tr>
                        <td>姓名</td>
                        <td><input type="text" name="studentName"></td>
                    </tr>
                    <tr>
                        <td>性别</td>
                        <td><input type="text" name="studentSex" ></td>
                    </tr>
                    <tr>
                        <td>年龄</td>
                        <td><input type="text" name="studentAge"></td>
                    </tr>
                    <tr>
                        <td>体重</td>
                        <td><input type="text" name="studentWeight"></td>
                    </tr>
                    <tr align="center">
                        <td colspan="2">
                            <input name="sure" type="submit" value="提  交">
                                
                            <input name="clear" type="reset" value="取  消">
                        </td>
                    </tr>
                </table>
                <hr>
            </form>
        </center>
    </body>
</html>
```

【例 7-7】 处理数据页面（inputCheck.jsp）。

```jsp
<%@page import="java.sql.*"%>
<%@page contentType="text/html" pageEncoding="UTF-8"%>
<html>
    <head>
        <meta http-equiv="Content-Type" content="text/html; charset=UTF-8">
        <title>数据更新后的页面</title>
    </head>
    <body>
        <center>
            <h3>已添加学生信息</h3>
            <hr>
            <%
                String studentNumber=request.getParameter("studentNumber");
                byte b[]=studentNumber.getBytes("ISO-8859-1");
```

```jsp
        studentNumber=new String(b,"UTF-8");
        String studentName=request.getParameter("studentName");
        byte b1[]=studentName.getBytes("ISO-8859-1");
        studentName=new String(b1,"UTF-8");
        String studentSex=request.getParameter("studentSex");
        byte b2[]=studentSex.getBytes("ISO-8859-1");
        studentSex=new String(b2,"UTF-8");
        String studentAge=request.getParameter("studentAge");
        byte b3[]=studentAge.getBytes("ISO-8859-1");
        studentAge=new String(b3,"UTF-8");
        String studentWeight=request.getParameter("studentWeight");
        byte b4[]=studentWeight.getBytes("ISO-8859-1");
        studentWeight=new String(b4,"UTF-8");
        Class.forName("com.microsoft.sqlserver.jdbc.SQLServerDriver");
        String url="jdbc:sqlserver://localhost:1433;databasename=student";
        String user="sa";
        String password="root";
        Connection conn=DriverManager.getConnection(url,user,password);
        Statement stmt=conn.createStatement();
        String sql="insert into info
        values('"+studentNumber+"','"+studentName+"','"+studentSex+"','"+
        studentAge+","+studentWeight+")";
        stmt.executeUpdate(sql) ;
        stmt.close();
        conn.close();
%>
<h3>已更改学生信息</h3>
<hr>
<%
    Class.forName("com.microsoft.sqlserver.jdbc.SQLServerDriver");
    String url1="jdbc:sqlserver://localhost:1433;databasename=student";
    String user1="sa";
    String password1="root";
    Connection conn1=
    DriverManager.getConnection(url1,user1,password1);
    Statement stmt1=conn1.createStatement();
    String sql1="update info set studentAge=18";
    stmt1.executeUpdate(sql1) ;
    stmt1.close();
    conn1.close();
%>
<h3>已删除学生信息</h3>
<hr>
<%
    Class.forName("com.microsoft.sqlserver.jdbc.SQLServerDriver");
    String url2="jdbc:sqlserver://localhost:1433;databasename=student";
    String user2="sa";
    String password2="root";
    Connection conn2=
    DriverManager.getConnection(url2,user2,password2);
    Statement stmt2=conn2.createStatement();
```

```
            String sql2="delete from info where studentSex='男'";
            stmt2.executeUpdate(sql2);
            stmt2.close();
            conn2.close();
        %>
        <h3>经过以上操作后,数据库中有以下记录</h3>
        <hr>
        <table border=2 bgcolor="cccccc"  align="center">
            <tr>
                <td>学号</td>
                <td>姓名</td>
                <td>性别</td>
                <td>年龄</td>
                <td>体重</td>
            </tr>
            <%
                Class.forName(
                "com.microsoft.sqlserver.jdbc.SQLServerDriver");
                String url3="jdbc:sqlserver://localhost:1433;databasename=
                student";
                String user3="sa";
                String password3="root";
                Connection conn3=
                DriverManager.getConnection(url3,user3,password3);
                Statement stmt3=conn3.createStatement();
                String sql3="select * from info";
                ResultSet rs=stmt3.executeQuery(sql3);
                while(rs.next()){
            %>
            <tr>
                <td><%=rs.getString("studentNumber")%></td>
                <td><%=rs.getString("studentName")%></td>
                <td><%=rs.getString("studentSex")%></td>
                <td><%=rs.getString("studentAge")%></td>
                <td><%=rs.getString("studentWeight")%></td>
            </tr>
            <%
                }
                rs.close();
                stmt3.close();
                conn3.close();
            %>
        </table>
        <hr>
    </center>
  </body>
</html>
```

7.5 JSP 在数据库应用中的常见问题

JSP 在数据库应用中的常见问题

7.5.1 JSP 的分页技术及其应用实例

在实际应用中,有时从数据库中查询得到的记录特别多,甚至超过了显示器屏幕范围,这时可将结果分页显示。本例使用的数据库以及表是 7.4 节使用的 student 数据库和 info 表。

假设总记录数为 intRowCount,每页显示记录的数量为 intPageSize,总页数为 intPageCount,那么总页数的计算公式如下:

如果(intRowCount ％ intPageSize)＞0,则 intPageCount＝intRowCount/intPageSize＋1;

如果(intRowCount ％ intPageSize)＝0,则 intPageCount＝intRowCount/intPageSize。

翻页后显示第 intPage 页的内容,将记录指针移动到(intPage－1)＊intPageSize＋1。

本实例使用的是 MySQL 数据库,数据库、表以及表的字段和类型如图 7-9 所示。

【例 7-8】 分页显示实例(pageBreak.jsp)。

```
<%@page import="java.sql.*"%>
<%@page contentType="text/html" pageEncoding="UTF-8"%>
<!DOCTYPE html>
<html>
    <head>
        <meta http-equiv="Content-Type" content="text/html; charset=UTF-8">
        <title>分页实例</title>
    </head>
    <body bgcolor="CCBBDD">
        <center>
            分页显示记录内容
            <hr>
            <table border="1"  width="50%" bgcolor="cccfff"  align="center">
                <tr>
                    <th>学号</th>
                    <th>姓名</th>
                    <th>性别</th>
                    <th>年龄</th>
                    <th>体重</th>
                </tr>
                <%
                    Class.forName("com.mysql.jdbc.Driver");
                    String url="jdbc:mysql://localhost:3306/student?
                        useUnicode=true&characterEncoding=gbk";
                    String user="root";
                    String password="root";
                    Connection conn=DriverManager.getConnection
                        (url,user,password);
                    int intPageSize;                     //一页显示的记录数
                    int intRowCount;                     //记录总数
                    int intPageCount;                    //总页数
```

```jsp
            int intPage;                                //待显示页码
            String strPage;
            int i;
            intPageSize =2;                             //设置一页显示的记录数
            strPage=request.getParameter("page");       //取得待显示页码
            if(strPage==null){
            //表明 page 的参数值为空,此时显示第一页数据
                intPage=1;
            } else{
                //将字符串转换成整型
                intPage=java.lang.Integer.parseInt(strPage);
                if(intPage<1)
                    intPage=1;
            }
            Statement stmt=conn.createStatement(
                    ResultSet.TYPE_SCROLL_SENSITIVE,
                    ResultSet.CONCUR_READ_ONLY);
            String  sql="select * from stuinfo";
            ResultSet   rs=stmt.executeQuery(sql);
            rs.last();                          //光标指向查询结果集中最后一条记录
            intRowCount=rs.getRow();        //获取记录总数
            intPageCount=(intRowCount+intPageSize-1) / intPageSize;
            //计算总页数
            if(intPage>intPageCount)
                intPage=intPageCount;       //调整待显示的页码
            if(intPageCount>0){
                rs.absolute((intPage-1) * intPageSize+1);
            //将记录指针定位到待显示页的第一条记录上
            //显示数据
            i=0;
            while(i<intPageSize && !rs.isAfterLast()){
        %>
        <tr>
            <td><%=rs.getString("SID")%></td>
            <td><%=rs.getString("SName")%></td>
            <td><%=rs.getString("SSex")%></td>
            <td><%=rs.getString("SAge")%></td>
            <td><%=rs.getString("SWeight")%></td>
        </tr>
        <%
            rs.next();
            i++;
            }
          }
        %>
    </table>
    <hr>
    <div align="center">
        第<%=intPage%>页 共<%=intPageCount%>页
        <%
            if(intPage<intPageCount){
```

```
            %>
            <a href="pageBreak.jsp? page=<%=intPage+1%>">下一页</a>
            <%
              }
              if(intPage>1){
            %>
            <a href="pageBreak.jsp? page=<%=intPage-1%>">上一页</a>
            <%
              }
                rs.close();
                stmt.close();
                conn.close();
            %>
          </div>
        </center>
    </body>
</html>
```

pageBreak.jsp 的运行效果如图 7-35 所示。

图 7-35　pageBreak.jsp 的运行效果

7.5.2　MySQL 数据库访问中常见中文乱码处理方式

在使用 MySQL 数据库时若出现中文乱码可以通过以下几种方式来解决。

1. 安装 MySQL 时设置编码方式

在安装 MySQL 时设置编码方式为 gb2312 或者 UTF-8，如图 7-36 所示。

2. 创建数据库时设置字符集和整理

在创建数据库时将字符集和整理都设置为 gb2312，如图 7-37 所示。

3. 创建数据表时设置字符集和整理

创建表时如果有字段需要输入中文，也需要把该字段的字符集和整理设置为 gb2312，如图 7-38 所示。

4. 传参数

获取连接时通过传递参数设置数据库的编码方式，即在数据库 url 后面指定编码方式，方法如下：

```
jdbc:mysql://localhost/student? ? useUnicode=true&characterEncoding=gbk。
```

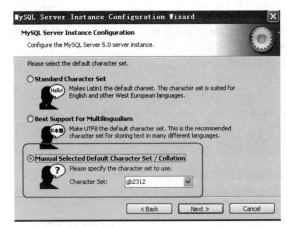

图 7-36　安装 MySQL 时设置 Character Set 为 gb2312 或者 UTF-8

图 7-37　设置数据库的编码方式

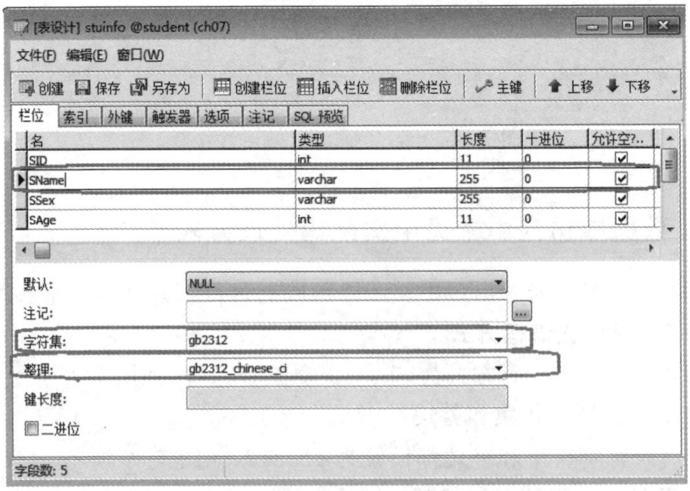

图 7-38　设置数据表的编码方式

> **想一想**：随着互联网应用的普及，互联网安全问题日益凸显，商业机密信息、个人隐私信息的泄露问题日益严重。2017 年《中华人民共和国网络安全法》开始实施，2018 年欧盟 GDPR（General Data Protection Regulation）生效，均为遏制个人信息被滥用、保护个人隐私提供了法律依据。你认为软件工程师在用户数据使用和保护方面应该承担什么样的社会责任？

5. 代码转换

把中文转换为标准的字符编码格式。

例如：

```
String name=request.getParameter("StudentName");
Byte b[]=name.getBytes("ISO-8859-1");
name=new String(b,"UTF-8");
```

或者

```
String name=new
String(request.getParameter("StudentName ").getBytes("ISO-8859-1"),"UTF-8");
```

备注：在处理访问 MySQL 数据库出现的中文乱码问题时，应从上述方式 1 到方式 5 逐一尝试。有时不需要使用代码转换，使用后反而会出现乱码问题。另外，在实现登录功能时，如果使用的是 SQL Server 数据库，数据库中的数据和输入的数据明明一致但是提示用户名和密码不对或者无法登录，其中一个原因是在设计表时字段过长，这样数据后有空格，所以操作表时需要去掉空格，或者输入数据时后面加空格。一般建议去掉空格。

7.6 项目实训

学生信息管理系统设计与实现

7.6.1 项目描述

本项目是一个基于 MVC 设计模式的学生信息管理系统，系统主页面为 stuAdmin.jsp，该主页面由框架组成，子窗口页面分别为 top.jsp、left.jsp 和 bottom.jsp。系统实现对学生信息的添加、查询、修改和删除功能，项目所有页面均在文件夹 studentManage 中，项目所需的 JavaBean 和 Servlet 文件均在包 studentManage 中。项目使用的数据库是 MySQL，数据库、表以及表的字段如图 7-9 所示。项目的文件结构如图 7-39 所示。本项目分别使用 NetBeans 和 Eclipse 开发。

7.6.2 学习目标

本实训主要的学习目标是通过综合使用本章的知识点完成实训项目来巩固本章所学理论知识，为第 8 章和第 11 章的案例开发奠定基础。要求预习第 9 章和第 10 章的知识并在熟悉本章的基础上预习 MVC 设计模式及 JavaBean 和 Servlet 技术。

7.6.3 项目需求说明

本项目设计一个基于 MVC 设计模式的学生信息管理系统，该系统能够实现对学生信息的添加、查询、修改和删除功能。

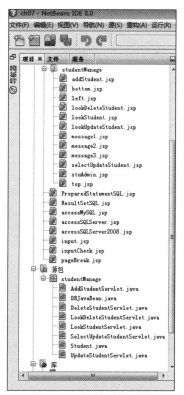

图 7-39 项目的文件结构

7.6.4 项目实现

1. 学生信息管理系统主页面功能的实现

系统主页面如图 7-40 所示。

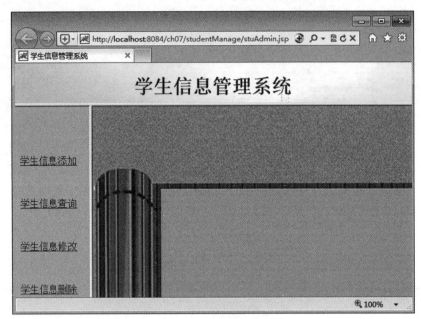

图 7-40 系统主页面

【例 7-9】 系统主页面(stuAdmin.jsp)。

```
<%@page contentType="text/html" pageEncoding="UTF-8"%>
<html>
    <head>
        <meta http-equiv="Content-Type" content="text/html; charset=UTF-8">
        <title>学生信息管理系统</title>
    </head>
    <frameset rows="90,*">
        <frame src="../studentManage/top.jsp" scrolling="no">
        <frameset cols="126,*">
            <frame src="../studentManage/left.jsp" scrolling="no">
            <frame src="../studentManage/bottom.jsp" name="main" scrolling="no">
        </frameset>
    </frameset>
</html>
```

主页面 stuAdmin.jsp 使用的框架由 3 个 JSP 页面构成，分别是 top.jsp、left.jsp 和 bottom.jsp，代码分别如下。

【例 7-10】 top.jsp 页面(top.jsp)。

```
<%@page contentType="text/html" pageEncoding="UTF-8"%>
<html>
```

```
    <head>
        <meta http-equiv="Content-Type" content="text/html; charset=UTF-8">
        <title>JSP Page</title>
    </head>
    <body background="../image/top.jpg" >
        <center>
            <h1>学生信息管理系统</h1>
        </center>
    </body>
</html>
```

【例 7-11】 left.jsp 页面(left.jsp)。

```
<%@page contentType="text/html" pageEncoding="UTF-8"%>
<html>
    <head>
        <meta http-equiv="Content-Type" content="text/html; charset=UTF-8">
        <title>JSP Page</title>
    </head>
    <body bgcolor="CCCFFF">
        <br><br><br>
        <p>
            <a href="addStudent.jsp" target="main">学生信息添加</a>
        </p>
        <br>
        <p>
            <a href="../LookStudentServlet" target="main">学生信息查询</a>
        </p>
        <br>
        <p>
            <a href="lookUpdateStudent.jsp" target="main">学生信息修改</a>
        </p>
        <br>
        <p>
            <a href="../LookDeleteStudentServlet" target="main">学生信息删除</a>
        </p>
    </body>
</html>
```

【例 7-12】 bottom.jsp 页面(bottom.jsp)。

```
<%@page contentType="text/html" pageEncoding="UTF-8"%>
<html>
    <head>
        <meta http-equiv="Content-Type" content="text/html; charset=UTF-8">
        <title>JSP Page</title>
    </head>
    <body background="../image/bottom.jpg">
    </body>
</html>
```

2. 学生信息添加功能的实现

单击图 7-40 所示页面中的"学生信息添加"后出现如图 7-41 所示的页面。参考 left.jsp 中的"<a href="addStudent.jsp" target="main">学生信息添加</a>"。超链接页面是 addStudent.jsp。

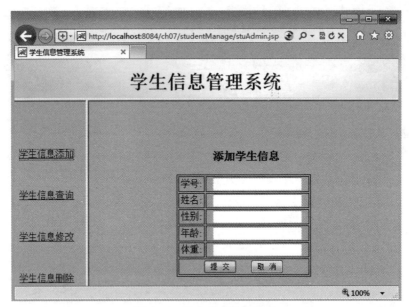

图 7-41　学生信息添加页面

【例 7-13】　addStudent.jsp 页面(addStudent.jsp)。

```jsp
<%@page contentType="text/html" pageEncoding="UTF-8"%>
<html>
    <head>
        <meta http-equiv="Content-Type" content="text/html; charset=UTF-8">
        <title>学生信息添加</title>
    </head>
    <body bgcolor="CCCFFF">
        <center>
            <br>
            <br>
            <br>
            <h3>  添加学生信息</h3>
            <form action="../AddStudentServlet"  method="get">
                <table border="1" width="230">
                    <tr>
                        <td>学号:</td>
                        <td><input type="text" name="studentNumber"/></td>
                    </tr>
                    <tr>
                        <td>姓名:</td>
                        <td><input type="text" name="studentName"/></td>
                    </tr>
```

```html
            <tr>
                <td>性别:</td>
                <td><input type="text" name="studentSex"/></td>
            </tr>
            <tr>
                <td>年龄:</td>
                <td><input type="text" name="studentAge"/></td>
            </tr>
            <tr>
                <td>体重:</td>
                <td><input type="text" name="studentWeight"/></td>
            </tr>
            <tr align="center">
                <td colspan="2">
                    <input name="sure" type="submit" value="提　交"/>
                        
                    <input name="clear" type="reset" value="取　消"/>
                </td>
            </tr>
          </table>
       </form>
    </center>
  </body>
</html>
```

在图 7-41 所示页面中输入数据后单击"提交"按钮，请求提交到 AddStudentServlet，即提交到 Servlet 文件处理数据并对下一步操作进行处理，如图 7-42 所示。单击"确定"按钮返回系统主页面。

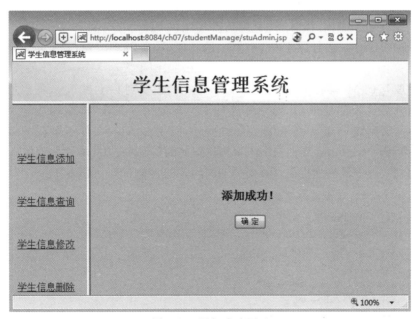

图 7-42　添加成功页面

【例 7-14】 addStudent.jsp 页面对应的控制器 Servlet(AddStudentServlet.java)。

```java
package studentManage;
import java.io.IOException;
import javax.servlet.ServletException;
import javax.servlet.http.HttpServlet;
import javax.servlet.http.HttpServletRequest;
import javax.servlet.http.HttpServletResponse;
public class AddStudentServlet extends HttpServlet {
    protected void doGet ( HttpServletRequest request, HttpServletResponse response) throws ServletException, IOException {
        String studentNumber=request.getParameter("studentNumber");
        String studentName=request.getParameter("studentName");
        String studentSex=request.getParameter("studentSex");
        String studentAge=request.getParameter("studentAge");
        String studentWeight=request.getParameter("studentWeight");
        DBJavaBean db=new DBJavaBean();
        if(db.addStudent(studentNumber,studentName,studentSex,studentAge,studentWeight)){
            response.sendRedirect("studentManage/message1.jsp");
        }else{
            response.sendRedirect("studentManage/addStudent.jsp");
        }
    }
    protected void doPost ( HttpServletRequest request, HttpServletResponse response) throws ServletException, IOException {
        doGet(request, response);
    }
}
```

从例 7-14 中可以看出,该 Servlet(控制器)调用 DBJavaBean 类来处理添加学生信息的业务逻辑,即 DBJavaBean 封装处理 V(页面)的功能,这是 MVC 设计模式的基本思想。本例把对所有 V 的业务处理功能都封装到该 JavaBean 中了。在 MVC 设计模式中,一个 V 对应一个处理 V 的 M(完成 V 功能的 JavaBean)。V 提交到 C,C 获取 V 的数据后调用 M 在 C 中进行业务逻辑的处理,处理完后进行下一步的页面跳转,即添加成功页面跳转到 message1.jsp,否则跳转到 addStudent.jsp。另外,使用 Servlet 文件需要在 web.xml 中配置,例 7-17 所示的 web.xml 文件提供了本实例用到的所有 Servlet 文件的配置。

【例 7-15】 处理添加学生信息页面的 DBJavaBean 类(DBJavaBean.java)。

```java
package studentManage;
import java.sql.Connection;
import java.sql.DriverManager;
import java.sql.ResultSet;
import java.sql.Statement;
import javax.swing.JOptionPane;
public class DBJavaBean {
    private String driverName="com.mysql.jdbc.Driver";
    private String url =" jdbc: mysql://localhost: 3306/student? useUnicode = true&characterEncoding=gbk";
```

```java
    private String user="root";
    private String password="admin";
    private Connection con=null;
    private Statement st=null;
    private ResultSet rs=null;
    public String getDriverName() {
        return driverName;
    }
    public void setDriverName(String driverName) {
        this.driverName=driverName;
    }
    public String getUrl() {
        return url;
    }
    public void setUrl(String url) {
        this.url=url;
    }
    public String getUser() {
        return user;
    }
    public void setUser(String user) {
        this.user=user;
    }
    public String getPassword() {
        return password;
    }
    public void setPassword(String password) {
        this.password=password;
    }
    public Connection getCon() {
        return con;
    }
    public void setCon(Connection con) {
        this.con=con;
    }
    public Statement getSt() {
        return st;
    }
    public void setSt(Statement st) {
        this.st=st;
    }
    public ResultSet getRs() {
        return rs;
    }
    public void setRs(ResultSet rs) {
        this.rs=rs;
    }
    //完成连接数据库操作,并生成容器返回
    public Statement getStatement(){
        try{
            Class.forName(getDriverName());
```

```java
            con=DriverManager.getConnection(getUrl(), getUser(), getPassword());
            return con.createStatement();
        }catch(Exception e){
            e.printStackTrace();
            message("无法完成数据库的连接或者无法返回容器,请检查 getStatement()方法!");
            return null;
        }
    }
    //添加学生信息的方法
    public boolean addStudent(String studentNumber, String studentName, String studentSex,String studentAge,String studentWeight){
        try{
            String sql="insert into stuinfo"+
                    "(SID,SName,SSex,SAge,SWeight)"+"values("+"'"+
                    studentNumber+"'"+","+"'"+studentName+"'"+","+"'"+
                    studentSex+"'"+","+"'"+studentAge+"'"+","+"'"+
                    studentWeight+"'"+")";
            st=getStatement();
            int row=st.executeUpdate(sql);
            if(row==1){
                st.close();
                con.close();
                return true;
             }else{
                st.close();
                con.close();
                return false;
            }
        }catch(Exception e){
            e.printStackTrace();
            message("无法添加学生信息,请检查 addStudent()方法!");
            return false;
        }
    }
    //查询所有学生信息,并返回 rs
    public ResultSet selectStudent(){
        try{
            String sql="select * from stuinfo";
            st=getStatement();
            return st.executeQuery(sql);
        }catch(Exception e){
            e.printStackTrace();
            message("无法查询学生信息,请检查 selectStudent()方法!");
            return null;
        }
    }
    //查询要修改的学生信息
    public ResultSet selectUpdateStudent(String NO){
        try{
            String sql="select * from stuinfo where SID='"+NO+"'";
```

```java
            st=getStatement();
            return st.executeQuery(sql);
        }catch(Exception e){
            e.printStackTrace();
            message("无法查询到要修改学生的信息,请检查输入学生学号!");
            return null;
        }
    }
    //修改学生信息
    public boolean updateStudent(String studentNumber,String studentName,String studentSex,String studentAge,String studentWeight){
        try{
            String sql="update stuinfo set SID='"+studentNumber+"',SName='"+
            studentName+"', SSex = '" + studentSex +"', SAge = '" + studentAge +"',
            SWeight='"+studentWeight+"'";
            st.executeUpdate(sql);
            return true;
        }catch(Exception e){
            e.printStackTrace();
            message("无法修改学生的信息,请检查updateStudent()方法!");
            return false;

        }
    }
    //查询要删除的学生信息
    public ResultSet LookDeleteStudent(){
        try{
            String sql="select * from stuinfo";
            st=getStatement();
            return st.executeQuery(sql);
        }catch(Exception e){
            e.printStackTrace();
            message("无法查询到要删除学生的信息,请检查LookDeleteStudent()方法!");
            return null;
        }
    }
    //删除学生信息
    public boolean DeleteStudent( String NO){
        try{
            String sql="delete   from stuinfo where SID="+NO;
            st=getStatement();
            st.executeUpdate(sql);
            return true;
        }catch(Exception e){
            e.printStackTrace();
            message("无法删除学生的信息,请检查DeleteStudent()方法!");
            return false;
        }
    }
```

```
//一个带参数的信息提示框,供排错使用
public void message(String msg){
    int type=JOptionPane.YES_NO_OPTION;
    String title="信息提示";
    JOptionPane.showMessageDialog(null,msg,title,type);
}
}
```

【例 7-16】 添加学生信息成功后跳转的页面（message1.jsp）。

```
<%@page contentType="text/html" pageEncoding="UTF-8"%>
<html>
    <head>
        <meta http-equiv="Content-Type" content="text/html; charset=UTF-8">
        <title>JSP Page</title>
    </head>
    <body bgcolor="CCCFFF">
        <br><br><br>
        <br><br><br>
        <center>
            <h3>添加成功!</h3>
            <form action="../studentManage/bottom.jsp">
                <input type="submit" value="确 定">
        </center>
    </body>
</html>
```

【例 7-17】 在 web.xml 中配置 Servlet 文件（web.xml）。

```
<?xml version="1.0" encoding="UTF-8"? >
<web-app version="3.0" xmlns="http://java.sun.com/xml/ns/javaee"
xmlns:xsi="http://www.w3.org/2001/XMLSchema-instance"
xsi:schemaLocation="http://java.sun.com/xml/ns/javaee
http://java.sun.com/xml/ns/javaee/web-app_3_0.xsd">
    <servlet>
        <servlet-name>AddStudentServlet</servlet-name>
        <servlet-class>studentManage.AddStudentServlet</servlet-class>
    </servlet>
    <servlet>
        <servlet-name>LookStudentServlet</servlet-name>
        <servlet-class>studentManage.LookStudentServlet</servlet-class>
    </servlet>
    <servlet>
        <servlet-name>UpdateStudentServlet</servlet-name>
        <servlet-class>studentManage.UpdateStudentServlet</servlet-class>
    </servlet>
    <servlet>
        <servlet-name>SelectUpdateStudentServlet</servlet-name>
        <servlet-class>studentManage.SelectUpdateStudentServlet</servlet-class>
    </servlet>
    <servlet>
        <servlet-name>DeleteStudentServlet</servlet-name>
        <servlet-class>studentManage.DeleteStudentServlet</servlet-class>
```

```xml
        </servlet>
        <servlet>
            <servlet-name>LookDeleteStudentServlet</servlet-name>
            <servlet-class>studentManage.LookDeleteStudentServlet</servlet-class>
        </servlet>
        <servlet-mapping>
            <servlet-name>AddStudentServlet</servlet-name>
            <url-pattern>/AddStudentServlet</url-pattern>
        </servlet-mapping>
        <servlet-mapping>
            <servlet-name>LookStudentServlet</servlet-name>
            <url-pattern>/LookStudentServlet</url-pattern>
        </servlet-mapping>
        <servlet-mapping>
            <servlet-name>UpdateStudentServlet</servlet-name>
            <url-pattern>/UpdateStudentServlet</url-pattern>
        </servlet-mapping>
        <servlet-mapping>
            <servlet-name>SelectUpdateStudentServlet</servlet-name>
            <url-pattern>/SelectUpdateStudentServlet</url-pattern>
        </servlet-mapping>
        <servlet-mapping>
            <servlet-name>DeleteStudentServlet</servlet-name>
            <url-pattern>/DeleteStudentServlet</url-pattern>
        </servlet-mapping>
        <servlet-mapping>
            <servlet-name>LookDeleteStudentServlet</servlet-name>
            <url-pattern>/LookDeleteStudentServlet</url-pattern>
        </servlet-mapping>
        <session-config>
            <session-timeout>
                30
            </session-timeout>
        </session-config>
</web-app>
```

3. 学生信息查询功能的实现

单击图 7-42 所示页面中的"学生信息查询"后出现如图 7-43 所示的页面。参考 left.jsp 中的"<a href="../LookStudentServlet" target="main">学生信息查询</a>",超链接到 LookStudentServlet 控制器(C)。

【例 7-18】 LookStudentServlet 控制器(LookStudentServlet.java)。

```java
package studentManage;
import java.io.IOException;
import java.sql.ResultSet;
import java.util.ArrayList;
import javax.servlet.ServletException;
import javax.servlet.http.HttpServlet;
import javax.servlet.http.HttpServletRequest;
import javax.servlet.http.HttpServletResponse;
```

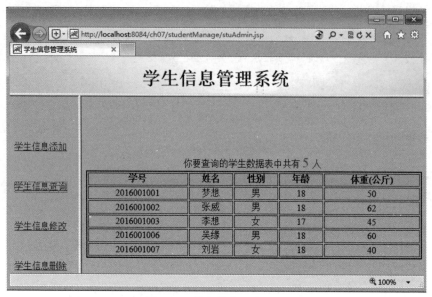

图7-43　学生信息查询页面

```
import javax.servlet.http.HttpSession;
public class LookStudentServlet extends HttpServlet {
    protected void doGet (HttpServletRequest request, HttpServletResponse
    response) throws ServletException, IOException {
        try{
            DBJavaBean db=new DBJavaBean();
            ResultSet rs=db.selectStudent();
            //获取 session 对象
            HttpSession session=request.getSession();
            //声明一个集合对象保存数据
            ArrayList al=new ArrayList();
            while(rs.next()){
                //实例化学生对象用于保存记录
                Student st=new Student();
                st.setStudentNumber(rs.getString("SID"));
                st.setStudentName(rs.getString("SName"));
                st.setStudentSex(rs.getString("SSex"));
                st.setStudentAge(rs.getString("SAge"));
                st.setStudentWeight(rs.getString("SWeight"));
                //把有数据的学生对象保存在集合中
                al.add(st);
                /*把集合对象保存在 session 中,以便于在 lookStudent.jsp 中获取保存的数据*/
                session.setAttribute("al", al);
            }
            rs.close();
            response.sendRedirect("studentManage/lookStudent.jsp");
        }catch(Exception e){
            e.printStackTrace();
        }
    }
}
```

```java
    protected void doPost (HttpServletRequest request, HttpServletResponse
    response) throws ServletException, IOException {
        doGet(request, response);
    }
}
```

【例 7-19】 保存数据的 Student 类（Student.java）。

```java
package studentManage;
public class Student {
    private String studentNumber;
    private String studentName;
    private String studentSex;
    private String studentAge;
    private String studentWeight;
    public String getStudentNumber() {
        return studentNumber;
    }
    public void setStudentNumber(String studentNumber) {
        this.studentNumber=studentNumber;
    }
    public String getStudentName() {
        return studentName;
    }
    public void setStudentName(String studentName) {
        this.studentName=studentName;
    }
    public String getStudentSex() {
        return studentSex;
    }
    public void setStudentSex(String studentSex) {
        this.studentSex=studentSex;
    }
    public String getStudentAge() {
        return studentAge;
    }
    public void setStudentAge(String studentAge) {
        this.studentAge=studentAge;
    }
    public String getStudentWeight() {
        return studentWeight;
    }
    public void setStudentWeight(String studentWeight) {
        this.studentWeight=studentWeight;
    }
}
```

获取数据后页面跳转到 lookStudent.jsp。

【例 7-20】 LookStudentServlet 控制器将页面跳转到 lookStudent.jsp（lookStudent.jsp）。

```jsp
<%@page import="studentManage.Student"%>
<%@page import="java.util.ArrayList"%>
<%@page import="java.sql.*"%>
<%@page contentType="text/html" pageEncoding="UTF-8"%>
<html>
    <head>
        <meta http-equiv="Content-Type" content="text/html; charset=UTF-8">
        <title>学生信息查询</title>
    </head>
    <body bgcolor="CCCFFF">
        <center>
            <br><br><br><br><br>
            <%
                //获取 al 中的数据,即集合中的数据
                ArrayList al=(ArrayList)session.getAttribute("al");
            %>
            你要查询的学生数据表中共有
            <font size="5" color="red">
                <%=al.size()%>
            </font>
            人
            <table border="2" bgcolor="CCCEEE" width="600">
                <tr bgcolor="CCCCCC" align="center">
                    <th>学号</th>
                    <th>姓名</th>
                    <th>性别</th>
                    <th>年龄</th>
                    <th>体重(公斤)</th>
                </tr>
                <%
                    for(int i=0;i<al.size();i++){
                        Student st=(Student)al.get(i);
                %>
                <tr align="center">
                    <td><%=st.getStudentNumber()%></td>
                    <td><%=st.getStudentName()%></td>
                    <td><%=st.getStudentSex()%></td>
                    <td><%=st.getStudentAge()%></td>
                    <td><%=st.getStudentWeight()%></td>
                </tr>
                <%
                    }
                %>
            </table>
        </center>
    </body>
</html>
```

4. 学生信息修改功能的实现

单击图 7-43 所示页面中的"学生信息修改"后出现如图 7-44 所示的页面。参考 left.jsp

中的"<a href="lookUpdateStudent.jsp" target="main">学生信息修改</a>",超链接到 lookUpdateStudent.jsp 页面。

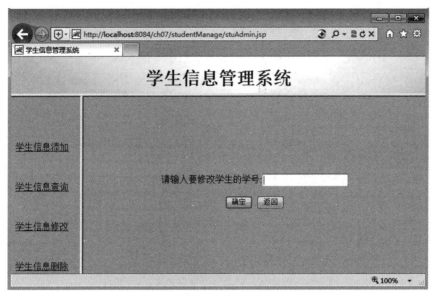

图 7-44　学生信息修改页面一

【例 7-21】　输入要修改学生学号信息页面(lookUpdateStudent.jsp)。

```
<%@page contentType="text/html" pageEncoding="UTF-8"%>
<html>
    <head>
        <meta http-equiv="Content-Type" content="text/html; charset=UTF-8">
        <title>学生信息修改</title>
    </head>
    <body bgcolor="CCCFFF">
        <center>
            <br><br><br>
            <br><br><br>
            <form  action="../SelectUpdateStudentServlet" method="post">
                <p>请输入要修改学生的学号:
                <input type="text" name="studentNumber">
                </p>
                <p>
                    <input type="submit" value="确定"> 
                    <input type="button" value="返回"
                        onClick="javascript:history.go(-1)">
                </p>
            </form>
        </center>
    </body>
</html>
```

在图 7-44 所示页面中输入要修改的学号后单击"确定"按钮,请求提交到 SelectUpdateStudentServlet 控制器进行处理并将页面跳转到如图 7-45 所示的学生信息修改页面(selectUpdateStudent.jsp)。

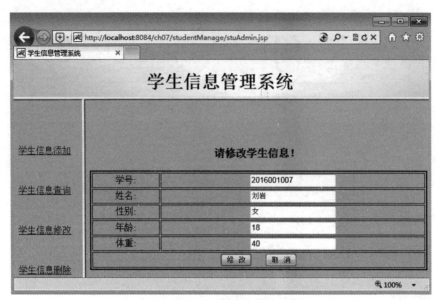

图 7-45　学生信息修改页面二

【例 7-22】　lookUpdateStudent.jsp 对应的控制器(SelectUpdateStudentServlet.java)。

```
package studentManage;
import java.io.IOException;
import java.sql.ResultSet;
import java.util.ArrayList;
import javax.servlet.ServletException;
import javax.servlet.http.HttpServlet;
import javax.servlet.http.HttpServletRequest;
import javax.servlet.http.HttpServletResponse;
import javax.servlet.http.HttpSession;
public class SelectUpdateStudentServlet extends HttpServlet {
    protected void doGet (HttpServletRequest request, HttpServletResponse
    response) throws ServletException, IOException {
        try{
            DBJavaBean db=new DBJavaBean();
            String studentNumber=request.getParameter("studentNumber");
            ResultSet rs=db.selectUpdateStudent(studentNumber);
            HttpSession session=request.getSession();
            ArrayList al=new ArrayList();
            while(rs.next()){
                Student st=new Student();
                st.setStudentNumber(rs.getString("SID"));
                st.setStudentName(rs.getString("SName"));
                st.setStudentSex(rs.getString("SSex"));
                st.setStudentAge(rs.getString("SAge"));
                st.setStudentWeight(rs.getString("SWeight"));
                al.add(st);
                session.setAttribute("al",al);
```

```
            }
            rs.close();
            response.sendRedirect("studentManage/selectUpdateStudent.jsp");
        }catch(Exception e){
            e.printStackTrace();
        }
    }
    protected void doPost (HttpServletRequest request, HttpServletResponse
    response) throws ServletException, IOException {
        doGet(request, response);
    }
}
```

【例 7-23】 修改学生信息页面(selectUpdateStudent.jsp)。

```
<%@page import="java.util.ArrayList"%>
<%@page import="studentManage.Student"%>
<%@page contentType="text/html" pageEncoding="UTF-8"%>
<html>
    <head>
        <meta http-equiv="Content-Type" content="text/html; charset=UTF-8">
        <title>学生信息修改页面</title>
    </head>
    </head>
    <body bgcolor="CCCFFF">
        <center>
            <br><br><br>
            <h3>请修改学生信息!</h3>
            <form action="../UpdateStudentServlet">
            <table border="2" bgcolor="CCCEEE" width="600">
                <%
                    ArrayList al=(ArrayList)session.getAttribute("al");
                    for(int i=0;i<al.size();i++){
                        Student st=(Student)al.get(i);
                %>
                <tr>
                    <td>学号:</td>
                    <td>
                        <input type="text" name="studentNumber"
                            value="<%=st.getStudentNumber()%>"/>
                    </td>
                </tr>
                <tr>
                    <td>姓名:</td>
                    <td>
                        <input type="text" name="studentName"
                            value="<%=st.getStudentName()%>"/>
                    </td>
                </tr>
                <tr>
                    <td>性别:</td>
```

```html
                <td>
                    <input type="text" name="studentSex"
                         value="<%=st.getStudentSex()%>"/>
                </td>
            </tr>
            <tr>
                <td>年龄:</td>
                <td>
                    <input type="text" name="studentAge"
                         value="<%=st.getStudentAge()%>"/>
                </td>
            </tr>
            <tr>
                <td>体重:</td>
                <td>
                    <input type="text" name="studentWeight"
                         value="<%=st.getStudentWeight()%>"/>
                </td>
            </tr>
            <tr align="center">
                <td colspan="2">
                    <input name="sure" type="submit" value="修   改"/>
                        
                    <input name="clear" type="reset" value="取   消"/>
                </td>
            </tr>
<%
    }
%>
        </table>
    </center>
  </body>
</html>
```

在图 7-45 所示页面中对信息进行修改后单击"修改"按钮，请求提交到 UpdateStudentServlet 控制器。

【例 7-24】 修改学生信息页面对应的控制器（UpdateStudentServlet.java）。

```java
package studentManage;
import java.io.IOException;
import javax.servlet.ServletException;
import javax.servlet.http.HttpServlet;
import javax.servlet.http.HttpServletRequest;
import javax.servlet.http.HttpServletResponse;
public class UpdateStudentServlet extends HttpServlet {
    protected void doGet (HttpServletRequest request, HttpServletResponse
    response) throws ServletException, IOException {
        String studentNumber=request.getParameter("studentNumber");
        String studentName=request.getParameter("studentName");
        String studentSex=request.getParameter("studentSex");
        String studentAge=request.getParameter("studentAge");
```

```
        String studentWeight=request.getParameter("studentWeight");
        DBJavaBean db=new DBJavaBean();
        if(db.updateStudent(studentNumber, studentName, studentSex, studentAge,
        studentWeight)){
            response.sendRedirect("studentManage/message2.jsp");
        }else{
            response.sendRedirect("studentManage/lookUpdateStudent.jsp");
        }
    }
    protected void doPost(HttpServletRequest request, HttpServletResponse
    response) throws ServletException, IOException {
        doGet(request, response);
    }
}
```

修改成功后页面跳转到 message2.jsp，否则跳转到 lookUpdateStudent.jsp。

【例 7-25】 修改成功页面(message2.jsp)。

```
<%@page contentType="text/html" pageEncoding="UTF-8"%>
<html>
    <head>
        <meta http-equiv="Content-Type" content="text/html; charset=UTF-8">
        <title>JSP Page</title>
    </head>
    <body bgcolor="CCCFFF">
        <br><br><br>
        <center>
            <h3>修改成功!</h3>
            <form action="../studentManage/bottom.jsp">
                <input type="submit" value="确 定">
            </form>
        </center>
    </body>
</html>
```

5. 学生信息删除功能的实现

单击图 7-45 所示页面中的"学生信息删除"后出现如图 7-46 所示的页面。参考 left.jsp 中的"＜a href＝"../LookDeleteStudentServlet" target＝"main"＞学生信息删除＜/a＞"，超链接到 LookDeleteStudentServlet 控制器。

【例 7-26】 选择删除的控制器(LookDeleteStudentServlet.java)。

```
package studentManage;
import java.io.IOException;
import java.sql.ResultSet;
import java.util.ArrayList;
import javax.servlet.ServletException;
import javax.servlet.http.HttpServlet;
import javax.servlet.http.HttpServletRequest;
import javax.servlet.http.HttpServletResponse;
import javax.servlet.http.HttpSession;
public class LookDeleteStudentServlet extends HttpServlet {
```

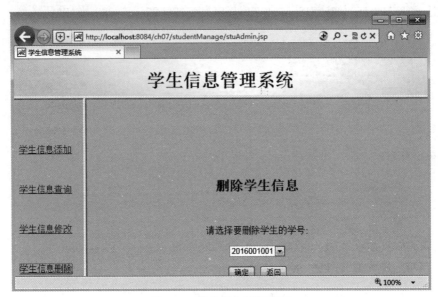

图 7-46　学生信息删除页面

```
protected void doGet (HttpServletRequest request, HttpServletResponse
response) throws ServletException, IOException {
    try{
        DBJavaBean db=new DBJavaBean();
        ResultSet rs=db.lookDeleteStudent();
        HttpSession session=request.getSession();
        ArrayList al=new ArrayList();
        while(rs.next()){
            Student st=new Student();
            st.setStudentNumber(rs.getString("SID"));
            al.add(st);
            session.setAttribute("al", al);
        }
        rs.close();
        response.sendRedirect("studentManage/lookDeleteStudent.jsp");
    }catch(Exception e){
        e.printStackTrace();
    }
}
protected void doPost (HttpServletRequest request, HttpServletResponse
response) throws ServletException, IOException {
    doGet(request, response);
}
}
```

LookDeleteStudentServlet 控制器处理数据后页面跳转到 lookDeleteStudent.jsp。

【例 7-27】　选择删除的控制器跳转的页面(lookDeleteStudent.jsp)。

```
<%@page import="studentManage.Student"%>
<%@page import="java.util.ArrayList"%>
```

```jsp
<%@page import="java.sql.*"%>
<%@page contentType="text/html" pageEncoding="UTF-8"%>
<html>
    <head>
        <meta http-equiv="Content-Type" content="text/html; charset=UTF-8">
        <title>学生信息删除</title>
    </head>
    <body bgcolor="CCCFFF">
        <center>
            <br><br><br>
            <br><br><br>
            <h2>删除学生信息</h2><br>
            <%
                ArrayList al=(ArrayList)session.getAttribute("al");
            %>
            <form  action="../DeleteStudentServlet" method="post">
                <p>请选择要删除学生的学号:</p>
                <select name="NO">
                    <%
                        for(int i=0;i<al.size();i++){
                            Student st=(Student)al.get(i);
                    %>
                    <option value="<%=st.getStudentNumber()%>">
                        <%=st.getStudentNumber()%>
                    </option>
                    <%
                        }
                    %>
                </select>
                <p>
                    <input type="submit" value="确定"> 
                    <input type="button" value="返回"
                        onClick="javascript:history.go(-1)">
                </p>
            </form>
        </center>
    </body>
</html>
```

在图 7-46 所示页面中选择要删除的学号后单击"确定"按钮,请求提交到 DeleteStudentServlet 控制器。

【例 7-28】 删除控制器(DeleteStudentServlet.java)。

```java
package studentManage;
import java.io.IOException;
import javax.servlet.ServletException;
import javax.servlet.http.HttpServlet;
import javax.servlet.http.HttpServletRequest;
import javax.servlet.http.HttpServletResponse;
public class DeleteStudentServlet extends HttpServlet {
    protected void doGet (HttpServletRequest request, HttpServletResponse
```

```
        response) throws ServletException, IOException {
            DBJavaBean db=new DBJavaBean();
            String NO=request.getParameter("NO");
            if(db.DeleteStudent(NO))
                response.sendRedirect("studentManage/message3.jsp");
        }
        protected void doPost ( HttpServletRequest request, HttpServletResponse
    response) throws ServletException, IOException {
            doGet(request, response);
        }
    }
```

删除后页面跳转到 message3.jsp。

【例 7-29】 删除控制器跳转的页面(message3.jsp)。

```
<%@page contentType="text/html" pageEncoding="UTF-8"%>
<html>
    <head>
        <meta http-equiv="Content-Type" content="text/html; charset=UTF-8">
        <title>JSP Page</title>
    </head>
    <body bgcolor="CCCFFF">
        <br><br><br>
        <center>
            <h3>删除成功!</h3>
            <form action="../studentManage/bottom.jsp">
                <input type="submit" value="确定">
        </center>
    </body>
</html>
```

7.6.5 项目实现过程中应注意的问题

在项目实现的过程中需要注意的问题有：首先，必须正确拼写和使用数据库的驱动名称、URL；其次，需要加载和数据库对应的 JDBC 驱动，即加载 JDBC 驱动时要加载正确的 JDBC 驱动，如加载 SQL Server 2008 的 JDBC 驱动时，只需选择 sqljdbc4.jar。

7.6.6 常见问题及解决方案

1. 缺少驱动异常

缺少驱动异常如图 7-47 所示。

解决方案：出现如图 7-47 所示的异常情况是因为缺少 MySQL 的 JDBC 驱动。可检查库中是否加载了支持该数据库版本的 JDBC 驱动。

2. JDBC 驱动名字拼写异常

JDBC 驱动名字拼写异常如图 7-48 所示。

解决方案：出现如图 7-48 所示的异常情况，通常是因为 JDBC 驱动拼写有误，切记在拼写 JDBC 驱动名称时保证正确。如果拼写 JDBC 驱动的 URL 出错，也会发生异常。

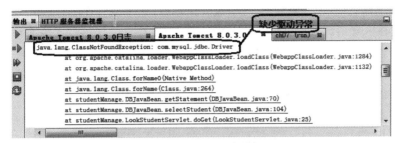

图 7-47　缺少驱动异常

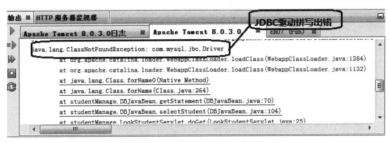

图 7-48　JDBC 驱动名字拼写异常

7.6.7　拓展与提高

请使用 session 对象实现用户登录和注册功能。

7.7　课外阅读（四大国产数据库，你了解吗？）

国产数据库作为 IT 基础设施，是新基建和信息技术应用创新生态中非常重要的一环，与芯片、操作系统一并称为 IT 皇冠上的明珠。国内数据库市场产品百花齐放的同时，产品集中度效应初显，涌现了一批优秀的国产数据库厂商，其中成立较早、比较突出的传统数据库厂商是南大通用、武汉达梦、人大金仓和神舟通用。

7.7.1　南大通用

天津南大通用数据技术有限公司成立于 2004 年，专注于数据库领域，是国内领先的新型数据库产品和解决方案供应商，在数据分析、数据挖掘、商业智能、海量数据管理等方面均取得了显著的成就。

随着客户需求的发展，数据库越来越需要采用不同的架构来支持不同的业务需求，南大通用面向数据分析市场研发了分析型数据管理系统 GBase 8a；面向数据安全市场研发了交易型数据管理系统 GBase 8s 与目录服务系统 GBase 8d。

分析型数据库 GBase 8a 致力于海量数据分析领域的应用，主要市场是商业分析和商业智能市场。产品主要应用在党政、安全、国防、统计、审计、银监、证监等领域，以及电信、金融、电力等拥有海量业务数据的行业。

企业级交易型数据库 GBase 8s 是一款支持共享存储集群、两地三中心部署、成熟稳定的国产安全数据库,达到 B2(国标第四级)级安全标准,支持国密算法和 SQL92/99、ODBC、JDBC、ADO.NET 等国际数据库规范和开发接口,为党政机关等信息涉密领域提供可信赖的安全数据管理方案。适用于 OLTP 应用场景,包括金融、电信行业的关键核心业务系统,安全、党政、国防等行业对信息安全性有较高要求的信息系统,以及大型企业的经营类、管理类信息系统,能够在 80%以上场景中替换国际主流数据库及共享存储集群。

目录服务系统 GBase 8d 是一个提供标准化接口的数据库产品,接口符合轻型目录服务访问协议第三版(LDAP v3),用来保存描述性的、基于属性的详细信息,实现对海量信息应用资源的快速查找与定位,并完整地控制使用者对资源的使用权限,帮助用户随时掌握全网资源状况,广泛应用于 PKI/PMI 系统中,以及大型企事业单位的身份标识管理系统中,并在电子政务建设中得到应用。

统一通用数据平台系统 GBase UP,融合了 GBase 8a MPP、GBase 8s、开源 Hadoop 生态系统,兼顾大规模分布式并行数据库集群系统、稳定高效的事务数据库,以及 Hadoop 生态系统的多种大规模结构化与非结构化数据处理技术,能够适应 OLAP、OLTP 和 NoSQL 3 种计算模型的业务场景,是构建企业数据平台的重要基础设施。

通过 GBase 系列产品,以及数据管理的核心竞争力,南大通用依据自主研发和引进先进技术相结合的方针,不断研发科技含量高、附加值较大、市场急需的具有自主知识产权的软件产品,已经形成了在大规模、高性能、分布式、高安全的数据存储、管理和应用方面的技术储备,同时在数据整合、应用系统集成、PKI 安全等方面具有丰富的应用开发经验。

据赛迪顾问股份有限公司发布的《2019—2020 年中国平台软件市场研究年度报告》,GBase 南大通用数据库产品和解决方案覆盖多个行业,作为国产数据库龙头企业,连续 7 年市场领先。

7.7.2 武汉达梦

武汉达梦数据库股份有限公司成立于 2000 年,是国有控股的基础软件企业、国家规划布局内重点软件企业,专业从事数据库管理系统研发、销售和服务,是中国数据库标准委员会组长单位。公司前身是华中科技大学数据库与多媒体研究所,是国内最早从事数据库管理系统研发的科研机构。

达梦数据库管理系统 DM 基于成熟的关系数据模型和标准的接口,跨越多种软硬件平台,具有大型数据管理能力,高效稳定,是国内首个通过公安部 B1 级安全性测试的数据库管理系统。在总结 DM 系列产品研发与应用经验的基础上,坚持开放创新、简洁实用的理念,推出新一代自研数据库 DM8。

DM8 吸收借鉴当前先进新技术思想与主流数据库产品的优点,融合了分布式、弹性计算与云计算的优势,对灵活性、易用性、可靠性、高安全性等方面进行了大规模改进,提出了面向未来的新架构并持续演进,多样化架构充分满足不同场景需求:数据共享集群实现了更大规模的集群支持;分布式事务处理架构使得达梦数据库具有分布式数据库的高可扩展、高可用、高并发处理能力,且对用户透明;达梦分布式动态分析架构可以在保证包括 SQL 支持能力在内的所有数据库功能完备性的同时,显著提升关系数据库集群的横向扩展能力,释放用户设备算力;行列融合 2.0 使 DM8 具备了事务-分析混合型业务处理的能力,满足用户对 HTAP 应用场景的需求。一个数据库,满足用户多种需求,让用户能更加专注于业务发展。

通过不断加强与产业链上下游合作伙伴的聚合赋能,构建云适配中心和大型数据中心,在产品应用和技术创新维度上已经全面涵盖了鲲鹏、龙芯、兆芯、申威等不同芯片的服务器产品,逐渐构建起了国产自研的软硬件生态圈。

达梦数据库管理系统多次被评为中国优秀软件产品,获得了业界的广泛认可,连续多次荣获"中国国际软件博览会金奖",2005年被评为"国家高技术产业化示范工程",2011年荣获"中国软件明星奖"。

7.7.3 人大金仓

北京人大金仓信息技术股份有限公司是中国自主研发数据库产品和数据管理解决方案的领导企业,长期致力于研发和推广具有自主知识产权的国产数据库管理系统,由中国人民大学及一批最早在国内开展数据库教学、研究与开发的专家于1999年发起创立。

公司自成立以来,依托中国人民大学数据与知识工程研究所在数据库技术领域长期教学、科研的深厚积累,先后被认定为北京软件产业基地人大金仓数据库产业化中心、教育部数据库与商务智能工程研究中心和中关村科技园区百家创新试点企业。在数据库信息安全领域,成功通过二级军工保密资格认证。先后承担了国家"863""核高基"等重大专项,研发了具有国际先进水平的大型通用数据库产品。

金仓数据库管理系统Kingbase ES是面向事务处理类、兼顾分析类应用领域的新型数据库产品,致力于解决高并发、高可靠数据存储计算问题,具有丰富全面的数据处理和管理能力,是一款面向企事业单位管理信息系统、业务及生产系统、决策支持系统等量身打造的承载数据库,具有"三高"(高可靠、高性能、高安全)、"两易"(易管理、易使用)、运行稳定等特性,是真正具有高成熟度的数据库产品,入选国家自主创新产品目录的唯一数据库产品,同时入选北京市和中关村科技园区自主创新产品目录。

最新版本KingbaseES V8在系统的可靠性、可用性、性能和兼容性等方面进行了重大改进,支持多种操作系统和硬件平台,并具备与这些版本服务器和管理工具之间的无缝互操作能力。在技术方面,实现了较高的容错率、数据便捷迁移、全新完善的设计集成开发环境和继承管理平台、较高的扩展性。2018年,人大金仓申报的"数据库管理系统核心技术的创新与金仓数据库产业化"项目荣获国家科学技术进步二等奖。

Kingbase Analytics DB(简称KADB)是支撑GB-PB级结构化数据存储、分析、挖掘的大规模并行处理(MPP)数据库和并行计算框架,可作为数据仓库、数据湖中的结构化数据存储、库内数据计算挖掘平台,支撑决策支持、数据挖掘等高级分析场景,帮助用户低成本、高效率地从数据中获取对业务的洞察和预测。

HTAP分布式数据库KSOne是一款面向交易型业务场景、实时分析场景、时间序列等场景的HTAP分布式数据库产品,具有可横向弹性伸缩、高可用、可跨域分布部署、应用透明度高等特点,能为应用提供类似集中式数据库的数据操作访问体验,为海量数据、海量并发用户、高负载压力、高连续性要求的业务系统提供强有力的支撑。

经过20余年的发展,公司构建了覆盖数据管理全生命周期、全技术栈的产品、服务和解决方案体系,广泛服务于电子政务、国防军工、能源、金融、电信等重点行业和关键领域。

7.7.4 神舟通用

天津神舟通用数据技术有限公司隶属中国航天科技集团公司,是国内最具影响力的基础软件企业之一,致力于神舟通用国产数据库产业化,提供神舟通用数据库系列产品与服务,产品技术领先,授权30项数据库技术发明专利,在国产数据库行业处于领先位置,获得国家"核高基"科技重大专项重点支持。

天津神舟通用数据技术有限公司拥有北京研发中心、天津研发中心、杭州研发中心3家产品研发基地,与浙江大学、北京航空航天大学、北京大学、中科院软件所等高校和科研院所开展了深度合作。基于产品组合,可形成支持交易处理、MPP数据库集群、数据分析与处理等的解决方案,提供数据库系统调优和运维服务,客户主要覆盖政府、电信、能源、交通、网安、国防和军工等领域,率先实现国产数据库在电信行业的大规模商用。

神舟通用数据库管理系统是公司自主研发的大型通用数据库产品,拥有全文检索、层次查询、结果集缓存、并行数据迁移、双机热备、水平分区、并行查询和数据库集群等增强型功能,具有海量数据管理和大规模并发处理能力。

神舟通用数据库(MPP集群)是企业级大规模并行处理分布式关系数据库,具有负载均衡、在线扩展、高可靠性等集群特性,并提供丰富的数据分布方案和高速的数据导入性能,同时具有高效的查询处理性能。采用大规模并行处理系统(Massively Parallel Processing,MPP)架构,在数据存储层实现了行列混合压缩存储引擎;通过数据的水平扩展满足大数据计算需求,同时在每一个服务器内使用多级行列混合压缩技术,通过索引技术、MPP多级并行技术,满足系统的检索和统计类查询业务。

神舟通用数据库(openGauss版)是一款高性能、高安全、高可靠的企业级关系数据库,采用客户端/服务器、单进程多线程架构,支持单机和一主多备部署方式,备机可读,支持双机高可用和读扩展。

为保证用户能够7×24小时不间断地访问数据,神舟通用数据库提供了基于日志传输复制技术的读写分离集群管理系统,通过在多台神舟通用数据库服务器间进行日志传输来实现数据的高可用性,各节点之间的数据在物理上完全独立。

经过多年发展,神舟通用数据库已经打通从结构化和非结构化数据的存储、分析到挖掘的全系列产品线,是国内唯一一家具备全系列解决方案产品提供和设计能力的数据库厂商。产品通过公安部等级保护四级和军B+认证,是目前国内安全等级最高的国产基础软件之一,获得2019年度中国优秀软件产品、2019年中国大数据应用最佳实践案例。

目前,国产数据库正处于更大的政策和市场红利期,具有完全自主知识产权的国产数据库,迎来了前所未有的发展机遇,但也面临着激烈的市场竞争。

7.8 小　　结

JSP具有强大的数据库开发功能,它简单易用,并以其特有的数据库访问技术和简单易用的强大功能满足了程序设计者快速开发和实施的需要。本章综合JSP与数据库系统开发两方面进行讲解。通过本章的学习,应掌握以下内容。

(1) JDBC基础知识。

(2) 通过 JDBC 驱动访问数据库。
(3) 数据库查询的实现。
(4) 数据库更新的实现。
(5) 如何解决在 JSP 应用中访问数据库的常见问题。

7.9 习　　题

7.9.1 选择题

1. JDBC 提供 3 个接口来实现 SQL 语句的发送，其中执行简单不带参数 SQL 语句的是（　　）接口。

　　A. Statement　　　　　　　　　B. PreparedStatement
　　C. CallableStatement　　　　　 D. DriverStatement

2. Statement 提供 3 种执行方法，用来执行更新操作的是（　　）。

　　A. executeQuery()　　　　　　　B. executeUpdate()
　　C. next()　　　　　　　　　　　D. query()

3. 负责处理驱动的调入并产生对新的数据库连接支持的接口是（　　）。

　　A. DriverManager　　　　　　　 B. Connection
　　C. Statement　　　　　　　　　 D. ResultSet

7.9.2 填空题

1. _____是一种用于执行 SQL 语句的 Java API。
2. SQL 中的插入语句是_____。

7.9.3 简答题

简述 JDBC 的作用。

7.9.4 实验题

1. 编程实现简单的图书查询系统，业务需求可参考本校图书管理系统。
2. 编程实现宿舍值日系统，可以实现打扫卫生值班等日常的管理工作。
3. 编程实现学生信息管理系统中的"学生信息修改"功能。

第 8 章　企业信息管理系统项目实训

本章综合运用前面章节的相关概念与原理,设计并开发一个企业信息管理系统(Enterprise Information Management System,EIMS)。通过本实训项目的练习有助于加深对 Java Web 技术的了解和认识,提高项目开发实践能力。

本章主要内容如下所示。

(1) 项目需求。

(2) 项目分析。

(3) 项目设计。

(4) 项目实现。

8.1　企业信息管理系统项目需求说明

本项目模拟企业日常管理,开发出一个企业信息管理系统。系统可以对客户信息、合同信息、售后服务、产品以及员工进行管理。

要实现的功能包括 6 个方面。

1. 系统登录模块

实现系统的登录功能。

2. 客户管理模块

系统对客户信息的管理主要包括客户信息查询、客户信息添加、客户信息修改、客户信息删除等。

3. 合同管理模块

系统对合同信息的管理主要包括合同信息查询、合同信息添加、合同信息修改、合同信息删除等。

4. 售后管理模块

系统对售后信息的管理主要包括售后信息查询、售后信息添加、售后信息修改、售后信息删除等。

5. 产品管理模块

系统对产品信息的管理主要包括产品信息查询、产品信息添加、产品信息修改、产品信息删除等。

6. 员工管理模块

系统对员工信息的管理主要包括员工信息查询、员工信息添加、员工信息修改、员工信息删除等。

8.2 企业信息管理系统项目系统分析

系统功能描述如下所示。

1. 用户登录

通过用户名和密码登录系统。

2. 客户信息查询、添加和修改

页面显示客户基本信息：姓名、电话、地址、邮箱等。

3. 客户删除

输入客户姓名可删除对应的客户信息。

4. 合同信息查询、添加和修改

页面显示合同基本信息：客户姓名、合同名称、合同内容、合同生效日期、合同有效期、业务员等。

5. 合同删除

输入合同名称可删除对应的合同信息。

6. 售后信息查询、添加和修改

页面显示售后基本信息：客户姓名、客户反馈意见、业务员等。

7. 售后删除

输入客户姓名可删除客户对应的售后信息。

8. 产品信息查询、添加和修改

页面显示产品基本信息：产品名称、产品类型、产品数量、产品价格等。

9. 产品删除

输入产品名称可删除对应的产品信息。

10. 员工信息查询、添加和修改

页面显示员工基本信息：姓名、性别、年龄、学历、部门、入职时间、职务、工资等。

11. 员工删除

输入员工姓名可删除对应的员工信息。

系统模块结构如图8-1所示。

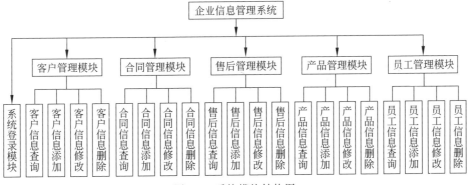

图8-1 系统模块结构图

8.3 企业信息管理系统数据库设计

如果已经学过相应的 DBMS，请按照数据库优化的思想设计相应的数据库。本系统提供的数据库设计仅供参考，读者可根据自己所学知识选择相应 DBMS 并对数据库进行设计和优化。本系统需要在数据库中建立如下表，用于存放相关信息。

用户表（user）用于管理 login.jsp 页面中用户登录的信息，具体设计如表 8-1 所示。

表 8-1 用户表（user）

字段名称	字段类型	字段长度	字段说明
userName	varchar	10	用户登录名
password	varchar	30	用户登录密码

客户信息管理表（client）用于管理客户信息，具体设计如表 8-2 所示。

表 8-2 客户信息管理表（client）

字段名称	字段类型	字段长度	字段说明
clientName	varchar	10	客户姓名
clientTelephone	varchar	6	客户电话
clientAddress	varchar	30	客户地址
clientEmail	varchar	30	客户邮箱

合同信息管理表（contact）用于管理合同信息，具体设计如表 8-3 所示。

表 8-3 合同信息管理表（contact）

字段名称	字段类型	字段长度	字段说明
clientName	varchar	10	客户姓名
contactName	varchar	30	合同名称
contactContents	varchar	255	合同内容
contactStart	varchar	6	合同生效日期
contactEnd	varchar	6	合同截止期
StaffName	varchar	30	业务员

售后信息管理表（cs）用于管理售后信息，具体设计如表 8-4 所示。

表 8-4 售后信息管理表（cs）

字段名称	字段类型	字段长度	字段说明
clientName	varchar	10	客户姓名
clientOpinion	varchar	255	客户反馈意见
StaffName	varchar	10	业务员

产品信息管理表（product）用于管理产品信息，具体设计如表 8-5 所示。

表 8-5　产品信息管理表（product）

字段名称	字段类型	字段长度	字段说明
productName	varchar	30	产品名称
productModel	varchar	30	产品型号
productNumber	varchar	30	产品数量
productPrice	varchar	6	产品价格

员工信息管理表（staff）用于管理员工信息，具体设计如表 8-6 所示。

表 8-6　员工信息管理表（staff）

字段名称	字段类型	字段长度	字段说明
staffName	varchar	30	姓名
staffSex	varchar	2	性别
staffAge	varchar	2	年龄
staffEducation	varchar	10	学历
staffDepartment	varchar	10	部门
staffDate	varchar	6	入职时间
staffDuty	varchar	10	职务
staffWage	varchar	6	工资

本项目使用 MySQL 5.5 数据库。该数据库安装文件可从 www.oracle.com 下载。读者也可以选择使用自己熟悉的其他数据库系统。本项目数据库及表如图 8-2 所示。

图 8-2　本项目数据库及表

8.4　企业信息管理系统代码实现

本项目开发一个企业信息管理系统（Enterprise Information Management System，EIMS），本项目命名为 EIMS。

8.4.1 项目文件结构

项目的页面文件结构如图 8-3 所示。

图 8-3 所示的文件夹结构中，登录页面（login.jsp）在 Web 根文件夹下，输入用户名和密码后单击"登录"按钮，请求提交到 loginCheck.jsp 页面。loginCheck.jsp 页面处理提交的数据并进行下一步的页面跳转。文件夹 image 中存放项目中使用到的图片。

如果用户名和密码正确跳转到系统主页面（main.jsp），主页面是使用框架进行分割的，主页面以及子窗口用到的页面在文件夹 main 中。

客户管理模块的页面在 clientManage 文件夹中，主要功能有客户的查询、添加、修改和删除。

合同管理模块的页面在 contactManage 文件夹中，主要提供了合同的查询和添加功能。

售后管理模块的页面在 CSManage 文件夹中，主要提供售后的查询和添加功能。

产品管理模块的页面在 productManage 文件夹中，主要提供产品的查询和添加功能。

员工管理模块的页面在 staffManage 文件夹中，主要提供员工的查询和添加功能。

退出系统主要是把主页面关闭并返回登录页面。

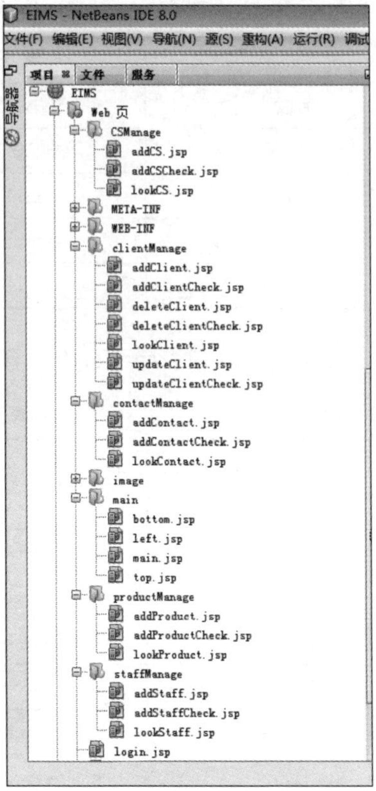

图 8-3 项目的页面文件结构图

8.4.2 登录功能的实现

本系统提供登录页面，效果如图 8-4 所示。

图 8-4 系统登录页面

登录页面(login.jsp)的代码如下所示。

```jsp
<%@page contentType="text/html" pageEncoding="UTF-8"%>
<html>
    <head>
        <title>企业信息管理系统--登录页面</title>
        <meta http-equiv="Content-Type" content="text/html; charset=UTF-8">
    </head>
    <body background="image/login.jpg">
        <br><br><br><br><br><br>
        <br><br><br><br><br><br>
        <center>
        <form action="loginCheck.jsp" method="post">
            <table border="0">
                <tr>
                    <td>
                        <table border="1" cellspacing="0" cellpadding="0"
                            bgcolor="#dddddd" width="360" height="200">
                            <tr  height="130">
                                <td align="center">
                                    输入用户姓名<input type="text"
                                    name="userName" size="20" >
                                    <br>
                                    输入用户密码<input type="password"
                                    name="password" size="22" >
                                    <br>
                                    <input type="submit" value="登  录"
                                     size="12"/>   
                                    <input type="reset" value="清  除"
                                    size="12"/>
                                </td>
                            </tr>
                            <tr height="30">
                                <td bgcolor="#95BDFF">  </td>
                            </tr>
                        </table>
                    </td>
                </tr>
            </table>
        </form>
        </center>
    </body>
</html>
```

在图 8-4 所示页面中输入用户名和密码后单击"登录"按钮,请求提交到 loginCheck.jsp,该页面处理登录页面提交的请求,参照<form action="loginCheck.jsp" method="post">。

登录页面对应的数据处理页面(loginCheck.jsp)的代码如下所示。

```jsp
<%@page import="java.sql.*"%>
```

```jsp
<%@page contentType="text/html" pageEncoding="UTF-8"%>
<html>
    <head>
        <meta http-equiv="Content-Type" content="text/html; charset=UTF-8">
        <title>数据处理页面</title>
    </head>
    <body>
        <%
            String userName =
            new String(request.getParameter("userName").getBytes("ISO-8859-1"),
            "UTF-8");
            String password =
            new String(request.getParameter("password").getBytes("ISO-8859-1"),
            "UTF-8");
            Connection con=null;
            Statement st=null;
            ResultSet rs=null;
            if(userName.equals("")) {
                response.sendRedirect("login.jsp");
            }
            try{
                Class.forName("com.mysql.jdbc.Driver");
                /* url 后面加的？useUnicode=true&characterEncoding=gbk 是为了处理
                   向数据库中添加中文数据时出现乱码的问题 */
                String url="jdbc:mysql://localhost:3306/eims
                ?useUnicode=true&characterEncoding=gbk";
                con=DriverManager.getConnection(url,"root","admin");
                st=con.createStatement();
                String query="select * from user where
                userName='"+userName+"'";
                rs=st.executeQuery(query);
                if(rs.next()){
                    String query2 ="select * from user where
                    password='"+password+"'";
                    rs=st.executeQuery(query2);
                    if(rs.next()){
                        response.sendRedirect("main/main.jsp");
                    }else{
                        response.sendRedirect("login.jsp");
                    }
                }
            }catch(Exception e){
                e.printStackTrace();
            }finally{
                rs.close();
                st.close();
                con.close();
            }
        %>
    </body>
</html>
```

8.4.3 系统主页面功能的实现

在图 8-4 所示页面中输入用户名和密码后单击"登录"按钮,如果数据正确将进入企业信息管理系统的主页面(main.jsp),如图 8-5 所示。

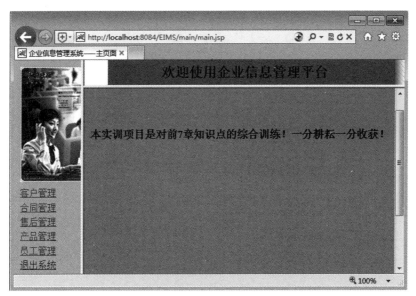

图 8-5 系统主页面

主页面(main.jsp)的代码如下所示。

```
<%@page contentType="text/html" pageEncoding="UTF-8"%>
<!DOCTYPE html>
<html>
    <head>
        <meta http-equiv="Content-Type" content="text/html; charset=UTF-8">
        <title>企业信息管理系统——主页面</title>
    </head>
    <frameset rows="*" cols="120,*" >
      <frame src="left.jsp" name="left" scrolling="no" />
        <frameset rows="180,*" cols="*">
          <frame src="top.jsp" name="top" scrolling="no"/>
            <frame src="bottom.jsp" name="main" />
        </frameset>
</frameset>
</html>
```

图 8-5 中的页面是使用框架进行分割的,子窗口分别连接 left.jsp、top.jsp 和 bottom.jsp 页面。

left.jsp 的代码如下所示。

```
<%@page contentType="text/html" pageEncoding="UTF-8"%>
<html>
    <head>
```

```html
            <meta http-equiv="Content-Type" content="text/html; charset=UTF-8">
            <title>JSP Page</title>
        </head>
        <body bgcolor="CCCFFF">
            <table>
                <tr>
                    <td>
                        <image src="../image/t1.gif">
                    </td>
                <tr/>
                <tr>
                    <td>
                        <a href="http://localhost:8084/EIMS/clientManage/
                        lookClient.jsp" target="main">客户管理</a>
                    </td>
                <tr/>
                <tr>
                    <td>
                        <a href="http://localhost:8084/EIMS/contactManage/
                        lookContact.jsp" target="main">合同管理</a>
                    </td>
                <tr/>
                <tr>
                    <td>
                        <a href="http://localhost:8084/EIMS/CSManage/
                        lookCS.jsp" target="main">售后管理</a>
                    </td>
                 <tr/>
                 <tr>
                    <td>
                        <a href="http://localhost:8084/EIMS/productManage/
                        lookProduct.jsp" target="main">产品管理</a>
                    </td>
                <tr/>
                <tr>
                    <td>
                        <a href="http://localhost:8084/EIMS/staffManage/
                        lookStaff.jsp" target="main">员工管理</a>
                    </td>
                <tr/>
                <tr>
                    <td>
                        <a href="http://localhost:8084/EIMS/
                        login.jsp" target="_parent">退出系统</a>
                    </td>
                </tr>
            </table>
        </body>
    </html>
```

top.jsp 的代码如下所示。

```jsp
<%@page contentType="text/html" pageEncoding="UTF-8"%>
<html>
    <head>
        <meta http-equiv="Content-Type" content="text/html; charset=UTF-8">
        <title>JSP Page</title>
    </head>
    <body background="../image/top.gif">
        <h2 align="center" color="red">欢迎使用企业信息管理平台</h2>
    </body>
</html>
```

bottom.jsp 的代码如下所示。

```jsp
<%@page contentType="text/html" pageEncoding="UTF-8"%>
<html>
    <head>
        <meta http-equiv="Content-Type" content="text/html; charset=UTF-8">
        <title>JSP Page</title>
    </head>
    <body bgcolor="#99aaee" background="../image/background.jpg" >
        <center>
          <br><br><br><br>
          <h3>本实训项目是对前 7 章知识点的综合训练!一分耕耘一分收获!
          </h3>
          <br><br><br><br>
          <br><br><br><br>
          <br><br><br><br>
          <br><br><br><br>
          <p>
              <font size="-1">Copyright  2012.清华大学出版社
              </font>
          </p>
          <p></p>
        </center>
    </body>
</html>
```

8.4.4 客户管理功能的实现

单击图 8-5 所示页面中的"客户管理",出现如图 8-6 所示的页面。请参照 left.jsp 代码中的"<a href="http://localhost:8084/EIMS/clientManage/lookClient.jsp" target="main">客户管理</a>"。

lookClient.jsp 的代码如下所示。

```jsp
<%@page import="java.sql.*"%>
<%@page contentType="text/html" pageEncoding="UTF-8"%>
<html>
    <head>
```

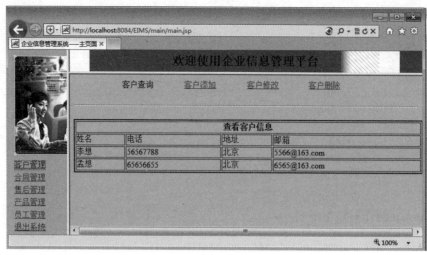

图 8-6　客户查询页面

```
    <meta http-equiv="Content-Type" content="text/html; charset=UTF-8">
    <title>客户查询</title>
</head>
<body bgcolor="lightgreen">
    <table align="center"width="500">
        <tr>
            <td>客户查询</td>
            <td>
                <a href="http://localhost:8084/EIMS/clientManage/
                addClient.jsp">客户添加</a>
            </td>
            <td>
                <a href="http://localhost:8084/EIMS/clientManage/
                updateClient.jsp">客户修改</a>
            </td>
            <td>
                <a href="http://localhost:8084/EIMS/clientManage/
                deleteClient.jsp">客户删除</a>
            </td>
        </tr>
    </table>
    <br>
    <hr>
    <br>
    <table align="center"width="700"border=2 >
        <tr>
            <th colspan="4">查看客户信息</th>
        </tr>
        <tr>
            <td>姓名</td>
            <td>电话</td>
            <td>地址</td>
            <td>邮箱 </td>
```

```
        </tr>
        <%
            Connection con=null;
            Statement stmt=null;
            ResultSet rs=null;
            Class.forName("com.mysql.jdbc.Driver");
            String url="jdbc:mysql://localhost:3306/eims
            ?useUnicode=true&characterEncoding=gbk";
            con=DriverManager.getConnection(url,"root","admin");
            stmt=con.createStatement();
            String sql="select * from client";
            rs=stmt.executeQuery(sql);
            while(rs.next()){
        %>
        <tr>
            <td><%=rs.getString("clientName")%></td>
            <td><%=rs.getString("clientTelephone")%></td>
            <td><%=rs.getString("clientAddress")%></td>
            <td><%=rs.getString("clientEmail")%></td>
        </tr>
        <%
            }
        %>
    </table>
    </body>
</html>
```

单击图 8-6 所示页面中的"客户添加",出现如图 8-7 所示的客户添加页面,对应的超链接页面是 addClient.jsp。

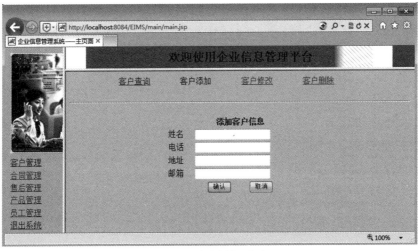

图 8-7 客户添加页面

addClient.jsp 的代码如下所示。

```
<%@page contentType="text/html" pageEncoding="UTF-8"%>
```

```html
<!DOCTYPE html>
<html>
    <head>
        <meta http-equiv="Content-Type" content="text/html; charset=UTF-8">
        <title>添加客户信息</title>
    </head>
    <body bgcolor="lightgreen">
        <form action="http://localhost:8084/EIMS/clientManage/addClientCheck.jsp"
        method="post">
            <table align="center"width="500" >
                <tr>
                    <td>
                        <a href="http://localhost:8084/EIMS/clientManage/
                        lookClient.jsp">客户查询</a>
                    </td>
                    <td>客户添加</td>
                    <td>
                        <a href="http://localhost:8084/EIMS/clientManage/
                        updateClient.jsp">客户修改</a>
                    </td>
                    <td>
                        <a href="http://localhost:8084/EIMS/clientManage/
                        deleteClient.jsp">客户删除</a>
                    </td>
                </tr>
            </table>
            <br>
            <hr>
            <br>
            <table align="center"width="300" >
                <tr>
                    <th colspan="4" align="center">添加客户信息</th>
                </tr>
                <tr>
                    <td>姓名</td>
                    <td><input type="text" name="clientName"/></td>
                </tr>
                <tr>
                    <td>电话</td>
                    <td><input type="text" name="clientTelephone"/></td>
                </tr>
                <tr>
                    <td>地址</td>
                    <td><input type="text" name="clientAddress"/></td>
                </tr>
                <tr>
                    <td>邮箱</td>
                    <td><input type="text" name="clientEmail"/></td>
                </tr>
                <tr align="center">
                    <td colspan="2">
```

```html
                        <input name="sure"type="submit"value="确认">
                               
                        <input name="clear"type="reset"value="取消">
                    </td>
                </tr>
            </table>
        </form>
    </body>
</html>
```

在图 8-7 所示页面添加客户信息后单击"确定"按钮,请求提交到 addClientCheck.jsp。addClientCheck.jsp 的代码如下所示。

```jsp
<%@page import="java.sql.*"%>
<%@page contentType="text/html" pageEncoding="UTF-8"%>
<!DOCTYPE html>
<html>
    <head>
        <meta http-equiv="Content-Type" content="text/html; charset=UTF-8">
        <title>处理客户添加数据</title>
    </head>
    <body>
        <%
            String clientName=
            new String(request.getParameter("clientName").getBytes("ISO-8859-1"),
            "UTF-8");
            String clientTelephone=
            new String(request.getParameter("clientTelephone")
            .getBytes("ISO-8859-1"),"UTF-8");
            String clientAddress=
            new String(request.getParameter("clientAddress")
            .getBytes("ISO-8859-1"),"UTF-8");
            String clientEmail=
            new String(request.getParameter("clientEmail")
            .getBytes("ISO-8859-1"),"UTF-8");
            Connection con=null;
            Statement st=null;
        try{
            Class.forName("com.mysql.jdbc.Driver");
            String url="jdbc:mysql://localhost:3306/eims
            ? useUnicode=true&characterEncoding=gbk";
            con=DriverManager.getConnection(url,"root","admin");
            st=con.createStatement();
            String sql="insert into
            client(clientName,clientTelephone,clientAddress,clientEmail) values
            ('"+clientName+"','"+clientTelephone+"','"+clientAddress+"','"+
            clientEmail+"')";
            st.executeUpdate(sql);
            response.sendRedirect("http://localhost:8084/EIMS/clientManage/
            lookClient.jsp");
        }
```

```
            catch(Exception e){
                e.printStackTrace();
            }
            finally{
                st.close();
                con.close();
            }
        %>
    </body>
</html>
```

单击图 8-7 所示页面中的"客户修改",出现如图 8-8 所示的客户修改页面,对应的超链接页面是 updateClient.jsp。

图 8-8　客户修改页面

updateClient.jsp 的代码如下所示。

```
<%@page contentType="text/html" pageEncoding="UTF-8"%>
<!DOCTYPE html>
<html>
    <head>
        <meta http-equiv="Content-Type" content="text/html; charset=UTF-8">
        <title>修改客户信息</title>
    </head>
    <body bgcolor="lightgreen">
        <form action="http://localhost:8084/EIMS/clientManage/
            updateClientCheck.jsp" method="post">
            <table align="center"width="500" >
                <tr>
                    <td>
                        <a href="http://localhost:8084/EIMS/clientManage/
                        lookClient.jsp">客户查询</a>
                    </td>
                    <td>
```

```
                    <a href="http://localhost:8084/EIMS/clientManage/
                    addClient.jsp">客户添加
                </td>
                <td>客户修改</td>
                <td>
                    <a href="http://localhost:8084/EIMS/clientManage/
                    deleteClient.jsp">客户删除</a>
                </td>
            </tr>
        </table>
        <br>
        <hr>
        <br>
        <table align="center"width="300" >
            <tr>
                <th colspan="2" align="center">修改客户信息</th>
            </tr>
            <tr>
                <td>姓名</td>
                <td><input type="text" name="clientName"/></td>
            </tr>
            <tr>
                <td>电话</td>
                <td><input type="text" name="clientTelephone"/></td>
            </tr>
            <tr>
                <td>地址</td>
                <td><input type="text" name="clientAddress"/></td>
            </tr>
            <tr>
                <td>邮箱</td>
                <td><input type="text" name="clientEmail"/></td>
            </tr>
            <tr align="center">
                <td colspan="2">
                    <input name="sure"type="submit"value="确认">
                           
                    <input name="clear"type="reset"value="取消">
                </td>
            </tr>
        </table>
    </form>
</body>
</html>
```

在图8-8所示页面中修改客户信息后单击"确定"按钮,请求提交到updateClientCheck.jsp。updateClientCheck.jsp的代码如下所示。

```
<%@page import="java.sql.*"%>
<%@page contentType="text/html" pageEncoding="UTF-8"%>
<!DOCTYPE html>
```

```html
<html>
    <head>
        <meta http-equiv="Content-Type" content="text/html; charset=UTF-8">
        <title>处理客户修改数据</title>
    </head>
    <body>
        <%
            String clientName=
            new String(request.getParameter("clientName")
            .getBytes("ISO-8859-1"),"UTF-8");
            String clientTelephone=
            new String(request.getParameter("clientTelephone")
            .getBytes("ISO-8859-1"),"UTF-8");
            String clientAddress=
            new String(request.getParameter("clientAddress")
            .getBytes("ISO-8859-1"),"UTF-8");
            String clientEmail=
            new String(request.getParameter("clientEmail")
            .getBytes("ISO-8859-1"),"UTF-8");
            Connection con=null;
            Statement st=null;
            if(clientName.equals("")){
                response.sendRedirect("http://localhost:8084/EIMS/clientManage/
                updateClient.jsp");
            }
            else{
                try{
                    Class.forName("com.mysql.jdbc.Driver");
                    String url="jdbc:mysql://localhost:3306/eims
                    ?useUnicode=true&characterEncoding=gbk";
                    con=DriverManager.getConnection(url,"root","admin");
                    st=con.createStatement();
                    String sql="update client set
                    clientName= ' " + clientName +" ', clientTelephone = ' " +
                    clientTelephone +" ', clientAddress = ' " + clientAddress +" ',
                    clientEmail = ' " + clientEmail +" ' where clientName = ' " +
                    clientName+" ' ";
                    st.executeUpdate(sql);
                    response.sendRedirect("http://localhost:8084/EIMS/
                    clientManage/lookClient.jsp");
                }
                catch (Exception e){
                    e.printStackTrace();
                }
                finally{
                    st.close();
                    con.close();
                }
            }
        %>
    </body>
</html>
```

</html>

单击图 8-8 所示页面中的"客户删除",出现如图 8-9 所示的客户删除页面,对应的超链接页面是 deleteClient.jsp。

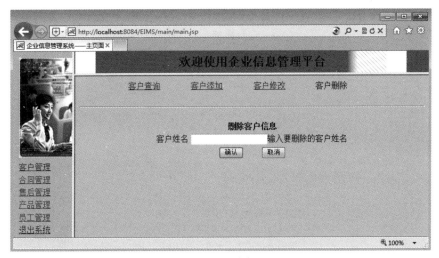

图 8-9　客户删除页面

deleteClient.jsp 的代码如下所示。

```
<%@page contentType="text/html" pageEncoding="UTF-8"%>
<!DOCTYPE html>
<html>
    <head>
        <meta http-equiv="Content-Type" content="text/html; charset=UTF-8">
        <title>客户删除</title>
    </head>
    <body bgcolor="lightgreen">
        <form action="http://localhost:8084/EIMS/clientManage/
            deleteClientCheck.jsp" method="post">
        <table align="center"width="500" >
            <tr>
                <td>
                    <a href="http://localhost:8084/EIMS/clientManage/
                    lookClient.jsp">客户查询</a>
                </td>
                <td>
                    <a href="http://localhost:8084/EIMS/clientManage/
                    addClient.jsp">客户添加</a>
                </td>
                <td>
                    <a href="http://localhost:8084/EIMS/clientManage/
                    updateClient.jsp">客户修改</a>
                </td>
                <td>客户删除</td>
            </tr>
```

```html
            </table>
            <br>
            <hr>
            <br>
            <table align="center">
                <tr>
                    <th colspan="2">删除客户信息</th>
                </tr>
                <tr>
                    <td>客户姓名</td>
                    <td>
                        <input type="text" name="clientName"/>
                        输入要删除的客户姓名
                    </td>
                </tr>
                <tr align="center">
                    <td colspan="2">
                        <input type="submit" name="sure" value="确认"/>
                               
                        <input name="clear" type="reset" value="取消"/>
                    </td>
                </tr>
            </table>
        </form>
    </body>
</html>
```

在图 8-9 所示页面中输入要删除的客户信息后单击"确定"按钮，请求提交到 deleteClientCheck.jsp。

deleteClientCheck.jsp 的代码如下所示。

```jsp
<%@page import="java.sql.*"%>
<%@page contentType="text/html" pageEncoding="UTF-8"%>
<!DOCTYPE html>
<html>
    <head>
        <meta http-equiv="Content-Type" content="text/html; charset=UTF-8">
        <title>处理客户删除的数据</title>
    </head>
    <body>
        <%
            String clientName=
            new String(request.getParameter("clientName")
            .getBytes("ISO-8859-1"),"UTF-8");
            Connection con=null;
            Statement st=null;
            try{
                Class.forName("com.mysql.jdbc.Driver");
                String url="jdbc:mysql://localhost:3306/eims
                ?useUnicode=true&characterEncoding=gbk";
                con=DriverManager.getConnection(url,"root","admin");
```

```
            st=con.createStatement();
            String sql="delete from client where
            clientName='"+clientName+"'";
            st.executeUpdate(sql);
            response.sendRedirect("http://localhost:8084/EIMS/
            clientManage/lookClient.jsp");
         }
         catch (Exception e){
            e.printStackTrace();
         }
         finally{
            st.close();
            con.close();
         }
      %>
   </body>
</html>
```

8.4.5　合同管理功能的实现

单击图 8-9 所示页面中的"合同管理",出现如图 8-10 所示的合同查询页面。请参照 left.jsp 代码中的"＜a href = "http://localhost:8084/EIMS/contactManage/lookContact.jsp" target＝"main"＞合同管理＜/a＞"。

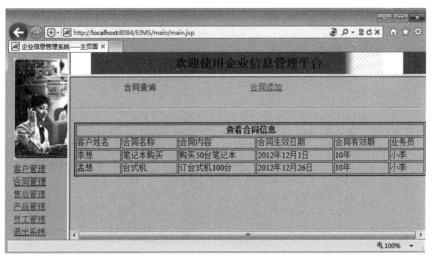

图 8-10　合同查询页面

lookContact.jsp 的代码如下所示。

```
<%@page import="java.sql.*"%>
<%@page contentType="text/html" pageEncoding="UTF-8"%>
<!DOCTYPE html>
<html>
   <head>
      <meta http-equiv="Content-Type" content="text/html; charset=UTF-8">
```

```html
        <title>合同查询</title>
    </head>
    <body bgcolor="lightgreen">
        <table align="center"width="500">
            <tr>
                <td>合同查询</td>
                <td>
                    <a href="http://localhost:8084/EIMS/contactManage/
                    addContact.jsp">合同添加</a>
                </td>
            </tr>
        </table>
        <br>
        <hr>
        <br>
        <table align="center"width="700"border=2 >
            <tr>
                <th colspan="6">查看合同信息</th>
            </tr>
            <tr>
                <td>客户姓名</td>
                <td>合同名称</td>
                <td>合同内容</td>
                <td>合同生效日期</td>
                <td>合同有效期</td>
                <td>业务员</td>
            </tr>
            <%
                Connection con=null;
                Statement stmt=null;
                ResultSet rs=null;
                Class.forName("com.mysql.jdbc.Driver");
                String url="jdbc:mysql://localhost:3306/eims
                ? useUnicode=true&characterEncoding=gbk";
                con=DriverManager.getConnection(url,"root","admin");
                stmt=con.createStatement();
                String sql="select * from contact";
                rs=stmt.executeQuery(sql);
                while(rs.next()){
            %>
            <tr>
                <td><%=rs.getString("clientName")%></td>
                <td><%=rs.getString("contactName")%></td>
                <td><%=rs.getString("contactContents")%></td>
                <td><%=rs.getString("contactStart")%></td>
                <td><%=rs.getString("contactEnd")%></td>
                <td><%=rs.getString("StaffName")%></td>
            </tr>
            <%
                }
            %>
```

```
            </table>
        </body>
</html>
```

单击图 8-10 所示页面中的"合同添加",出现如图 8-11 所示的合同添加页面,对应的超链接页面是 addContact.jsp。

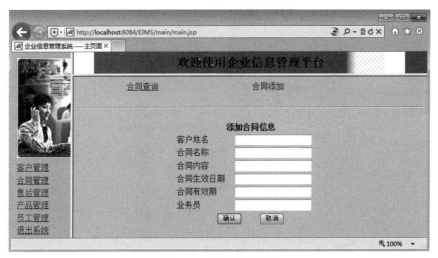

图 8-11 合同添加页面

addContact.jsp 的代码如下所示。

```
<%@page contentType="text/html" pageEncoding="UTF-8"%>
<!DOCTYPE html>
<html>
    <head>
        <meta http-equiv="Content-Type" content="text/html; charset=UTF-8">
        <title>添加合同信息</title>
    </head>
    <body bgcolor="lightgreen">
        <form action="http://localhost:8084/EIMS/contactManage/
            addContactCheck.jsp" method="post">
            <table align="center"width="500" >
                <tr>
                    <td>
                        <a href="http://localhost:8084/EIMS/contactManage/
                        lookContact.jsp">合同查询</a>
                    </td>
                    <td>合同添加</td>
                </tr>
            </table>
            <br>
            <hr>
            <br>
            <table align="center"width="300" >
                <tr>
```

```html
                <th colspan="6" align="center">添加合同信息</th>
            </tr>
            <tr>
                <td>客户姓名</td>
                <td><input type="text" name="clientName"/></td>
            </tr>
            <tr>
                <td>合同名称</td>
                <td><input type="text" name="contactName"/></td>
            </tr>
            <tr>
                <td>合同内容</td>
                <td><input type="text" name="contactContents"/></td>
            </tr>
            <tr>
                <td>合同生效日期</td>
                <td><input type="text" name="contactStart"/></td>
            </tr>
            <tr>
                <td>合同有效期</td>
                <td><input type="text" name="contactEnd"/></td>
            </tr>
            <tr>
                <td>业务员</td>
                <td><input type="text" name="StaffName"/></td>
            </tr>
            <tr align="center">
                <td colspan="2">
                    <input name="sure"type="submit"value="确认">
                        
                    <input name="clear"type="reset"value="取消">
                </td>
            </tr>
        </table>
    </form>
</body>
</html>
```

在图 8-11 所示页面中输入数据后单击"确定"按钮,请求提交到 addContactCheck.jsp。addContactCheck.jsp 的代码如下所示。

```jsp
<%@page import="java.sql.*"%>
<%@page contentType="text/html" pageEncoding="UTF-8"%>
<!DOCTYPE html>
<html>
    <head>
        <meta http-equiv="Content-Type" content="text/html; charset=UTF-8">
        <title>处理合同添加数据</title>
    </head>
    <body>
        <%
```

```
            String clientName=
            new String(request.getParameter("clientName")
            .getBytes("ISO-8859-1"),"UTF-8");
            String contactName=
            new String(request.getParameter("contactName")
            .getBytes("ISO-8859-1"),"UTF-8");
            String contactContents=
            new String(request.getParameter("contactContents")
            .getBytes("ISO-8859-1"),"UTF-8");
            String contactStart=
            new String(request.getParameter("contactStart")
            .getBytes("ISO-8859-1"),"UTF-8");
            String contactEnd=
            new String(request.getParameter("contactEnd")
            .getBytes("ISO-8859-1"),"UTF-8");
            String StaffName=
            new String(request.getParameter("StaffName")
            .getBytes("ISO-8859-1"),"UTF-8");
            Connection con=null;
            Statement st=null;
        try{
            Class.forName("com.mysql.jdbc.Driver");
            String url="jdbc:mysql://localhost:3306/eims
            ? useUnicode=true&characterEncoding=gbk";
            con=DriverManager.getConnection(url,"root","admin");
            st=con.createStatement();
            String sql="insert into
            contact(clientName,contactName,contactContents,contactStart,
            contactEnd,StaffName) values ('"+clientName+"','"+contactName+"',
            '"+contactContents+"','"+contactStart+"','"+contactEnd+"','"+
            StaffName+"')";
            st.executeUpdate(sql);
            response.sendRedirect("http://localhost:8084/EIMS/
            contactManage/lookContact.jsp");
        }
        catch(Exception e){
            e.printStackTrace();
        }
        finally{
            st.close();
            con.close();
        }
    %>
    </body>
</html>
```

8.4.6 售后管理功能的实现

单击图 8-11 所示页面中的"售后管理",出现如图 8-12 所示的售后查询页面。请参照 left.jsp 代码中的"＜a href＝"http://localhost:8084/EIMS/CSManage/lookCS.jsp" target

="main">售后管理</a>"。

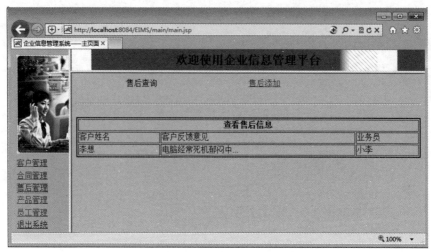

图 8-12 售后查询页面

lookCS.jsp 的代码如下所示。

```
<%@page import="java.sql.*"%>
<%@page contentType="text/html" pageEncoding="UTF-8"%>
<!DOCTYPE html>
<html>
    <head>
        <meta http-equiv="Content-Type" content="text/html; charset=UTF-8">
        <title>售后查询</title>
    </head>
    <body bgcolor="lightgreen">
        <table align="center"width="500">
            <tr>
                <td>售后查询</td>
                <td>
                    <a href="http://localhost:8084/EIMS/CSManage/
                    addCS.jsp">售后添加</a>
                </td>
            </tr>
        </table>
        <br>
        <hr>
        <br>
         <table align="center"width="700"border=2" >
            <tr>
                <th colspan="3">查看售后信息</th>
            </tr>
            <tr>
                <td>客户姓名</td>
                <td>客户反馈意见</td>
                <td>业务员</td>
```

```
            </tr>
            <%
                Connection con=null;
                Statement stmt=null;
                ResultSet rs=null;
                Class.forName("com.mysql.jdbc.Driver");
                String url="jdbc:mysql://localhost:3306/eims
                ?useUnicode=true&characterEncoding=gbk";
                con=DriverManager.getConnection(url,"root","admin");
                stmt=con.createStatement();
                String sql="select * from cs";
                rs=stmt.executeQuery(sql);
                while(rs.next()){
            %>
            <tr>
                <td><%=rs.getString("clientName")%></td>
                <td><%=rs.getString("clientOpinion")%></td>
                <td><%=rs.getString("StaffName")%></td>
            </tr>
            <%
                }
            %>
        </table>
    </body>
</html>
```

单击图 8-12 所示页面中的"售后添加",出现如图 8-13 所示的售后添加页面,对应的超链接页面是 addCS.jsp。

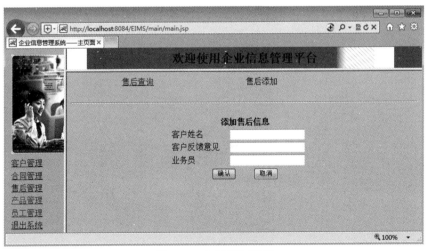

图 8-13 售后添加页面

addCS.jsp 的代码如下所示。

```
<%@page contentType="text/html" pageEncoding="UTF-8"%>
<!DOCTYPE html>
<html>
```

```html
<head>
    <meta http-equiv="Content-Type" content="text/html; charset=UTF-8">
    <title>添加售后信息</title>
</head>
<body bgcolor="lightgreen">
    <form action="http://localhost:8084/EIMS/CSManage/addCSCheck.jsp"
        method="post">
        <table align="center" width="500" >
            <tr>
                <td>
                    <a href="http://localhost:8084/EIMS/CSManage/
                    lookCS.jsp">售后查询</a>
                </td>
                <td>售后添加</td>
            </tr>
        </table>
        <br>
        <hr>
        <br>
        <table align="center" width="300" >
            <tr>
                <th colspan="3" align="center">添加售后信息</th>
            </tr>
            <tr>
                <td>客户姓名</td>
                <td><input type="text" name="clientName"/></td>
            </tr>
            <tr>
                <td>客户反馈意见</td>
                <td><input type="text" name="clientOpinion"/></td>
            </tr>
            <tr>
                <td>业务员</td>
                <td><input type="text" name="StaffName"/></td>
            </tr>
            <tr align="center">
                <td colspan="2">
                    <input name="sure" type="submit" value="确认">
                           
                    <input name="clear" type="reset" value="取消">
                </td>
            </tr>
        </table>
    </form>
</body>
</html>
```

在图 8-13 所示页面中输入数据后单击"确定"按钮，请求提交到 addCSCheck.jsp。addCSCheck.jsp 的代码如下所示。

```jsp
<%@page import="java.sql.*"%>
```

```jsp
<%@page contentType="text/html" pageEncoding="UTF-8"%>
<!DOCTYPE html>
<html>
    <head>
        <meta http-equiv="Content-Type" content="text/html; charset=UTF-8">
        <title>处理售后添加数据</title>
    </head>
    <body>
        <%
            String clientName=
            new String(request.getParameter("clientName")
            .getBytes("ISO-8859-1"),"UTF-8");
            String clientOpinion=
            new String(request.getParameter("clientOpinion")
            .getBytes("ISO-8859-1"),"UTF-8");
            String StaffName=
            new String(request.getParameter("StaffName")
            .getBytes("ISO-8859-1"),"UTF-8");
            Connection con=null;
            Statement st=null;
          try{
              Class.forName("com.mysql.jdbc.Driver");
              String url="jdbc:mysql://localhost:3306/eims
              ?useUnicode=true&characterEncoding=gbk";
              con=DriverManager.getConnection(url,"root","admin");
              st=con.createStatement();
              String sql="insert into cs(clientName,clientOpinion,StaffName) values
              ('"+clientName+"','"+clientOpinion+"','"+StaffName+"')";
              st.executeUpdate(sql);
              response.sendRedirect("http://localhost:8084/EIMS/
              CSManage/lookCS.jsp");
          }
          catch(Exception e){
              e.printStackTrace();
          }
          finally{
              st.close();
              con.close();
          }
        %>
    </body>
</html>
```

8.4.7 产品管理功能的实现

单击图 8-13 所示页面中的"产品管理",出现如图 8-14 所示的产品查询页面。请参照 left.jsp 代码中的"<a href="http://localhost:8084/EIMS/productManage/lookProduct.jsp" target="main">产品管理</a>"。

lookProduct.jsp 的代码如下所示。

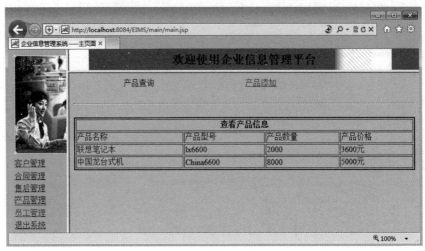

图 8-14 产品查询页面

```
<%@page import="java.sql.*"%>
<%@page contentType="text/html" pageEncoding="UTF-8"%>
<!DOCTYPE html>
<html>
    <head>
        <meta http-equiv="Content-Type" content="text/html; charset=UTF-8">
        <title>产品查询</title>
    </head>
    <body bgcolor="lightgreen">
        <table align="center"width="500">
            <tr>
                <td>产品查询</td>
                <td>
                    <a href="http://localhost:8084/EIMS/productManage/
                    addProduct.jsp">产品添加</a>
                </td>
            </tr>
        </table>
        <br>
        <hr>
        <br>
         <table align="center"width="700"border=2 >
            <tr>
                <th colspan="4">查看产品信息</th>
            </tr>
            <tr>
                <td>产品名称</td>
                <td>产品型号</td>
                <td>产品数量</td>
                <td>产品价格</td>
            </tr>
            <%
                Connection con=null;
```

```
                Statement stmt=null;
                ResultSet rs=null;
                Class.forName("com.mysql.jdbc.Driver");
                String url="jdbc:mysql://localhost:3306/eims
                ? useUnicode=true&characterEncoding=gbk";
                con=DriverManager.getConnection(url,"root","admin");
                stmt=con.createStatement();
                String sql="select * from product";
                rs=stmt.executeQuery(sql);
                while(rs.next()){
            %>
            <tr>
                <td><%=rs.getString("productName")%></td>
                <td><%=rs.getString("productModel")%></td>
                <td><%=rs.getString("productNumber")%></td>
                <td><%=rs.getString("productPrice")%></td>
            </tr>
            <%
                }
            %>
        </table>
    </body>
</html>
```

单击图8-14所示页面中的"产品添加",出现如图8-15所示的产品添加页面,对应的超链接页面是addProduct.jsp。

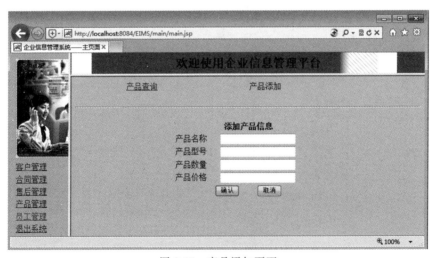

图8-15 产品添加页面

addProduct.jsp的代码如下所示。

```
<%@page contentType="text/html" pageEncoding="UTF-8"%>
<!DOCTYPE html>
<html>
    <head>
        <meta http-equiv="Content-Type" content="text/html; charset=UTF-8">
```

```html
        <title>添加产品信息</title>
    </head>
    <body bgcolor="lightgreen">
        <form action="http://localhost:8084/EIMS/productManage/
            addProductCheck.jsp" method="post">
            <table align="center"width="500" >
                <tr>
                    <td>
                        <a href="http://localhost:8084/EIMS/productManage/
                        lookProduct.jsp">产品查询</a>
                    </td>
                    <td>产品添加</td>
                </tr>
            </table>
            <br>
            <hr>
            <br>
            <table align="center"width="300" >
                <tr>
                    <th colspan="2" align="center">添加产品信息</th>
                </tr>
                <tr>
                    <td>产品名称</td>
                    <td><input type="text" name="productName"/></td>
                </tr>
                <tr>
                    <td>产品型号</td>
                    <td><input type="text" name="productModel"/></td>
                </tr>
                <tr>
                    <td>产品数量</td>
                    <td><input type="text" name="productNumber"/></td>
                </tr>
                <tr>
                    <td>产品价格</td>
                    <td><input type="text" name="productPrice"/></td>
                </tr>
                <tr align="center">
                    <td colspan="2">
                        <input name="sure"type="submit"value="确认">
                            
                        <input name="clear"type="reset"value="取消">
                    </td>
                </tr>
            </table>
        </form>
    </body>
</html>
```

在图 8-15 所示页面中输入数据后单击"确定"按钮,请求提交到 addProductCheck.jsp。addProductCheck.jsp 的代码如下所示。

```jsp
<%@page import="java.sql.*"%>
<%@page contentType="text/html" pageEncoding="UTF-8"%>
<!DOCTYPE html>
<html>
    <head>
        <meta http-equiv="Content-Type" content="text/html; charset=UTF-8">
        <title>处理客户添加数据</title>
    </head>
    <body>
        <%
            String productName=
            new String(request.getParameter("productName")
            .getBytes("ISO-8859-1"),"UTF-8");
            String productModel=
            new String(request.getParameter("productModel")
            .getBytes("ISO-8859-1"),"UTF-8");
            String productNumber=
            new String(request.getParameter("productNumber")
            .getBytes("ISO-8859-1"),"UTF-8");
            String productPrice=
            new String(request.getParameter("productPrice")
            .getBytes("ISO-8859-1"),"UTF-8");
            Connection con=null;
            Statement st=null;
            try{
                Class.forName("com.mysql.jdbc.Driver");
                String url="jdbc:mysql://localhost:3306/eims
                ? useUnicode=true&characterEncoding=gbk";
                con=DriverManager.getConnection(url,"root","admin");
                st=con.createStatement();
                String sql="insert into
                product(productName,productModel,productNumber,productPrice)
                values('"+productName+"','"+productModel+"','"+productNumber+"',
                '"+productPrice+"')";
                st.executeUpdate(sql);
                response.sendRedirect("http://localhost:8084/EIMS/
                productManage/lookProduct.jsp");
            }
            catch(Exception e){
                e.printStackTrace();
            }
            finally{
                st.close();
                con.close();
            }
        %>
    </body>
</html>
```

8.4.8 员工管理功能的实现

单击图 8-15 所示页面中的"员工管理",出现如图 8-16 所示的员工查询页面。请参照 left.jsp 代码中的"＜a href＝"http：//localhost：8084/EIMS/staffManage/lookStaff.jsp" target＝"main"＞员工管理＜/a＞"。

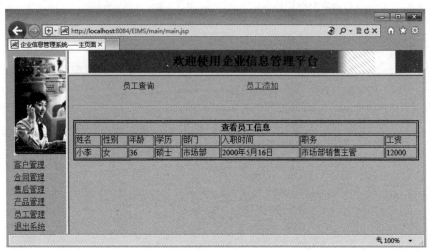

图 8-16 员工查询页面

lookStaff.jsp 的代码如下所示。

```jsp
<%@page import="java.sql.*"%>
<%@page contentType="text/html" pageEncoding="UTF-8"%>
<!DOCTYPE html>
<html>
    <head>
        <meta http-equiv="Content-Type" content="text/html; charset=UTF-8">
        <title>查询员工</title>
    </head>
    <body bgcolor="lightgreen">
        <table align="center"width="500">
            <tr>
                <td>员工查询</td>
                <td>
                    <a href="http://localhost:8084/EIMS/staffManage/
                    addStaff.jsp">员工添加</a>
                </td>
            </tr>
        </table>
        <br>
        <hr>
        <br>
         <table align="center"width="700"border=2" >
            <tr>
                <th colspan="8">查看员工信息</th>
```

```
            </tr>
            <tr>
                <td>姓名</td>
                <td>性别</td>
                <td>年龄</td>
                <td>学历</td>
                <td>部门</td>
                <td>入职时间</td>
                <td>职务</td>
                <td>工资</td>
            </tr>
            <%
                Connection con=null;
                Statement stmt=null;
                ResultSet rs=null;
                Class.forName("com.mysql.jdbc.Driver");
                String url="jdbc:mysql://localhost:3306/eims
                ? useUnicode=true&characterEncoding=gbk";
                con=DriverManager.getConnection(url,"root","admin");
                stmt=con.createStatement();
                String sql="select * from staff";
                rs=stmt.executeQuery(sql);
                while(rs.next()){
            %>
            <tr>
                <td><%=rs.getString("staffName")%></td>
                <td><%=rs.getString("staffSex")%></td>
                <td><%=rs.getString("staffAge")%></td>
                <td><%=rs.getString("staffEducation")%></td>
                <td><%=rs.getString("staffDepartment")%></td>
                <td><%=rs.getString("staffDate")%></td>
                <td><%=rs.getString("staffDuty")%></td>
                <td><%=rs.getString("staffWage")%></td>
            </tr>
            <%
                }
            %>
        </table>
    </body>
</html>
```

单击图 8-16 所示页面中的"员工添加",出现如图 8-17 所示的员工添加页面,对应的超链接页面是 addStaff.jsp。

addStaff.jsp 的代码如下所示。

```
<%@page contentType="text/html" pageEncoding="UTF-8"%>
<html>
    <head>
        <meta http-equiv="Content-Type" content="text/html; charset=UTF-8">
        <title>添加员工信息</title>
```

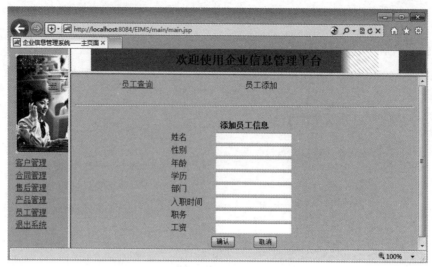

图 8-17　员工添加页面

```
</head>
<body bgcolor="lightgreen">
    <form action="http://localhost:8084/EIMS/staffManage/addStaffCheck.jsp"
    method="post">
        <table align="center"width="500" >
            <tr>
                <td>
                    <a href="http://localhost:8084/EIMS/staffManage/
                    lookStaff.jsp">员工查询</a>
                </td>
                <td>员工添加</td>
            </tr>
        </table>
        <br>
        <hr>
        <br>
        <table align="center"width="300" >
            <tr>
                <th colspan="8" align="center">添加员工信息</th>
            </tr>
            <tr>
                <td>姓名</td>
                <td><input type="text" name="staffName"/></td>
            </tr>
            <tr>
                <td>性别</td>
                <td><input type="text" name="staffSex"/></td>
            </tr>
            <tr>
                <td>年龄</td>
                <td><input type="text" name="staffAge"/></td>
```

```
            </tr>
            <tr>
                <td>学历</td>
                <td><input type="text" name="staffEducation"/></td>
            </tr>
            <tr>
                <td>部门</td>
                <td><input type="text" name="staffDepartment"/></td>
            </tr>
            <tr>
                <td>入职时间</td>
                <td><input type="text" name="staffDate"/></td>
            </tr>
            <tr>
                <td>职务</td>
                <td><input type="text" name="staffDuty"/></td>
            </tr>
            <tr>
                <td>工资</td>
                <td><input type="text" name="staffWage"/></td>
            </tr>
            <tr align="center">
                <td colspan="2">
                    <input name="sure"type="submit"value="确认">
                           
                    <input name="clear"type="reset"value="取消">
                </td>
            </tr>
        </table>
    </form>
</body>
</html>
```

在图 8-17 所示页面中输入数据后单击"确定"按钮,请求提交到 addStaffCheck.jsp。addStaffCheck.jsp 的代码如下所示。

```
<%@page import="java.sql.*"%>
<%@page contentType="text/html" pageEncoding="UTF-8"%>
<!DOCTYPE html>
<html>
    <head>
        <meta http-equiv="Content-Type" content="text/html; charset=UTF-8">
        <title>处理员工添加数据</title>
    </head>
    <body>
        <%
            String staffName=new
            String(request.getParameter("staffName").getBytes("ISO-8859-1"),
            "UTF-8");
            String staffSex=new
```

```
        String(request.getParameter("staffSex").getBytes("ISO-8859-1"),
        "UTF-8");
        String staffAge=new
        String(request.getParameter("staffAge").getBytes("ISO-8859-1"),
        "UTF-8");
        String staffEducation=new
        String(request.getParameter("staffEducation").getBytes("ISO-8859-1"),
        "UTF-8");
        String staffDepartment=new
        String(request.getParameter("staffDepartment").getBytes("ISO-8859-1"),
        "UTF-8");
        String staffDate=new
        String(request.getParameter("staffDate").getBytes("ISO-8859-1"),
        "UTF-8");
        String staffDuty=new
        String(request.getParameter("staffDuty").getBytes("ISO-8859-1"),
        "UTF-8");
        String staffWage=new
        String(request.getParameter("staffWage").getBytes("ISO-8859-1"),
        "UTF-8");
        Connection con=null;
        Statement st=null;
    try{
        Class.forName("com.mysql.jdbc.Driver");
        String url="jdbc:mysql://localhost:3306/eims
        ? useUnicode=true&characterEncoding=gbk";
        con=DriverManager.getConnection(url,"root","admin");
        st=con.createStatement();
        String sql="insert into
        staff (staffName,staffSex,staffAge,staffEducation,staffDepartment,
        staffDate,staffDuty,staffWage) values
        ('"+staffName+"','"+staffSex+"','"+staffAge+"','"+staffEduc
        ation+"','"+staffDepartment+"','"+staffDate+"','"+staffDuty+"',
        '"+staffWage+"')";
        st.executeUpdate(sql);
        response.sendRedirect("http://localhost:8084/EIMS/staffManage/
        lookStaff.jsp");
    }
    catch(Exception e){
        e.printStackTrace();
    }
    finally{
        st.close();
        con.close();
    }
%>
    </body>
</html>
```

8.5 课外阅读(开源分布式服务框架 Dubbo)

分布式服务框架是相对传统单体架构而言的。在业务的早期,为了快速上线和试错,一般都会选用单体架构来构建业务,所有的业务组件都在同一个应用内部。但随着业务的发展,用户量和业务规模越来越大,单体应用的性能会遇到瓶颈,同时用户需求也会越来越多,各个组件耦合在一起会导致研发效率下降,无法应对快速变更的用户需求。这时就需要考虑分布式服务架构,把数据库的不同部分分开,部署到不同的服务器上,以缓解数据库大量数据访问的压力。

服务化的架构一般要求选用一套服务化的技术框架,来解决服务之间的互相发现以及服务治理等问题(例如限流、降级、熔断、分流等)。国内阿里巴巴旗下开发的 Dubbo 是应用较广泛的开源分布式服务框架之一,较好地解决了开源框架使用成本较高的问题,且性能是 Spring Cloud 的 3 倍。

8.5.1 Dubbo 满足的需求

微服务架构是 SOA 架构向更细粒度、更通用化发展的必然结果,提倡将单体应用程序划分成一组若干小的服务,服务之间互相协调、互相配合,为用户提供最终价值。单体应用程序拆分成微服务后,服务治理是关键。Dubbo 框架能够满足微服务架构的 SOA 服务需求。

在大规模服务化之前,应用可能只是通过 RMI 或 Hessian 等工具,简单暴露和引用远程服务,通过配置服务的 URL 地址进行调用,通过 F5 等硬件进行负载均衡,可能会出现以下问题。

(1) 当服务越来越多时,服务 URL 配置管理变得非常困难,F5 硬件负载均衡器的单点压力也越来越大。此时需要一个服务注册中心,动态地注册和发现服务,使服务的位置透明。同时通过在消费方获取服务提供方地址列表,实现软负载均衡,降低对 F5 硬件负载均衡器的依赖,并减少部分成本。

(2) 当进一步发展后,服务间依赖关系变得错综复杂,甚至分不清哪个应用要在哪个应用之前启动,架构师都不能完整地描述应用的架构关系。这时,需要自动画出应用间的依赖关系图,以帮助架构师厘清关系。

(3) 接着,服务的调用量越来越大,服务的容量问题就暴露出来,这个服务需要多少机器支撑?什么时候该加机器?

为了解决这些问题,首先要将服务现在每天的调用量、响应时间都统计出来,作为容量规划的参考指标。其次,要可以动态调整权重,在线上,将某台机器的权重一直加大,并在加大的过程中记录响应时间的变化,直到响应时间到达阈值,记录此时的访问量,再以此访问量乘以机器数反推总容量。

以上是 Dubbo 满足的基本的几个需求及其应用场景。简单地说,Dubbo 就是个服务调用的框架,如果没有分布式的需求,其实是不需要用的,只有在分布式时,才有使用 Dubbo 这样的分布式服务框架的需求。

8.5.2 Dubbo 的特点

Dubbo 架构采用的是一种简单的模型，要么是提供方提供服务，要么是消费方消费服务，所以基于这一点可以抽象出服务提供方和服务消费方两个角色。

Dubbo 架构具有以下 4 个特点，分别是连通性、健壮性、伸缩性，以及向未来架构的升级性。

1. 连通性（服务消费者和服务提供者的关联）

注册中心负责服务地址的注册与查找，相当于目录服务，服务提供者和消费者只在启动时与注册中心交互，注册中心不转发请求，压力较小。

监控中心负责统计各服务调用次数、调用时间等，统计先在内存汇总后每分钟一次发送到监控中心服务器，并以报表展示。

服务提供者向注册中心注册其提供的服务，并汇报调用时间到监控中心，此时间不包含网络开销。

服务消费者向注册中心获取服务提供者地址列表，并根据负载算法直接调用提供者，同时汇报调用时间到监控中心，此时间包含网络开销。

注册中心、服务提供者、服务消费者三者之间均为长连接，监控中心除外。注册中心通过长连接感知服务提供者的存在，服务提供者死机，注册中心将立即推送事件通知消费者。

注册中心和监控中心全部死机，不影响已运行的提供者和消费者，消费者在本地缓存了提供者列表。注册中心和监控中心都是可选的，服务消费者可以直连服务提供者。

2. 健壮性（任意节点死机后，服务仍然可用）

监控中心死机不影响使用，只是丢失部分采样数据。

数据库死机后，注册中心仍能通过缓存提供服务列表查询，但不能注册新服务。

注册中心对等集群，任意一台机器死机后，将自动切换到另一台机器。注册中心全部死机后，服务提供者和服务消费者仍能通过本地缓存通信。

服务提供者无状态，任意一台机器死机后，不影响使用。服务提供者全部死机后，服务消费者应用将无法使用，并无限次重连等待服务提供者恢复。

3. 伸缩性（节点可以自动增加）

注册中心为对等集群，可动态增加机器部署实例，所有客户端将自动发现新的注册中心。服务提供者无状态，可动态增加机器部署实例，注册中心将推送新的服务提供者信息给消费者。

4. 升级性（可平滑升级）

当服务集群规模进一步扩大，带动 IT 治理结构进一步升级，需要实现动态部署，进行流动计算，不会给现有分布式服务架构带来阻力。

8.5.3 总结

Dubbo 是一个被国内众多互联网公司广泛使用的开源分布式服务框架，即使从国际视野来看应该也是一个非常全面的 SOA 基础框架。同时也是一款高性能、轻量级的开源 Java RPC 框架，应用可通过高性能的 RPC 实现服务的输出和输入功能，和 Spring 框架无缝集成，只需要通过 Spring 配置即可完成服务化。其简单便捷的构架使得 Dubbo 在现阶段能很好满足各互联网的业务需求。

8.6 小　　结

本章主要介绍了企业信息管理系统的开发过程,通过本章实训项目的开发练习,能够在掌握所学理论知识的同时,提高学生的项目开发能力,激发学生的项目开发兴趣。

8.7 习　　题

1. 完成合同管理模块中的合同修改和删除功能。
2. 完成售后管理模块中的售后修改和删除功能。
3. 完成产品管理模块中的产品修改和删除功能。
4. 完成员工管理模块中的员工修改和删除功能。
5. 请根据自己对企业信息管理系统的理解进一步完善和扩展实训项目的功能。

第 9 章　JSP 与 JavaBean

在 Java Web 项目开发中，JavaBean 组件可以实现代码重用，提高系统健壮性。尤其是在基于 MVC 设计模式以及 Java Web 框架（Struts、Spring）的开发中，JavaBean 组件功能尤为重要。本章主要介绍 JavaBean 基础知识及其应用。

本章主要内容如下所示。

（1）JavaBean 的基础知识。
（2）JavaBean 的使用。
（3）JavaBean 的作用域。
（4）JavaBean 应用实例。

9.1　JavaBean 的基础知识

JavaBean 的基础知识

现代软件工程的一个目标就是实现代码重用，代码重用就相当于组装计算机，把生产好的计算机硬件组装起来。JavaBean 是 Java 的可重用组件，是一种 Java 类，通过封装属性和方法成为具有某种功能或者处理某个业务的对象。如文件上传、发送 E-mail、数据访问以及将业务处理或复杂计算分离出来成为独立可重复使用的模块，而 JSP 通过 JavaBean 实现了类的功能扩充。JSP 对于在 Web 应用中集成 JavaBean 组件提供了很好的支持，如程序员可以直接使用经测试和可信任的已有组件，避免了重复开发，这样既节省开发时间，也为 JSP 应用带来更多的可伸缩性。JavaBean 组件还可以用来执行复杂的计算任务，或负责与数据库的交互以及数据存取等工作。

组件技术在现代软件业中扮演着越来越重要的角色，目前代表性的软件组件技术有 COM、COM＋、JavaBean、EJB 和 CORBA。其中，JavaBean 是一种 Java 语言写成的可重用组件。用户可以使用 JavaBean 将功能、处理、值、数据库访问和其他任何可以用 Java 代码创造的对象进行封装，并且其他的开发者可以通过内部的 JSP 页面、Servlet、其他 JavaBean、Applet 程序或者应用来使用这些对象。用户可以认为 JavaBean 提供了一种随时随地的复制和粘贴的功能，而不用关心任何改变。

JavaBean 原来是为了能够在一个可视化的集成开发环境中可视化、模块化地利用组件技术开发应用程序而设计的。在 JSP 中，不需要使用可视化的功能，但可以实现一些比较复杂的事务处理。

JavaBean 定义的任务通常为"一次编写，随处运行，随处可用"。

JavaBean 是遵循特殊规范的 Java 类。按功能分，可以分为可视 Bean 和不可视 Bean 两类。

（1）可视 Bean 是在画面上可以显示的 Bean，通过属性接口接收数据并显示在画面中。

（2）不可视 Bean 是在 JSP 中时常使用的 Bean，在程序的内部起作用，如用于求值、存储用户数据等。

JavaBean 开发简单，许多动态页面处理过程实际上被封装到了 JavaBean 当中，可以将大部分功能放在JavaBean中完成。JavaBean在JSP中用来捕获页面表单的输入并封装事务逻辑,从而很好地实现业务逻辑和页面的分离,使得系统更加健壮、灵活和易于维护,所以JSP页面比传统的ASP/ASP.NET或PHP页面简洁。

JavaBean定义(声明)应遵循的规范如下所示。

(1) 必须有一个无参的构造函数。

(2) 对在Bean中定义的所有属性提供getter和setter方法,并且这些方法是公共的。

(3) 对于boolean类型的属性,其getter方法的形式为is×××的,其中×××为首字母大写的属性名。

(4) 对于数组类型的属性,要提供形式为get×××和set×××的方法。

JavaBean具有以下特性。

(1) 可以实现代码的重复使用。

(2) 容易维护、容易使用且容易编写。

(3) 可以在支持Java的任何平台上使用,而不需要重新编译。

(4) 可以与其他部件进行整合。

通过使用JavaBean,可以减少JSP中脚本代码的使用,这样可以使得JSP易于维护,易于被非编程人员接受。

> **想一想**:通过合理组织具有不同功能的JavaBean,可以快速构建一个应用程序。每个JavaBean的规范设计有利于整个软件项目的开发和维护。在国际化、多学科交叉融合发展的背景下,你认为软件开发人员在团队中应该承担什么角色?

9.2 编写和使用JavaBean

编写和使用JavaBean

本节主要介绍JavaBean的编写和使用。

9.2.1 编写JavaBean组件

在编写一个JavaBean时,要按照面向对象的封装性原理进行编写,同时要遵循JavaBean规范。

下面的实例就是一个JavaBean,该JavaBean用于登录页面时处理用户的信息。

【例9-1】 登录的JavaBean实例(Login.java)。

```
package ch09;

public class Login {
    private   String userName;             //用户名
    private   String password;             //密码
    public Login(){                        //构造方法
    }
    public String getUserName() {          //返回用户名
        return userName;
    }
```

```
    public void setUserName(String userName) {    //设置用户名
        this.userName=userName;
    }
    public String getPassword() {
        return password;
    }
    public void setPassword(String password) {
        this.password=password;
    }
}
```

9.2.2 在 JSP 页面中使用 JavaBean

在 JSP 页面中使用 JavaBean 有两种方式：第一种方式是通过 5.5 节中的＜jsp：useBean＞动作加载 JavaBean，使用＜jsp：setProperty＞动作给 JavaBean 属性传值，使用＜jsp：getProperty＞动作获取属性的值；第二种方式允许在 JSP 页面中以 Java 脚本的形式直接使用。例如：

```
<jsp:useBean id="login" class="ch09.Login"/>
```

等价于脚本：

```
<%Login login=new Login();%>
```

1. 访问 JavaBean 属性

使用＜jsp：useBean＞动作实例化 JavaBean 后，就可以使用＜jsp：getProperty＞访问其属性。例如：

```
<jsp:getProperty name="login" property="password"/>
```

或者

```
<jsp:getProperty name="login" property="password">
<jsp:getProperty/>
```

在此标签中，name 属性的取值 login 和＜jsp：useBean id = "login" class = "ch09.Login"/＞中 id 属性的值一致，property 属性的取值 password 是 JavaBean 的属性（变量）password。等价的 Java 代码如下：

```
<%
    String password=login.getPassword();
    out.print(password);
%>
```

或者

```
<%=login.getPassword()%>
```

有关＜jsp：getProperty＞的使用方法请参考 5.5.5 节。

2. 设置 JavaBean 属性

使用＜jsp：setProperty＞标签可以设置 JavaBean 属性的值。之前需使用＜jsp：useBean＞对 JavaBean 实例化。

<jsp:setProperty>标签可以通过 3 种方式设置 JavaBean 属性的值。

1) 使用字符串或表达式设置 JavaBean 的属性值

可以将 Bean 的属性值用表达式或者字符串来表示。例如：

```
<jsp:setProperty name="login " property="password" value="123456789"/>
```

或

```
<jsp:setProperty name="login" property="password" value="<%=表达式%>"/>
```

表达式值的类型必须和 JavaBean 属性值的类型一致。如果用字符串的值设置 JavaBean 属性值,这个字符串会自动转换为 Bean 属性值的类型。

【例 9-2】 设置属性值应用实例 1(setProperties1.jsp)。

```
<%@page contentType="text/html" pageEncoding="UTF-8"%>
<html>
    <head>
        <meta http-equiv="Content-Type" content="text/html; charset=UTF-8">
        <title>设置属性值应用实例 1</title>
    </head>
    <body>
        <jsp:useBean id="login" class="ch09.Login"/>
        <jsp:setProperty name="login" property="userName" value="10001"/>
        <jsp:setProperty name="login" property="password" value="123456789"/>
        <h3>使用动作显示 JavaBean 中的数据：</h3>
        <hr>
        用户名是:<jsp:getProperty name="login" property="userName"/><br>
        密码是:<jsp:getProperty name="login" property="password"/>
    </body>
</html>
```

setProperties1.jsp 的运行效果如图 9-1 所示。

图 9-1　setProperties1.jsp 的运行效果

2) 通过 HTTP 表单中的参数设置 JavaBean 属性值

如果表单参数的名字与 JavaBean 属性的名字相同,JSP 引擎会自动将字符串转换为 JavaBean 属性的类型。例如:

```
<jsp:setProperty name="login" property=" * "/>
```

此标记不用具体指定哪个 JavaBean 属性和表单中哪个参数对应，系统会根据名字自动进行匹配。

【例 9-3】 设置属性值应用实例 2(setProperties2.jsp)。

```
<%@page contentType="text/html" pageEncoding="UTF-8"%>
<html>
    <head>
        <meta http-equiv="Content-Type" content="text/html; charset=UTF-8">
        <title>设置属性值应用实例2</title>
    </head>
    <body>
        <form method="post" action="">
            输入用户名：<input type="text" name="userName"><br>
            输 入 密 码：<input type="text" name="password"><br>
            <input type="submit" value="确定">
            <input type="reset" value="清除">
        </form>
        <jsp:useBean id="login" class="ch09.Login"/>
        <jsp:setProperty name="login" property="*"/>
        <p>用户名是：</p>
        <jsp:getProperty name="login" property="userName"/>
        <p>密码是：</p>
        <jsp:getProperty name="login" property="password"/>
    </body>
</html>
```

setProperties2.jsp 的运行效果如图 9-2 所示。输入数据提交后出现如图 9-3 所示的页面。

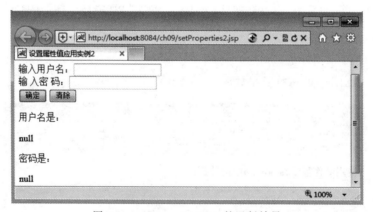

图 9-2　setProperties2.jsp 的运行效果

在此页面中输入用户名和密码后提交给页面本身，并读取和显示 JavaBean 中存储的数据。因为不支持中文，图 9-3 中出现乱码，可对 JavaBean 中的 get×××方法进行修改。本例修改 Login.java 的代码如下：

```
package ch09;

public class Login {
    private  String userName;                    //用户名
```

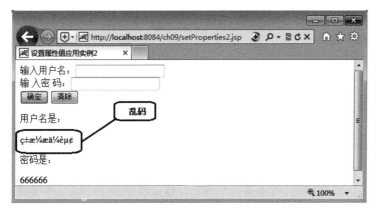

图 9-3　数据处理后的页面

```
    private  String password;              //密码
    public Login(){                         //构造方法
    }
    public String getUserName() {
        try{
            byte b[]=userName.getBytes("ISO-8859-1");
            userName=new String(b,"UTF-8");
            return userName;
        }
        catch(Exception e){
            return userName;
        }
    }
    public void setUserName(String userName) {
        this.userName=userName;
    }
    public String getPassword() {
        try{
            byte b[]=password.getBytes("ISO-8859-1");
            password=new String(b,"UTF-8");
            return password;
        }
        catch(Exception e){
            return password;
        }
    }
    public void setPassword(String password) {
        this.password=password;
    }
}
```

9.3　JavaBean 的作用域及其应用实例

利用<jsp：useBean>的 scope 属性，可以定义 JavaBean 的生命周期和使用范围。例如：

```
<jsp:useBean id="login" class="ch09.Login" scope="page"/>
```

scope 属性可以取以下值。

1. page

JSP 页面内所有实例的默认作用域都为 page，并且允许在为局部变量指定的范围内使用这种数据（仅限于在本页面内使用）。

2. request

可在同一次请求所涉及的资源中使用。JSP 页面使用 request 表示在同一次请求所涉及的服务器资源（可能是页面、Servlet 等）中使用，例如，程序中使用<jsp:forward/><jsp:include/>这些动作时，所涉及的页面（或其他类型的资源）与本页面属于同一次的请求。

3. session

可在同一次会话期间所访问的资源中使用，实际上也就是所有的页面都能访问。如果需要提供有状态的用户，则使用 session 作用域。对在线聊天、在线购物、在线论坛、电子商务、网上银行等应用，session 作用域都能满足要求。对用户提供从请求到请求的追踪，为用户提供无缝的、持久的操作环境。

4. application

application 作用域就是服务器启动到关闭的整段时间，在这个作用域内设置的信息可以被 Web 应用程序的所有页面使用。

【例 9-4】 application 作用域应用实例。

本例有一个 JavaBean，即 ApplicationtScopeBean.java 和 3 个 JSP 页面，即 applicationScope1.jsp、applicationScope2.jsp 和 applicationScope3.jsp。3 个页面共享同一个 ApplicationtScopeBean.java，即作用域都是 application。

ApplicationtScopeBean.java 的代码如下所示。

```
package ch09;

public class ApplicationtScopeBean{
    private int accessCount=1;
    public int getAccessCount(){
        return (accessCount++);
    }
}
```

applicationScope1.jsp 的代码如下所示。

```
<%@page contentType="text/html" pageEncoding="UTF-8"%>
<html>
    <head>
        <meta http-equiv="Content-Type" content="text/html; charset=UTF-8">
        <title>第 1 个页面</title>
    </head>
    <body>
        <table border=5 aling="center">
            <tr>
```

```
            <td class="title">第1个页面被访问</td>
        </tr>
    </table>
    <jsp:useBean id="counter" class="ch09.ApplicationtScopeBean"
            scope="application"/>
    applicationScope1.jsp(页面)
    <br>
    <a href="applicationScope2.jsp">applicationScope2.jsp</a>
    <br>
    <a href="applicationScope3.jsp">applicationScope3.jsp</a>
    <br>
    3个页面共被访问了<jsp:getProperty name="counter"
                    property="accessCount" />次。
    </body>
</html>
```

applicationScope2.jsp 的代码如下所示。

```
<%@page contentType="text/html" pageEncoding="UTF-8"%>
<html>
    <head>
        <meta http-equiv="Content-Type" content="text/html; charset=UTF-8">
        <title>第2个页面</title>
    </head>
    <body>
        <table border=5 aling="center">
            <tr>
                <td class="title">第2个页面被访问</td>
            </tr>
        </table>
        <jsp:useBean id="counter" class="ch09.ApplicationtScopeBean"
            scope="application"/>
        applicationScope2.jsp(页面)
        <br>
        <a href="applicationScope1.jsp">applicationScope1.jsp</a>
        <br>
        <a href="applicationScope3.jsp">applicationScope3.jsp</a>
        <br>
        3个页面共访问了<jsp:getProperty name="counter"
                    property="accessCount"/>次。
    </body>
</html>
```

applicationScope3.jsp 的代码如下所示。

```
<%@page contentType="text/html" pageEncoding="UTF-8"%>
<html>
    <head>
        <meta http-equiv="Content-Type" content="text/html; charset=UTF-8">
        <title>第3个页面</title>
    </head>
    <body>
```

```
<table border=5 aling="center">
    <tr>
        <td class="title">第 3 个页面被访问</td>
    </tr>
</table>
<jsp:useBean id="counter" class="ch09.ApplicationtScopeBean"
    scope="application"/>
 applicationScope3.jsp(页面)
<br>
<a href="applicationScope1.jsp">applicationScope1.jsp</a>
<br>
<a href="applicationScope2.jsp">applicationScope2.jsp</a>
<br>
3 个页面共访问了<jsp:getProperty name="counter"
            property="accessCount"/>次。
</body>
</html>
```

applicationScope1.jsp 的运行效果如图 9-4 所示。单击图 9-4 所示页面中的 applicationScope2.jsp 超链接时,出现如图 9-5 所示页面。单击图 9-5 所示页面中的 applicationScope3.jsp 超链接时,出现如图 9-6 所示页面。该例中由于作用域是 application,3 个页面共享同一个 JavaBean。

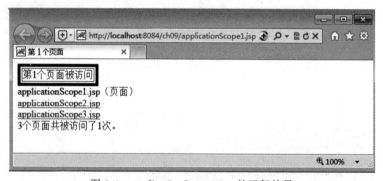

图 9-4 applicationScope1.jsp 的运行效果

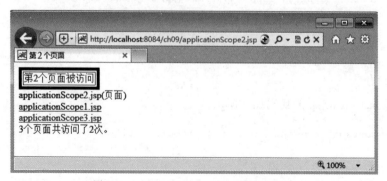

图 9-5 applicationScope2.jsp 的运行效果

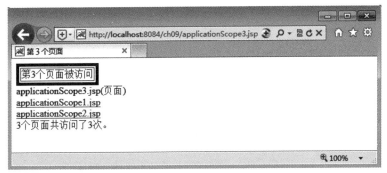

图 9-6 applicationScope3.jsp 的运行效果

9.4 JavaBean 应用实例

下面通过几个应用实例来进一步认识 JavaBean 的使用。

9.4.1 使用 JavaBean 访问数据库

在 Java Web 应用开发中，可声明一个 JavaBean 来封装对数据库的访问。

【例 9-5】 封装数据库访问的 JavaBean（DBConnectionManager.java）。

使用 Java-Bean 访问数据库

```java
package ch09;
import java.sql.Connection;
import java.sql.DriverManager;

public class DBConnectionManager {
    //驱动程序
    private String driverName="com.mysql.jdbc.Driver";
    //设置数据库连接 URL
    private String url="jdbc:mysql://localhost:3306/数据库";
    private String user="root";              //数据库登录用户名
    private String password="";              //数据库登录密码
    public void setDriverName(String newDriverName) {
        driverName=newDriverName;
    }
    public String getDriverName() {
        return driverName;
    }
    public void setUrl(String newUrl) {
        url=newUrl;
    }
    public String getUrl() {
        return url;
    }
    public void setUser(String newUser) {
        user=newUser;
    }
```

```
    public String getUser() {
        return user;
    }
    public void setPassword(String newPassword) {
        password=newPassword;
    }
    public String getPassword() {
        return password;
    }
    public Connection getConnection() {
        try {
            Class.forName(driverName);
            return DriverManager.getConnection(url, user, password);
        } catch (Exception e) {
            e.printStackTrace();
            return null;
        }
    }
}
```

在页面中调用此 JavaBean 可以获取数据库连接。用户可以使用属性的 setter 方法改变需要连接的数据库的驱动、URL、用户名和密码。

9.4.2　使用 JavaBean 实现猜数游戏

使用 Java-Bean 实现猜数游戏

本例使用 JavaBean 实现猜数字游戏。本实例有一个 JavaBean(GuessNumber.java)，有两个页面 getNumber.jsp 和 guess.jsp。getNumber.jsp 页面中使用 Random 类随机生成一个 1～100 的整数，并把生成的数赋给 JavaBean 的 answer 属性，在页面中要求用户输入猜的数字，然后单击"提交"按钮由 guess.jsp 页面处理数据。guess.jsp 页面调用 JavaBean 对数据进行处理。

【例 9-6】 猜数字游戏。

GuessNumber.java 的代码如下所示。

```
package ch09;

public class GuessNumber{
    int answer=0;                       //系统随机生成的一个数
    int guessNumber=0;                  //用户猜的数
    int guessCount=0;                   //用户猜的次数
    String result=null;
    boolean right=false;
    public void setAnswer(int answer){
        this.answer=answer;
        guessCount=0;
    }
    public int  getAnswer(){
        return answer;
    }
    public void setGuessNumber(int guessNumber){
```

```java
        this.guessNumber=guessNumber;
        guessCount++;
        if(guessNumber==answer){
           result="恭喜你猜对了!";
           right=true;
        }
        else if(guessNumber>answer){
           result="不好意思,你猜大了!";
           right=false;
        }
        else if(guessNumber<answer){
           result="不好意思,你猜小了!";
           right=false;
        }
        else if(this.answer==-1||this.answer>100){
           result="请输入 1~100 的整数!";
           right=false;
        }
    }
    public int getGuessNumber(){
        return guessNumber;
    }
    public int getGuessCount(){
        return guessCount;
    }
    public String getResult(){
        return result;
    }
    public boolean isRight(){
        return right;
    }
}
```

getNumber.jsp 的代码如下所示。

```jsp
<%@page import="java.util.Random"%>
<%@page contentType="text/html" pageEncoding="UTF-8"%>
<html>
    <head>
        <meta http-equiv="Content-Type" content="text/html; charset=UTF-8">
        <title>系统将随机生成一个数</title>
    </head>
    <body>
        <jsp:useBean id="guess" class="ch09.GuessNumber" scope="session"/>
        <%
            //实例化一个对象,该对象可以产生随机数
            Random randomNumbers=new Random();
            //randomNumbers 对象调用 nextInt()方法生成一个随机数
            //randomNumbers.nextInt( 100 )表示生成 0~99 的任意整数
            int answer=1+randomNumbers.nextInt( 100 );
            /* 在使用 URL 重写已知的数据时要注意,为了保证会话跟踪的正确性,所有的链接和
```

重定向语句中的 URL 都需要调用 encodeURL()或 encodeRedirectURL()方法进行编码 */
```jsp
            String str=response.encodeRedirectURL("guess.jsp");
        %>
        <jsp:setProperty name="guess" property="answer"
            value="<%=answer%>"/>
        <h3>随系统随机生成了一个 1~100 的整数,请猜是什么数?</h3>
        <hr>
        <form action="<%=str%>" method="get">
            输入你的猜的数:<input type="text" name="guessNumber">
            <input type="submit" value="提交">
        </form>
    </body>
</html>
```

guess.jsp 的代码如下所示。

```jsp
<%@page contentType="text/html" pageEncoding="UTF-8"%>
<html>
    <head>
        <meta http-equiv="Content-Type" content="text/html; charset=UTF-8">
        <title>猜的结果</title>
    </head>
    <body>
        <jsp:useBean id="guess" class="ch09.GuessNumber" scope="session" />
        <%
            String strGuess=response.encodeRedirectURL("guess.jsp"),
            strGetNumber=response.encodeRedirectURL("getNumber.jsp");
        %>
        <hr>
        <jsp:setProperty name="guess" property="guessNumber"
            param="guessNumber"/>
        这是第<jsp:getProperty name="guess" property="guessCount"/>次猜。
        <jsp:getProperty name="guess" property="result"/>。
        你猜的数是 <jsp:getProperty name="guess" property="guessNumber"/>。
        <%
            if(guess.isRight()==false){
        %>
        <form action="<%=strGuess%>" method="get">
            请再猜一次:<input type=text name="guessNumber">
            <input type=submit value="提交">
        </form>
        <%
            }
        %>
        <hr>
        <a href="<%=strGetNumber%>">重新开始猜数</a>
    </body>
</html>
```

getNumber.jsp 的运行效果如图 9-7 所示。输入数字后单击"提交"按钮,如果猜得太小会提示猜小了,如图 9-8 所示;如果猜得太大会提示猜大了,如图 9-9 所示;直到猜对为止,如图 9-10 所示。

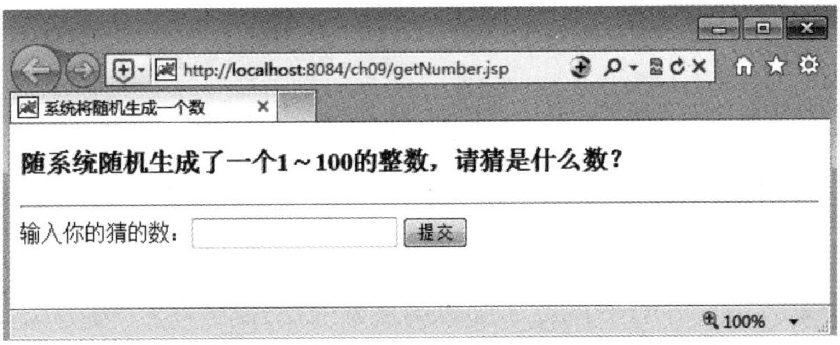

图 9-7　getNumber.jsp 的运行效果

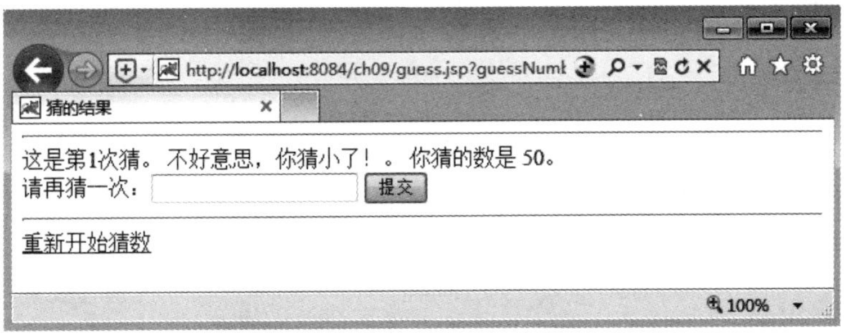

图 9-8　guess.jsp 页面提示"猜小了"

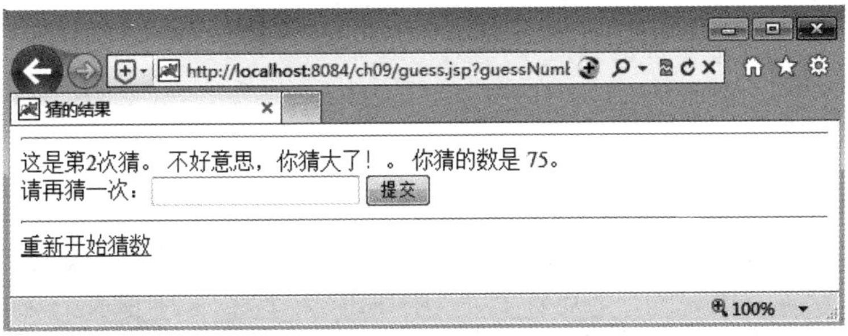

图 9-9　guess.jsp 页面提示"猜大了"

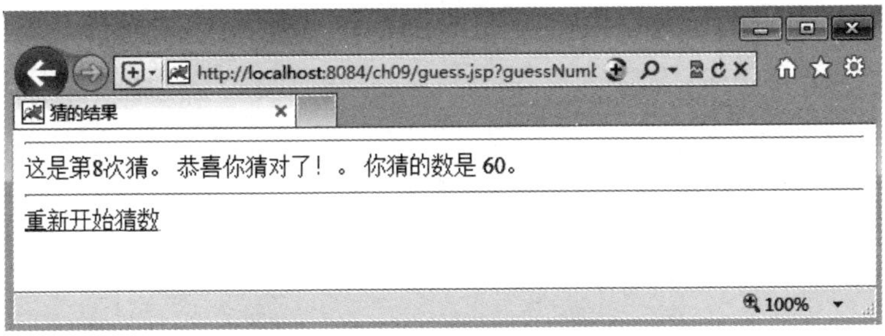

图 9-10　猜的次数以及系统生成的数字

9.5 项目实训

注册系统的
设计与实现

9.5.1 项目描述

本项目使用JSP+JavaBean开发一个简单的注册系统,系统有一个注册页面register.jsp,代码如例9-7所示。注册页面提交到registerCheck.jsp,代码如例9-8所示,该页面对提交的用户信息进行处理,首先使用动作把提交的用户信息保存在UserRegisterBean类中,该类的代码如例9-9所示;然后把注册的信息显示在registerCheck.jsp页面中。

项目的文件结构如图9-11所示。本项目分别使用NetBeans和Eclipse开发。

9.5.2 学习目标

本实训主要的学习目的是通过综合运用本章的知识点来巩固本章所学理论知识,要求能够熟练运用JSP和JavaBean技术开发案例。

9.5.3 项目需求说明

本项目设计一个基于JSP+JavaBean技术的注册系统,用户通过register.jsp页面进行注册,registerCheck.jsp页面处理register.jsp页面的数据并显示。

图9-11 项目的文件结构

9.5.4 项目实现

注册页面(register.jsp)运行效果如图9-12所示。

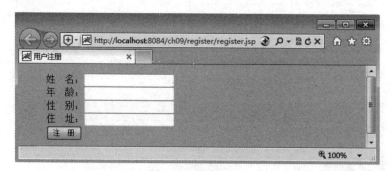

图9-12 注册页面

【例9-7】 注册页面(register.jsp)。

```
<%@page contentType="text/html" pageEncoding="UTF-8"%>
<html>
    <head>
```

```
            <meta http-equiv="Content-Type" content="text/html; charset=UTF-8">
            <title>用户注册</title>
        </head>
        <body bgcolor="pink">
            <form action="registerCheck.jsp" method="post">
                <ul style="list-style: none"><!--设置不显示项目符号-->
                    <li>姓 名：<input type="text" name="name"></li>
                    <li>年 龄：<input type="text" name="age"></li>
                    <li>性 别：<input type="text" name="sex"></li>
                    <li>住 址：<input type="text" name="address"></li>
                    <li><input type="submit" value="注    册"></li>
                </ul>
            </form>
        </body>
</html>
```

在图 9-12 所示页面中输入数据后单击"注册"按钮,请求提交到 registerCheck.jsp,该页面将数据保存在 UserRegisterBean 类中,该数据处理页面运行效果如图 9-13 所示。

图 9-13　数据处理页面

【例 9-8】 对注册页面进行数据处理(registerCheck.jsp)。

```
<%@page contentType="text/html" pageEncoding="UTF-8"%>
<html>
    <head>
        <meta http-equiv="Content-Type" content="text/html; charset=UTF-8">
        <title>用户注册-处理注册信息页面</title>
    </head>
    <body bgcolor="pink">
        <%
            request.setCharacterEncoding("UTF-8");              //处理中文乱码问题
        %>
        <jsp:useBean id="use" class="userRegister.UserRegisterBean" scope="page">
            <jsp:setProperty name="use" property="*" />
        </jsp:useBean>
        <ul style="list-style: none">
            <li>姓 名：<jsp:getProperty   name="use" property="name"/></li>
            <li>年 龄：<jsp:getProperty   name="use" property="age"/></li>
            <li>性 别：<jsp:getProperty   name="use" property="sex"/></li>
            <li>住 址：<jsp:getProperty   name="use" property="address"/></li>
```

```
        </ul>
    </body>
</html>
```

【例 9-9】 保存用户信息的 JavaBean(UserRegisterBean.java)。

```
package userRegister;

public class UserRegisterBean{
    private String name;              //姓名
    private int age;                  //年龄
    private String sex;               //性别
    private String address;           //住址
    public String getName() {
        return name;
    }
    public void setName(String name) {
        this.name=name;
    }
    public int getAge() {
        return age;
    }
    public void setAge(int age) {
        this.age=age;
    }
    public String getSex() {
        return sex;
    }
    public void setSex(String sex) {
        this.sex=sex;
    }
    public String getAddress() {
        return address;
    }
    public void setAddress(String address) {
        this.address=address;
    }
}
```

9.5.5 项目实现过程中应注意的问题

在项目实现的过程中需要注意的问题有：首先，表单信息中的属性名称最好设置为与 JavaBean 中的属性名称一样，这样可以通过＜jsp:setProperty name＝"use" property＝"*"/＞的形式来接收所有参数，否则可以通过＜jsp:setProperty＞的 param 属性来指定表单中的属性；其次，注意中文乱码问题。

9.5.6 常见问题及解决方案

1. 表单中的属性名与 JavaBean 中的属性名不一致

解决方案：假如表单中的用户名属性为 userName，JavaBean 中的变量为 name，可以使用<jsp:setProperty name="use" property="name" param="userName" />来解决。

2. 乱码问题

乱码问题如图 9-14 所示。

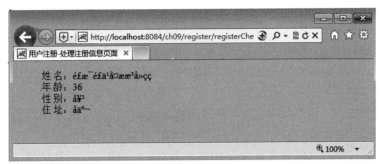

图 9-14　出现乱码

解决方案：若出现如图 9-14 所示的乱码问题，可以参考前面章节中介绍的方法，也可以使用 request.setCharacterEncoding("UTF-8")来解决。

9.5.7　拓展与提高

请使用 DBMS 技术，把用户数据插入到数据库中。

9.6　课外阅读（华为操作系统）

2019 年 8 月 9 日，在华为全球开发者大会上，华为公司正式发布了基于微内核、面向全场景的分布式操作系统——鸿蒙。"鸿蒙，元气也"。在中国的古老传说中，当盘古劈开混沌元气之后，属于华夏文明的故事才正式开始。《人民日报》发文称："无论是'鸿蒙'这个名字所具有的深刻隐喻，还是'鸿蒙'系统所肩负的历史使命，都让人看到了华为的抱负，华为的隐忍与坚守。"

华为是一家从事通信制造的企业，对于它来说，核心竞争力就是两点：第一，操作系统；第二，芯片。操作系统研发关乎国计民生且后期收益高，但因前期投入巨大、生态建立困难，导致成功概率极低，令无数企业止步。2012 年华为组建团队研发"鸿蒙"，并成功打造出了诺亚方舟。

实际上，华为的操作系统研发早在 20 世纪 90 年代初就开始了。多年来，华为核心网的实时操作系统已经成为整个华为发展的基础。

1992 年，华为为 JK1000 程控交换机开发了一个嵌入式操作系统(RTOS)，初步具备了操作系统的基本特征，包括管理和分配全部软、硬件资源，调度任务，控制、协调并发活动等，这是华为开发的第一套操作系统。数字机 C&C08 A 型机的开发随后启动，主机系统完全沿用了 JK1000 的技术路线。

2007 年开始，对开源的 Linux 内核进行优化，成功打造了第一个公司级的电信 Linux 操作系统，后续又延伸到了数据通信产品线的通用路由平台（Versatile Routing Platform，VRP），对国际 Linux 开源阵营做出了巨大的历史贡献。

2012年,华为开始规划自有操作系统"鸿蒙"。

华为的 Fusion Sphere 云计算操作系统与网络功能虚拟化（Network Functions Virtualization,NFV)一脉相承,采用了 KVM 虚拟化引擎(也属于 Linux 阵营)、Docker 容器、K8S(Kubernetes)等各种技术。云技术的使用为 CPU 的切换、在核心网中引入 ARM 服务器带来了机遇。

总之,华为的操作系统经过了独立开发、基于 pSOS 和 VxWorks 微内核开发 RTOS、基于开源的嵌入式 Linux 宏内核开发等多个时期的发展,为鸿蒙操作系统的诞生奠定了雄厚的技术基础。

在核心网的操作系统基础之上,华为的操作系统百花齐放,贯通了华为业务全部三大BG(运营商、企业、消费者)和两大 BU(云计算、汽车)。华为系列操作系统包括如下。

(1) 路由器和数据通信交换机的通用操作系统——VRP。VRP 是华为拥有完全自主知识产权的网络操作系统,为 Quidway 系列路由器、Radium 骨干 ATM 交换机、QuidwayS 系列以太网交换机及 QuidwayA8010 接入服务器等设备提供统一的操作平台,统一管理企业的路由器、交换机、防火墙等,是华为操作系统的另外一条主线。VRP 可以运行在多种硬件平台之上并拥有一致的网络界面、用户界面和管理界面,为用户提供灵活丰富的应用解决方案。同时 VRP 是一个持续发展的平台,可以最大限度地保护用户投资。VRP 平台以 IP 业务为核心,实现组件化的体系结构,拥有多达 300 项以上的特性,在提供丰富功能特性的同时,还提供基于应用的可裁剪能力和可伸缩能力。

(2) 云计算操作系统——Fusion Sphere。Fusion Sphere 是华为公司面向多行业客户推出的云操作系统产品,专门为云设计和优化,提供强大的虚拟化功能和资源池管理、丰富的云基础服务组件和工具、开放的 API 接口等,水平整合数据中心物理和虚拟资源,垂直优化业务平台,让企业云计算更加简捷。最初采用 XEN 虚拟化引擎,现在走向 KVM。

(3) 服务器操作系统 EulerOS。EulerOS 是基于开源技术的、开放企业级 Linux 操作系统软件,具备高安全性、高可扩展性、高性能等技术特性,融入了华为对于服务器场景的多种优化,能够满足客户 IT 基础设施和云计算服务等多业务场景需求。EulerOS 完美支持鲲鹏处理器和容器虚拟化技术,着力在系统的高可靠、高安全以及高保障方面储备富有竞争力的技术特性,为企业用户提供一个稳定安全的高端计算平台,并充分利用 Linux 的可伸缩、高性能和开放性的优势,从容面对快速的业务增长和未来的挑战。目前已经开源,和全世界共同进步。

2019年7月19日凌晨,经过紧张而有序的割接,山东移动计费 CRM 系统的软硬件成功实现替换升级,成为首个在核心系统中采用华为自研全套软硬件解决方案(服务器操作系统 EulerOS,服务器 TaiShan,数据库 GaussDB)的运营商,在自主可控的道路上迈出坚实一步。

(4) 物联网嵌入式操作系统——LiteOS。2015 年 5 月 20 日,在 2015 华为网络大会上,华为发布了敏捷网络 3.0,主要包括超轻量级的物联网操作系统 LiteOS、敏捷物联网关、敏捷控制器 3 部分。LiteOS 基础内核是最精简的 Huawei LiteOS 操作系统代码,包括任务管理、内存管理、时间管理、通信机制、中断管理、队列管理、事件管理、定时器、异常管理等操作系统基础组件,可以单独运行,体积只有 10KB 级。LiteOS 是华为 1+2+1 物联网解决方案的组成部分,遵循 BSD-3 开源许可协议,自开源以来,已经和一些厂商、家电企业达成了合作,华为希望通过开源、开放将 LiteOS 打造成像安卓一样的物联网终端的物联网操作系统。LiteOS 具备零配置、自发现和自组网能力,让使用 LiteOS 的物联终端能够自动接入支持的网络,使得智能硬件的开发变得更加简单,从而加快实现万物的互联互通。

(5)汽车和无人驾驶、智能手机、电视机操作系统——鸿蒙。鸿蒙是一款"面向未来"的、基于微内核的分布式操作系统。鸿蒙的设计初衷是为满足全场景智慧体验的、高标准的连接要求,具有 4 大特性:一是把分布式架构首次用于终端操作系统,实现跨终端无缝协同体验;二是解决了现有系统性能不足的问题,应用响应时延降低 25.7%,进程间通信效率较现有系统提升 5 倍;三是采用全新的微内核设计,显著提升安全等级;四是实现真正的一次开发,多端部署,在跨设备之间实现共享生态。鸿蒙主要用于物联网,可将所有设备比如车载设备、手表、手机、智慧屏等串联在一起。特点是低时延,可到毫秒级乃至亚毫秒级,目前已经应用到华为智慧屏、华为手表以及美的、九阳、老板电器、海雀科技等公司产品,未来有信心应用到 1+8+N 全场景终端设备上。

鸿蒙系统可以兼容苹果和安卓操作系统的语言,移动应用开发者不用再费时间和精力去熟悉一个新的操作系统。同时,鸿蒙系统架构克服了安卓早年简单的"Linux 内核+虚拟机"架构带来的效率低下和系统长期运行形成冗余、卡顿的毛病。

2020 年 9 月 10 日,华为鸿蒙系统升级至 2.0 版本,即 HarmonyOS 2.0,并面向 128KB~128MB 终端设备开源。2020 年 12 月 16 日,华为正式发布了 HarmonyOS 2.0 手机开发者 Beta 版本。

鸿蒙操作系统随时可以用到手机上。鸿蒙已经做过手机适配测试,完全达到商用要求。但考虑到目前的生态,还是优先支持安卓系统。为了快速推动鸿蒙的生态发展,华为宣布,鸿蒙操作系统将向全球开发者开源,并推动成立开源基金会,建立开源社区,与开发者一起共同推动鸿蒙的发展。

任正非曾经说过:"华为实际上是一群傻子,所谓的傻就是他们专心致志地做一件事。"

9.7 小　　结

本章介绍了 JavaBean 基础知识及其常见用法,为第 11 章中基于 MVC 模式的项目实训奠定基础。通过本章的学习,应该了解和掌握 JavaBean 以下内容。

(1) JavaBean 的基础知识。
(2) JavaBean 的使用。
(3) JavaBean 的作用域。
(4) JavaBean 应用实例。

9.8 习　　题

9.8.1 选择题

1.下列不是 JavaBean 作用域的是(　　)。

  A. bound   B. page   C. request   D. application

2. JavaBean 分为(　　)种。
   A. 2　　　　　　B. 3　　　　　　C. 4　　　　　　D. 5

9.8.2　填空题

1. JavaBean 的作用域中使用范围最大的是＿＿＿＿。
2. ＿＿＿＿是一种 Java 语言写成的可重用的组件。

9.8.3　简答题

1. 简述 JavaBean 的种类。
2. 简述创建 JavaBean 的规则。

9.8.4　实验题

1. 利用 JSP 和 JavaBean 实现在网页中显示网页被访问的次数。
2. 编写一个实现登录和注册功能的程序，使用 JavaBean 封装对数据库的操作。

第 10 章 Java Servlet 技术

当通过浏览器访问一个 Java Web 站点时,所有的数据处理都由 Java Servlet 来完成,那么 Java Servlet 是什么?在 Java Web 项目开发中起什么作用以及怎样使用?本章主要介绍 Java Servlet 的基础知识和用法。

本章主要内容如下所示。

(1) Servlet 基础知识。

(2) Servlet 的用法。

10.1 Servlet 基础知识

Servlet 是 Java Web 应用程序中的组件技术,是运行在服务器端的 Java 应用程序,实现与 JSP 类似的功能,Servlet 本身是一个 Java 类,可以动态地扩展服务器的能力。

在 Web 服务器执行 JSP 文件时,首先 JSP 容器会将其转译为 Servlet 文件,并自动编译解释执行。JSP 中使用到的所有对象都将被转换为 Servlet,然后执行。

Servlet 接受来自客户端的请求,将处理结果返回给客户端。

10.1.1 什么是 Servlet

Servlet 是运行在 Web 服务器上的 Java 程序,作为来自 Web 浏览器或其他 HTTP 客户端的请求与 HTTP 服务器上的数据库和应用程序之间的中间层。所有的 JSP 文件都要事先转换为一个 Servlet 才能运行。

互联网发展及 Servlet 简介

Servlet 在服务器端处理用户信息,可以完成以下任务。

(1) 获取客户端浏览器通过 HTML 表单提交的数据及相关信息。

(2) 创建并返回对客户端的动态响应页面。

(3) 访问服务端资源,如文件、数据库。

(4) 为 JSP 页面准备动态数据,与 JSP 一起协作创建响应页面。

10.1.2 Servlet 生命周期

人生短短几十年,感谢我们的父母给了我们生命。在人生奋斗的历程中,我们有太多的感动,感谢我们的良师益友,感谢我们的亲戚朋友。当我们回顾人生走过的路时,希望我们能有值得骄傲和别人称赞的地方。其实万事万物都有自己的生命周期,Servlet 也不例外,我们来熟悉一下 Servlet 的"光辉历程"。

Servlet 是在服务器端运行的。Servlet 是 javax.servlet 包中 HttpServlet 类的子类,由服务器完成该子类的创建和初始化。Servlet 的生命周期定义了一个 Servlet 如何被加载、初始化,以及它怎样接受请求、响应请求、提供服务。Servlet 的生命周期主要由 3 个过程组成。

(1) init()方法：服务器初始化。

当首次创建 Servlet 时会调用 init()方法，而不是每个用户请求都会调用此方法。当用户首次调用对应于 Servlet 的 URL 或再次启动服务器时，就会创建 Servlet。当有客户再请求 Servlet 服务时，Web 服务器将启动一个新的线程，在该线程中，调用 service()方法响应客户的请求。

(2) service()方法：初始化完毕，Servlet 对象调用该方法响应客户的请求。

对于每个请求，Servlet 引擎都会调用此方法，并把 Servlet 的请求对象和响应对象传递给 service()方法作为参数。方法声明如下：

public void service(ServletRequest request, ServletResponse response)

其中，request 对象和 response 对象由 Servlet 容器创建并传递给 service()方法，service()方法会根据 HTTP 请求类型，调用相应的 doGet()或 doPost()等方法。service()方法可以被调用多次。

(3) destroy()方法：调用该方法销毁 Servlet 对象。

当 Servlet 被卸载时此方法被自动调用。可以用来释放 Servlet 占用的资源，比如数据库连接、Socket 连接等。destroy()方法只会被调用一次。

Servlet 生命周期及技术特点

10.1.3 Servlet 的技术特点

与传统 CGI 技术相比，Servlet 更加有效，更容易使用，功能更强大，移植性更强，更安全，而且也更便宜。

1. 有效性

在使用传统的 CGI 时，人们需为每一项 HTTP 请求启动新进程。如果 CGI 程序本身相对较短，启动进程的开销可以决定执行过程的时间。在使用 Servlet 时，使用"轻量"Java 线程处理每一项请求，而不使用"重量"操作系统进程。在传统的 CGI 中，如果 n 项请求同时指向同一个 CGI 程序，则该 CGI 程序代码就会载入内存 n 次。但在使用 Servlet 时，可以存在 n 个线程，而只使用 Servlet 类的一个副本。

当 CGI 程序完成请求的处理工作时，就会终止程序，这样就难以缓存计算结果、保持数据库连接开放，并允许依赖于永久数据的其他优化操作。但在完成响应之后，Servlet 仍然保留在内存中，因此可以直接在请求之间存储任意复杂的数据。

2. 方便性

Servlet 包含扩展基础结构，能够自动分析和解码 HTML 表单数据、读取和设置 HTTP 头、处理 Cookie、跟踪会话以及许多其他类似的高级功能。

3. 功能强大性

Servlet 可以支持几种功能，但利用常规的 CGI 却难以或无法实现这些功能。Servlet 可以直接与 Web 服务器对话，而常规的 CGI 程序则无法做到，至少在没有使用服务器专用的 API 的情况下无法实现这一点。例如，与 Web 服务器的通信更易于将相对 URL 转换成具体的路径名。多个 Servlet 之间还能共享数据，这更易于实现数据库连接共享和类似资源共享优化操作。Servlet 还可以保留不同请求的信息，从而简化了类似会话跟踪和缓存早期计算结果的一些技术。

4. 可移植性

Servlet是使用Java语言并遵循标准的API编写的，所以几乎不进行任何更改便可以在各种服务器上运行。实际上，几乎每种主要的Web服务器都可通过插件或直接支持Servlet。如今它们已成为Java EE的一部分，因此业界对Servlet的支持逐渐变得越来越普及。

5. 安全性

与传统的CGI程序相比，Servlet更加安全。

6. 便宜

有许多免费可用的或者极为廉价的Web服务器适合于"个人"或小型Web站点使用。除了Apache可免费使用之外，多数商业性质的Web服务器都相对比较昂贵，但一旦拥有了某种Web服务器，不管其成本如何，添加Servlet支持几乎无须花费额外成本。与其他许多支持CGI的服务器相比，后者要购买专用软件包，需要投入巨大的启动资金。

10.1.4 Servlet与JSP的区别

Servlet是一种在服务器端运行的Java程序，而JSP是继Servlet后Sun公司推出的新技术，它是以Servlet为基础开发的。Servlet是JSP的早期版本，在JSP中，更加注重页面的表示，而在Servlet中则更注重业务逻辑的实现。因此，当编写的页面显示效果比较复杂时，首选是JSP。或者在开发过程中，HTML代码经常发生变化，而Java代码则相对比较固定时，可以选择JSP。而在处理业务逻辑时，首选则是Servlet。同时，JSP只能处理浏览器的请求，而Servlet则可以处理一个客户端的应用程序请求。因此，Servlet加强了Web服务器的功能。

Servlet与JSP相比有以下几点区别。

（1）编程方式不同。

Servlet是按照Java规范编写的Java程序，JSP是按照Web规范编写的脚本语言。

（2）编译方式不同。

Servlet每次修改后需要重新编译才能运行，JSP则被JSP容器编译为Servlet文件。

（3）运行速度不同。

由于一个JSP页面在第一次被访问时需要一段时间被编译成Servlet，所以客户端得到响应所需要的时间比较长。当该页面再次被访问时，它对应的.class文件已经生成，不需要再次翻译和编译，JSP引擎可以直接执行.class文件，因此JSP页面的访问速度会大为提高。总之，在运行速度上，Serlvet比JSP速度快。

> **想一想**：由于Servlet的编写非常烦琐，SUN公司推出了JSP。技术的不断发展，使得知识更新周期缩短，创新频率加快。围绕建设创新型国家的目标，你如何适应学习型社会的要求？

10.1.5 Servlet在Java Web项目中的作用

Servlet在整个Java Web项目中起到什么作用？在项目开发中我们怎么使用它？何时使用它？

1. Servlet在服务器端的作用

客户端访问服务器时，所有的JSP文件都会转化为Servlet文件，Servlet文件负责在服

Servlet与JSP的区别及在Java Web项目中的作用

务器端处理用户的数据。这部分功能在开发服务器时已经封装成内部的功能,人们可不用关心这部分功能,除非自己开发一个服务器时才用到。

2. Servlet 在 MVC 设计模式中的应用

MVC 设计模式是目前用得比较多的一种设计模式,被广泛应用于 Web 应用程序中。Model(模型)表示业务逻辑层,View(视图)代表表示层,Controller(控制器)代表控制层。其中,控制器部分由 Servlet 完成,这也是人们在实际项目开发中用到的 Servlet。

3. Servlet 在 Java Web 框架中的应用

在 Java Web 项目开发中用到的主要组件技术有 JSP、Servlet、JavaBean、JDBC、XML、Tomcat 等技术。为了整合 Java Web 组件技术提高软件开发效率,近年来推出许多基于 MVC 模式的 Web 框架技术,如 Struts、Maverick、WebWork、Turbine 和 Spring 等,其中,比较经典的框架技术是 Struts。

在 Struts 框架技术中,实现了 MVC 模式,其中已封装好核心控制器,由 Servlet 实现;人们还需要实现 Action 来完成对数据流量的控制,在 Struts 1.x 版本中由 Servlet 实现控制功能,在 Struts 2.x 版本中 Action 是业务控制器,由 Java 类来实现。有关 Servlet 在 Struts 中的应用请参考 Struts 相关资料。

10.1.6 Servlet 部署

Servlet 部署及应用

Servlet 配置包含 Servlet 的名字、Servlet 的类、初始化参数、启动装入的优先级、Servlet 的映射、运行的安全设置、过滤器的名字和类以及它的初始化参数。

部署描述符文件是 Java EE 程序的重要组成部分,通常位于"/WEB-INF"目录。主要功能包括如下几个方面。

(1)用于 Servlet 和 Web 应用程序的初始化。通过配置文件,可以减少初始化值的硬编码。

(2)Servlet/JSP 定义。在 Web 应用程序中的每个 Servlet 和预编译的 JSP 文件都应在部署描述符中定义。

(3)MIME 类型。可以在部署描述符中为每种内容定义 MIME 类型。

(4)安全。可以使用部署描述符控制对应用程序的访问。

将一个标准的部署描述符文件(web.xml)放在/WEB-INF 目录下。

【例 10-1】 配置 Servlet 文件的配置文件(web.xml)。

```
<?xml version="1.0" encoding="UTF-8"? >
<!--指定 Servlet 文件需要使用到的类库以及解析文件-->
<web-app version="3.1" xmlns="http://xmlns.jcp.org/xml/ns/javaee"
       xmlns:xsi="http://www.w3.org/2001/XMLSchema-instance"
       xsi:schemaLocation="http://xmlns.jcp.org/xml/ns/javaee
       http://xmlns.jcp.org/xml/ns/javaee/web-app_3_1.xsd">
    <servlet>
        <!--指定 Servlet 的名称-->
        <servlet-name>SimpleServlet</servlet-name>
        <!--指定 Servlet 编译好的.class 文件的相对路径,区分大小写-->
        <servlet-class>ch10.SimpleServlet</servlet-class>
    </servlet>
    <!--在解析到<url-pattern>中的路径请求时,由<servlet-name>指定的 Servlet 来处
        理;<servlet-mapping>用于对<servlet>中指定的 Servlet 来映射路径-->
```

```xml
<servlet-mapping>
    <servlet-name>SimpleServlet</servlet-name>
    <url-pattern>/SimpleServlet</url-pattern>
</servlet-mapping>
<session-config>
    <session-timeout>
        30
    </session-timeout>
</session-config>
</web-app>
```

黑体部分是 NetBeans 自动生成的 Servlet 配置信息。

10.1.7 开发一个简单的 Servlet 应用

在 NetBeans 中新建一个 Java Web 项目 ch10。在"源包"中新建一个名为 ch10 的包，在 ch10 上右击，选择 Servlet，出现如图 10-1 所示对话框。为 Java Servlet 类命名并选择"位置"和"包"后单击"下一步"按钮，弹出如图 10-2 所示的对话框，采用默认值。这一步设置了 Servlet 的上下文路径，并在 web.xml 文件中产生此 Servlet 的配置信息，要选定复选框"将信息添加到部署描述符(web.xml)"，选择后单击"完成"按钮，新建 Java Servlet 文件完成。文件结构如图 10-3 所示。

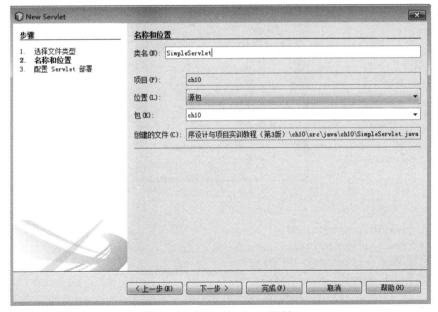

图 10-1 "New Servlet"对话框

web.xml 文件的代码如例 10-1 所示。SimpleServlet.java 文件的代码如例 10-2 所示。

【例 10-2】 Java Servlet 应用实例(SimpleServlet.java)。

package ch10;

//导入 Servlet 需要的类

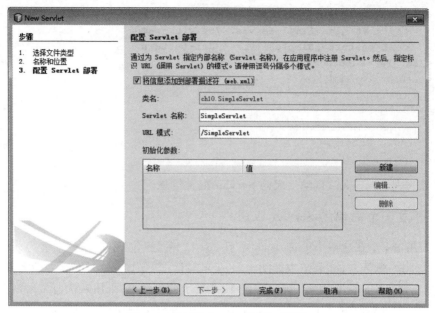

图 10-2 "配置 Servlet 部署"对话框

图 10-3 文件结构

```
import java.io.IOException;
import java.io.PrintWriter;
import javax.servlet.ServletException;
import javax.servlet.http.HttpServlet;
import javax.servlet.http.HttpServletRequest;
import javax.servlet.http.HttpServletResponse;
//Servlet 文件继承父类 HttpServlet
public class SimpleServlet extends HttpServlet {
    /* 该方法由 NetBeans 工具生成,工具不同该方法名称和写法不同,该方法不是必需的方法，
       可以删除 */
    protected void processRequest( HttpServletRequest request, HttpServletResponse
    response)   throws ServletException, IOException {
        //设置客户端的文件类型和编码方式
        response.setContentType("text/html;charset=UTF-8");
```

```java
        try (PrintWriter out=response.getWriter()) {
            /* TODO output your page here. You may use following sample code. */
            out.println("<!DOCTYPE html>");
            out.println("<html>");
            out.println("<head>");
            out.println("<title>Java Servlet 应用实例</title>");
            out.println("</head>");
            out.println("<body>");
            out.println("<h1>Java Servlet 应用实例"+request.getContextPath()+"</h1>");
            out.println("</body>");
            out.println("</html>");
        }
    }
    /* 使用 Servlet 文件时常用的两个方法之一,如果表单请求是 get,调用 doGet 方法执行 */
    protected void doGet(HttpServletRequest request, HttpServletResponse response)
            throws ServletException, IOException {
        processRequest(request, response);
    }
    /* 使用 Servlet 文件时常用的两个方法之一,如果表单请求是 post,调用 doPost 方法执
       行 */
    protected void doPost(HttpServletRequest request, HttpServletResponse response)
            throws ServletException, IOException {
        processRequest(request, response);
    }
    //获取信息,在 MVC 编程中可以不使用该方法,可以删除
    public String getServletInfo() {
        return "Short description";
    }

}
```

10.2 JSP 与 Servlet 常见用法

下面主要介绍 Servlet 技术在 JSP 页面中的使用。

10.2.1 通过 Servlet 获取表单中的数据及其应用实例

Servlet 能够自动处理表单数据,能够从提交的页面读取 3 个表单参数。

本应用实例有一个 paramsForm.jsp 页面,在页面中输入数据提交后由 Servlet 文件 (ThreeParams.java)处理。

JSP与Servlet 常见用法

【例 10-3】 数据页面(paramsForm.jsp)。

```jsp
<%@page contentType="text/html" pageEncoding="UTF-8"%>
<html>
    <head>
        <meta http-equiv="Content-Type" content="text/html; charset=UTF-8">
        <title>数据页面</title>
    </head>
    <body>
```

```
            <form method="post" action="/ch10/ThreeParams">
                <p>数据 1<input type="text" name="gr1"></p>
                <br>
                <p>数据 2<input type="text" name="gr2"></p>
                <br>
                <p>数据 3<input tupe="text" name="gr3"></p>
                <br>
                <p>
                    <input type="submit" value="提交">
                    <input type="reset" value="清除">
                </p>
            </form>
        </body>
</html>
```

paramsForm.jsp 的运行效果如图 10-4 所示。

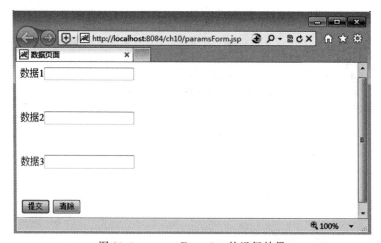

图 10-4　paramsForm.jsp 的运行效果

读取表单参数的 Servlet 为 ThreeParams.java。

【例 10-4】 读取表单参数的 Servlet 文件(ThreeParams.java)。

```
package ch10;
import java.io.IOException;
import java.io.PrintWriter;
import javax.servlet.ServletException;
import javax.servlet.http.HttpServlet;
import javax.servlet.http.HttpServletRequest;
import javax.servlet.http.HttpServletResponse;

public class ThreeParams extends HttpServlet {
    protected void processRequest(HttpServletRequest request, HttpServletResponse
    response)throws ServletException, IOException {
        response.setContentType("text/html;charset=UTF-8");
        PrintWriter out=response.getWriter();
        out.println("<html>");
```

```java
        out.println("<body>");
        out.println(request.getParameter("gr1")+"<br>");
        out.println(request.getParameter("gr2")+"<br>");
        out.println(request.getParameter("gr3")+"<br>");
        out.println("</body>");
        out.println("</html>");
        out.close();
    }
    protected void doGet(HttpServletRequest request, HttpServletResponse response)
        throws ServletException, IOException {
        processRequest(request, response);
    }
    protected void doPost(HttpServletRequest request, HttpServletResponse response)
         throws ServletException, IOException {
        processRequest(request, response);
    }
}
```

【例 10-5】 Servlet 的配置文件(web.xml)。

```xml
<?xml version="1.0" encoding="UTF-8"? >
<web-app version="3.1" xmlns="http://xmlns.jcp.org/xml/ns/javaee"
    xmlns:xsi="http://www.w3.org/2001/XMLSchema-instance"
    xsi:schemaLocation="http://xmlns.jcp.org/xml/ns/javaee
    http://xmlns.jcp.org/xml/ns/javaee/web-app_3_1.xsd">
    <servlet>
        <servlet-name>SimpleServlet</servlet-name>
        <servlet-class>ch10.SimpleServlet</servlet-class>
    </servlet>
    <servlet>
        <servlet-name>ThreeParams</servlet-name>
        <servlet-class>ch10.ThreeParams</servlet-class>
    </servlet>
    <servlet-mapping>
        <servlet-name>SimpleServlet</servlet-name>
        <url-pattern>/SimpleServlet</url-pattern>
    </servlet-mapping>
    <servlet-mapping>
        <servlet-name>ThreeParams</servlet-name>
        <url-pattern>/ThreeParams</url-pattern>
    </servlet-mapping>
    <session-config>
        <session-timeout>
            30
        </session-timeout>
    </session-config>
</web-app>
```

在图 10-4 所示页面中输入数据后转到如图 10-5 所示的页面。单击"提交"按钮后由 ThreeParams.java 处理,处理结果如图 10-6 所示。

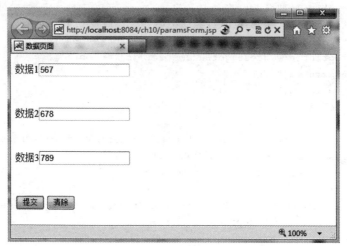

图 10-5　输入数据页面

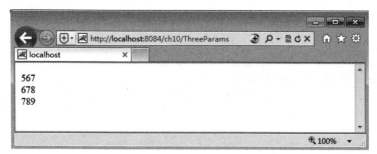

图 10-6　ThreeParams.java 的处理结果

10.2.2　重定向与转发及其应用实例

重定向的功能是将用户从当前页面或者 Servlet 定向到另外一个 JSP 页面或者 Servlet；转发的功能是将用户对当前 JSP 页面或者 Servlet 对象的请求转发给另外一个 JSP 页面或者 Servlet 对象。在 Servlet 类中使用 HttpServletResponse 类的重定向方法 sendRedirect()和 RequestDispatcher 类的转发方法 forward()。

尽管 HttpServletResponse 的 sendRedirect()方法和 RequestDispatcher 的 forward()方法都可以让浏览器获得另外一个 URL 所指向的资源，但两者的内部运行机制有着很大的区别。下面是 HttpServletResponse 的 sendRedirect()方法实现的重定向与 RequestDispatcher 的 forward()方法实现的转发的比较。

(1) RequestDispatcher 的 forward()方法只能将请求转发给同一个 Web 应用中的组件；而 HttpServletResponse 的 sendRedirect()方法不仅可以重定向到当前应用程序中的其他资源，还可以重定向到同一个站点上的其他应用程序中的资源，甚至是使用绝对 URL 重定向到其他站点的资源。如果传递给 HttpServletResponse 的 sendRedirect()方法的相对 URL 以"/"开头，它是相对于整个 Web 站点的根目录；如果创建 RequestDispatcher 对象时指定的相对 URL 以"/"开头，它是相对于当前 Web 应用程序的根目录。

（2）调用 HttpServletResponse 的 sendRedirect()方法重定向的访问过程结束后，浏览器地址栏中显示的 URL 会发生改变，由初始的 URL 地址变成重定向的目标 URL；而调用 RequestDispatcher 的 forward()方法的请求转发过程结束后，浏览器地址栏保持初始的 URL 地址不变。

（3）HttpServletResponse 的 sendRedirect()方法对浏览器的请求直接做出响应，响应的结果就是告诉浏览器去重新发出对另外一个 URL 的访问请求，这个过程好比有个绰号叫"浏览器"的人写信找张三借钱，张三回信说没有钱，让"浏览器"去找李四借，并将李四现在的通信地址告诉给了"浏览器"。于是，"浏览器"又按张三提供的通信地址给李四写信借钱，李四收到信后就把钱汇给了"浏览器"。可见，"浏览器"一共发出了两封信和收到了两次回复，"浏览器"也知道他借到的钱出自李四之手。RequestDispatcher 的 forward()方法在服务器端内部将请求转发给另外一个资源，浏览器只知道发出了请求并得到了响应结果，并不知道在服务器程序内部发生了转发行为。这个过程好比绰号叫"浏览器"的人写信找张三借钱，张三没有钱，于是张三找李四借了一些钱，甚至还可以加上自己的一些钱，然后再将这些钱汇给了"浏览器"。可见，"浏览器"只发出了一封信和收到了一次回复，他只知道从张三那里借到了钱，并不知道有一部分钱出自李四之手。

（4）RequestDispatcher 的 forward()方法的调用者与被调用者之间共享相同的 request 对象和 response 对象，它们属于同一个访问请求的响应过程；而 HttpServletResponse 的 sendRedirect()方法调用者与被调用者使用各自的 request 对象和 response 对象，它们属于两个独立的访问请求和响应过程。对于同一个 Web 应用程序的内部资源之间的跳转，特别是跳转之前要对请求进行一些前期预处理，并要使用 HttpServletResponse 的 setAttribute()方法传递预处理结果，那就应该使用 RequestDispatcher 的 forward()方法。不同 Web 应用程序之间的重定向，特别是要重定向到另外一个 Web 站点上的资源的情况，都应该使用 HttpServletResponse 的 sendRedirect()方法。

（5）无论是 RequestDispatcher 的 forward()方法，还是 HttpServletResponse 的 sendRedirect()方法，在调用它们之前，都不能有内容已经被实际输出到了客户端。如果缓冲区中已经有了一些内容，这些内容将被从缓冲区中清除。

本实例有一个 JSP 页面和两个 Servlet 文件，主要功能是求一个实数的平方值。在 sendForward.jsp 页面上用户可以在其表单中输入一个实数，并提交给名为 Verify(Verify.java)的 Servlet 对象。如果用户的输入不符合要求或者输入的实数大于 6000 或者小于-6000，那么就重新将用户请求定向到 sendForward.jsp 页面。如果用户的输入符合要求 Verify 就将用户对 sendForward.jsp 页面的请求转发到名字为 ShowMessage(ShowMessage.java)的 Servlet 对象，该 Servlet 文件计算实数的平方。另外需要配置 Servlet 文件。

【例 10-6】 数据输入页面(sendForward.jsp)。

```
<%@page contentType="text/html" pageEncoding="UTF-8"%>
<html>
    <head>
        <meta http-equiv="Content-Type" content="text/html; charset=UTF-8">
        <title>数据输入页面</title>
    </head>
```

```html
        <body>
            <form action="Verify" method="post">
                请输入一个实数：<input type="text" name="number">
                <input Type="submit" value="确定">
            </form>
        </body>
</html>
```

sendForward.jsp 的运行效果如图 10-7 所示。

图 10-7　sendForward.jsp 的运行效果

【例 10-7】　输入数据判断的 Servlet 类（Verify.java）。

```java
package ch10;
import java.io.IOException;
import javax.servlet.RequestDispatcher;
import javax.servlet.ServletException;
import javax.servlet.http.HttpServlet;
import javax.servlet.http.HttpServletRequest;
import javax.servlet.http.HttpServletResponse;

public class Verify extends HttpServlet {
    public void doPost(HttpServletRequest request,HttpServletResponse response)
                    throws ServletException, IOException{
        String number=request.getParameter("number");
        try{
            //作用是把字符串转换为 Double 型数据
            double n=Double.parseDouble(number);
            if(n>6000||n<-6000)
                //重定向到 sendForward.jsp
                response.sendRedirect("sendForward.jsp");
            else{
                RequestDispatcher dispatcher=
                    request.getRequestDispatcher("ShowMessage");
                dispatcher.forward(request,response);     //转发到另一个 Servlet 文件
            }
        }
        catch(NumberFormatException e){
            response.sendRedirect("sendForward.jsp");  //重定向到 sendForward.jsp
        }
    }
    public void doGet(HttpServletRequest request,HttpServletResponse response)
```

```
                    throws ServletException,IOException{
        doPost(request,response);
    }
}
```

【例 10-8】 求平方运算的 Servlet 类(ShowMessage.java)。

```
package ch10;
import java.io.IOException;
import java.io.PrintWriter;
import javax.servlet.ServletException;
import javax.servlet.http.HttpServlet;
import javax.servlet.http.HttpServletRequest;
import javax.servlet.http.HttpServletResponse;

public class ShowMessage extends HttpServlet {
    public void doPost(HttpServletRequest request,HttpServletResponse response)
    throws ServletException,IOException{
      response.setContentType("text/html;charset=GB2312");
      PrintWriter out=response.getWriter();
      String number=request.getParameter("number");   //获取客户提交的信息
      double n=Double.parseDouble(number);
      out.println(number+"的平方:"+(n*n));
    }
    public  void  doGet(HttpServletRequest request,HttpServletResponse response)
                    throws ServletException,IOException{
        doPost(request,response);
    }
}
```

在图 10-7 所示页面中输入数据,如果数据不符合要求,则请求被重定向到 sendForward.jsp, 否则被转发,求平方的结果如图 10-8 所示。

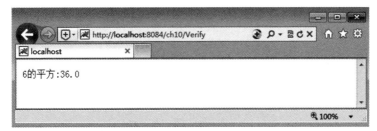

图 10-8　求平方的结果

【例 10-9】 Servlet 的配置文件(web.xml)。

```
<?xml version="1.0" encoding="UTF-8"? >
<web-app version="3.1" xmlns="http://xmlns.jcp.org/xml/ns/javaee"
     xmlns:xsi="http://www.w3.org/2001/XMLSchema-instance"
     xsi:schemaLocation="http://xmlns.jcp.org/xml/ns/javaee
     http://xmlns.jcp.org/xml/ns/javaee/web-app_3_1.xsd">
    <servlet>
```

```xml
        <servlet-name>SimpleServlet</servlet-name>
        <servlet-class>ch10.SimpleServlet</servlet-class>
    </servlet>
    <servlet>
        <servlet-name>ThreeParams</servlet-name>
        <servlet-class>ch10.ThreeParams</servlet-class>
    </servlet>
    <servlet>
        <servlet-name>Verify</servlet-name>
        <servlet-class>ch10.Verify</servlet-class>
    </servlet>
    <servlet>
        <servlet-name>ShowMessage</servlet-name>
        <servlet-class>ch10.ShowMessage</servlet-class>
    </servlet>
    <servlet-mapping>
        <servlet-name>SimpleServlet</servlet-name>
        <url-pattern>/SimpleServlet</url-pattern>
    </servlet-mapping>
    <servlet-mapping>
        <servlet-name>ThreeParams</servlet-name>
        <url-pattern>/ThreeParams</url-pattern>
    </servlet-mapping>
    <servlet-mapping>
        <servlet-name>Verify</servlet-name>
        <url-pattern>/Verify</url-pattern>
    </servlet-mapping>
    <servlet-mapping>
        <servlet-name>ShowMessage</servlet-name>
        <url-pattern>/ShowMessage</url-pattern>
    </servlet-mapping>
    <session-config>
        <session-timeout>
            30
        </session-timeout>
    </session-config>
</web-app>
```

留言板系统的设计与实现

10.3 项目实训

10.3.1 项目描述

本项目是一个基于 JSP、Servlet 和 JavaBean 的留言板系统，系统有一个留言页面 messageBoard.jsp，代码如例 10-10 所示。留言后请求提交到 Servlet 文件 (AddMessageServlet.java)进行处理，代码如例 10-11 所示，该 Servlet 文件对提交的用户信息进行处理并调用 JavaBean(MessageBean.java)保存留言信息，代码如例 10-12 所示。Servlet 文件处理完用户提交的数据后页面跳转到显示留言信息页面(showMessage.jsp)，代码如例 10-13 所示。另外,还需要在 web.xml 中配置 Servlet 文件,代码如例 10-14 所示。

项目的文件结构如图 10-9 所示。本项目分别使用 NetBeans 和 Eclipse 开发。

10.3.2 学习目标

本实训主要的学习目标是通过综合运用本章的知识点来巩固本章所学理论知识,要求能够在熟悉 Servlet 技术的基础上使用 MVC 设计模式开发项目。

10.3.3 项目需求说明

本项目设计一个网上留言系统,用户可以留言也可以查看留言。

10.3.4 项目实现

留言页面(messageBoard.jsp)的运行效果如图 10-10 所示。

图 10-9 项目的文件结构

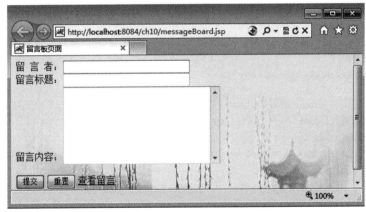

图 10-10 留言页面

【例 10-10】 留言页面(messageBoard.jsp)。

```
<%@page contentType="text/html" pageEncoding="UTF-8"%>
<html>
    <head>
        <meta http-equiv="Content-Type" content="text/html; charset=UTF-8">
        <title>留言板页面</title>
    </head>
    <body background="image/f.jpg" >
        <form action="AddMessageServlet" method="post">
            留言者:<input type="text" name="author" size="30">
            <br>
            留言标题:<input type="text" name="title" size="30">
```

```html
            <br>
            留言内容:<textarea name="content" rows="8" cols="30"></textarea>
            <p>
            <input type="submit" value="提交">
            <input type="reset" value="重置">
            <a href="showMessage.jsp">查看留言</a>
        </form>
    </body>
</html>
```

【例 10-11】 Servlet 文件(AddMessageServlet.java)。

```java
package message;
import JavaBean.MessageBean;
import java.io.IOException;
import java.text.SimpleDateFormat;
import java.util.ArrayList;
import java.util.Date;
import javax.servlet.ServletContext;
import javax.servlet.ServletException;
import javax.servlet.http.HttpServlet;
import javax.servlet.http.HttpServletRequest;
import javax.servlet.http.HttpServletResponse;
import javax.servlet.http.HttpSession;
public class AddMessageServlet extends HttpServlet {
    protected void doGet ( HttpServletRequest request, HttpServletResponse
    response) throws ServletException, IOException {
        doPost(request,response);
    }
    protected void doPost ( HttpServletRequest request, HttpServletResponse
    response) throws ServletException, IOException {
        String author=new
        String(request.getParameter("author").getBytes("ISO-8859-1"),"UTF-8");
        String title=new
        String(request.getParameter("title").getBytes("ISO-8859-1"),"UTF-8");
        String content=new
        String(request.getParameter("content").getBytes("ISO-8859-1"),"UTF-8");
        //获取当前时间并格式化时间为指定格式
        SimpleDateFormat format=new
        SimpleDateFormat("yyyy-MM-dd HH:mm:ss");
        String today=format.format(new Date());
        MessageBean mm=new MessageBean();
            mm.setAuthor(author);
        mm.setTitle(title);
        mm.setContent(content);
        mm.setTime(today);
        //获取 session 对象
        HttpSession session=request.getSession();
        //通过 session 对象获取应用上下文
        ServletContext scx=session.getServletContext();
        //获取存储在应用上下文中的集合对象
```

```
        ArrayList wordlist=(ArrayList)scx.getAttribute("wordlist");
           if(wordlist==null)
           wordlist=new ArrayList();
        //将封装了信息的JavaBean存储到集合对象中
        wordlist.add(mm);
        //将集合对象保存到应用上下文中
        scx.setAttribute("wordlist",wordlist);
        response.sendRedirect("showMessage.jsp");
    }
}
```

【例10-12】 JavaBean(MessageBean.java)。

```
package message;
public class MessageBean {
    private String author;
    private String title;
    private String content;
    private String time;
    public  MessageBean(){
    }
    public String getAuthor() {
        return author;
    }
    public void setAuthor(String author) {
        this.author=author;
    }
    public String getTitle() {
        return title;
    }
    public void setTitle(String title) {
        this.title=title;
    }
    public String getContent() {
        return content;
    }
    public void setContent(String content) {
        this.content=content;
    }
    public String getTime() {
        return time;
    }
    public void setTime(String time) {
        this.time=time;
    }
}
```

【例10-13】 显示留言信息页面(showMessage.jsp)。

```
<%@page import="message.MessageBean"%>
<%@page import="java.util.ArrayList"%>
<%@page contentType="text/html" pageEncoding="UTF-8"%>
```

```
<html>
    <head>
        <meta http-equiv="Content-Type" content="text/html; charset=UTF-8">
        <title>显示留言内容</title>
    </head>
    <body background="image/f.jpg">
        <%
            ArrayList wordlist=(ArrayList) session.getAttribute("wordlist");
            if(wordlist==null||wordlist.size()==0)
                out.print("没有留言可显示!");
            else{
                for(int i=wordlist.size()-1;i>=0;i--){
                MessageBean mm=(MessageBean)wordlist.get(i);
        %>
        留 言 者: <%=mm.getAuthor() %>
        <p>留言时间: <%=mm.getTime() %></p>
        <p>留言标题: <%=mm.getTitle() %></p>
        <p>
            留言内容:
            <textarea rows="8"  cols="30" readonly>
                <%=mm.getContent()%>
            </textarea>
        </p>
        <a href="messageBoard.jsp">我要留言</a>
        <hr width="90%">
          <%
              }
          }
          %>
    </body>
</html>
```

【例 10-14】 配置文件(web.xml)。

```
<?xml version="1.0" encoding="UTF-8"? >
<web-app version="3.1"
        xmlns="http://xmlns.jcp.org/xml/ns/javaee" xmlns:xsi="http://www.w3.
        org/2001/XMLSchema-instance" xsi:schemaLocation="http://xmlns.jcp.org/
        xml/ns/javaee http://xmlns.jcp.org/xml/ns/javaee/web-app_3_1.xsd">
    <servlet>
        <servlet-name>SimpleServlet</servlet-name>
        <servlet-class>ch10.SimpleServlet</servlet-class>
    </servlet>
    <servlet>
        <servlet-name>ThreeParams</servlet-name>
        <servlet-class>ch10.ThreeParams</servlet-class>
    </servlet>
    <servlet>
        <servlet-name>Verify</servlet-name>
        <servlet-class>ch10.Verify</servlet-class>
    </servlet>
```

```xml
<servlet>
    <servlet-name>ShowMessage</servlet-name>
    <servlet-class>ch10.ShowMessage</servlet-class>
</servlet>
<servlet>
    <servlet-name>AddMessageServlet</servlet-name>
    <servlet-class>message.AddMessageServlet</servlet-class>
</servlet>
<servlet-mapping>
    <servlet-name>SimpleServlet</servlet-name>
    <url-pattern>/SimpleServlet</url-pattern>
</servlet-mapping>
<servlet-mapping>
    <servlet-name>ThreeParams</servlet-name>
    <url-pattern>/ThreeParams</url-pattern>
</servlet-mapping>
<servlet-mapping>
    <servlet-name>Verify</servlet-name>
    <url-pattern>/Verify</url-pattern>
</servlet-mapping>
<servlet-mapping>
    <servlet-name>ShowMessage</servlet-name>
    <url-pattern>/ShowMessage</url-pattern>
</servlet-mapping>
<servlet-mapping>
    <servlet-name>AddMessageServlet</servlet-name>
    <url-pattern>/AddMessageServlet</url-pattern>
</servlet-mapping>
<session-config>
    <session-timeout>
        30
    </session-timeout>
</session-config>
</web-app>
```

在图 10-10 所示页面中留言后单击"提交"按钮可实现留言,如图 10-11 所示。

10.3.5 项目实现过程中应注意的问题

在项目实现的过程中需要注意的问题有:首先,对于表单信息中的 action="AddMessageServlet",其中值 AddMessageServlet 必须和 web.xml 中配置的对应;其次,在实现数据传送时要注意使用 session 对象和集合 ArrayList;最后,注意乱码问题。

10.3.6 常见问题及解决方案

1. 404 异常

404 异常如图 10-12 所示。

解决方案: 出现如图 10-12 所示的异常情况时,表示找不到文件,主要的原因是路径不对或者文件名称不对,图 10-12 所示异常的出现是因为表单中的属性值与 web.xml 中的配

图 10-11　显示留言信息

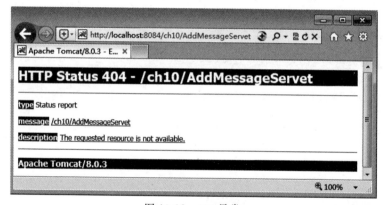

图 10-12　404 异常

置不一致,应改为一致。

2. Servlet 代码中异常

Servlet 代码出现空白页面异常,如图 10-13 所示。

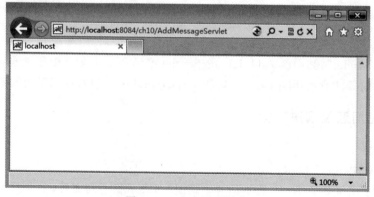

图 10-13　空白页面异常

解决方案：出现如图 10-13 所示的异常情况，主要原因是在 Servlet 的方法中处理数据时没有跳转页面或者跳转时有异常情况或者其他原因。

10.3.7 拓展与提高

请基于 MVC 设计模式，使用 DBMS 技术，重新设计一个基于 MVC 的留言系统并将数据保存到数据库中。

10.4 课外阅读（互联网＋）

我国已经进入"互联网＋"时代。

"互联网＋"是对创新 2.0 时代新一代信息技术与创新 2.0 相互作用、共同演化，推进经济社会发展新形态的高度概括。简单来说，就是"互联网＋传统行业"，依托互联网信息技术实现互联网与传统产业的联合，以优化生产要素、更新业务体系、重构商业模式等途径来完成经济转型和升级，促进各行各业发展。

"互联网＋"的目的在于充分发挥互联网的优势，将互联网与传统产业深入融合，以产业升级提升经济生产力，最后实现社会财富的增加。

10.4.1 提出

我国"互联网＋"理念的提出，最早可以追溯到 2012 年 11 月于扬在易观第五届移动互联网博览会上的发言。易观国际董事长兼首席执行官于扬先生首次提出"互联网＋"的理念，指出移动互联网的本质离不开"互联网＋"。

2015 年 3 月 5 日上午十二届全国人大三次会议上，李克强总理在政府工作报告中首次提出："制订'互联网＋'行动计划，推动移动互联网、云计算、大数据、物联网等与现代制造业结合，促进电子商务、工业互联网和互联网金融健康发展，引导互联网企业拓展国际市场。"李克强总理所提的"互联网＋"在与较早相关互联网企业讨论聚焦的"互联网改造传统产业"基础上已经有了进一步的深入和发展。

2015 年 7 月 4 日，经李克强总理签批，国务院印发《关于积极推进"互联网＋"行动的指导意见》，这是推动互联网由消费领域向生产领域拓展，加速提升产业发展水平，增强各行业创新能力，构筑经济社会发展新优势和新动能的重要举措。

10.4.2 内涵

"互联网＋"代表一种新的经济形态，即充分发挥互联网在生产要素配置中的优化和集成作用，将互联网的创新成果深度融合于经济社会各领域之中，提升实体经济的创新力和生产力，形成更广泛的以互联网为基础设施和实现工具的经济发展新形态。

"互联网＋"对传统行业的渗透与融合包含两个方面。

(1)"互联网＋"。传统互联网行业未来的发展趋势必是线上与线下的深度融合，通过与传统行业协同发展来迅速扩大互联网经济的规模，其发展模式是互联网行业主动向传统行业渗透，对传统行业的业务发展模式与思维模式进行颠覆。

(2)"＋互联网"。除互联网主动出击"颠覆"传统行业外，由于新兴经济的发展，传统行业自我革新和自我升级意愿较为强烈,其对互联网的态度应是"拥抱"而非"抵触",应该积极培养并深化"＋互联网"思维,主动进行思维模式和经营模式的自我颠覆与变革,加速行业的互联网化程度,实现"行业＋互联网"的深入融合。

10.4.3 特征

"互联网＋"有 6 大特征。

(1) 跨界融合。＋就是跨界,就是变革,就是开放,就是重塑融合。敢于跨界了,创新的基础才会更坚实;融合协同了,群体智能才会实现,从研发到产业化的路径才会更垂直。

(2) 创新驱动。中国粗放的资源驱动型增长方式早就难以为继,必须转变到创新驱动发展这条正确的道路上来。

(3) 重塑结构。信息革命、全球化、互联网业已打破了原有的社会结构、经济结构、地缘结构、文化结构。权力、议事规则、话语权不断在发生变化。"互联网＋"社会治理、虚拟社会治理会有很大不同。

(4) 尊重人性。人性的光辉是推动科技进步、经济增长、社会进步、文化繁荣的最根本的力量,互联网力量强大之根本来源也是对人性最大限度的尊重、对人体验的敬畏、对人的创造性发挥的重视。

(5) 开放生态。生态是非常重要的特征,而生态的本身就是开放的。推进"互联网＋",其中一个重要的方向就是要把过去制约创新的环节化解掉,把孤岛式创新连接起来,让研发由人性决定的市场驱动,让创业者有机会实现价值。

(6) 连接一切。连接一切是"互联网＋"的目标。

10.4.4 影响

"互联网＋"中重要的一点是催生新的经济形态,并为大众创业、万众创新提供环境。

(1) "互联网＋工业"。借助移动互联网技术,传统制造厂商可以在汽车、家电、配饰等工业产品上增加网络软硬件模块,实现用户远程操控、数据自动采集分析等功能,极大改善了工业产品的使用体验。基于云计算技术,互联网企业可以打造统一智能产品软件服务平台,为不同厂商生产的智能硬件设备提供统一的软件服务和技术支持,优化用户的使用体验,并实现各产品的互联互通,产生协同价值。运用物联网技术,工业企业可以将机器等生产设施接入互联网,构建网络化物理设备系统,进而使各生产设备能够自动交换信息、触发动作和实施控制。

(2) "互联网＋金融"。以在线理财、支付、电商小贷、众筹等为代表的金融模式为普通大众提供更多元化的投资理财选择,已成为一个新的金融行业。

(3) "互联网＋商贸"。2020 年,国家统计局公布了一季度主要经济数据,实物商品网上零售额 18536 亿元,增长 5.9％。直播带货表现强劲,成为新消费造风口。直播为商家带来的成交订单数同比增长超过 160％,新开播商家同比增长近 3 倍。

(4) "互联网＋通信"。几乎人人都在用即时通信 App 进行语音、文字甚至视频交流。来自数据流量业务收入的增长已经大大超过语音收入的下滑,互联网的出现并没有彻底颠覆通信行业,反而促进了运营商进行相关业务的变革升级。

(5) "互联网＋交通"。从国外的 Uber、Lyft 到国内的滴滴打车、快的打车,移动互联网催生了一批打车、拼车、专车软件,通过把移动互联网和传统的交通出行相结合,改善了人们出行的方式,增加了车辆使用率,推动了互联网共享经济的发展,提高了效率、减少了排放,对环境保护也做出了贡献。

(6)"互联网+民生"。可以在各级政府的公众账号享受服务,如某地交警可以 60s 内完成罚款收取等,移动电子政务会成为推进国家治理体系的有效工具。

(7)"互联网+旅游"。互联网可以实现购票、景区导览、规划路线等功能。通过建设旅游服务云平台和运行监测调度平台,市民在景区门口不用排队,只要在景区扫一扫二维码,即可实现支付。购票后,电子二维码门票自助扫码过闸机,还可进行智能线路推送。

(8)"互联网+医疗"。在传统的诊疗模式中,患者普遍存在事前缺乏预防、事中体验差、事后无服务的现象。通过互联网医疗,患者有望从移动医疗数据端监测自身健康数据,做好事前防范;在诊疗服务中,依靠移动医疗实现网上挂号、询诊、购买、支付,节约时间和经济成本,提升事中体验;依靠互联网还可以在事后与医生沟通。

(9)"互联网+教育"。一所学校、一位老师、一间教室,这是传统教育。一个教育专用网、一部移动终端,几百万学生,学校任你挑、老师由你选,这就是"互联网+教育"。未来的一切教与学活动都依托互联网进行,老师线上授课,学生线上学习,线下活动成为线上活动的补充与拓展。

(10)"互联网+农业"。互联网时代的新农民不仅可以利用互联网获取先进的技术信息,也可以通过大数据掌握最新的农产品价格走势,从而决定农业生产重点。与此同时,农业电商将推动农业现代化进程,通过互联网交易平台减少农产品买卖中间环节,增加农民收益。

10.4.5 趋势

"互联网+"将继续促进产业升级。首先,"互联网+"能够直接创造出新兴产业,促进实体经济持续发展。"互联网+"行业能催生出无数的新兴行业。其次,"互联网+"可以促进传统产业变革。"互联网+"令现代制造业管理更加柔性化,更加精益制造,更能满足市场需求。最后,"互联网+"将帮助传统产业提升。互联网与商务相结合,利用互联网平台的长尾效应,在满足个性化需求的同时创造出了规模经济效益。

"互联网+"将重点促进以云计算、物联网、大数据为代表的新一代信息技术与现代制造业、生产性服务业等的融合创新,发展壮大新兴业态,打造新的产业增长点,为大众创业、万众创新提供环境,为产业智能化提供支撑,增强新的经济发展动力,促进国民经济提质增效升级。

"互联网+"是人类历史发展中的一个伟大的里程碑,将会极大地促进人类社会的进步和发展。

10.5 小 结

Servlet 是用 Java 编写的运行在 Web 服务器端的程序,可以动态地扩展服务器的能力,并采用请求-响应模式提供 Java Web 服务。本章主要介绍了 Servlet 的相关知识与技术,通过本章的学习,应掌握以下内容。

（1）Servlet 基础知识。

（2）Servlet 的用法。

10.6 习　　题

10.6.1 选择题

1. 在 JSP/Servlet 的生命周期中，用于初始化的方法是（　　）。
   A. doPost()　　　　B. doGet()　　　　C. init()　　　　D. destroy()
2. Servlet 文件在 Java Web 开发中的主要作用是（　　）。
   A. 开发页面　　　　　　　　　　　B. 作为控制器
   C. 提供业务功能　　　　　　　　　D. 实现数据库连接

10.6.2 填空题

1. Servlet 需要在_____中配置。
2. Servlet 是运行在 Web 服务器端的_____程序。

10.6.3 简答题

1. 简述什么是 Servlet。
2. 简述 Servlet 的生命周期。
3. 简述 Servlet 技术的特点。
4. 简述 Servlet 与 JSP 的区别。
5. 简述 Servlet 在 Web 项目中的作用。

10.6.4 实验题

1. 使用 JSP＋Servlet 编写一个网页计数器。
2. 使用 JSP＋Servlet＋JavaBean 以及数据库系统编写一个实现登录功能的程序。

第 11 章　个人信息管理系统项目实训

本章综合运用前面章节的相关概念与原理,设计和开发一个基于 MVC 模式的个人信息管理系统(Personal Information Management System,PIMS)。通过本实训项目的训练可以进一步提高项目实践开发能力。

本章主要内容如下所示。

(1) 项目需求。

(2) 项目分析。

(3) 项目设计。

(4) 项目实现。

个人信息管理系统项目实训

11.1　个人信息管理系统项目需求说明

在日常办公中有许多常用的个人数据,如朋友电话、邮件地址、日程安排、日常记事、文件上传和下载等都可以使用个人信息管理系统进行管理。个人信息管理系统也可以内置于握在手掌上的数字助理器中,以提供电子名片、便条、行程管理等功能。本实训项目基于 B/S 设计,也可以发布到网上,用户可以随时存取个人信息。

用户可以在系统中任意添加、修改、删除个人数据,包括个人的基本信息、个人通讯录、日程安排、个人文件管理等。本系统要实现的功能包括 5 方面。

1. 登录与注册

系统的登录和注册功能。

2. 个人信息管理模块

系统中对个人信息的管理包括个人的姓名、性别、出生日期、民族、学历、职称、登录名字、密码、电话、家庭住址等。

3. 通讯录管理模块

系统的通讯录保存了个人的通讯录信息,包括自己联系人的姓名、电话、邮箱、工作单位、地址、QQ 等。可以自由添加联系人的信息、查询或删除联系人。

4. 日程安排管理模块

日程安排管理模块记录自己的活动安排或者其他有关事项,如添加从某一时间到另一时间要做什么事,日程标题、日程内容、开始时间、结束时间。可以自由查询、修改、删除日程安排。

5. 个人文件管理模块

该模块实现用户在网上存储文件的功能。用户可以新建文件夹,修改、删除、移动文件夹;上传文件、修改文件名、下载文件、删除文件、移动文件等。

11.2　个人信息管理系统项目系统分析

系统功能描述如下所示。

1. 用户登录与注册

个人通过用户名和密码登录系统；注册时需提供自己的个人信息。

2. 查看个人信息

主页面显示个人的基本信息：登录名字、用户密码、用户姓名、用户性别、出生日期、用户民族、用户学历、用户类型、用户电话、家庭住址、邮箱地址等。

3. 修改个人信息

用户可以修改自己的基本信息。如果修改了登录名，下次登录时应使用新的登录名字。

4. 修改登录密码

用户可以修改登录密码。

5. 查看通讯录

用户可以浏览通讯录列表，按照姓名检索等。

6. 维护通讯录

用户可以增加、修改、删除联系人。

7. 查看日程安排

用户可以查看日程安排列表，可以查看某一日程的时间和内容等。

8. 维护日程

一个新的日程安排包括日程标题、内容。用户可以对日程执行添加、修改、删除等操作。

9. 浏览下载文件

用户可以任意浏览文件、文件夹，并可以下载到本地。

10. 维护文件

用户可以执行新建文件夹，修改、删除、移动文件夹，移动文件到文件夹，修改文件名，上传文件，下载文件，删除文件等操作。

系统模块结构如图 11-1 所示。

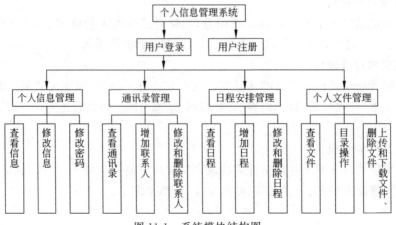

图 11-1　系统模块结构图

11.3 个人信息管理系统数据库设计

如果已经学过相应的DBMS,请按照数据库优化的思想设计相应的数据库。本系统提供的数据库设计仅供参考,读者可根据自己所学知识选择相应DBMS对数据库进行设计和优化。本系统需要在数据库中建立如下表,用于存放相关信息。

用户表(user)用于管理login.jsp页面中用户登录的信息以及用户注册(register.jsp)的信息。具体表设计如表11-1所示。

表11-1 用户表(user)

字段名称	字段类型	字段长度	字段说明	字段名称	字段类型	字段长度	字段说明
userName	varchar	30	登录名字	edu	varchar	10	用户学历
password	varchar	30	用户密码	work	varchar	30	用户类型
name	varchar	30	用户姓名	phone	varchar	10	用户电话
sex	varchar	2	用户性别	place	varchar	30	家庭住址
birth	varchar	10	出生日期	email	varchar	30	邮箱地址
nation	varchar	10	用户民族				

通讯录管理表(friends)用于管理通讯录,即管理联系人(好友)。具体表设计如表11-2所示。

备注:表friends中的用户登录名字段userName用于关联用户的好友信息列表。

表11-2 通讯录管理表(friends)

字段名称	字段类型	字段长度	字段说明	字段名称	字段类型	字段长度	字段说明
userName	varchar	30	用户登录名	workplace	varchar	30	好友工作单位
name	varchar	30	好友名称	place	varchar	30	好友住址
phone	varchar	10	好友电话	QQ	varchar	10	好友QQ号
email	varchar	30	好友邮箱				

日程安排管理表(date)用于管理用户的日程安排。具体表设计如表11-3所示。

备注:表date中的用户登录名字段userName用于关联用户的日程信息。

表11-3 日程安排管理表(date)

字段名称	字段类型	字段长度	字段说明	字段名称	字段类型	字段长度	字段说明
userName	varchar	30	用户登录名	thing	varchar	255	日程内容
date	varchar	30	日程时间				

个人文件管理表(file)用于管理个人文件。具体表设计如表11-4所示。

备注:表file中的用户登录名字段userName用于关联用户的文件管理信息。

表 11-4 个人文件管理表（file）

字段名称	字段类型	字段长度	字段说明	字段名称	字段类型	字段长度	字段说明
userName	varchar	30	用户登录名	contentType	varchar	30	文件类型
title	varchar	30	文件标题	size	varchar	30	文件大小
name	varchar	30	文件名字	filePath	varchar	30	用户操作

本项目使用 MySQL 数据库系统，项目数据库名为 person，数据库中的表包括上述的 user、friends、date 和 file，如图 11-2 所示。

图 11-2　项目中用到的数据库和表

11.4　个人信息管理系统代码实现

本实训项目是基于 MVC 模式开发的个人信息管理系统（Personal Information Management System，PIMS），项目命名为 PIMS。

> **想一想**：MVC 模式的应用有利于软件项目开发的工程化管理和团队分工协作。你如何理解团队协作在大型工程项目中的重要性？

11.4.1　项目文件结构

项目的页面文件结构如图 11-3 所示。项目的源包文件结构如图 11-4 所示。

图 11-3 中登录页面（login.jsp）在 Web 根文件夹下，注册页面（register.jsp）在文件夹 register 中，登录和注册页面对应的 Servlet 和 JavaBean 在图 11-4 所示的 loginRegister 包中，Servlet 文件的配置在 web.xml 中。本程序将对数据库的操作封装到了 Servlet 文件中。

图 11-3 所示文件结构中，dateManager 文件夹中的页面是日程安排管理功能相关的页面，其对应的 Servlet 文件和 JavaBean 在图 11-4 所示的 dateManager 包里。fileManager 文

件夹中的页面是个人文件管理功能相关的页面，其对应的 Servlet 文件和 JavaBean 在 fileManager 包里。friendManager 文件夹中的页面是通讯录管理功能相关的页面，其对应的 Servlet 文件和 JavaBean 在 friendManager 包里。images 文件夹中保存项目中用到的图片。lookMessage 文件夹中的页面是个人信息管理功能相关的页面，其对应的 Servlet 文件和 JavaBean 在 lookMessage 包里。main 文件夹中存放主页面的相关文件。

图 11-3 项目的页面文件结构图

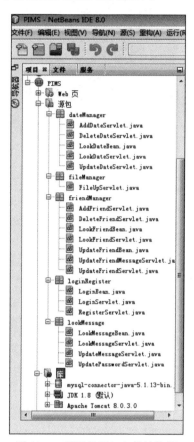

图 11-4 项目的源包文件结构图

11.4.2 登录和注册功能的实现

本系统提供登录页面，如用户没有注册，需先注册后登录。系统登录页面如图 11-5 所示。登录页面(login.jsp)的代码如下所示。

```
<%@page contentType="text/html" pageEncoding="UTF-8"%>
<html>
    <head>
        <meta http-equiv="Content-Type" content="text/html; charset=UTF-8">
        <title>个人信息管理系统——登录页面</title>
        <style>
            <!--
            p1{font-family:华文行楷;font-size:20pt;color:blue;}
            h1{font-family: 华文行楷;font-size:40pt;color:red}
```

图 11-5　系统登录页面

```
        -->
      </style>
</head>
<body bgcolor="#99aaee">
    <table border="0" width="100%" cellspacing="0" cellpadding="0">
        <tr bgcolor="#99aaee">
            <td align="center">
                <img src="images/top.gif" alt="校训" width="600"
                    height="100">
            </td>
            <td colspan="1" align="left">
                <h2>个人信息管理系统</h2>
            </td>
        </tr>
        <tr>
            <td colspan="2">
                <hr align="center" width="100%" size="20" color="green">
            </td>
        </tr>
        <tr>
            <td width="30%" align="center">
                <img src="images/bottom.jpg" alt="风景" height="360">
            </td>
            <td align="center" bgcolor="#99aadd" width="70%">
                <form action="http://localhost:8084/PIMS/LoginServlet"
                    method="post">
                    <table border="2" cellspacing="0" cellpadding="0"
                        bgcolor="#95BDFF" width="350">
                        <tr align="center">
                            <td align="center" height="130">
                                输入用户姓名：<input type="text"
                                name="userName" size="16"/><br>
                                <p></p>
```

```
                        输入用户密码: <input type="password"
                            name="password" size="18"/><br>
                        </td>
                    </tr>
                    <tr>
                        <td>
                            <input type="submit" value="确 定"
                                size="12">   
                                  
                            <input type="reset" value="清 除"
                                size="12">
                        </td>
                    </tr>
                    <tr>
                        <td>
                            <p align="center">
                                <a
                                href=" http://localhost: 8084/PIMS/register/
                                register.jsp">注册</a>
                            </p>
                        </td>
                    </tr>
                </table>
            </form>
        </td>
    </tr>
</table>
</body>
</html>
```

用户需先成功注册方可登录,单击图 11-5 所示页面中的"注册"按钮,出现如图 11-6 所示的系统注册页面。

图 11-6　系统注册页面

注册页面(register.jsp)的代码如下所示。

```jsp
<%@page contentType="text/html" pageEncoding="UTF-8"%>
<html>
    <head>
        <meta http-equiv="Content-Type" content="text/html; charset=UTF-8">
        <title>个人信息管理系统——注册页面</title>
    </head>
    <body bgcolor="CCCFFF">
        <table align="center">
            <tr>
                <td colspan="3" align="center">
                    <h3><font color="red">请填写以下注册信息</font></h3>
                </td>
            </tr>
            <tr>
                <td >
                    <form action="http://localhost:8084/PIMS/RegisterServlet"
                        method="post">
                        <table border="2" cellspacing="0" cellpadding="0"
                            bgcolor="AAABBB">
                            <tr>
                                <td>
                                    登录名字
                                </td>
                                <td>
                                    <input type="text" name="userName"
                                        size="20"/>
                                </td>
                            </tr>
                            <tr>
                                <td>
                                    用户密码
                                </td>
                                <td>
                                    <input type="password"
                                        name="password1" size="22"/>
                                </td>
                            </tr>
                            <tr>
                                <td>
                                    重复密码
                                </td>
                                <td>
                                    <input type="password"
                                        name="password2" size="22"/>
                                </td>
                            </tr>
                            <tr>
                                <td>
                                    用户姓名
```

```html
        </td>
        <td>
            <input type="text" name="name"
                size="20"/>
        </td>
    </tr>
    <tr>
        <td>
            用户性别
        </td>
        <td>
            <input type="radio" name="sex" value=
                "男" checked>男
            <input type="radio" name="sex" value=
                "女">女
        </td>
    </tr>
    <tr>
        <td>
            出生日期
        </td>
        <td>
            <select name="year" size="1">
                <option value="1978">1978</option>
                <option value="1979">1979</option>
                <option value="1980">1980</option>
                <option value="1981">1981</option>
                <option value="1982">1982</option>
                <option value="1983">1983</option>
                <option value="1984">1984</option>
                <option value="1985">1985</option>
                <option value="1986">1986</option>
                <option value="1987">1987</option>
                <option value="1988">1988</option>
                <option value="1989">1989</option>
                <option value="1990">1990</option>
                <option value="1991">1991</option>
                <option value="1992">1992</option>
                <option value="1993">1993</option>
                <option value="1994">1994</option>
                <option value="1995">1995</option>
                <option value="1996">1996</option>
                <option value="1997">1997</option>
                <option value="1998">1998</option>
            </select>年
            <select name="mouth" size="1">
                <option value="01">01</option>
                <option value="02">02</option>
                <option value="03">03</option>
                <option value="04">04</option>
                <option value="05">05</option>
```

```html
                                    <option value="06">06</option>
                                    <option value="07">07</option>
                                    <option value="08">08</option>
                                    <option value="09">09</option>
                                    <option value="10">10</option>
                                    <option value="11">11</option>
                                    <option value="12">12</option>
                            </select>月
                            <select name="day" size="1">
                                    <option value="01">01</option>
                                    <option value="02">02</option>
                                    <option value="03">03</option>
                                    <option value="04">04</option>
                                    <option value="05">05</option>
                                    <option value="06">06</option>
                                    <option value="07">07</option>
                                    <option value="08">08</option>
                                    <option value="09">09</option>
                                    <option value="10">10</option>
                                    <option value="11">11</option>
                                    <option value="12">12</option>
                                    <option value="13">13</option>
                                    <option value="14">14</option>
                                    <option value="15">15</option>
                                    <option value="16">16</option>
                                    <option value="17">17</option>
                                    <option value="18">18</option>
                                    <option value="19">19</option>
                                    <option value="20">20</option>
                                    <option value="21">21</option>
                                    <option value="22">22</option>
                                    <option value="23">23</option>
                                    <option value="24">24</option>
                                    <option value="25">25</option>
                                    <option value="26">26</option>
                                    <option value="27">27</option>
                                    <option value="28">28</option>
                                    <option value="29">29</option>
                                    <option value="30">30</option>
                                    <option value="31">31</option>
                            </select>日
                    </td>
            </tr>
            <tr>
                    <td>
                            用户民族
                    </td>
                    <td>
                            <input type="radio" name="nation" value=
                            "汉族" checked>汉族
                            <input type="radio" name="nation" value=
```

```html
            "回族">回族
            <input type="radio" name="nation" value=
                "壮族">壮族
            <input type="radio" name="nation" value=
                "其他">其他
        </td>
    </tr>
    <tr>
        <td>
            用户学历
        </td>
        <td>
            <select name="edu" size="1">
                <option value="博士">博士</option>
                <option value="硕士">硕士</option>
                <option value="本科">本科</option>
                <option value="专科">专科</option>
                <option value="高中">高中</option>
                <option value="初中">初中</option>
                <option value="小学">小学</option>
                <option value="其他">其他</option>
            </select>
        </td>
    </tr>
    <tr>
        <td>
            用户类型
        </td>
        <td>
            <select name="work" size="1">
                <option value="软件开发工程师">
                    软件开发工程师</option>
                <option value="软件测试工程师">
                    软件测试工程师</option>
                <option value="教师">教师</option>
                <option value="学生">学生</option>
                <option value="经理">经理</option>
                <option value="职员">职员</option>
                <option value="老板">老板</option>
                <option value="公务员">
                    公务员</option>
                <option value="其他">其他</option>
            </select>
        </td>
    </tr>
    <tr>
        <td>
            用户电话
        </td>
        <td>
            <input type="text" name="phone"
```

```
                    size="20"/>
            </td>
        </tr>
        <tr>
            <td>
                    家庭住址
            </td>
            <td>
                <select name="place" size="1">
                    <option value="北京">北京</option>
                    <option value="上海">上海</option>
                    <option value="天津">天津</option>
                    <option value="河北">河北</option>
                    <option value="河南">河南</option>
                    <option value="吉林">吉林</option>
                    <option value="黑龙江">黑龙江
                    </option>
                    <option value="内蒙古">内蒙古
                    </option>
                    <option value="山东">山东</option>
                    <option value="山西">山西</option>
                    <option value="陕西">陕西</option>
                    <option value="甘肃">甘肃</option>
                    <option value="宁夏">宁夏</option>
                    <option value="青海">青海</option>
                    <option value="新疆">新疆</option>
                    <option value="辽宁">辽宁</option>
                    <option value="江苏">江苏</option>
                    <option value="浙江">浙江</option>
                    <option value="安徽>安徽</option>
                    <option value="广东">广东</option>
                    <option value="海南">海南</option>
                    <option value="广西">广西</option>
                    <option value="云南">云南</option>
                    <option value="贵州">贵州</option>
                    <option value="四川">四川</option>
                    <option value="重庆">重庆</option>
                    <option value="西藏">西藏</option>
                    <option value="香港">香港</option>
                    <option value="澳门">澳门</option>
                    <option value="福建">福建</option>
                    <option value="江西">江西</option>
                    <option value="湖南">湖南</option>
                    <option value="青海">青海</option>
                    <option value="湖北">湖北</option>
                    <option value="台湾">台湾</option>
                </select>省(直辖市)
            </td>
        </tr>
        <tr>
            <td>
```

```html
                            邮箱地址
                        </td>
                        <td>
                            <input type="text" name="email"
                                size="20"/>
                        </td>
                    </tr>
                    <tr>
                        <td colspan="2" align="center">
                            <input type="submit" value="确 定"
                                size="12">   
                                  
                            <input type="reset" value="清 除"
                                size="12">
                        </td>
                    </tr>
                </table>
            </form>
        </td>
    </tr>
</table>
</body>
</html>
```

登录页面对应的控制器类是 LoginServlet(Servlet 文件)，注册页面对应的控制器类是 RegisterServlet(Servlet 文件)。

LoginServlet.java 的代码如下所示。

```java
package loginRegister;
import java.io.IOException;
import java.sql.*;
import java.util.ArrayList;
import javax.servlet.ServletException;
import javax.servlet.http*;
import javax.swing.JOptionPane;

public class LoginServlet extends HttpServlet {
    public void wrong1(){              //对话框提示信息
        String msg="用户名不能为空!";
        int type=JOptionPane.YES_NO_CANCEL_OPTION;
        String title="信息提示";
        JOptionPane.showMessageDialog(null, msg, title, type);
    }
    public void wrong2(){
        String msg="用户密码不能为空,登录失败!";
        int type=JOptionPane.YES_NO_CANCEL_OPTION;
        String title="信息提示";
        JOptionPane.showMessageDialog(null, msg, title, type);
    }
```

```java
public void wrong3(){
    String msg="该用户尚未注册,登录失败!";
    int type=JOptionPane.YES_NO_CANCEL_OPTION;
    String title="信息提示";
    JOptionPane.showMessageDialog(null, msg, title, type);
}
public void wrong4(){
    String msg="用户密码不正确,登录失败!";
    int type=JOptionPane.YES_NO_CANCEL_OPTION;
    String title="信息提示";
    JOptionPane.showMessageDialog(null, msg, title, type);
}
protected void doGet(HttpServletRequest request, HttpServletResponse response)
throws ServletException, IOException {
    String userName=new
    String(request.getParameter("userName").getBytes("ISO-8859-1"),"UTF-8");
    String password=new
    String(request.getParameter("password").getBytes("ISO-8859-1"),"UTF-8");
    if(userName.equals("")){
        wrong1();
        response.sendRedirect("http://localhost:8084/PIMS/login.jsp");
    }else if(password.equals("")){
        wrong2();
        response.sendRedirect("http://localhost:8084/PIMS/login.jsp");
    }else{
        try{
            Connection con=null;
            Statement stmt=null;
            ResultSet rs=null;
            Class.forName("com.mysql.jdbc.Driver");
            /*url后面加的? useUnicode=true&characterEncoding=gbk 是为了处理
              向数据库中添加中文数据时出现乱码的问题*/
            String url="jdbc:mysql://localhost:3306/person
            ? useUnicode=true&characterEncoding=gbk";
            con=DriverManager.getConnection(url,"root","admin");
            stmt=con.createStatement();
            String sql="select * from user where userName='"+userName+"'";
            rs=stmt.executeQuery(sql);
            int N=0;
            int P=0;
            while(rs.next()){
                if(userName.equals(rs.getString("userName"))){
                    N=1001;
                    if(password.equals(rs.getString("password"))){
                        P=1001;
                        //实例化保存个人信息的 JavaBean
                        LoginBean nn=new LoginBean();
                        nn.setUserName(userName);      //保存用户名
                        nn.setPassword(password);      //保存密码
                        //获取 session 对象
                        HttpSession session=request.getSession();
```

```java
                    ArrayList login=new ArrayList();  //实例化列表对象
                    login.add(nn);                    //把个人信息保存到列表中
                    /*把列表保存到session对象中,以便在别的页面中获取个人信
                      息*/
                    session.setAttribute("login", login);
                    response.sendRedirect(
                        "http://localhost:8084/PIMS/main/main.jsp");
                    }else{
                        
                    }
                }else{
                    N++;
                }
            }
            if(N<1001){
                wrong3();
                response.sendRedirect("http://localhost:8084/PIMS/login.jsp");
            }else if(P<1001){
                wrong4();
                response.sendRedirect("http://localhost:8084/PIMS/login.jsp");
            }
        }catch(Exception e){
            e.printStackTrace();
        }
    }
}
    protected void doPost(HttpServletRequest request, HttpServletResponse response)
    throws ServletException, IOException {
        doGet(request, response);
    }
}
```

LoginServlet.java 中使用一个 JavaBean 存储数据,该 JavaBean 类是 LoginBean。LoginBean.java 的代码如下所示。

```java
package loginRegister;

public class LoginBean {
    private String userName;
    private String password;
    public String getUserName() {
        return userName;
    }
    public void setUserName(String userName) {
        this.userName=userName;
    }
    public String getPassword() {
        return password;
    }
    public void setPassword(String password) {
        this.password=password;
```

                }
        }

RegisterServlet.java 的代码如下所示。

```java
package loginRegister;
import java.io.IOException;
import java.sql.*;
import javax.servlet.ServletException;
import javax.servlet.http.*;
import javax.swing.JOptionPane;

public class RegisterServlet extends HttpServlet {
    public void wrong1(){
        String msg="不允许有空,注册失败!";
        int type=JOptionPane.YES_NO_CANCEL_OPTION;
        String title="信息提示";
        JOptionPane.showMessageDialog(null, msg, title, type);
    }
    public void wrong2(){
        String msg="两次密码不同,注册失败!";
        int type=JOptionPane.YES_NO_CANCEL_OPTION;
        String title="信息提示";
        JOptionPane.showMessageDialog(null, msg, title, type);
    }
    public void wrong3(){
        String msg="用户名已存在,注册失败!";
        int type=JOptionPane.YES_NO_CANCEL_OPTION;
        String title="信息提示";
        JOptionPane.showMessageDialog(null, msg, title, type);
    }
    public void right(){
        String msg="注册信息合格,注册成功!";
        int type=JOptionPane.YES_NO_CANCEL_OPTION;
        String title="信息提示";
        JOptionPane.showMessageDialog(null, msg, title, type);
    }
    protected void doGet(HttpServletRequest request, HttpServletResponse response)
        throws ServletException, IOException {
            String userName=new
            String(request.getParameter("userName").getBytes("ISO-8859-1"),"UTF-8");
            String password1=new
            String(request.getParameter("password1").getBytes("ISO-8859-1"),"UTF-8");
            String password2=new
            String(request.getParameter("password2").getBytes("ISO-8859-1"),"UTF-8");
            String name=new
            String(request.getParameter("name").getBytes("ISO-8859-1"),"UTF-8");
            String sex=new
            String(request.getParameter("sex").getBytes("ISO-8859-1"),"UTF-8");
            String birth=request.getParameter("year")+"-"+
            request.getParameter("mouth")+"-"+request.getParameter("day");
```

```java
String nation=new
String(request.getParameter("nation").getBytes("ISO-8859-1"),"UTF-8");
String edu=new
String(request.getParameter("edu").getBytes("ISO-8859-1"),"UTF-8");
String work=new
String(request.getParameter("work").getBytes("ISO-8859-1"),"UTF-8");
String phone=new
String(request.getParameter("phone").getBytes("ISO-8859-1"),"UTF-8");
String place=new
String(request.getParameter("place").getBytes("ISO-8859-1"),"UTF-8");
String email=new
String(request.getParameter("email").getBytes("ISO-8859-1"),"UTF-8");
if(userName.length()==0||password1.length()==0||password2.length()==0
||name.length()==0||phone.length()==0||email.length()==0){
    wrong1();
    response. sendRedirect ( " http://localhost: 8084/PIMS/register/
    register.jsp");
}else if(!(password1.equals(password2))){
    wrong2();
    response. sendRedirect ( " http://localhost: 8084/PIMS/register/
    register.jsp");
}else{
    try{
        Connection con=null;
        Statement stmt=null;
        ResultSet rs=null;
        Class.forName("com.mysql.jdbc.Driver");
        String url="jdbc:mysql://localhost:3306/person
        ?useUnicode=true&characterEncoding=gbk";
        con=DriverManager.getConnection(url,"root","admin");
        stmt=con.createStatement();
        String sql1="select * from user where userName='"+userName+"'";
        rs=stmt.executeQuery(sql1);
        rs.last();
        int k;
        k=rs.getRow();
        if(k>0){
            wrong3();
            response.sendRedirect(
            "http://localhost:8084/PIMS/register/register.jsp");
        }else{
            String sql2="insert into
             user"+"(userName,password,name,sex,birth,nation,edu,work,
             phone,place,email)"+"values("+"'"+userName+"'"+","+"'"+
             password1+"'"+","+"'"+name+"'"+","+"'"+sex+"'"+","+"'"+
             birth+"'"+","+"'"+nation+"'"+","+"'"+edu+"'"+","+"'"+work
             +"'"+","+"'"+phone+"'"+","+"'"+place+"'"+","+"'"+email+"
             '"+")";
            stmt.executeUpdate(sql2);
        }
        rs.close();
```

```
            stmt.close();
            con.close();
            right();
            response.sendRedirect("http://localhost:8084/PIMS/login.jsp");
        }catch(Exception e){
            e.printStackTrace();
        }
    }
}
    protected void doPost(HttpServletRequest request, HttpServletResponse response)
    throws ServletException, IOException {
        doGet(request, response);
    }
}
```

Servlet 需要在 web.xml 中进行配置，项目中用到的配置文件 web.xml 的代码如下（该配置文件包含对项目中所有 Servlet 的配置）所示。

```
<? xml version="1.0" encoding="UTF-8"? >
<web-app version="3.1" xmlns="http://xmlns.jcp.org/xml/ns/javaee"
    xmlns:xsi="http://www.w3.org/2001/XMLSchema-instance"
    xsi:schemaLocation="http://xmlns.jcp.org/xml/ns/javaee
    http://xmlns.jcp.org/xml/ns/javaee/web-app_3_1.xsd">
<servlet>
    <servlet-name>LoginServlet</servlet-name>
    <servlet-class>loginRegister.LoginServlet</servlet-class>
</servlet>
<servlet>
    <servlet-name>RegisterServlet</servlet-name>
    <servlet-class>loginRegister.RegisterServlet</servlet-class>
</servlet>
<servlet>
    <servlet-name>LookMessageServlet</servlet-name>
    <servlet-class>lookMessage.LookMessageServlet</servlet-class>
</servlet>
<servlet>
    <servlet-name>UpdateMessageServlet</servlet-name>
    <servlet-class>lookMessage.UpdateMessageServlet</servlet-class>
</servlet>
<servlet>
    <servlet-name>UpdatePasswordServlet</servlet-name>
    <servlet-class>lookMessage.UpdatePasswordServlet</servlet-class>
</servlet>
<servlet>
    <servlet-name>LookFriendServlet</servlet-name>
    <servlet-class>friendManager.LookFriendServlet</servlet-class>
</servlet>
<servlet>
    <servlet-name>AddFriendServlet</servlet-name>
    <servlet-class>friendManager.AddFriendServlet</servlet-class>
</servlet>
```

```xml
<servlet>
    <servlet-name>UpdateFriendServlet</servlet-name>
    <servlet-class>friendManager.UpdateFriendServlet</servlet-class>
</servlet>
<servlet>
    <servlet-name>UpdateFriendMessageServlet</servlet-name>
    <servlet-class>friendManager.UpdateFriendMessageServlet</servlet-class>
</servlet>
<servlet>
    <servlet-name>DeleteFriendServlet</servlet-name>
    <servlet-class>friendManager.DeleteFriendServlet</servlet-class>
</servlet>
<servlet>
    <servlet-name>LookDateServlet</servlet-name>
    <servlet-class>dateManager.LookDateServlet</servlet-class>
</servlet>
<servlet>
    <servlet-name>AddDateServlet</servlet-name>
    <servlet-class>dateManager.AddDateServlet</servlet-class>
</servlet>
<servlet>
    <servlet-name>UpdateDateServlet</servlet-name>
    <servlet-class>dateManager.UpdateDateServlet</servlet-class>
</servlet>
<servlet>
    <servlet-name>DeleteDateServlet</servlet-name>
    <servlet-class>dateManager.DeleteDateServlet</servlet-class>
</servlet>
<servlet>
    <servlet-name>FileUpServlet</servlet-name>
    <servlet-class>fileManager.FileUpServlet</servlet-class>
</servlet>
<servlet-mapping>
    <servlet-name>LoginServlet</servlet-name>
    <url-pattern>/LoginServlet</url-pattern>
</servlet-mapping>
<servlet-mapping>
    <servlet-name>RegisterServlet</servlet-name>
    <url-pattern>/RegisterServlet</url-pattern>
</servlet-mapping>
<servlet-mapping>
    <servlet-name>LookMessageServlet</servlet-name>
    <url-pattern>/LookMessageServlet</url-pattern>
</servlet-mapping>
<servlet-mapping>
    <servlet-name>UpdateMessageServlet</servlet-name>
    <url-pattern>/UpdateMessageServlet</url-pattern>
</servlet-mapping>
<servlet-mapping>
    <servlet-name>UpdatePasswordServlet</servlet-name>
    <url-pattern>/UpdatePasswordServlet</url-pattern>
```

```xml
        </servlet-mapping>
        <servlet-mapping>
            <servlet-name>LookFriendServlet</servlet-name>
            <url-pattern>/LookFriendServlet</url-pattern>
        </servlet-mapping>
        <servlet-mapping>
            <servlet-name>AddFriendServlet</servlet-name>
            <url-pattern>/AddFriendServlet</url-pattern>
        </servlet-mapping>
        <servlet-mapping>
            <servlet-name>UpdateFriendServlet</servlet-name>
            <url-pattern>/UpdateFriendServlet</url-pattern>
        </servlet-mapping>
        <servlet-mapping>
            <servlet-name>UpdateFriendMessageServlet</servlet-name>
            <url-pattern>/UpdateFriendMessageServlet</url-pattern>
        </servlet-mapping>
        <servlet-mapping>
            <servlet-name>DeleteFriendServlet</servlet-name>
            <url-pattern>/DeleteFriendServlet</url-pattern>
        </servlet-mapping>
        <servlet-mapping>
            <servlet-name>LookDateServlet</servlet-name>
            <url-pattern>/LookDateServlet</url-pattern>
        </servlet-mapping>
        <servlet-mapping>
            <servlet-name>AddDateServlet</servlet-name>
            <url-pattern>/AddDateServlet</url-pattern>
        </servlet-mapping>
        <servlet-mapping>
            <servlet-name>UpdateDateServlet</servlet-name>
            <url-pattern>/UpdateDateServlet</url-pattern>
        </servlet-mapping>
        <servlet-mapping>
            <servlet-name>DeleteDateServlet</servlet-name>
            <url-pattern>/DeleteDateServlet</url-pattern>
        </servlet-mapping>
        <servlet-mapping>
            <servlet-name>FileUpServlet</servlet-name>
            <url-pattern>/FileUpServlet</url-pattern>
        </servlet-mapping>
        <session-config>
            <session-timeout>
                30
            </session-timeout>
        </session-config>
</web-app>
```

11.4.3 系统主页面功能的实现

如果注册成功则返回到登录页面。在图 11-5 所示页面中输入用户名和密码,单击"确定"按钮后进入"个人信息管理系统"的主页面(main.jsp),如图11-7所示。

图11-7 系统主页面

主页面(main.jsp)的代码如下所示。

```
<%@page import="loginRegister.LoginBean"%>
<%@page import="java.util.ArrayList"%>
<%@page contentType="text/html" pageEncoding="UTF-8"%>
<html>
    <head>
        <meta http-equiv="Content-Type" content="text/html; charset=UTF-8">
        <title>个人信息管理系统——主页面</title>
    </head>
    <%
    String userName=null;
        //获取在LoginServlet.java中保存在session对象中的数据
        ArrayList login=(ArrayList)session.getAttribute("login");
        if(login==null||login.size()==0){
            response.sendRedirect("http://localhost:8084/PIMS/login.jsp");
        }else{
            for(int i=login.size()-1;i>=0;i--){
                LoginBean nn=(LoginBean)login.get(i);
                userName=nn.getUserName();
            }
        }
    %>
    <frameset cols="20%,*" framespacing="0" border="no" frameborder="0">
        <frame src="../main/left.jsp" name="left" scrolling="no">
        <frameset rows="20%,10%,*">
            <frame src="../main/top.jsp" name="top" scrolling="no">
            <frame src="../main/middle.jsp?userName=<%=userName%>"
                name="toop" scrolling="no">
            <frame src="../main/bottom.jsp" name="main">
        </frameset>
    </frameset>
</html>
```

图 11-7 所示的页面是使用框架进行分割的,子窗口分别连接 left.jsp、top.jsp、middle.jsp 和 bottom.jsp 页面。

left.jsp 的代码如下所示。

```jsp
<%@page contentType="text/html" pageEncoding="UTF-8"%>
<html>
    <head>
        <meta http-equiv="Content-Type" content="text/html; charset=UTF-8">
        <title>子窗口左边部分</title>
    </head>
    <body bgcolor="#ccddee">
        <table>
            <tr align="center">
                <td>
                    <img src="../images/top1.jpg" alt="清华大学出版社"
                        height="100" width="200">
                </td>
            </tr>
            <tr>
                <td>
                    <img src="../images/bottom.jpg" alt="风景" height="400"
                        width="200">
                </td>
            </tr>
        </table>
    </body>
</html>
```

top.jsp 的代码如下所示。

```jsp
%@page contentType="text/html" pageEncoding="UTF-8"%>
<html>
    <head>
        <meta http-equiv="Content-Type" content="text/html; charset=UTF-8">
        <title>top 页面</title>
        <style>
          <!--
            p1{font-family:华文行楷;font-size:20pt;color:blue;}
            h1{font-family: 华文行楷;font-size:30pt;color:red}
          -->
        </style>
    </head>
    <body bgcolor="#CCCFFF">
        <table width="100%">
          <tr>
                <td >
                    <img src="../images/top.gif" alt="校训" width="400"
                        height="80">
                </td>
                <td align="left">
                    <h3>欢迎使用个人信息管理平台</h3>
```

```
            </td>
        </tr>
    </table>
</body>
</html>
```

middle.jsp 的代码如下所示。

```
<%@page contentType="text/html" pageEncoding="UTF-8"%>
<html>
    <head>
        <meta http-equiv="Content-Type" content="text/html; charset=UTF-8">
        <title>middle 页面</title>
    </head>
    <body bgcolor="#CCCFFF">
        <%
            String userName=request.getParameter("userName");
        %>
        <table width="100%" align="right" bgcolor="blue">
            <tr height="10" bgcolor="gray" align="center">
                <td><a href="http://localhost:8084/PIMS/LookMessageServlet?
                    userName=<%=userName%>" target="main">
                    个人信息管理</a>
                </td>
                <td><a href=http://localhost:8084/PIMS/LookFriendServlet
                    target="main">通讯录管理</a>
                </td>
                <td><a href="http://localhost:8084/PIMS/LookDateServlet"
                    target="main">日程安排管理</a>
                </td>
                <td><a href="http://localhost:8084/PIMS/fileManager/fileUp.jsp"
                    target="main">个人文件管理</a>
                </td>
                <td><a href=http://localhost:8084/PIMS/login.jsp
                    target="_top">退出主页面</a>
                </td>
                <td>欢迎,<%=userName%>登录系统</td>
            </tr>
        </table>
    </body>
</html>
```

bottom.jsp 的代码如下所示。

```
<%@page contentType="text/html" pageEncoding="UTF-8"%>
<html>
    <head>
        <meta http-equiv="Content-Type" content="text/html; charset=UTF-8">
        <title>JSP Page</title>
    </head>
    <body bgcolor="#CCCFFF">
    </body>
</html>
```

11.4.4 个人信息管理功能的实现

点击图 11-7 所示页面中的"个人信息管理",出现如图 11-8 所示的个人信息页面。请参照 middle.jsp 代码中的"＜a href＝"http://localhost:8084/PIMS/LookMessageServlet?userName=＜％＝userName％＞" target＝"main"＞个人信息管理＜/a＞"。LookMessageServlet 是 Servlet 控制器。

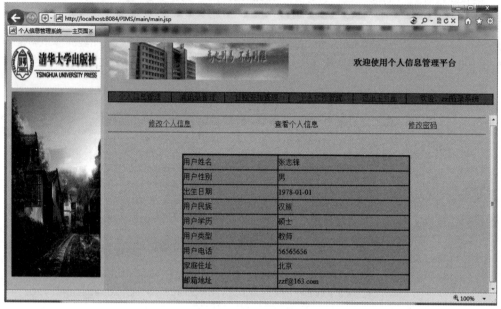

图 11-8 个人信息页面

LookMessageServlet.java 的代码如下所示。

```java
package lookMessage;
import java.io.IOException;
import java.sql.*;
import java.util.ArrayList;
import javax.servlet.ServletException;
import javax.servlet.http.*;

public class LookMessageServlet extends HttpServlet {
    protected void doGet(HttpServletRequest request, HttpServletResponse response)
    throws ServletException, IOException {
        String userName=request.getParameter("userName");
        try{
            Connection con=null;
            Statement stmt=null;
            ResultSet rs=null;
            Class.forName("com.mysql.jdbc.Driver");
            String url="jdbc:mysql://localhost:3306/person
            ?useUnicode=true&characterEncoding=gbk";
            con=DriverManager.getConnection(url,"root","admin");
```

```java
            stmt=con.createStatement();
            String sql="select * from user where userName='"+userName+"'";
            rs=stmt.executeQuery(sql);
            LookMessageBean mm=new LookMessageBean();
            while(rs.next()){
                mm.setName(rs.getString("name"));
                mm.setSex(rs.getString("sex"));
                mm.setBirth(rs.getString("birth"));
                mm.setNation(rs.getString("nation"));
                mm.setEdu(rs.getString("edu"));
                mm.setWork(rs.getString("work"));
                mm.setPhone(rs.getString("phone"));
                mm.setPlace(rs.getString("place"));
                mm.setEmail(rs.getString("email"));
            }
            HttpSession session=request.getSession();
            ArrayList wordlist=wordlist=new ArrayList();
            wordlist.add(mm);
            session.setAttribute("wordlist", wordlist);
            rs.close();
            stmt.close();
            con.close();
            response.sendRedirect("http://localhost:8084/PIMS/
            lookMessage/lookMessage.jsp");
        }catch(Exception e){
            e.printStackTrace();
        }
    }
    protected void doPost(HttpServletRequest request, HttpServletResponse response)
    throws ServletException, IOException {
        doGet(request, response);
    }
}
```

在 LookMessageServlet.java 中首先获取该用户名,并连接数据库把该用户的信息保存在一个 JavaBean 中,该 JavaBean 类是 LookMessageBean,使用 response.sendRedirect()方法把页面重定向到 lookMessage.jsp。

LookMessageBean.java 的代码如下所示。

```java
package lookMessage;

public class LookMessageBean {
    private String name;
    private String sex;
    private String birth;
    private String nation;
    private String edu;
    private String work;
    private String phone;
    private String place;
```

```java
        private String email;
        public LookMessageBean(){
        }
        public String getName() {
            return name;
        }
        public void setName(String name) {
            this.name=name;
        }
        public String getSex() {
            return sex;
        }
        public void setSex(String sex) {
            this.sex=sex;
        }
        public String getBirth() {
            return birth;
        }
        public void setBirth(String birth) {
            this.birth=birth;
        }
        public String getNation() {
            return nation;
        }
        public void setNation(String nation) {
            this.nation=nation;
        }
        public String getEdu() {
            return edu;
        }
        public void setEdu(String edu) {
            this.edu=edu;
        }
        public String getWork() {
            return work;
        }
        public void setWork(String work) {
            this.work=work;
        }
        public String getPhone() {
            return phone;
        }
        public void setPhone(String phone) {
            this.phone=phone;
        }
        public String getPlace() {
            return place;
        }
        public void setPlace(String place) {
            this.place=place;
        }
```

```java
    public String getEmail() {
        return email;
    }
    public void setEmail(String email) {
        this.email=email;
    }
}
```

lookMessage.jsp 的代码如下所示。

```jsp
<%@page import="lookMessage.LookMessageBean"%>
<%@page import="java.util.ArrayList"%>
<%@page contentType="text/html" pageEncoding="UTF-8"%>
<html>
    <head>
        <meta http-equiv="Content-Type" content="text/html; charset=UTF-8">
        <title>个人信息管理系统——查看个人信息</title>
    </head>
        <body bgcolor="CCCFFF">
            <hr noshade>
            <div align="center">
                <table border="0" cellspacing="0" cellpadding="0" width="100%"
                    align="center">
                    <tr>
                        <td width="33%">
                            <a href="http://localhost:8084/PIMS/lookMessage/
                            updateMessage.jsp">修改个人信息</a>
                        </td>
                        <td width="33%">
                            查看个人信息
                        </td>
                        <td width="33%">
                            <a href="http://localhost:8084/PIMS/lookMessage/
                            updatePassword.jsp">修改密码</a>
                        </td>
                    </tr>
                </table>
            </div>
            <hr noshade>
            <br><br>
            <table border="2" cellspacing="0" cellpadding="0" bgcolor="#95BDFF"
            width="60%" align="center">
            <%
                ArrayList wordlist=(ArrayList)session.getAttribute("wordlist");
                if(wordlist==null||wordlist.size()==0){
                    response.sendRedirect("http://localhost:8084/PIMS
                    /main/bottom.jsp");
                }else{
                    for(int i=wordlist.size()-1;i>=0;i--){
                        LookMessageBean mm=
                        (LookMessageBean)wordlist.get(i);
```

```
              %>
              <tr>
                  <td height="30">用户姓名</td>
                  <td><%=mm.getName()%></td>
              </tr>
              <tr>
                  <td height="30">用户性别</td>
                  <td><%=mm.getSex()%></td>
              </tr>
              <tr>
                  <td height="30">出生日期</td>
                  <td><%=mm.getBirth()%></td>
              </tr>
              <tr>
                  <td height="30">用户民族</td>
                  <td><%=mm.getNation()%></td>
              </tr>
              <tr>
                  <td height="30">用户学历</td>
                  <td><%=mm.getEdu()%></td>
              </tr>
              <tr>
                  <td height="30">用户类型</td>
                  <td><%=mm.getWork()%></td>
              </tr>
              <tr>
                  <td height="30">用户电话</td>
                  <td><%=mm.getPhone()%></td>
              </tr>
              <tr>
                  <td height="30">家庭住址</td>
                  <td><%=mm.getPlace()%></td>
              </tr>
              <tr>
                  <td height="30">邮箱地址</td>
                  <td><%=mm.getEmail()%></td>
              </tr>
              <%
                  }
              }
              %>
        </table>
    </body>
</html>
```

单击图 11-8 所示页面中的"修改个人信息",出现如图 11-9 所示的修改个人信息页面,对应的超链接页面是 updateMessage.jsp。

updateMessage.jsp 的代码如下所示。

```
<%@page import="lookMessage.LookMessageBean"%>
<%@page import="java.util.ArrayList"%>
```

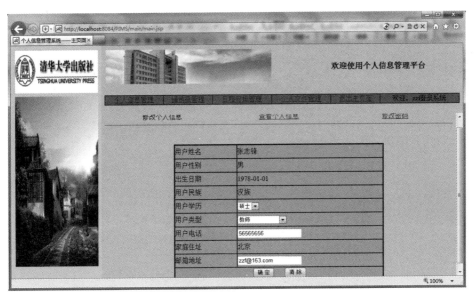

图 11-9　修改个人信息页面

```jsp
<%@page contentType="text/html" pageEncoding="UTF-8"%>
<html>
    <head>
        <meta http-equiv="Content-Type" content="text/html; charset=UTF-8">
        <title>个人信息管理系统——主页面</title>
    </head>
    <body bgcolor="CCCFFF">
        <hr noshade>
        <div align="center">
            <table border="0" cellspacing="0" cellpadding="0" width="100%"
                align="center">
                <tr>
                    <td width="33%">修改个人信息</td>
                    <td width="33%">
                        <a href="http://localhost:8084/PIMS/lookMessage/
                        lookMessage.jsp">查看个人信息</a>
                    </td>
                    <td width="33%">
                        <a href="http://localhost:8084/PIMS/lookMessage/
                        updatePassword.jsp">修改密码</a>
                    </td>
                </tr>
            </table>
        </div>
        <hr noshade>
        <br><br>
        <form action="http://localhost:8084/PIMS/UpdateMessageServlet"
            method="post">
            <table border="2" cellspacing="0" cellpadding="0" bgcolor="#95BDFF"
                width="60%" align="center">
```

```jsp
<%
    ArrayList wordlist=(ArrayList)session.getAttribute("wordlist");
    if(wordlist==null||wordlist.size()==0){
        response.sendRedirect("http://localhost:8084/PIMS/
        main/bottom.jsp");
    }else{
        for(int i=wordlist.size()-1;i>=0;i--){
            LookMessageBean mm=(LookMessageBean)wordlist.get(i);
%>
<tr>
    <td height="30">用户姓名</td>
    <td><%=mm.getName()%></td>
</tr>
<tr>
    <td height="30">用户性别</td>
    <td><%=mm.getSex()%></td>
</tr>
<tr>
    <td height="30">出生日期</td>
    <td><%=mm.getBirth()%></td>
</tr>
<tr>
    <td height="30">用户民族</td>
    <td><%=mm.getNation()%></td>
</tr>
<tr>
    <td height="30">用户学历</td>
    <td>
        <select name="edu" size="1">
            <%if(mm.getEdu().equals("博士")){%>
            <option value="博士" selected>博士</option>
            <%}else{%>
            <option value="博士">博士</option>
            <%}%>
            <%if(mm.getEdu().equals("硕士")){%>
            <option value="硕士" selected>硕士</option>
            <%}else{%>
            <option value="硕士">硕士</option>
            <%}%>
            <%if(mm.getEdu().equals("本科")){%>
            <option value="本科" selected>本科</option>
            <%}else{%>
            <option value="本科">本科</option>
            <%}%>
            <%if(mm.getEdu().equals("专科")){%>
            <option value="专科" selected>专科</option>
            <%}else{%>
            <option value="专科">专科</option>
            <%}%>
            <%if(mm.getEdu().equals("高中")){%>
            <option value="高中" selected>高中</option>
```

```jsp
                    <%}else{%>
                    <option value="高中">高中</option>
                    <%}%>
                    <%if(mm.getEdu().equals("初中")){%>
                    <option value="初中" selected>初中</option>
                    <%}else{%>
                    <option value="初中">初中</option>
                    <%}%>
                    <%if(mm.getEdu().equals("初中")){%>
                    <option value="初中" selected>初中</option>
                    <%}else{%>
                    <option value="初中">初中</option>
                    <%}%>
                    <%if(mm.getEdu().equals("小学")){%>
                    <option value="小学" selected>小学</option>
                    <%}else{%>
                    <option value="小学">小学</option>
                    <%}%>
                    <%if(mm.getEdu().equals("其他")){%>
                    <option value="其他" selected>其他</option>
                    <%}else{%>
                    <option value="其他">其他</option>
                    <%}%>
                </select>
        </td>
    </tr>
    <tr>
        <td height="30">用户类型</td>
        <td>
            <select name="work" size="1">
                <%if(mm.getWork().equals("软件开发工程师")){%>
                <option value="软件开发工程师" selected>
                软件开发工程师</option>
                <%}else{%>
                <option value="软件开发工程师">
                软件开发工程师</option>
                <%}%>
                <%if(mm.getWork().equals("软件测试工程师")){%>
                <option value="软件测试工程师" selected>
                软件测试工程师</option>
                <%}else{%>
                <option value="软件测试工程师">
                软件测试工程师</option>
                <%}%>
                <%if(mm.getWork().equals("教师")){%>
                <option value="教师" selected>教师</option>
                <%}else{%>
                <option value="教师">教师</option>
                <%}%>
                <%if(mm.getWork().equals("学生")){%>
                <option value="学生" selected>学生</option>
```

```jsp
            <%}else{%>
            <option value="学生">学生</option>
            <%}%>
            <%if(mm.getWork().equals("职员")){%>
            <option value="职员" selected>职员</option>
            <%}else{%>
            <option value="职员">职员</option>
            <%}%>
            <%if(mm.getWork().equals("经理")){%>
            <option value="经理" selected>经理</option>
            <%}else{%>
            <option value="经理">经理</option>
            <%}%>
            <%if(mm.getWork().equals("老板")){%>
            <option value="老板" selected>老板</option>
            <%}else{%>
            <option value="老板">老板</option>
            <%}%>
            <%if(mm.getWork().equals("公务员")){%>
            <option value="公务员" selected>公务员</option>
            <%}else{%>
            <option value="公务员">公务员</option>
            <%}%>
            <%if(mm.getWork().equals("其他")){%>
            <option value="其他" selected>其他</option>
            <%}else{%>
            <option value="其他">其他</option>
            <%}%>
        </select>
    </td>
</tr>
<tr>
    <td height="30">用户电话</td>
    <td><input type="text" name="phone"
        value="<%=mm.getPhone()%>">
    </td>
</tr>
<tr>
    <td height="30">家庭住址</td>
    <td><%=mm.getPlace()%></td>
</tr>
<tr>
    <td height="30">邮箱地址</td>
    <td><input type="text" name="email"
        value="<%=mm.getEmail()%>">
    </td>
</tr>
<tr>
    <td colspan="2" align="center">
        <input type="submit" value="确 定" size="12">
             
```

```html
                    <input type="reset" value="清 除" size="12">
                </td>
            </tr>
<%
        }
    }
%>
        </table>
    </form>
</body>
</html>
```

在图 11-9 所示页面中修改过个人信息后单击"确定"按钮,请求提交到 UpdateMessageServlet 控制器。

UpdateMessageServlet.java 的代码如下所示。

```java
package lookMessage; import java.io.IOException;
import java.sql.*;
import java.util.ArrayList;
import javax.servlet.ServletException;
import javax.servlet.http.*;
import javax.swing.JOptionPane;
import loginRegister.LoginBean;

public class UpdateMessageServlet extends HttpServlet {
    public void wrong1(){
        String msg="不允许有空,修改失败!";
        int type=JOptionPane.YES_NO_CANCEL_OPTION;
        String title="信息提示";
        JOptionPane.showMessageDialog(null, msg, title, type);
    }
    public void right(){
        String msg="填写信息合格,修改成功!";
        int type=JOptionPane.YES_NO_CANCEL_OPTION;
        String title="信息提示";
        JOptionPane.showMessageDialog(null, msg, title, type);
    }
    protected void doGet(HttpServletRequest request, HttpServletResponse response)
    throws ServletException, IOException {
        String edu=new
        String(request.getParameter("edu").getBytes("ISO-8859-1"),"UTF-8");
        String work=new
        String(request.getParameter("work").getBytes("ISO-8859-1"),"UTF-8");
        String phone=new
        String(request.getParameter("phone").getBytes("ISO-8859-1"),"UTF-8");
        String email=new
        String(request.getParameter("email").getBytes("ISO-8859-1"),"UTF-8");
        if(phone.length()==0||email.length()==0){
            wrong1();
            response.sendRedirect("http://localhost:8084/PIMS/lookMessage
            /updateMessage.jsp");
```

```java
}else{
    try{
        Connection con=null;
        Statement stmt=null;
        ResultSet rs=null;
        Class.forName("com.mysql.jdbc.Driver");
        String url="jdbc:mysql://localhost:3306/person
        ?useUnicode=true&characterEncoding=gbk";
        con=DriverManager.getConnection(url,"root","admin");
        stmt=con.createStatement();
        String userName="";
        HttpSession session=request.getSession();
        ArrayList login=(ArrayList)session.getAttribute("login");
        if(login==null||login.size()==0){
            response.sendRedirect("http://localhost:8084/PIMS
            /login.jsp");
        }else{
            for(int i=login.size()-1;i>=0;i--){
                LoginBean nn=(LoginBean)login.get(i);
                userName=nn.getUserName();
            }
        }
        String sql1="Update user
        set edu='"+edu+"',work='"+work+"',phone='"+phone+"',
        email='"+email+"' where userName='"+userName+"'";
        stmt.executeUpdate(sql1);
        String sql2="select * from user where userName='"+userName+"'";
        rs=stmt.executeQuery(sql2);
        LookMessageBean mm=new LookMessageBean();
        while(rs.next()){
            mm.setName(rs.getString("name"));
            mm.setSex(rs.getString("sex"));
            mm.setBirth(rs.getString("birth"));
            mm.setNation(rs.getString("nation"));
            mm.setEdu(rs.getString("edu"));
            mm.setWork(rs.getString("work"));
            mm.setPhone(rs.getString("phone"));
            mm.setPlace(rs.getString("place"));
            mm.setEmail(rs.getString("email"));
        }
        ArrayList wordlist=null;
        wordlist=new ArrayList();
        wordlist.add(mm);
        session.setAttribute("wordlist",wordlist);
        rs.close();
        stmt.close();
        con.close();
        right();
        response.sendRedirect("http://localhost:8084/PIMS/lookMessage
        /lookMessage.jsp");
    }catch(Exception e){
```

```
            e.printStackTrace();
        }
    }
}
    protected void doPost(HttpServletRequest request, HttpServletResponse 
response)
    throws ServletException, IOException {
        doGet(request, response);
    }
}
```

单击图 11-9 所示页面中的"修改密码",出现如图 11-10 所示的修改密码页面,对应的超链接页面是 updatePassword.jsp。

图 11-10　修改密码页面

updatePassword.jsp 的代码如下所示。

```
<%@page import="loginRegister.LoginBean"%>
<%@page import="java.util.ArrayList"%>
<%@page contentType="text/html" pageEncoding="UTF-8"%>
<html>
    <head>
        <meta http-equiv="Content-Type" content="text/html; charset=UTF-8">
        <title>JSP Page</title>
    </head>
    <body bgcolor="CCCFFF">
        <hr noshade>
        <div align="center">
            <table border="0" cellspacing="0" cellpadding="0" width="100%"
                align="center">
                <tr>
                    <td width="33%">
                        <a href="http://localhost:8084/PIMS/lookMessage/
                        lookMessage.jsp">查看个人信息</a>
```

```html
                </td>
                <td width="33%">
                    <a href="http://localhost:8084/PIMS/lookMessage/
                    updateMessage.jsp">修改个人信息</a>
                </td>
                <td width="33%">
                    修改密码
                </td>
            </tr>
        </table>
</div>
<hr noshade>
<br><br>
<form action="http://localhost:8084/PIMS/UpdatePasswordServlet"
    method="post">
    <table border="2" cellspacing="0" cellpadding="0" bgcolor="CCCFFF"
        width="60%" align="center">
    <%
        ArrayList login=(ArrayList)session.getAttribute("login");
        if(login==null||login.size()==0){
            response.sendRedirect("http://localhost:8084/PIMS/
            main/bottom.jsp");
        }else{
            for(int i=login.size()-1;i>=0;i--){
                LoginBean nn=(LoginBean)login.get(i);
    %>
        <tr>
            <td height="30">用户密码</td>
            <td><input type="password" name="password1"
                value="<%=nn.getPassword()%>">
            </td>
        </tr>
        <tr>
            <td height="30">重复密码</td>
            <td><input type="password" name="password2"
                value="<%=nn.getPassword()%>">
            </td>
        </tr>
        <tr>
            <td colspan="2" align="center">
                <input type="submit" value="确 定" size="12">
                     
                <input type="reset" value="清 除" size="12">
            </td>
        </tr>
    <%
            }
        }
    %>
    </table>
</form>
```

```
    </body>
</html>
```

在图 11-10 所示页面中修改过密码后单击"确定"按钮,请求提交到 UpdatePasswordServlet 控制器。

UpdatePasswordServlet.java 的代码如下所示。

```
package lookMessage;
import java.io.IOException;
import java.sql.*;
import java.util.ArrayList;
import javax.servlet.ServletException;
import javax.servlet.http.HttpServlet;
import javax.servlet.http.HttpServletRequest;
import javax.servlet.http.HttpServletResponse;
import javax.servlet.http.HttpSession;
import javax.swing.JOptionPane;
import loginRegister.LoginBean;

public class UpdatePasswordServlet extends HttpServlet {
    public void wrong1(){
        String msg="不允许有空,修改失败!";
        int type=JOptionPane.YES_NO_CANCEL_OPTION;
        String title="信息提示";
        JOptionPane.showMessageDialog(null, msg, title, type);
    }
    public void wrong2(){
        String msg="两次密码不同,修改失败!";
        int type=JOptionPane.YES_NO_CANCEL_OPTION;
        String title="信息提示";
        JOptionPane.showMessageDialog(null, msg, title, type);
    }
    public void right(){
        String msg="填写信息合格,修改成功!";
        int type=JOptionPane.YES_NO_CANCEL_OPTION;
        String title="信息提示";
        JOptionPane.showMessageDialog(null, msg, title, type);
    }
    protected void doGet(HttpServletRequest request, HttpServletResponse response)
    throws ServletException, IOException {
        String password1=new
        String(request.getParameter("password1").getBytes("ISO-8859-1"),"UTF-8");
        String password2=new
        String(request.getParameter("password2").getBytes("ISO-8859-1"),"UTF-8");
        if(password1.length()==0||password2.length()==0){
            wrong1();
            response.sendRedirect("http://localhost:8084/PIMS/lookMessage/
            updatePassword.jsp");
        }else if(!(password1.equals(password2))){
            wrong2();
            response.sendRedirect("http://localhost:8084/PIMS/lookMessage/
```

```java
                updatePassword.jsp");
            }else{
                try{
                    Connection con=null;
                    Statement stmt=null;
                    ResultSet rs=null;
                    Class.forName("com.mysql.jdbc.Driver");
                    String url="jdbc:mysql://localhost:3306/person
                    ?useUnicode=true&characterEncoding=gbk";
                    con=DriverManager.getConnection(url,"root","admin");
                    stmt=con.createStatement();
                    String userName="";
                    HttpSession session=request.getSession();
                    ArrayList login=(ArrayList)session.getAttribute("login");
                    if(login==null||login.size()==0){
                        response.sendRedirect("http://localhost:8084/PIMS/login.jsp");
                    }else{
                        for(int i=login.size()-1;i>=0;i--){
                            LoginBean nn=(LoginBean)login.get(i);
                            userName=nn.getUserName();
                        }
                    }
                    String sql1="Update user set password='"+password1+"'
                    where userName='"+userName+"'";
                    stmt.executeUpdate(sql1);
                    String sql2="select * from user where userName='"+userName+"'";
                    rs=stmt.executeQuery(sql2);
                    LoginBean nn=new LoginBean();
                    nn.setPassword(password1);
                    ArrayList wordlist=null;
                    wordlist=new ArrayList();
                    wordlist.add(nn);
                    session.setAttribute("login", login);
                    rs.close();
                    stmt.close();
                    con.close();
                    right();
                    response.sendRedirect("http://localhost:8084/PIMS/lookMessage/
                    lookMessage.jsp");
                }catch(Exception e){
                    e.printStackTrace();
                }
            }
        }
    protected void doPost(HttpServletRequest request, HttpServletResponse response)
    throws ServletException, IOException {
        doGet(request, response);
    }
}
```

11.4.5 通讯录管理功能的实现

单击图 11-10 所示页面中的"通讯录管理",出现如图 11-11 所示的通讯录页面。请参照 middle.jsp 代码中的"＜a href=″http：//localhost：8084/PIMS/LookFriendServlet″ target=″main″＞通讯录管理＜/a＞"。LookFriendServlet 是 Servlet 控制器。

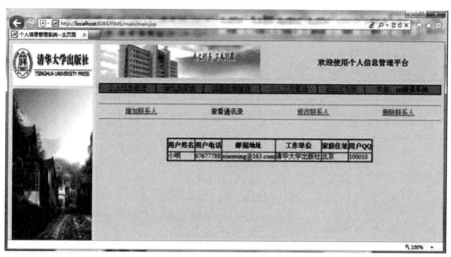

图 11-11 通讯录页面

LookFriendServlet.java 的代码如下所示。

```java
package friendManager;
import java.io.IOException;
import java.sql.*;
import java.util.ArrayList;
import javax.servlet.ServletException;
import javax.servlet.http.*;
import javax.swing.JOptionPane;
import loginRegister.LoginBean;

public class LookFriendServlet extends HttpServlet {
    public void wrong1(){
        String msg="不允许有空,注册失败!";
        int type=JOptionPane.YES_NO_CANCEL_OPTION;
        String title="信息提示";
        JOptionPane.showMessageDialog(null, msg, title, type);
    }
    protected void doGet(HttpServletRequest request, HttpServletResponse response)
    throws ServletException, IOException {
        try{
            Connection con=null;
            Statement stmt=null;
            ResultSet rs=null;
            Class.forName("com.mysql.jdbc.Driver");
            String url="jdbc:mysql://localhost:3306/person
```

```java
                    ?useUnicode=true&characterEncoding=gbk";
                con=DriverManager.getConnection(url,"root","admin");
                stmt=con.createStatement();
                String userName="";
                HttpSession session=request.getSession();
                ArrayList login=(ArrayList)session.getAttribute("login");
                if(login==null||login.size()==0){
                    response.sendRedirect("http://localhost:8084/PIMS/
                    login.jsp");
                }else{
                    for(int i=login.size()-1;i>=0;i--){
                        LoginBean nn=(LoginBean)login.get(i);
                        userName=nn.getUserName();
                    }
                }
                String sql1="select * from friends where
                userName='"+userName+"'";
                rs=stmt.executeQuery(sql1);
                ArrayList friendslist=null;
                if((ArrayList)session.getAttribute("friendslist")==null){
                    friendslist=new ArrayList();
                    while(rs.next()){
                        LookFriendBean ff=new LookFriendBean();
                        ff.setName(rs.getString("name"));
                        ff.setPhone(rs.getString("phone"));
                        ff.setEmail(rs.getString("email"));
                        ff.setWorkPlace(rs.getString("workPlace"));
                        ff.setPlace(rs.getString("place"));
                        ff.setQQ(rs.getString("QQ"));
                        friendslist.add(ff);
                        session.setAttribute("friendslist", friendslist);
                    }
                }
                rs.close();
                stmt.close();
                con.close();
                response.sendRedirect("http://localhost:8084/PIMS/friendManager/
                lookFriend.jsp");
            }catch(Exception e){
                e.printStackTrace();
            }
        }
        protected void doPost(HttpServletRequest request, HttpServletResponse response)
        throws ServletException, IOException {
            doGet(request, response);
        }
    }
```

在 LookFriendServlet.java 中首先获取用户名，并连接数据库把该用户的通讯录信息保存在一个 JavaBean 中，该 JavaBean 类是 LookFriendBean，使用 response.sendRedirect()方法把

页面重定向到 lookFriend.jsp。

LookFriendBean.java 的代码如下所示。

```java
package friendManager;

public class LookFriendBean {
    private String name;
    private String phone;
    private String email;
    private String workPlace;
    private String place;
    private String QQ;
    public String getName() {
        return name;
    }
    public void setName(String name) {
        this.name=name;
    }
    public String getPhone() {
        return phone;
    }
    public void setPhone(String phone) {
        this.phone=phone;
    }
    public String getEmail() {
        return email;
    }
    public void setEmail(String email) {
        this.email=email;
    }
    public String getWorkPlace() {
        return workPlace;
    }
    public void setWorkPlace(String workPlace) {
        this.workPlace=workPlace;
    }
    public String getPlace() {
        return place;
    }
    public void setPlace(String place) {
        this.place=place;
    }
    public String getQQ() {
        return QQ;
    }
    public void setQQ(String QQ) {
        this.QQ=QQ;
    }
}
```

lookFriend.jsp 的代码如下所示。

```jsp
<%@page import="friendManager.LookFriendBean"%>
<%@page import="java.util.ArrayList"%>
<%@page contentType="text/html" pageEncoding="UTF-8"%>
<html>
    <head>
        <meta http-equiv="Content-Type" content="text/html; charset=UTF-8">
        <title>个人信息管理系统——查看通讯录</title>
    </head>
    <body bgcolor="CCCFFF">
        <hr noshade>
        <div align="center">
            <table border="0" cellspacing="0"cellpadding="0"
                width="100%"align="center">
                <tr>
                    <td width="20%">
                        <a href="http://localhost:8084/PIMS/friendManager/
                        addFriend.jsp">增加联系人</a>
                    </td>
                    <td width="20%">
                        查看通讯录
                    </td>
                    <td width="20%">
                        <a href="http://localhost:8084/PIMS/friendManager/
                        updateFriend.jsp">修改联系人</a>
                    </td>
                    <td width="20%">
                        <a href="http://localhost:8084/PIMS/friendManager/
                        deleteFriend.jsp">删除联系人</a>
                    </td>
                </tr>
            </table>
        </div>
        <hr noshade>
        <br><br>
        <table border="2" cellspacing="0"cellpadding="0"
            width="60%"align="center">
            <tr>
                <th height="30">用户姓名</th>
                <th height="30">用户电话</th>
                <th height="30">邮箱地址</th>
                <th height="30">用户单位</th>
                <th height="30">家庭住址</th>
                <th height="30">用户QQ</th>
            </tr>
            <%
                ArrayList friendslist=(ArrayList)session.getAttribute("friendslist");
                if(friendslist==null||friendslist.size()==0){
            %>
            <div align="center">
```

```
            <h1>您还没有任何联系人!</h1>
        </div>
        <%
            }else{
                for(int i=friendslist.size()-1;i>=0;i--){
                    LookFriendBean ff=(LookFriendBean)friendslist.get(i);
        %>
        <tr>
            <td><%=ff.getName()%></td>
            <td><%=ff.getPhone()%></td>
            <td><%=ff.getEmail()%></td>
            <td><%=ff.getWorkPlace()%></td>
            <td><%=ff.getPlace()%></td>
            <td><%=ff.getQQ()%></td>
        </tr>
        <%
            }
            }
        %>
        </table>
    </body>
</html>
```

单击图11-11所示页面中的"增加联系人",出现如图11-12所示的增加联系人页面,对应的超链接页面是addFriend.jsp。

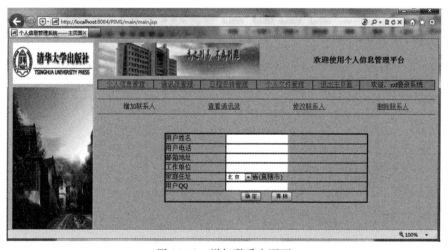

图 11-12 增加联系人页面

addFriend.jsp 的代码如下所示。

```
<%@page contentType="text/html" pageEncoding="UTF-8"%>
<html>
    <head>
        <meta http-equiv="Content-Type" content="text/html; charset=UTF-8">
        <title>个人信息管理系统——主页面</title>
    </head>
```

```html
<body bgcolor="CCCFFF">
    <hr noshade>
    <div align="center">
        <table border="0" cellspacing="0" cellpadding="0" width="100%"
            align="center">
            <tr>
                <td width="20%">增加联系人</td>
                <td width="20%">
                    <a href="http://localhost:8084/PIMS/LookFriendServlet">
                    查看通讯录</a>
                </td>
                <td width="20%">
                    <a href="http://localhost:8084/PIMS/friendManager/
                    updateFriend.jsp">修改联系人</a>
                </td>
                <td width="20%">
                    <a href="http://localhost:8084/PIMS/friendManager/
                    deleteFriend.jsp">删除联系人</a>
                </td>
            </tr>
        </table>
    </div>
    <hr noshade>
    <br><br>
    <form action="http://localhost:8084/PIMS/AddFriendServlet" method="post">
        <table border="2" cellspacing="0" cellpadding="0"
            width="60%" align="center">
            <tr>
                <td>用户姓名</td>
                <td><input type="text" name="name"/></td>
            </tr>
            <tr>
                <td>用户电话</td>
                <td><input type="text" name="phone"/></td>
            </tr>
            <tr>
                <td>邮箱地址</td>
                <td><input type="text" name="email"/></td>
            </tr>
            <tr>
                <td>工作单位</td>
                <td><input type="text" name="workPlace"/></td>
            </tr>
            <tr>
                <td>家庭住址</td>
                <td>
                    <select name="place" size="1">
                        <option value="北京">北　京</option>
                        <option value="上海">上　海</option>
                        <option value="天津">天　津</option>
                        <option value="河北">河　北</option>
```

```html
                    <option value="河南">河    南</option>
                    <option value="吉林">吉    林</option>
                    <option value="黑龙江">黑龙江</option>
                    <option value="内蒙古">内蒙古</option>
                    <option value="山东">山    东</option>
                    <option value="山西">山    西</option>
                    <option value="陕西">陕    西</option>
                    <option value="甘肃">甘    肃</option>
                    <option value="宁夏">宁    夏</option>
                    <option value="青海">青    海</option>
                    <option value="新疆">新    疆</option>
                    <option value="辽宁">辽    宁</option>
                    <option value="江苏">江    苏</option>
                    <option value="浙江">浙    江</option>
                    <option value="安徽">安    徽</option>
                    <option value="广东">广    东</option>
                    <option value="海南">海    南</option>
                    <option value="广西">广    西</option>
                    <option value="云南">云    南</option>
                    <option value="贵州">贵    州</option>
                    <option value="四川">四    川</option>
                    <option value="重庆">重    庆</option>
                    <option value="西藏">西    藏</option>
                    <option value="香港">香    港</option>
                    <option value="澳门">澳    门</option>
                    <option value="福建">福    建</option>
                    <option value="江西">江    西</option>
                    <option value="湖南">湖    南</option>
                    <option value="青海">青    海</option>
                    <option value="湖北">湖    北</option>
                    <option value="台湾">台    湾</option>
                </select>省(直辖市)
            </td>
        </tr>
        <tr>
            <td>用户QQ</td>
            <td><input type="text" name="QQ"/></td>
        </tr>
        <tr>
            <td colspan="2" align="center">
                <input type="submit" value="确定" size="12">
                     
                <input type="reset" value="清除" size="12">
            </td>
        </tr>
    </table>
    </form>
    </body>
</html>
```

在图11-12所示页面中输入数据后单击"确定"按钮,请求提交到AddFriendServlet控制器。

AddFriendServlet.java 的代码如下所示。

```java
package friendManager;
import java.io.IOException;
import java.sql.*;
import java.util.ArrayList;
import javax.servlet.ServletException;
import javax.servlet.http.*;
import javax.swing.JOptionPane;
import loginRegister.LoginBean;

public class AddFriendServlet extends HttpServlet {
    public void wrong1(){
        String msg="不允许有空,添加失败!";
        int type=JOptionPane.YES_NO_CANCEL_OPTION;
        String title="信息提示";
        JOptionPane.showMessageDialog(null, msg, title, type);
    }
    public void wrong2(){
        String msg="用户名已存在,添加失败!";
        int type=JOptionPane.YES_NO_CANCEL_OPTION;
        String title="信息提示";
        JOptionPane.showMessageDialog(null, msg, title, type);
    }
    public void right(){
        String msg="填写信息合格,添加成功!";
        int type=JOptionPane.YES_NO_CANCEL_OPTION;
        String title="信息提示";
        JOptionPane.showMessageDialog(null, msg, title, type);
    }
    protected void doGet(HttpServletRequest request, HttpServletResponse response)
    throws ServletException, IOException {
        String name=new
        String(request.getParameter("name").getBytes("ISO-8859-1"),"UTF-8");
        String phone=new
        String(request.getParameter("phone").getBytes("ISO-8859-1"),"UTF-8");
        String email=new
        String(request.getParameter("email").getBytes("ISO-8859-1"),"UTF-8");
        String workPlace=new
        String(request.getParameter("workPlace").getBytes("ISO-8859-1"),"UTF-8");
        String place=new
        String(request.getParameter("place").getBytes("ISO-8859-1"),"UTF-8");
        String QQ=new
        String(request.getParameter("QQ").getBytes("ISO-8859-1"),"UTF-8");
        if(name.length()==0||phone.length()==0||email.length()==0||
        workPlace.length()==0||QQ.length()==0){
            wrong1();
            response.sendRedirect("http://localhost:8084/PIMS/friendManager/
            addFriend.jsp");
        }else{
            try{
```

```java
Connection con=null;
Statement stmt=null;
ResultSet rs=null;
Class.forName("com.mysql.jdbc.Driver");
String url="jdbc:mysql://localhost:3306/person
? useUnicode=true&characterEncoding=gbk";
con=DriverManager.getConnection(url,"root","admin");
stmt=con.createStatement();
String userName="";
HttpSession session=request.getSession();
ArrayList login=(ArrayList)session.getAttribute("login");
if(login==null||login.size()==0){
    response.sendRedirect("http://localhost:8084/PIMS/
    login.jsp");
}else{
    for(int i=login.size()-1;i>=0;i--){
        LoginBean nn=(LoginBean)login.get(i);
        userName=nn.getUserName();
    }
}
String sql1="select * from friends where name='"+name+"'
and userName='"+userName+"'";
rs=stmt.executeQuery(sql1);
rs.last();
int k;
k=rs.getRow();
if(k>0){
    wrong2();
    response.sendRedirect("http://localhost:8084/PIMS/
    friendManager/addFriend.jsp");
}else{
    String sql2="insert into
    friends"+"(userName,name,phone,email,workPlace,place,QQ)"+"
    values("+"'"+userName+"'"+","+"'"+name+"'"+","+"'"+phone
    +"'"+","+"'"+email+"'"+","+"'"+workPlace+"'"+","+"'"+
    place+"'"+","+"'"+QQ+"'"+")";
    stmt.executeUpdate(sql2);
}
String sql3="select * from friends where
userName='"+userName+"'";
rs=stmt.executeQuery(sql3);
ArrayList friendslist=null;
friendslist=new ArrayList();
while(rs.next()){
    LookFriendBean ff=new LookFriendBean();
    ff.setName(rs.getString("name"));
    ff.setPhone(rs.getString("phone"));
    ff.setEmail(rs.getString("email"));
    ff.setWorkPlace(rs.getString("workPlace"));
    ff.setPlace(rs.getString("place"));
    ff.setQQ(rs.getString("QQ"));
```

```
                    friendslist.add(ff);
                    session.setAttribute("friendslist", friendslist);
                }
                rs.close();
                stmt.close();
                con.close();
                right();
                response.sendRedirect("http://localhost:8084/PIMS/
                friendManager/lookFriend.jsp");
            }catch(Exception e){
                e.printStackTrace();
            }
        }
    }
    protected void doPost(HttpServletRequest request, HttpServletResponse response)
    throws ServletException, IOException {
        doGet(request, response);
    }
}
```

单击图 11-12 所示页面中的"修改联系人",出现如图 11-13 所示的输入联系人的姓名页面,对应的超链接页面是 updateFriend.jsp。

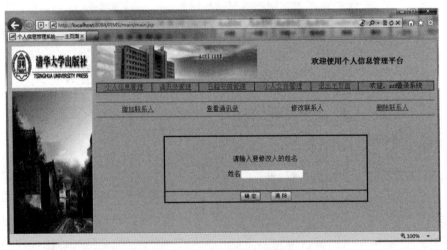

图 11-13 输入联系人的姓名

updateFriend.jsp 的代码如下所示。

```
<%@page contentType="text/html" pageEncoding="UTF-8"%>
<html>
    <head>
        <meta http-equiv="Content-Type" content="text/html; charset=UTF-8">
        <title>个人信息管理系统——主页面</title>
    </head>
    <body bgcolor="CCCFFF">
        <hr noshade>
        <div align="center">
```

```html
                <table border="0" cellspacing="0" cellpadding="0" width="100%"
                    align="center">
                    <tr>
                        <td width="20%">
                            <a href="http://localhost:8084/PIMS/friendManager/
                            addFriend.jsp">增加联系人</a>
                        </td>
                        <td width="20%">
                            <a href="http://localhost:8084/PIMS/LookFriendServlet">
                            查看通讯录</a>
                        </td>
                        <td width="20%">
                            修改联系人
                        </td>
                        <td width="20%">
                            <a href="http://localhost:8084/PIMS/friendManager/
                            deleteFriend.jsp">删除联系人</a>
                        </td>
                    </tr>
                </table>
            </div>
            <hr noshade>
            <br><br>
            <form action="http://localhost:8084/PIMS/UpdateFriendServlet"
                method="post">
                <table border="2" cellspacing="0" cellpadding="0" width="60%"
                    align="center">
                    <tr align="center">
                        <td align="center" height="130">
                            <p>请输入要修改人的姓名</p>
                            姓名<input type="text" name="friendName"/><br>
                        </td>
                    </tr>
                    <tr>
                        <td align="center">
                            <input type="submit" value="确 定" size="12"/>
                                 
                            <input type="reset" value="清 除" size="12"/>
                        </td>
                    </tr>
                </table>
            </form>
        </body>
</html>
```

在图 11-13 所示页面中输入联系人的姓名后单击"确定"按钮,请求提交到 UpdateFriendServlet 控制器。

UpdateFriendServlet.java 的代码如下所示。

```
package friendManager;
import java.io.IOException;
```

```java
import java.sql.*;
import java.util.ArrayList;
import javax.servlet.ServletException;
import javax.servlet.http.*;
import javax.swing.JOptionPane;

public class UpdateFriendServlet extends HttpServlet {
    public void wrong1(){
        String msg="请输入要修改人的姓名!";
        int type=JOptionPane.YES_NO_CANCEL_OPTION;
        String title="信息提示";
        JOptionPane.showMessageDialog(null, msg, title, type);
    }
    public void wrong2(){
        String msg="此姓名不存在,无法修改!";
        int type=JOptionPane.YES_NO_CANCEL_OPTION;
        String title="信息提示";
        JOptionPane.showMessageDialog(null, msg, title, type);
    }
    protected void doGet(HttpServletRequest request, HttpServletResponse response)
    throws ServletException, IOException {
        String friendName=new
        String(request.getParameter("friendName").getBytes("ISO-8859-1"),"UTF-8");
        if(friendName.length()==0){
            wrong1();
            response.sendRedirect("http://localhost:8084/PIMS/friendManager/
            updateFriend.jsp");
        }else{
            try{
                Connection con=null;
                Statement stmt=null;
                ResultSet rs=null;
                Class.forName("com.mysql.jdbc.Driver");
                String url="jdbc:mysql://localhost:3306/person
                ?useUnicode=true&characterEncoding=gbk";
                con=DriverManager.getConnection(url,"root","admin");
                stmt=con.createStatement();
                String sql1="select * from friends where name='"+friendName+"'";
                rs=stmt.executeQuery(sql1);
                rs.last();
                int k=rs.getRow();
                rs.beforeFirst();
                if(k<1){
                    wrong2();
                    response.sendRedirect("http://localhost:8084/PIMS/
                    friendManager/updateFriend.jsp");
                }else{
                    HttpSession session=request.getSession();
                    ArrayList friendslist2=null;
                    friendslist2=new ArrayList();
                    while(rs.next()){
```

```java
                    LookFriendBean ff=new LookFriendBean();
                    ff.setName(rs.getString("name"));
                    ff.setPhone(rs.getString("phone"));
                    ff.setEmail(rs.getString("email"));
                    ff.setWorkPlace(rs.getString("workPlace"));
                    ff.setPlace(rs.getString("place"));
                    ff.setQQ(rs.getString("QQ"));
                    friendslist2.add(ff);
                    session.setAttribute("friendslist2", friendslist2);
                }
                ArrayList friendslist3=null;
                UpdateFriendBean nn=new UpdateFriendBean();
                friendslist3=new ArrayList();
                nn.setName(friendName);
                friendslist3.add(nn);
                session.setAttribute("friendslist3", friendslist3);
            }
            rs.close();
            stmt.close();
            con.close();
            response.sendRedirect("http://localhost:8084/PIMS/friendManager/
            updateFriendMessage.jsp");
        }catch(Exception e){
            e.printStackTrace();
        }
    }
}
    protected void doPost(HttpServletRequest request, HttpServletResponse response)
    throws ServletException, IOException {
        doGet(request, response);
    }
}
```

在 UpdateFriendServlet.java 中查询联系人,如果这个联系人存在,使用 response.sendRedirect() 方法把页面重定向到 updateFriendMessage.jsp,出现如图 11-14 所示的修改联系人页面。
updateFriendMessage.jsp 的代码如下所示。

```jsp
<%@page import="friendManager.LookFriendBean"%>
<%@page import="java.util.ArrayList"%>
<%@page contentType="text/html" pageEncoding="UTF-8"%>
<html>
    <head>
        <meta http-equiv="Content-Type" content="text/html; charset=UTF-8">
        <title>个人信息管理系统——主页面</title>
    </head>
    <body bgcolor="CCCFFF">
        <hr noshade>
        <div align="center">
            <table border="0" cellspacing="0" cellpadding="0" width="100%"
                align="center">
                <tr>
```

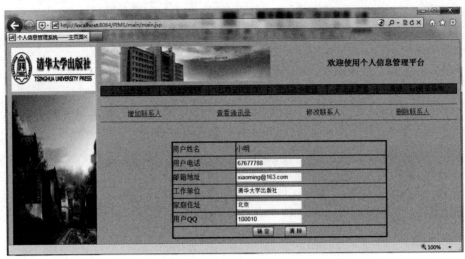

图 11-14 修改联系人页面

```
            <td width="20%">
                <a href="http://localhost:8084/PIMS/friendManager/
                addFriend.jsp">增加联系人</a>
            </td>
            <td width="20%">
                <a href="http://localhost:8084/PIMS/LookFriendServlet">
                查看通讯录</a>
            </td>
            <td width="20%">
                修改联系人
            </td>
            <td width="20%">
                <a href="http://localhost:8084/PIMS/friendManager/
                deleteFriend.jsp">删除联系人</a>
            </td>
        </tr>
    </table>
</div>
<hr noshade>
<br><br>
<form action="http://localhost:8084/PIMS/UpdateFriendMessageServlet"
    method="post">
    <table border="2" cellspacing="0" cellpadding="0" width="60%"
        align="center">
    <%
        ArrayList friendslist2=(ArrayList)
        session.getAttribute("friendslist2");
        if(friendslist2==null||friendslist2.size()==0){
            response.sendRedirect("http://localhost:8084/PIMS/
            friendManager/lookFriend.jsp");
        }else{
            for(int i=friendslist2.size()-1;i>=0;i--){
```

```jsp
                LookFriendBean ff=(LookFriendBean)friendslist2.get(i);
        %>
            <tr>
                <td height="30">用户姓名</td>
                <td><%=ff.getName()%></td>
            </tr>
            <tr>
                <td height="30">用户电话</td>
                <td><input type="text" name="phone"
                    value="<%=ff.getPhone()%>">
                </td>
            </tr>
            <tr>
                <td height="30">邮箱地址</td>
                <td><input type="text" name="email"
                    value="<%=ff.getEmail()%>">
                </td>
            </tr>
            <tr>
                <td height="30">工作单位</td>
                <td><input type="text" name="workPlace"
                    value="<%=ff.getWorkPlace()%>">
                </td>
            </tr>
            <tr>
                <td height="30">家庭住址</td>
                <td><input type="text" name="place"
                    value="<%=ff.getPlace()%>">
                </td>
            </tr>
            <tr>
                <td height="30">用户QQ</td>
                <td><input type="text" name="QQ"
                    value="<%=ff.getQQ()%>">
                </td>
            </tr>
            <tr>
                <td colspan="2" align="center">
                    <input type="submit" value="确 定" size="12">
                         
                    <input type="reset" value="清 除" size="12">
                </td>
            </tr>
        <%
            }
          }
        %>
        </table>
    </form>
  </body>
</html>
```

在图 11-14 所示页面中修改联系人的信息后单击"确定"按钮,请求提交到 UpdateFriendMessageServlet 控制器。

UpdateFriendMessageServlet.java 的代码如下所示。

```java
package friendManager;
import java.io.IOException;
import java.sql.*;
import java.util.ArrayList;
import javax.servlet.ServletException;
import javax.servlet.http.*;
import javax.swing.JOptionPane;
import loginRegister.LoginBean;

public class UpdateFriendMessageServlet extends HttpServlet {
    public void wrong1(){
        String msg="不允许有空,修改失败!";
        int type=JOptionPane.YES_NO_CANCEL_OPTION;
        String title="信息提示";
        JOptionPane.showMessageDialog(null, msg, title, type);
    }
    public void right(){
        String msg="填写信息合格,修改成功!";
        int type=JOptionPane.YES_NO_CANCEL_OPTION;
        String title="信息提示";
        JOptionPane.showMessageDialog(null, msg, title, type);
    }
    protected void doGet(HttpServletRequest request, HttpServletResponse response)
    throws ServletException, IOException {
        String phone=new
        String(request.getParameter("phone").getBytes("ISO-8859-1"),"UTF-8");
        String email=new
        String(request.getParameter("email").getBytes("ISO-8859-1"),"UTF-8");
        String workPlace=new
        String(request.getParameter("workPlace").getBytes("ISO-8859-1"),"UTF-8");
        String place=new
        String(request.getParameter("place").getBytes("ISO-8859-1"),"UTF-8");
        String QQ=new
        String(request.getParameter("QQ").getBytes("ISO-8859-1"),"UTF-8");
        if(phone.length()==0||email.length()==0||workPlace.length()==0||
        place.length()==0||QQ.length()==0){
            wrong1();
            response.sendRedirect("http://localhost:8084/PIMS/friendManager/
            updateFriendMessage.jsp");
        }else{
            try{

                Connection con=null;
                Statement stmt=null;
                ResultSet rs=null;
                Class.forName("com.mysql.jdbc.Driver");
```

```java
String url="jdbc:mysql://localhost:3306/person
?useUnicode=true&characterEncoding=gbk";
con=DriverManager.getConnection(url,"root","admin");
stmt=con.createStatement();
String userName="";
HttpSession session=request.getSession();
ArrayList login=(ArrayList)session.getAttribute("login");
if(login==null||login.size()==0){
    response.sendRedirect("http://localhost:8084/PIMS/
    login.jsp");
}else{
    for(int i=login.size()-1;i>=0;i--){
        LoginBean nn=(LoginBean)login.get(i);
        userName=nn.getUserName();
    }
}
String name=null;
ArrayList friendslist3=(ArrayList)
session.getAttribute("friendslist3");
if(friendslist3==null||friendslist3.size()==0){
    response.sendRedirect("http://localhost:8084/PIMS/main/
bottom.jsp");
}else{
    for(int i=friendslist3.size()-1;i>=0;i--){
        UpdateFriendBean ff=(UpdateFriendBean)
        friendslist3.get(i);
        name=ff.getName();
    }
}
String sql1="update friends set
phone='"+phone+"',email='"+email+"',workPlace='"+workPlace+"
',place='"+place+"',QQ='"+QQ+"' where name='"+name+"' and
userName='"+userName+"'";
stmt.executeUpdate(sql1);
String sql2="select * from friends where
userName='"+userName+"'";
rs=stmt.executeQuery(sql2);
ArrayList friendslist=null;
friendslist=new ArrayList();
while(rs.next()){
    LookFriendBean ff=new LookFriendBean();
    ff.setName(rs.getString("name"));
    ff.setPhone(rs.getString("phone"));
    ff.setEmail(rs.getString("email"));
    ff.setWorkPlace(rs.getString("workPlace"));
    ff.setPlace(rs.getString("place"));
    ff.setQQ(rs.getString("QQ"));
    friendslist.add(ff);
    session.setAttribute("friendslist", friendslist);
}
rs.close();
```

```
            stmt.close();
            con.close();
            right();
            response.sendRedirect("http://localhost:8084/PIMS/
            LookFriendServlet");
        }catch(Exception e){
            e.printStackTrace();
        }
    }
}
    protected void doPost(HttpServletRequest request, HttpServletResponse response)
    throws ServletException, IOException {
        doGet(request, response);
    }
}
```

单击图 11-14 所示页面中的"删除联系人",出现如图 11-15 所示的删除联系人页面,对应的超链接页面是 deleteFriend.jsp。

图 11-15　删除联系人页面

deleteFriend.jsp 的代码如下所示。

```
<%@page contentType="text/html" pageEncoding="UTF-8"%>
<html>
    <head>
        <meta http-equiv="Content-Type" content="text/html; charset=UTF-8">
        <title>个人信息管理系统——主页面</title>
    </head>
    <body bgcolor="CCCFFF">
        <hr noshade>
        <div align="center">
            <table border="0" cellspacing="0" cellpadding="0" width="100%"
                align="center">
                <tr>
```

```html
                <td width="20%">
                    <a href="http://localhost:8084/PIMS/friendManager/
                    addFriend.jsp">增加联系人</a>
                </td>
                <td width="20%">
                    <a href="http://localhost:8084/PIMS/
                    LookFriendServlet">查看通讯录</a>
                </td>
                <td width="20%">
                    <a href="http://localhost:8084/PIMS/friendManager/
                    updateFriend.jsp">修改联系人</a>
                </td>
                <td width="20%">
                    删除联系人
                </td>
            </tr>
        </table>
    </div>
    <hr noshade>
    <br><br>
    <form action="http://localhost:8084/PIMS/DeleteFriendServlet"
        method="post">
        <table border="2" cellspacing="0" cellpadding="0" width="40%"
            align="center">
            <tr align="center">
                <td align="center" height="130">
                    <p>请输入要删除人的姓名</p>
                    姓名<input type="text" name="name"><br>
                </td>
            </tr>
            <tr>
                <td align="center">
                    <input type="submit" value="确 定" size="12">
                         
                    <input type="reset" value="清 除" size="12">
                </td>
            </tr>
        </table>
    </form>
    </body>
</html>
```

在图 11-15 所示页面中输入要删除的联系人的姓名后单击"确定"按钮,请求提交到 DeleteFriendServlet 控制器。

DeleteFriendServlet.java 的代码如下所示。

```java
package friendManager;
import java.io.IOException;
import java.sql.*;
import java.util.ArrayList;
import javax.servlet.ServletException;
```

```java
import javax.servlet.http.HttpServlet;
import javax.servlet.http.HttpServletRequest;
import javax.servlet.http.HttpServletResponse;
import javax.servlet.http.HttpSession;
import javax.swing.JOptionPane;
import loginRegister.LoginBean;

public class DeleteFriendServlet extends HttpServlet {
    public void wrong1(){
        String msg="请输入要删除人的姓名!";
        int type=JOptionPane.YES_NO_CANCEL_OPTION;
        String title="信息提示";
        JOptionPane.showMessageDialog(null, msg, title, type);
    }
    public void wrong2(){
        String msg="此联系人不存在!";
        int type=JOptionPane.YES_NO_CANCEL_OPTION;
        String title="信息提示";
        JOptionPane.showMessageDialog(null, msg, title, type);
    }
    public void right(){
        String msg="此联系人已成功删除!";
        int type=JOptionPane.YES_NO_CANCEL_OPTION;
        String title="信息提示";
        JOptionPane.showMessageDialog(null, msg, title, type);
    }
    protected void doGet(HttpServletRequest request, HttpServletResponse response)
    throws ServletException, IOException {
        String name=new
        String(request.getParameter("name").getBytes("ISO-8859-1"),"UTF-8");
        if(name.length()==0){
            wrong1();
            response.sendRedirect("http://localhost:8084/PIMS/friendManager/
            deleteFriend.jsp");
        }else{
            try{
                Connection con=null;
                Statement stmt=null;
                ResultSet rs=null;
                Class.forName("com.mysql.jdbc.Driver");
                String url="jdbc:mysql://localhost:3306/person
                ?useUnicode=true&characterEncoding=gbk";
                con=DriverManager.getConnection(url,"root","admin");
                stmt=con.createStatement();
                String userName="";
                HttpSession session=request.getSession();
                ArrayList login=(ArrayList)session.getAttribute("login");
                if(login==null||login.size()==0){
                    response.sendRedirect("http://localhost:8084/PIMS/
                    login.jsp");
                }else{
```

```java
        for(int i=login.size()-1;i>=0;i--){
            LoginBean nn=(LoginBean)login.get(i);
            userName=nn.getUserName();
        }
    }
    String sql1="select * from friends where name='"+name+"'and
    userName='"+userName+"'";
    rs=stmt.executeQuery(sql1);
    rs.last();
    int k=rs.getRow();
    if(k<1){
        wrong2();
        response.sendRedirect("http://localhost:8084/PIMS/
        friendManager/deleteFriend.jsp");
    }else{
        String sql2="delete from friends where name='"+name+"'and
            userName='"+userName+"'";
        stmt.executeUpdate(sql2);
        String sql3="select * from friends where
            userName='"+userName+"'";
        rs=stmt.executeQuery(sql3);
        rs.last();
        int list=rs.getRow();
        rs.beforeFirst();
        if(list<1){
            ArrayList friendslist=null;
            session.setAttribute("friendslist", friendslist);
        }else{
        ArrayList friendslist=null;
        friendslist=new ArrayList();
        while(rs.next()){
            LookFriendBean ff=new LookFriendBean();
            ff.setName(rs.getString("name"));
            ff.setPhone(rs.getString("phone"));
            ff.setEmail(rs.getString("email"));
            ff.setWorkPlace(rs.getString("workPlace"));
            ff.setPlace(rs.getString("place"));
            ff.setQQ(rs.getString("QQ"));
            friendslist.add(ff);
            session.setAttribute("friendslist", friendslist);
        }
      }
    }
    rs.close();
    stmt.close();
    con.close();
    response.sendRedirect("http://localhost:8084/PIMS/friendManager/
    lookFriend.jsp");
}catch(Exception e){
    e.printStackTrace();
}
```

```
        }
    }
    protected void doPost(HttpServletRequest request, HttpServletResponse response)
    throws ServletException, IOException {
        doGet(request, response);
    }
}
```

11.4.6 日程安排管理功能的实现

单击图 11-15 所示页面中的"日程安排管理",出现如图 11-16 所示的日程安排管理页面。请参照 middle.jsp 代码中的"＜a href="http://localhost:8084/PIMS/LookDateServlet" target="main"＞日程安排管理＜/a＞"。LookDateServlet 是 Servlet 控制器。

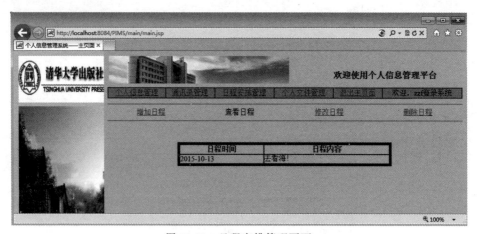

图 11-16 日程安排管理页面

LookDateServlet.java 的代码如下所示。

```
package dateManager;
import java.io.IOException;
import java.sql.*;
import java.util.ArrayList;
import javax.servlet.ServletException;
import javax.servlet.http.*;
import loginRegister.LoginBean;

public class LookDateServlet extends HttpServlet {
    protected void doGet(HttpServletRequest request, HttpServletResponse response)
    throws ServletException, IOException {
        try{
            Connection con=null;
            Statement stmt=null;
            ResultSet rs=null;
            Class.forName("com.mysql.jdbc.Driver");
            String url="jdbc:mysql://localhost:3306/person
            ?useUnicode=true&characterEncoding=gbk";
```

```java
            con=DriverManager.getConnection(url,"root","admin");
            stmt=con.createStatement();
            String userName="";
            HttpSession session=request.getSession();
            ArrayList login=(ArrayList)session.getAttribute("login");
            if(login==null||login.size()==0){
                response.sendRedirect("http://localhost:8084/PIMS/login.jsp");
            }else{
                for(int i=login.size()-1;i>=0;i--){
                    LoginBean nn=(LoginBean)login.get(i);
                    userName=nn.getUserName();
                }
            }
            String sql="select * from date where userName='"+userName+"'";
            rs=stmt.executeQuery(sql);
            ArrayList datelist=null;
            datelist=new ArrayList();
            while(rs.next()){
                LookDateBean dd=new LookDateBean();
                dd.setDate(rs.getString("date"));
                dd.setThing(rs.getString("thing"));
                datelist.add(dd);
                session.setAttribute("datelist", datelist);
            }
            rs.close();
            stmt.close();
            con.close();
            response.sendRedirect("http://localhost:8084/PIMS/dateManager/
            lookDate.jsp");
            }catch(Exception e){
                e.printStackTrace();
            }
    }
    protected void doPost(HttpServletRequest request, HttpServletResponse response)
    throws ServletException, IOException {
        doGet(request, response);
    }
}
```

在 LookDateServlet.java 中首先获取用户名,并连接数据库把该用户的日程安排信息保存在一个 JavaBean 中,该 JavaBean 类是 LookDateBean,使用 response.sendRedirect()方法把页面重定向到 lookDate.jsp。

LookDateBean.java 的代码如下所示。

```java
package dateManager;

public class LookDateBean {
    private String date;
    private String thing;
    public String getDate() {
```

```
        return date;
    }
    public void setDate(String date) {
        this.date=date;
    }
    public String getThing() {
        return thing;
    }
    public void setThing(String thing) {
        this.thing=thing;
    }
}
```

lookDate.jsp 的代码如下所示。

```
<%@page import="dateManager.LookDateBean"%>
<%@page import="java.util.ArrayList"%>
<%@page contentType="text/html" pageEncoding="UTF-8"%>
<html>
    <head>
        <meta http-equiv="Content-Type" content="text/html; charset=UTF-8">
        <title>个人信息管理系统——查看日程</title>
    </head>
    <body bgcolor="CCCFFF">
        <hr noshade>
        <div align="center">
          <table border="0" cellspacing="0" cellpadding="0" width="100%"
             align="center">
            <tr>
                <td width="20%">
                    <a href="http://localhost:8084/PIMS/
                    dateManager/addDate.jsp">增加日程</a>
                </td>
                <td width="20%">
                    查看日程
                </td>
                <td width="20%">
                    <a href="http://localhost:8084/PIMS/dateManager/
                    updateDate.jsp">修改日程</a>
                </td>
                <td width="20%">
                    <a href="http://localhost:8084/PIMS/dateManager/
                    deleteDate.jsp">删除日程</a>
                </td>
            </tr>
          </table>
        </div>
        <hr noshade>
        <br><br>
        <form action="http://localhost:8084/PIMS/AddDateServlet" method="post">
            <table border="5" cellspacing="0" cellpadding="0" width="60%"
```

```jsp
             align="center">
        <tr>
             <th width="40%">日程时间</th>
             <th width="60%">日程内容</th>
        </tr>
        <%
             ArrayList datelist=(ArrayList)session.getAttribute("datelist");
             if(datelist==null||datelist.size()==0){
        %>
          <div align="center">
             <h1>您还没有任何日程安排!</h1>
          </div>
        <%
          }else{
             for(int i=datelist.size()-1;i>=0;i--){
                LookDateBean dd=(LookDateBean)datelist.get(i);
        %>
        <tr>
           <td><%=dd.getDate()%></td>
           <td><%=dd.getThing()%></td>
        </tr>
        <%
            }
          }
        %>
      </table>
    </form>
  </body>
</html>
```

单击图 11-16 所示页面中的"增加日程",出现如图 11-17 所示的增加日程页面,对应的超链接页面是 addDate.jsp。

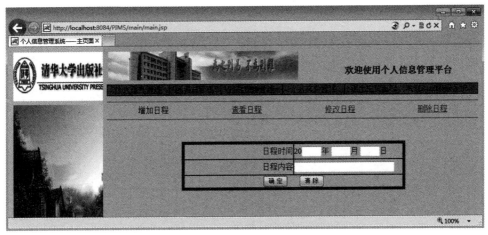

图 11-17　增加日程页面

addDate.jsp 的代码如下所示。

```jsp
<%@page contentType="text/html" pageEncoding="UTF-8"%>
<html>
    <head>
        <meta http-equiv="Content-Type" content="text/html; charset=UTF-8">
        <title>个人信息管理系统——增加日程</title>
    </head>
    <body bgcolor="CCCFFF">
        <hr noshade>
        <div align="center">
            <table border="0" cellspacing="0" cellpadding="0" width="100%"
                align="center">
                <tr>
                    <td width="20%">
                        增加日程
                    </td>
                    <td width="20%">
                        <a href="http://localhost:8084/PIMS/
                        dateManager/lookDate.jsp">查看日程</a>
                    </td>
                    <td width="20%">
                        <a href="http://localhost:8084/PIMS/dateManager/
                        updateDate.jsp">修改日程</a>
                    </td>
                    <td width="20%">
                        <a href="http://localhost:8084/PIMS/dateManager/
                        deleteDate.jsp">删除日程</a>
                    </td>
                </tr>
            </table>
        </div>
        <hr noshade>
        <br><br>
        <form action="http://localhost:8084/PIMS/AddDateServlet" method="post">
            <table border="5" cellspacing="0" cellpadding="0" width="60%"
                align="center">
                <tr>
                    <td height="30" width="50%" align="right">日程时间</td>
                    <td width="50%">
                        20<input type="text" size="1" name="year" value="">年
                        <input type="text" size="1" name="month" value="">月
                        <input type="text" size="1" name="day" value="">日
                    </td>
                </tr>
                <tr>
                    <td height="30" width="50%" align="right">日程内容</td>
                    <td width="50%">
                        <input type="text" size="30" name="thing" />
                    </td>
                </tr>
                <tr>
                    <td colspan="2" align="center">
```

```
                    <input type="submit" value="确 定" size="12">
                         
                    <input type="reset" value="清 除" size="12">
                </td>
            </tr>
        </table>
    </form>
</body>
</html>
```

在图 11-17 所示页面中输入数据后单击"确定"按钮,请求提交到 AddDateServlet 控制器。AddDateServlet.java 的代码如下所示。

```
import java.io.IOException;
import java.sql.*;
import java.util.ArrayList;
import javax.servlet.ServletException;
import javax.servlet.http.*;
import javax.swing.JOptionPane;
import loginRegister.LoginBean;

public class AddDateServlet extends HttpServlet {
    public void wrong1(){
        String msg="请把日期填写完整,添加失败!";
        int type=JOptionPane.YES_NO_CANCEL_OPTION;
        String title="信息提示";
        JOptionPane.showMessageDialog(null, msg, title, type);
    }
    public void wrong2(){
        String msg="请确认日期填写正确,添加失败!";
        int type=JOptionPane.YES_NO_CANCEL_OPTION;
        String title="信息提示";
        JOptionPane.showMessageDialog(null, msg, title, type);
    }
    public void wrong3(){
        String msg="请填写日程内容,添加失败!";
        int type=JOptionPane.YES_NO_CANCEL_OPTION;
        String title="信息提示";
        JOptionPane.showMessageDialog(null, msg, title, type);
    }
    public void wrong4(){
        String msg="该日程已有计划,添加失败!";
        int type=JOptionPane.YES_NO_CANCEL_OPTION;
        String title="信息提示";
        JOptionPane.showMessageDialog(null, msg, title, type);
    }
    public void right(){
        String msg="填写信息合格,添加成功!";
        int type=JOptionPane.YES_NO_CANCEL_OPTION;
        String title="信息提示";
        JOptionPane.showMessageDialog(null, msg, title, type);
```

```java
    }
    protected void doGet(HttpServletRequest request, HttpServletResponse response)
    throws ServletException, IOException {
        String year=new
        String(request.getParameter("year").getBytes("ISO-8859-1"),"UTF-8");
        String month=new
        String(request.getParameter("month").getBytes("ISO-8859-1"),"UTF-8");
        String day=new
        String(request.getParameter("day").getBytes("ISO-8859-1"),"UTF-8");
        String thing=new
        String(request.getParameter("thing").getBytes("ISO-8859-1"),"UTF-8");
        String date="20"+year+"-"+month+"-"+year;
        if(year.length()==0||month.length()==0||day.length()==0){
            wrong1();
            response.sendRedirect("http://localhost:8084/PIMS/
            dateManager/addDate.jsp");
        }else if(year.length()!=2||Integer.parseInt(year)<11||Integer.parseInt
        (month)<1||Integer.parseInt(month)>12||Integer.parseInt(day)<1||
        Integer.parseInt(day)>31){
            wrong2();
            response.sendRedirect("http://localhost:8084/PIMS/dateManager/
            addDate.jsp");
        }else if(thing.length()==0){
            wrong3();
            response.sendRedirect("http://localhost:8084/PIMS/dateManager/
            addDate.jsp");
        }else{
            try{
                Connection con=null;
                Statement stmt=null;
                ResultSet rs=null;
                Class.forName("com.mysql.jdbc.Driver");
                String url="jdbc:mysql://localhost:3306/person
                ?useUnicode=true&characterEncoding=gbk";
                con=DriverManager.getConnection(url,"root","admin");
                stmt=con.createStatement();
                String userName="";
                HttpSession session=request.getSession();
                ArrayList login=(ArrayList)session.getAttribute("login");
                if(login==null||login.size()==0){
                    response.sendRedirect("http://localhost:8084/PIMS/
                    login.jsp");
                }else{
                    for(int i=login.size()-1;i>=0;i--){
                        LoginBean nn=(LoginBean)login.get(i);
                        userName=nn.getUserName();
                    }
                }
                String sql1="select * from date where date='"+date+"'and
                userName='"+userName+"'";
                rs=stmt.executeQuery(sql1);
```

```java
                rs.last();
                int k;
                k=rs.getRow();
                rs.beforeFirst();
                if(k>0){
                    wrong4();
                    response.sendRedirect("http://localhost:8084/PIMS/
                    dateManager/addDate.jsp");
                }else{
                    String sql2="insert into
                    date"+"(userName,date,thing)"+"values("+"'"+userName+"'"
                    +","+"'"+date+"'"+","+"'"+thing+"'"+")";
                    stmt.executeUpdate(sql2);
                    String sql3="select * from date where
                    userName='"+userName+"'";
                    rs=stmt.executeQuery(sql3);
                    ArrayList datelist=null;
                    datelist=new ArrayList();
                    while(rs.next()){
                        LookDateBean dd=new LookDateBean();
                        dd.setDate(rs.getString("date"));
                        dd.setThing(rs.getString("thing"));
                        datelist.add(dd);
                        session.setAttribute("datelist", datelist);
                    }
                }
                rs.close();
                stmt.close();
                con.close();
                right();
                response.sendRedirect("http://localhost:8084/PIMS/
                dateManager/lookDate.jsp");
            }catch(Exception e){
                e.printStackTrace();
            }
        }
    }
    protected void doPost(HttpServletRequest request, HttpServletResponse response)
    throws ServletException, IOException {
        doGet(request, response);
    }
}
```

单击图11-17所示页面中的"修改日程",出现如图11-18所示的修改日程页面,对应的超链接页面是updateDate.jsp。

updateDate.jsp的代码如下所示。

```
<%@page contentType="text/html" pageEncoding="UTF-8"%>
<html>
    <head>
        <meta http-equiv="Content-Type" content="text/html; charset=UTF-8">
```

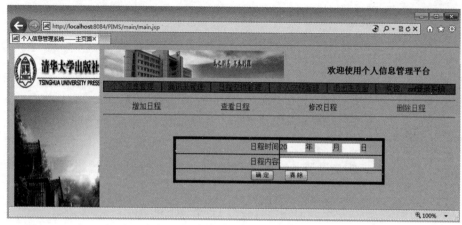

图 11-18 修改日程页面

```
     <title>个人信息管理系统——主页面</title>
</head>
<body bgcolor="CCCFFF">
    <hr noshade>
    <div align="center">
      <table border="0" cellspacing="0" cellpadding="0" width="100%"
          align="center">
        <tr>
            <td width="20%">
               <a href="http://localhost:8084/PIMS/
               dateManager/addDate.jsp">增加日程</a>
            </td>
            <td width="20%">
               <a href="http://localhost:8084/PIMS/
               dateManager/lookDate.jsp">查看日程</a>
            </td>
            <td width="20%">
               修改日程
            </td>
            <td width="20%">
               <a href="http://localhost:8084/PIMS/dateManager/
               deleteDate.jsp">删除日程</a>
            </td>
        </tr>
      </table>
    </div>
    <hr noshade>
    <br><br>
    <form action="http://localhost:8084/PIMS/UpdateDateServlet" method="post">
        <table border="5" cellspacing="0" cellpadding="0" width="60%"
            align="center">
           <tr>
               <td height="30" width="50%" align="right">日程时间</td>
               <td width="50%">
```

```html
                    20<input type="text" size="1" name="year" value="">年
                    <input type="text" size="1" name="month" value="">月
                    <input type="text" size="1" name="day" value="">日
                </td>
            </tr>
            <tr>
                <td height="30" width="50%" align="right">日程内容</td>
                <td width="50%">
                    <input type="text" size="30" name="thing">
                </td>
            </tr>
            <tr>
                <td colspan="2" align="center">
                    <input type="submit" value="确 定" size="12">
                         
                    <input type="reset" value="清 除" size="12">
                </td>
            </tr>
        </table>
    </form>
</body>
</html>
```

在图 11-18 所示页面中输入要修改的数据后单击"确定"按钮,请求提交 UpdateDateServlet 控制器。

UpdateDateServlet.java 的代码如下所示。

```java
package dateManager;
import java.io.IOException;
import java.sql.*;
import java.util.ArrayList;
import javax.servlet.ServletException;
import javax.servlet.http.*;
import javax.swing.JOptionPane;
import loginRegister.LoginBean;

public class UpdateDateServlet extends HttpServlet {
    public void wrong1(){
        String msg="请把日期填写完整,修改失败!";
        int type=JOptionPane.YES_NO_CANCEL_OPTION;
        String title="信息提示";
        JOptionPane.showMessageDialog(null, msg, title, type);
    }
    public void wrong2(){
        String msg="请确认日期填写正确,修改失败!";
        int type=JOptionPane.YES_NO_CANCEL_OPTION;
        String title="信息提示";
        JOptionPane.showMessageDialog(null, msg, title, type);
    }
    public void wrong3(){
        String msg="请填写日程内容,修改失败!";
```

```java
        int type=JOptionPane.YES_NO_CANCEL_OPTION;
        String title="信息提示";
        JOptionPane.showMessageDialog(null, msg, title, type);
    }
    public void wrong4(){
        String msg="该日程不存在,修改失败!";
        int type=JOptionPane.YES_NO_CANCEL_OPTION;
        String title="信息提示";
        JOptionPane.showMessageDialog(null, msg, title, type);
    }
    public void right(){
        String msg="填写信息合格,修改成功!";
        int type=JOptionPane.YES_NO_CANCEL_OPTION;
        String title="信息提示";
        JOptionPane.showMessageDialog(null, msg, title, type);
    }
    protected void doGet(HttpServletRequest request, HttpServletResponse response)
    throws ServletException, IOException {
        String year=new
        String(request.getParameter("year").getBytes("ISO-8859-1"),"UTF-8");
        String month=new
        String(request.getParameter("month").getBytes("ISO-8859-1"),"UTF-8");
        String day=new
        String(request.getParameter("day").getBytes("ISO-8859-1"),"UTF-8");
        String thing=new
        String(request.getParameter("thing").getBytes("ISO-8859-1"),"UTF-8");
        String date="20"+year+"-"+month+"-"+year;
        if(year.length()==0||month.length()==0||day.length()==0){
            wrong1();
            response.sendRedirect("http://localhost:8084/dateManager/
            updateDate.jsp");
        }else if(year.length()!=2||Integer.parseInt(year)<11||Integer.parseInt
        (month) < 1 || Integer. parseInt (month) > 12 || Integer. parseInt (day) < 1 ||
        Integer.parseInt(day)>31){
            wrong2();
            response.sendRedirect("http://localhost:8084/dateManager/
            updateDate.jsp");
        }else if(thing.length()==0){
            wrong3();
            response.sendRedirect("http://localhost:8084/dateManager/
            updateDate.jsp");
        }else{
            try{
                Connection con=null;
                Statement stmt=null;
                ResultSet rs=null;
                Class.forName("com.mysql.jdbc.Driver");
                String url="jdbc:mysql://localhost:3306/person
                ?useUnicode=true&characterEncoding=gbk";
                con=DriverManager.getConnection(url,"root","admin");
                stmt=con.createStatement();
```

```java
        String userName="";
        HttpSession session=request.getSession();
        ArrayList login=(ArrayList)session.getAttribute("login");
        if(login==null||login.size()==0){
            response.sendRedirect("http://localhost:8084/PIMS/
            login.jsp");
        }else{
            for(int i=login.size()-1;i>=0;i--){
                LoginBean nn=(LoginBean)login.get(i);
                userName=nn.getUserName();
            }
        }
        String sql1="select * from date where date='"+date+"'and
        userName='"+userName+"'";
        rs=stmt.executeQuery(sql1);
        rs.last();
        int k;
        k=rs.getRow();
        rs.beforeFirst();
        if(k<1){
            wrong4();
            response.sendRedirect("http://localhost:8084/dateManager/
            updateDate.jsp");
        }else{
            String sql2="update date set thing='"+thing+"' where
            date='"+date+"'and userName='"+userName+"'";
            stmt.executeUpdate(sql2);
            String sql3="select * from date where
            userName='"+userName+"'";
            rs=stmt.executeQuery(sql3);
            ArrayList datelist=new ArrayList();
            while(rs.next()){
                LookDateBean dd=new LookDateBean();
                dd.setDate(rs.getString("date"));
                dd.setThing(rs.getString("thing"));
                datelist.add(dd);
                session.setAttribute("datelist", datelist);
            }
            rs.close();
            stmt.close();
            con.close();
            right();
            response.sendRedirect("http://localhost:8084/PIMS/
            dateManager/lookDate.jsp");
        }
        rs.close();
        stmt.close();
        con.close();
    }catch(Exception e){
        e.printStackTrace();
    }
```

```
        }
    }
    protected void doPost(HttpServletRequest request, HttpServletResponse response)
    throws ServletException, IOException {
        doGet(request, response);
    }
}
```

单击图 11-18 所示页面中的"删除日程",出现如图 11-19 所示的删除日程页面,对应的超链接页面是 deleteDate.jsp。

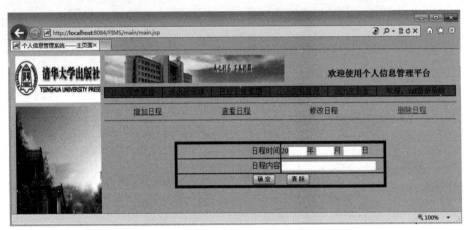

图 11-19 删除日程页面

deleteData.jsp 的代码如下所示。

```
<%@page contentType="text/html" pageEncoding="UTF-8"%>
<html>
    <head>
        <meta http-equiv="Content-Type" content="text/html; charset=UTF-8">
        <title>个人信息管理系统——主页面</title>
    </head>
    <body bgcolor="CCCFFF">
        <hr noshade>
        <div align="center">
          <table border="0" cellspacing="0" cellpadding="0" width="100%"
              align="center">
            <tr>
                <td width="20%">
                    <a href="http://localhost:8084/PIMS/
                    dateManager/lookDate.jsp">增加日程</a>
                </td>
                <td width="20%">
                    <a href="http://localhost:8084/
                    dateManager/lookDate.jsp">查看日程</a>
                </td>
                <td width="20%">
                    <a href="http://localhost:8084/PIMS/dateManager/
```

```html
                    updateDate.jsp">修改日程</a>
                </td>
                <td width="20%">
                    删除日程
                </td>
            </tr>
        </table>
    </div>
    <hr noshade>
    <br><br>
    <form action="http://localhost:8084/PIMS/DeleteDateServlet" method="post">
        <table border="5" cellspacing="0" cellpadding="0" width="60%"
            align="center">
            <tr>
                <td height="30" width="50%" align="right">日程时间</td>
                <td width="50%">
                    20<input type="text" size="1" name="year" value="">年
                    <input type="text" size="1" name="month" value="">月
                    <input type="text" size="1" name="day" value="">日
                </td>
            </tr>
            <tr>
                <td colspan="2" align="center">
                    <input type="submit" value="确定" size="12">
                         
                    <input type="reset" value="清 除" size="12">
                </td>
            </tr>
        </table>
    </form>
</body>
</html>
```

在图 11-19 所示页面中输入要删除的数据后单击"确定"按钮,请求提交 DeleteDateServlet 控制器。

DeleteDateServlet.java 的代码如下所示。

```java
package dateManager;
import java.io.IOException;
import java.sql.*;
import java.util.ArrayList;
import javax.servlet.ServletException;
import javax.servlet.http.*;
import javax.swing.JOptionPane;
import loginRegister.LoginBean;

public class DeleteDateServlet extends HttpServlet {
    public void wrong1(){
        String msg="请把日期填写完整,删除失败!";
        int type=JOptionPane.YES_NO_CANCEL_OPTION;
        String title="信息提示";
```

```java
            JOptionPane.showMessageDialog(null, msg, title, type);
        }
        public void wrong2(){
            String msg="请确认日期填写正确,删除失败!";
            int type=JOptionPane.YES_NO_CANCEL_OPTION;
            String title="信息提示";
            JOptionPane.showMessageDialog(null, msg, title, type);
        }
        public void wrong3(){
            String msg="该日程不存在,删除失败!";
            int type=JOptionPane.YES_NO_CANCEL_OPTION;
            String title="信息提示";
            JOptionPane.showMessageDialog(null, msg, title, type);
        }
        public void right(){
            String msg="填写信息合格,删除成功!";
            int type=JOptionPane.YES_NO_CANCEL_OPTION;
            String title="信息提示";
            JOptionPane.showMessageDialog(null, msg, title, type);
        }
        protected void doGet(HttpServletRequest request, HttpServletResponse response)
        throws ServletException, IOException {
            String year=new
            String(request.getParameter("year").getBytes("ISO-8859-1"),"UTF-8");
            String month=new
            String(request.getParameter("month").getBytes("ISO-8859-1"),"UTF-8");
            String day=new
            String(request.getParameter("day").getBytes("ISO-8859-1"),"UTF-8");
            String date="20"+year+"-"+month+"-"+year;
            if(year.length()==0||month.length()==0||day.length()==0){
                wrong1();
                response.sendRedirect("http://localhost:8084/PIMS/dateManager/
                deleteDate.jsp");
            }else if(year.length()!=2||Integer.parseInt(year)<11||
                Integer.parseInt(month)>12||Integer.parseInt(day)>31){
                wrong2();
                response.sendRedirect("http://localhost:8084/PIMS/dateManager/
                deleteDate.jsp");
            }else{
                try{
                    Connection con=null;
                    Statement stmt=null;
                    ResultSet rs=null;
                    Class.forName("com.mysql.jdbc.Driver");
                    String url="jdbc:mysql://localhost:3306/person
                    ?useUnicode=true&characterEncoding=gbk";
                    con=DriverManager.getConnection(url,"root","admin");
                    stmt=con.createStatement();
                    String userName="";
                    HttpSession session=request.getSession();
                    ArrayList login=(ArrayList)session.getAttribute("login");
```

```java
if(login==null||login.size()==0){
    response.sendRedirect("http://localhost:8084/PIMS/
    login.jsp");
}else{
    for(int i=login.size()-1;i>=0;i--){
        LoginBean nn=(LoginBean)login.get(i);
        userName=nn.getUserName();
    }
}
String sql1="select * from date where date='"+date+"'and
userName='"+userName+"'";
rs=stmt.executeQuery(sql1);
rs.last();
int k;
k=rs.getRow();
rs.beforeFirst();
if(k<1){
    wrong3();
    response.sendRedirect("http://localhost:8084/PIMS/
    dateManager/deleteDate.jsp");
}else{
    String sql2="delete from date where date='"+date+"'and
    userName='"+userName+"'";
    stmt.executeUpdate(sql2);
    String sql3="select * from date where
    userName='"+userName+"'";
    rs=stmt.executeQuery(sql3);
    rs.last();
    int list=rs.getRow();
    rs.beforeFirst();
    if(list<1){
        ArrayList datelist=null;
        session.setAttribute("datelist", datelist);
    }else{
    ArrayList datelist=null;
    datelist=new ArrayList();
        while(rs.next()){
            LookDateBean dd=new LookDateBean();
            dd.setDate(rs.getString("date"));
            dd.setThing(rs.getString("thing"));
            datelist.add(dd);
            session.setAttribute("datelist", datelist);
        }
    }
    rs.close();
    stmt.close();
    con.close();
    right();
    response.sendRedirect("http://localhost:8084/PIMS/
    dateManager/lookDate.jsp");
}
```

```
            rs.close();
            stmt.close();
            con.close();
        }catch(Exception e){
            e.printStackTrace();
        }
    }
}
    protected void doPost(HttpServletRequest request, HttpServletResponse response)
    throws ServletException, IOException {
        doGet(request, response);
    }
}
```

11.4.7 个人文件管理功能的实现

单击图 11-19 所示页面中的"个人文件管理",出现如图 11-20 所示的文件管理页面。请参照 middle.jsp 代码中的"<a href="http://localhost:8084/PIMS/fileManager/fileUp.jsp" target="main">个人文件管理</a>"。请自行编码实现文件操作功能。

图 11-20　文件管理页面

11.5　课外阅读(MVC 设计模式)

MVC(Model-View-Controller)把一个应用的输入、处理、输出流程按照 Model、View、Controller 的方式进行分离,这样一个应用被分成 3 层:模型层、视图层、控制层。JavaBean + JSP + Servlet 就是一种典型的 MVC。

MVC 设计模式,是一种目前广泛流行的软件设计模式。早在 20 世纪 70 年代,IBM 公司就进行了 MVC 设计模式的研究。近年来,随着 JavaEE 的成熟,它成为在 JavaEE 平台上推荐的一种设计模型,也是广大 Java 开发者非常感兴趣的设计模型。随着网络应用的快速增加,MVC 模式对于 Web 应用的开发无疑是一种非常先进的设计思想。无论选择哪种语言,无论应用多复杂,MVC 为构造产品提供清晰的设计框架,为软件工程提供规范的依据。

1. View

在 Java Web 应用程序中,View 部分一般使用 JSP 和 HTML 构建。客户在 View 部分提交请求,控制器获取请求后调用相应的业务模块进行处理,然后把处理结果返回给 View 部分显示出来。因此,View 部分也是 Web 应用程序的用户界面。

2. Controller

Controller 部分一般由 Servlet 组成。当用户请求从 View 部分传过来时,Controller 调用相应的业务逻辑组件处理;请求处理完成后,Controller 根据处理结果转发给适当的 View 组件显示。因此,Controller 在视图层与业务逻辑层之间起到了桥梁作用,控制了它们两者之间的数据流向。

3. Model

Model 部分包括业务逻辑层和数据库访问层。在 Java Web 应用程序中,业务逻辑层一般由 JavaBean 或 EJB 构建。EJB 是 JavaEE 的核心组件,可以构建分布式应用系统。与普通 JavaBean 不同,它由两个接口和一个实现类组成,并且包含一些固有的用于控制容器生命周期的方法。

MVC 设计模式使模型、视图与控制器分离,分离后一个模型可以具有多个显示视图。如果用户通过某个视图的控制器改变了模型的数据,所有其他依赖于这些数据的视图都应反映这些变化。因此,无论何时发生了何种数据变化,控制器都会将变化通知所有的视图,使显示得到及时更新。MVC 设计模式的工作原理如图 11-21 所示。

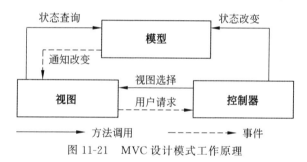

图 11-21 MVC 设计模式工作原理

MVC 设计模式工作流程如下所示。

(1)用户的请求提交给控制器。

(2)控制器接收到用户请求后根据用户的具体需求,调用相应的 JavaBean 或者 EJB(M 部分)来处理用户的请求。

(3)控制器调用模型处理完数据后,根据处理结果进行下一步的跳转,如跳转到另外一个页面或者其他 Servlet。

目前,在 MVC 设计模式的基础上推出了许多基于 MVC 模式的 Java Web 框架,其中比较经典的是 Struts2。Struts2 是在经典的 MVC 设计模式基础上发展起来的。

11.6 小 结

通过项目的综合练习,能够综合应用本书所有的知识点,锻炼项目开发和实践能力,为今后的 Java Web 项目开发奠定基础。

11.7 习　　题

1. 编码实现个人文件管理模块功能。
2. 扩展个人信息管理系统项目。
3. 请把本项目 Servlet 中数据库操作的内容封装到 JavaBean 中。

附录 A "JSP 程序设计技术"教学大纲

课程编号：****** 课程名称：JSP 程序设计技术
适用专业：软件工程 学时/学分：36/2.0
先修课程：程序设计技术 后续课程：Web 框架技术

A.1 课程说明

本课程是软件工程专业的必修课。通过 JSP 及相关技术的学习，学生能够了解 Web 应用开发流程，理解 Web 开发技术的基本概念和原理，掌握 Web 开发的前端设计、数据库访问和服务器端组件技术，根据系统设计方案选用恰当的开发平台、技术、资源和工具进行系统实现，提高 Web 开发技术综合应用能力，在工程实践中体现爱岗敬业的职业精神、精益求精的品质精神、协作共进的团队精神、追求卓越的创新精神。

A.2 课程目标

1. 通过本课程学习，学生应具备的能力

（1）能够应用静态页面开发、JSP 技术进行 Web 应用前端设计和实现，结合数据库等相关技术，实现服务器端的数据访问、代码重用、动态处理，具有执着专注、精益求精、一丝不苟、追求卓越的工匠精神。

（2）能够根据任务需求设计实验方案，正确安装配置开发环境，进行实验验证，具有精益求精的品质精神和职业精神。

（3）能够根据实际需求合理选择并使用 Web 应用开发平台、技术、资源、工具进行软件开发，具有知识产权意识和创新精神。

（4）针对软件项目的业务背景，能够运用领域知识分析业务逻辑，明确软件项目要解决的问题，具有沟通交流能力和严谨求实的科学素养。

2. 课程目标与毕业要求关系（见表 A-1）

表 A-1 课程目标与毕业要求关系

毕业要求观测点	课程目标			
	（1）	（2）	（3）	（4）
3.2 能够针对复杂工程问题的特定需求进行模块/子系统设计，并在设计中体现创新意识	√			
4.2 能够根据实验方案，选择基本的实验工具搭建实验环境，开展实验		√		
5.2 能够选用恰当的平台、技术、资源、工具，进行软件系统开发			√	
6.1 具有软件工程实习和社会实践经历，具备获取软件项目相关业务背景知识的能力				√

A.3 教学内容与要求

1. 理论部分（见表 A-2）

表 A-2　理 论 部 分

标题	教学内容			学时	教学方式	对应课程目标
	知识要素	能力要素	思政要素			
（一）Web 技术简介	Web 基础知识；JSP 基础知识；JSP 环境介绍；简单的 JSP 应用实例	了解 Web 技术的由来与发展；掌握 Web 基础知识；掌握 Web 动态网页技术；掌握 Web 应用程序的工作原理。掌握 JSP 与其他动态网页技术的区别；掌握 JSP 页面与运行原理；掌握安装与配置 JSP 运行环境	(1)通过介绍近年来国家取得的成就来激发学生民族自豪感。(2)通过介绍 IDE 引出软件国产化重要性的认识，培养追求卓越的创新精神，激发学生自主知识产权意识	2	自主学习；案例驱动；问题导向；讲授；小组协作；讨论	(1)
（二）HTML 与 CSS 简介	HTML 页面的基本构成；HTML 常用标签；CSS 基础知识	掌握 HTML 页面的基本构成；正确使用链接标记、使用字体标记；掌握 form 标记的使用，table 标记的使用。掌握 CSS 基础知识、CSS 样式表定义；掌握 HTML 中加入 CSS 的方法、CSS 的优先级；能够使用 CSS 基本属性	结合页面和软件的兼容性和 CSS，强调精益求精、勇于创新、追求卓越的工匠精神，不断创新持续发展，满足用户更高的使用需求或更好的使用体验	3	自主学习；案例驱动；问题导向；启发式；参与式；讲授；小组协作；讨论	(1)
（三）JSP 基础知识	JSP 页面的基本结构；JSP 的 3 种常用注释；JSP 常用脚本元素；JSP 常用指令；JSP 常用动作	掌握 JSP 页面的基本结构；掌握 JSP 变量和方法的声明方法；掌握 Java 代码段编写；具备使用 Java 表达式与 JSP 注释能力；熟悉 JSP 指令标记与 JSP 动作标记；掌握 JSP 编程方法	(1)通过 JSP 语法规则、专业规范重要性的案例介绍，要求学生养成遵守规范、认真严谨的工作态度。(2)结合 JSP 动作的作用，强调学习工作中凡事要精雕细琢、追求卓越，精益求精而臻于至善，持续改进效率和效果	4	自主学习；案例驱动；问题导向；参与式；讲授；小组协作；讨论	(1)
（四）JSP 的常用内置对象	out 对象；request 对象；response 对象；session 对象；pageContext 对象；exception 对象；application 对象	熟练掌握 out 对象、request 对象、response 对象、session 对象、application 对象等 JSP 常用内置对象的功能和应用方法	(1)结合 request 对象的使用，强调严谨认真、一丝不苟的敬业精神。(2)以国家治理应急处理机制为例，结合 exception 对象的使用强调问题处理的能力，培育学生精益求精的品质意识	4	自主学习；案例驱动；问题导向；启发式；讲授；小组协作；讨论	(1)

续表

标题	教学内容			学时	教学方式	对应课程目标
	知识要素	能力要素	思政要素			
（五）数据库基本操作	JDBC 基础知识；通过 JDBC 驱动访问数据库；查询数据库及其应用；更新数据库（增、删、改）及其应用实例；JSP 在数据库应用中的常见问题	能够应用 JDBC 的工作原理，通过 JDBC 连接数据库，进行数据库记录的查询、添加、修改与删除	(1)结合 SQL 注入攻击的防御，强调软件开发中要注意安全设计，保证用户信息安全。(2)作为开发人员或网站维护管理人员，要注意用户个人信息保护问题，坚守职业道德	4	自主学习；案例驱动；问题导向；启发式；参与式；讲授；小组协作；讨论	(1)(4)
（六）JSP 与 JavaBean	JavaBean 的基础知识；编写和使用 JavaBean；JavaBean 的作用域及其应用实例；JavaBean 应用实例	掌握 JavaBean 的工作原理；掌握 JavaBean 的编写和使用；具备在 JSP 中获取和修改 Bean 属性的能力	通过讲解 JavaBean 的基础知识，以及 JavaBean 的编写和使用，加深学生对整体和个体之间的关系、团队意识的认识，激发学生协作共进的职业精神	1	自主学习；案例驱动；问题导向；启发式；讲授；小组协作；讨论	(1)(4)
（七）Java Servlet 技术	Servlet 基础知识；JSP 与 Servlet 常见用法	掌握 Servlet 对象；掌握 Servlet 工作原理；能够通过 JSP 页面调用 Servlet；掌握共享变量、doget()方法、dopost()方法、重定向与转发及会话管理技术	结合 Servlet 与 JSP 的关系，强调事物是向前发展、持续改进的；技术之间需要互为补充；培养学生在工作中具有合理的组织协调能力	1	自主学习；案例驱动；问题导向；启发式；讲授；小组协作；讨论	(1)(4)
（八）项目实训	通信资费管理系统；企业信息管理系统；个人信息管理系统	分析系统业务逻辑，明晰需要求解的问题；强化理解和综合运用 JSP 程序设计知识体系的能力；提高 Java Web 项目开发整体实践能力；熟练应用项目需求说明方法；规范项目总体结构与构成设计过程	结合 MVC 模式的应用，强调工作中要有大局意识，发挥团队精神、服务精神，协作共进，众志成城	3	自主学习；案例驱动；问题导向；启发式；讲授；小组协作；讨论	(1)(4)

2. 实验部分（见表 A-3）

表 A-3 实 验 部 分

实验名称（实验类型）	实验目的	实验内容	思政要素	要求	实验设备	学时	安排方式	对应课程目标
实验一 简单的JSP页面（设计性）	(1) 熟悉JSP开发环境。(2) 熟悉Web服务器的使用。(3) 掌握简单JSP页面的编写、发布和运行	(1) 安装配置JSP开发环境。(2) 实现编写一个简单的JSP页面		(1) 课前设计解决方案。(2) 课上实现并验证解决方案。(3) 课后提交实验报告和源代码	PC；Java编译环境	2	集中实验	(3)
实验二 个人信息展示页面（设计性）	(1) 掌握HTML常用标签的含义和基本用法。(2) 能够合理设计HTML文档结构。(3) 了解什么是CSS。(4) 掌握CSS的基本含义和语法。(5) 能够合理地设置HTML文档的样式	实现黑白和彩色个人信息展示页面	要求学生遵循规范、自主完成实验和报告，强调诚信、沟通意识、专注、激发学术品质	(1) 课前设计解决方案。(2) 课上实现并验证解决方案。(3) 课后提交实验报告和源代码	PC；Java编译环境	2	集中实验+课外自主	(1)
实验三 登录投票系统（设计性）	(1) 掌握JSP常用脚本元素的含义和用法。(2) 掌握JSP常用指令的含义和用法。(3) 掌握JSP常用动作的含义和用法。(4) 能够熟练设计JSP页面	实现登录投票系统	认真、精益求精，一丝不苟，追求卓越的工匠精神	(1) 课前设计解决方案。(2) 课上实现并验证解决方案。(3) 课后提交实验报告和源代码	PC；Java编译环境	2	集中实验+课外自主	(2)
实验四 内置对象实践（综合性）	掌握JSP内置对象out对象、request对象、response对象、session对象和application对象的综合应用	(1) 实现注册应用。(2) 实现购物车应用。(3) 实现网站访问量计数器		(1) 课前设计解决方案。(2) 课上实现并验证解决方案。(3) 课后提交实验报告和源代码	PC；Java编译环境	2	集中实验	(1)

续表

实验名称（实验类型）	实验目的	实验内容	思政要素	要求	实验设备	学时	安排方式	对应课程目标
实验五 学生信息管理系统（综合性）	(1) 掌握通过 JDBC 连接 MySQL 数据库。 (2) 掌握在 JSP 页面中实现连接数据库操作。 (3) 熟练掌握数据库记录的查询方法。 (4) 熟练掌握向数据库添加新记录的方法。 (5) 熟练掌握修改数据库已有记录的方法。 (6) 熟练掌握删除数据库已有记录的方法	实现学生信息管理系统的数据库连接和信息增、删、改、查	要求学生遵循规则和规范，自主完成实验和报告，强调学术品质，激发诚信意识、专注精益、求真一丝不苟、追求卓越的工匠精神	(1) 课前设计解决方案。 (2) 课上实现并验证解决方案。 (3) 课后提交实验报告和源代码	PC；Java 编译环境	2	集中实验+课外自主	(4)
实验六 JavaBean 和 Servlet 实践（综合性）	(1) 掌握 JavaBean 的编写和使用。 (2) 能在 JSP 中获取和修改 Bean 的属性。 (3) 进一步理解二分查找策略在具体实例中的应用效果。 (4) 理解 Servlet 工作原理，掌握通过 JSP 页面调用 Servlet 的 doPost()的具体使用方法。 (5) 掌握共享变量、doGet()、doPost()的具体使用方法。 (6) 掌握重定向与转发及会话管理技术	(1) 实现猜数字小游戏。 (2) 通过 Servlet 实现参数传递和重定向		(1) 课前设计解决方案。 (2) 课上实现并验证解决方案。 (3) 课后提交实验报告和源代码	PC；Java 编译环境	4	集中实验+课外自主	(2)

A.4 课程目标考核评价方式及标准

1. 成绩评定方法及课程目标达成考核评价方式

1) 成绩评定方法

综合成绩评定依据期末考试成绩、实验成绩、平时成绩 3 项进行核算。期末考试成绩占总评成绩的 50%，实验成绩占总评成绩的 25%，平时成绩占总评成绩的 25%。

2) 课程目标达成考核评价方式

课程目标达成值计算办法参考图 A-1，课程目标考核评价权重表参考表 A-4。

$$单项课程目标达成值 = \frac{单项课程目标考试平均分}{单项课程目标考试总分} \times 权重 + \frac{单项课程目标实验平均分}{单项课程目标实验总分} \times 权重 + \frac{单项课程目标平时平均分}{单项课程目标平时总分} \times 权重$$

图 A-1 课程目标达成值计算办法

表 A-4 课程目标考核评价权重表

课程目标	支撑毕业要求观测点	考核评价方式及权重(%)			
		考试	实验	平时	合计
课程目标(1)	毕业要求 3.2	50	25	25	100
课程目标(2)	毕业要求 4.2	0	100	0	100
课程目标(3)	毕业要求 5.2	0	100	0	100
课程目标(4)	毕业要求 6.1	50	25	25	100

2. 课程目标与考核内容（见表 A-5）

表 A-5 课程目标与考核内容

对应毕业要求观测点	课 程 目 标	考 核 内 容
毕业要求 3.2	(1) 能够应用静态页面开发、JSP 技术进行 Web 应用前端设计和实现，结合数据库等相关技术，实现服务器端的数据访问、代码重用、动态处理，具有执着专注、精益求精、一丝不苟、追求卓越的工匠精神	Web 技术基本概念；HTML 标签；CSS 样式；JSP 常用注释；JSP 脚本元素；JSP 常用指令；JSP 常用动作；JSP 常用内置对象；数据库操作；JSP 与 JavaBean；Java Servlet 技术
毕业要求 4.2	(2) 能够根据任务需求设计实验方案，正确安装配置开发环境，进行实验验证，具有精益求精的品质精神和职业精神	实验操作能力；数据采集能力；结果分析能力；团队合作能力；个人独立实验能力；实验报告撰写

续表

对应毕业要求观测点	课程目标	考核内容
毕业要求 5.2	（3）能够根据实际需求合理选择并使用 Web 应用开发平台、技术、资源、工具进行软件开发，具有知识产权意识和创新精神	平台的选择；JSP 程序运行环境的安装与配置
毕业要求 6.1	（4）针对软件项目的业务背景，能够运用领域知识分析业务逻辑，明确软件项目要解决的问题，具有沟通交流能力和严谨求实的科学素养	理论知识的实际应用能力；业务分析能力

3. 考核标准

以课程目标为考核标准。

1）课程考试考核标准

依据课程目标制定试卷评分标准，详见试卷参考答案与评分标准。

2）平时考核标准

平时成绩根据各项平时考核方式综合评定。

3）实验考核标准（见表 A-6）

表 A-6　实验考核标准

课程目标	分　值				
	90~100	80~89	70~79	60~69	0~59
目标（1）	透彻理解概念，能够熟练运用相关技术正确设计实现 Web 应用，并能够通过研究、对比不断改进设计，通过测试、修复不断提高质量	透彻理解基本概念，能够运用相关技术正确设计实现 Web 应用，并能够通过研究、对比不断改进设计，通过测试、修复不断提高质量	理解基本概念，能够运用相关技术设计实现 Web 应用，经改进设计、测试优化能够满足质量要求	概念理解基本正确，能够在他人帮助下运用相关技术设计实现 Web 应用，经改进设计、测试优化后，仍然存在少量错误或缺陷	基本概念不清晰，不能正确设计实现 Web 应用
目标（2）	能够合理设计实验方案，正确配置实验环境，独立完成实验任务，并主动优化设计实现	能够完整设计实验方案，正确配置实验环境，独立完成实验任务，并优化设计实现	能够正确设计实验方案、配置实验环境，独立完成实验任务，并简单优化设计实现	能够在他人帮助下正确设计实验方案、配置实验环境、完成实验任务，优化效果不明显	实验方案不完整或有较大缺陷，不能完成实验任务
目标（3）	能够根据系统需求，合理选择平台和工具，熟练安装和配置 JSP 开发环境，体现知识产权意识；设计实现有较好创新	能够根据系统需求，合理选择平台和工具，顺利安装配置 JSP 开发环境，体现知识产权意识；设计实现有创新	能够根据系统需求选择平台和工具，安装配置 JSP 开发环境的过程基本顺利，体现知识产权意识；设计实现有一定创新	能够根据系统需求，选择平台和工具，在他人帮助下正确安装配置 JSP 开发环境，体现知识产权意识；设计实现有少许创新	不能合理选择平台和工具安装配置 JSP 开发环境，设计实现无创新

续表

课程目标	分 值				
	90~100	80~89	70~79	60~69	0~59
目标(4)	能够灵活运用理论知识，与同学和老师积极交流、有效沟通，根据实际需求分解业务知识，解决方案和代码实现严谨	能够灵活运用理论知识，与同学和老师积极交流、沟通，根据实际需求分解业务知识，解决方案和代码实现较严谨	能够与同学和老师交流、沟通，运用理论知识分解业务知识，基本符合实际需求，解决方案和代码基本严谨	能够与同学和老师进行必要的交流、沟通，运用理论知识分解业务知识的过程、解决方案和代码有少量错误	不能运用理论知识并根据实际需求分解业务知识，解决方案和代码有较多错误

A.5 参考文献

[1] 张志锋,张建伟,宋胜利. JSP 程序设计与项目实训教程(微课版)[M]. 3 版. 北京：清华大学出版社,2021.

[2] 马军霞,张志锋. JSP 程序设计实训与案例教程[M]. 2 版. 北京：清华大学出版社,2019.